Win-Q

3D프린터운용
기능사 필기

KB199335

시대에듀

합격에 윙크[Win-Q]하다

Win-Q

[3D프린터운용기능사] 필기

Always with you

사람이 길에서 우연하게 만나거나 함께 살아가는 것만이 인연은 아니라고 생각합니다.

책을 펴내는 출판사와 그 책을 읽는 독자의 만남도 소중한 인연입니다.

시대에듀는 항상 독자의 마음을 헤아리기 위해 노력하고 있습니다.

늘 독자와 함께하겠습니다.

PREFACE　　　　　　　　　　　　　　　　　　　　　　　　　　　**머리말**

현재 세계는 4차 산업혁명이라 불리는 '지능정보사회'로 급속히 발전 중입니다. 이에 우리나라도 4차 산업혁명에 대한 종합적인 국가전략으로 대통령 직속 4차 산업혁명위원회를 신설하여 4차 산업혁명의 근간이 되는 과학기술 발전 지원, 인공지능·ICT 등 핵심기술 확보 및 기술혁신형 연구개발 성과 창출 강화에 노력하고 있습니다.

우리는 AI, Big Data 등 지능정보기술로 촉발된 새로운 세상, 4차 산업혁명시대를 만들어 가고 있는데 4차 산업혁명 분야 중 하나가 3D프린팅 분야이며, 이는 제품, 자동차, 기계, 인테리어, 건축 등 다양한 분야에서 활용되고 있습니다.

글로벌 3D프린터 산업은 해마다 지속적인 성장률을 보이고 있으며, 특히 제품 및 서비스 시장은 그 변화의 폭이 크다고 할 수 있습니다. 최근 관련 SW 대기업 및 제조업체의 3D프린터 시장 진출로 인해 항공우주, 자동차, 의공, 패션 등 다양한 분야에서 3D프린터 시장이 변화하고 있는 추세이므로, 3D프린터 운용 직무에 관한 지식과 숙련 기능을 갖춘 전문 인력에 대한 수요가 증가할 전망입니다.

이러한 요구 및 필요성에 의해 한국산업인력공단은 2018년 '3D프린터운용기능사'를 신설하였으며 기존의 Subtractive Manufacturing의 한계를 벗어난 Additive Manufacturing을 대표하는 3D프린터 산업에서 창의적인 아이디어를 실현하기 위해 제품 스캐닝, 디자인 및 3D 모델링, 3D프린터 설정, 제품 출력, 후가공 등의 기능 업무를 수행할 숙련 기능인력 양성을 위한 자격으로 국가직무능력표준(National Competency Standards)을 적용한 평가를 실시하고 있습니다.

이에 본 교재는 국가직무능력표준(NCS)을 기반으로 집필하였으며 산업현장의 직무를 성공적으로 수행하기 위해 필요한 지식, 기술, 태도 등의 능력을 함양하는 데 도움이 될 것입니다.

편저자 씀

시험안내

개요

기존의 Subtractive Manufacturing의 한계를 벗어난 Additive Manufacturing을 대표하는 3D프린터 산업에서 창의적인 아이디어를 실현하기 위해 시장 조사, 제품 스캐닝, 디자인 및 3D 모델링, 적층 시뮬레이션, 3D프린터 설정, 제품 출력, 후가공 등의 기능 업무를 수행할 숙련 기능인력 양성을 위한 자격으로 제정되었다.

진로 및 전망

글로벌 3D프린터 산업은 해마다 지속적인 성장률을 보이고 있으며, 특히 제품 및 서비스 시장은 그 변화 폭이 크다고 할 수 있다. 최근 4차 산업혁명 관련 SW 대기업 및 제조업체의 3D프린터 시장 진출로 항공우주, 자동차, 의공, 패션 등 다양한 분야에서 시장이 변화하고 있는 추세이므로 3D프린터 운용 직무에 관한 지식과 숙련 기능을 갖춘 전문 인력에 대한 수요가 증가할 전망이다.

시험일정

구 분	필기원서접수 (인터넷)	필기시험	필기합격 (예정자)발표	실기원서접수	실기시험	최종 합격자 발표일
제1회	1.6~1.9	1.21~1.25	2.6	2.10~2.13	3.15~4.2	1차 : 4.11 / 2차 : 4.18
제2회	3.17~3.21	4.5~4.10	4.16	4.21~4.24	5.31~6.15	1차 : 6.27 / 2차 : 7.4
제3회	6.9~6.12	6.28~7.3	7.16	7.28~7.31	8.30~9.17	1차 : 9.26 / 2차 : 9.30
제4회	8.25~8.28	9.20~9.25	10.15	10.20~10.23	11.22~12.10	1차 : 12.19 / 2차 : 12.24

※ 상기 시험일정은 시행처의 사정에 따라 변경될 수 있으니, 큐넷 홈페이지(www.q-net.or.kr)에서 확인하시기 바랍니다.

시험요강

❶ 시행처 : 한국산업인력공단
❷ 시험과목
　㉠ 필기 : 1. 데이터 생성 2. 3D프린터 설정 3. 제품출력 및 안전관리
　㉡ 실기 : 3D프린팅 운용 실무
❸ 검정방법
　㉠ 필기 : 객관식 4지 택일형 60문항(1시간)
　㉡ 실기 : 작업형(4시간 정도)
❹ 합격기준(필기ㆍ실기) : 100점을 만점으로 하여 60점 이상

출제기준(필기)

필기과목명	주요항목	세부항목	세세항목
데이터 생성, 3D프린터 설정, 제품출력 및 안전관리	제품 스캐닝	스캐닝 방식	• 3D 스캐닝 방식 결정 • 획득 데이터의 유형 및 특징
		스캔 데이터	• 스캔 데이터 변환 및 보정
	3D 모델링	도면 분석 및 2D 스케치	• 설계 사양서 및 관련 도면 파악 • 투상도법 • 조립도 및 부품도 파악 • 스케치 요소 간의 구속 조건 • 설계 및 제도법
		객체 형성	• 형상 설계 조건 • 형상 입체화 • 형상물 편집
		객체 조립	• 파트 배치 • 파트 조립
		출력용 설계 수정	• 파트 수정 • 파트 분할
	3D프린터 SW 설정	문제점 파악 및 수정	• 출력용 파일의 오류 종류 • 출력용 파일의 오류 검사 • 출력용 파일의 오류 수정
		출력 보조물	• 출력 보조물의 필요성 판별 • 출력 보조물 설정
		슬라이싱	• 제품의 형상 분석 • 최적의 적층값 설정 • 슬라이싱
		G코드	• G코드 생성 • G코드 분석 및 수정

시험안내

필기과목명	주요항목	세부항목	세세항목
데이터 생성, 3D프린터 설정, 제품출력 및 안전관리	3D프린터 HW 설정	소재 준비	• 소재 선정 • 소재 적용 • 소재 정상출력 파악
		장비출력 설정	• 데이터 출력 준비 • 출력 방식 파악 • 출력 조건 및 설정 확인
	제품출력	출력 확인 및 오류 대처	• 출력 상태 확인 • 출력 오류 파악 • 출력 오류 수정 • 장비 교정 및 개선
		출력물 회수	• 소재별 출력물 회수 방법 • 소재별 출력물 회수 절차 수립
		출력물 후가공	• 후가공 준비 • 후가공 실행
	3D프린팅 안전관리	안전수칙 확인	• 작업 안전수칙 준수 • 안전 보호구 취급 • 응급 처치 수행 • 장비의 위험 · 위해 요소 • 소재의 위험 · 위해 요소
		예방 점검 실시	• 3D프린터 유지 관리 • 작업 환경 관리 • 관련 설비 점검

출제기준(실기)

실기과목명	주요항목	세부항목
3D프린팅 운용 실무	엔지니어링 모델링	• 2D 스케치하기 • 3D 엔지니어링 객체 형성하기 • 객체 조립하기 • 출력용 설계 수정하기
	넙스 모델링	• 3D 형상 모델링하기 • 3D 형상 데이터 편집하기 • 출력용 데이터 수정하기
	폴리곤 모델링	• 3D 형상 모델링하기 • 3D 형상 데이터 편집하기 • 출력용 데이터 수정하기
	출력용 데이터 확정	• 문제점 파악하기 • 데이터 수정하기 • 수정 데이터 재생성하기
	3D프린터 SW 설정	• 출력 보조물 설정하기 • 슬라이싱하기 • G코드 생성하기
	3D프린터 HW 설정	• 소재 준비하기 • 데이터 준비하기 • 장비출력 설정하기
	제품출력	• 출력 과정 확인하기 • 출력 오류 대처하기 • 출력물 회수하기
	3D프린팅 안전관리	• 안전수칙 확인하기

CBT 응시 요령

기능사 종목 전면 CBT 시행에 따른
CBT 완전 정복!

"CBT 가상 체험 서비스 제공"

한국산업인력공단
(http://www.q-net.or.kr) 참고

01 수험자 정보 확인

시험장 감독위원이 컴퓨터에 나온 수험자 정보와 신분증이 일치하는지를 확인하는 단계입니다. 수험번호, 성명, 생년월일, 응시종목, 좌석번호를 확인합니다.

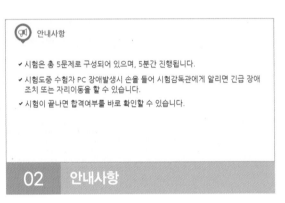

02 안내사항

시험에 관한 안내사항을 확인합니다.

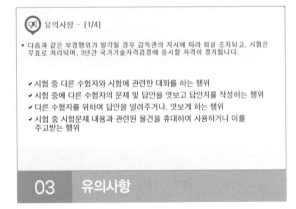

03 유의사항

부정행위에 관한 유의사항이므로 꼼꼼히 확인합니다.

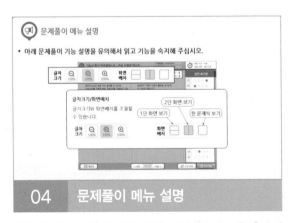

04 문제풀이 메뉴 설명

문제풀이 메뉴의 기능에 관한 설명을 유의해서 읽고 기능을 숙지해 주세요.

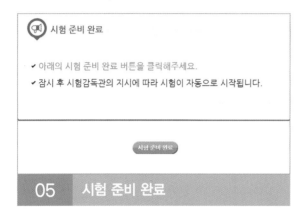

05 시험 준비 완료

시험 안내사항 및 문제풀이 연습까지 모두 마친 수험자는 시험 준비 완료 버튼을 클릭한 후 잠시 대기합니다.

06 시험 화면

시험 화면이 뜨면 수험번호와 수험자명을 확인하고, 글자크기 및 화면배치를 조절한 후 시험을 시작합니다.

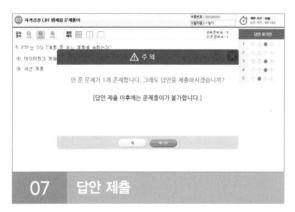

07 답안 제출

[답안 제출] 버튼을 클릭하면 답안 제출 승인 알림창이 나옵니다. 시험을 마치려면 [예] 버튼을 클릭하고 시험을 계속 진행하려면 [아니오] 버튼을 클릭하면 됩니다. 답안 제출은 실수 방지를 위해 두 번의 확인 과정을 거칩니다. [예] 버튼을 누르면 답안 제출이 완료되며 득점 및 합격여부 등을 확인할 수 있습니다.

CBT 완전 정복 Tip

내 시험에만 집중할 것
CBT 시험은 같은 고사장이라도 각기 다른 시험이 진행되고 있으니 자신의 시험에만 집중하면 됩니다.

이상이 있을 경우 조용히 손을 들 것
컴퓨터로 진행되는 시험이기 때문에 프로그램상의 문제가 있을 수 있습니다. 이때 조용히 손을 들어 감독관에게 문제점을 알리며, 큰 소리를 내는 등 다른 사람에게 피해를 주는 일이 없도록 합니다.

연습 용지를 요청할 것
응시자의 요청에 한해 연습 용지를 제공하고 있습니다. 필요시 연습 용지를 요청하며 미리 시험에 관련된 내용을 적어놓지 않도록 합니다. 연습 용지는 시험이 종료되면 회수되므로 들고 나가지 않도록 유의합니다.

답안 제출은 신중하게 할 것
답안은 제한 시간 내에 언제든 제출할 수 있지만 한 번 제출하게 되면 더 이상의 문제풀이가 불가합니다. 안 푼 문제가 있는지 또는 맞게 표기하였는지 다시 한 번 확인합니다.

구성 및 특징

CHAPTER 01 제품 스캐닝

제1절 출력 방식의 이해

핵심이론 01 | 3D프린팅의 개념과 방식

① 개 념
- ㉠ 3D프린팅은 2차원상의 물질들을 층층이 쌓으면서 3차원 입체를 만들어 내는 적층 제조(Additive Manufacturing) 기술의 하나이다.
- ㉡ 물체의 설계도나 디지털 이미지 정보로부터 직접 3차원 입체를 제작할 수 있는 기술이다.

② 방 식
- ㉠ 3차원 형상을 2차원상으로 분해하여 적층 제작함으로써 매우 복잡한 형상을 손쉽게 구현할 수 있다.
- ㉡ 수요자의 설계를 바탕으로 직접 3차원 구조체를 만들 수 있어 맞춤형 제품을 빠르고 용이하게 만들 수 있다.

③ 전 망
- ㉠ 대량생산 시대를 가져온 1, 2차 산업혁명과 달리 3D프린팅 기술은 아이디어 기반의 맞춤형 제품을 생산한다는 점에서 3차 산업혁명을 이끌 기술로 주목받고 있다.
- ㉡ 3D프린팅 기술은 기술별로 크게 Material Extrusion, Vat Photopolymerization, Powder Bed Fusion, Sheet Lamination으로 나눌 수 있다.

자주 출제된 문제

1-1. 2차원의 물질들을 층층이 쌓으면서 3차원 입체를 만들어 내는 적층 제조 방법에 해당하는 것은?
① 3D Design
② 3D프린팅
③ 5축 다면 가공
④ 방전 가공(EDM)

1-2. 3D프린팅 기술에 해당하지 않는 것은?
① Powder Bed Fusion
② Sheet Lamination
③ Material Extrusion
④ Water Jet

해설
1-1
3D프린팅은 2차원상의 물질들을 층층이 쌓으면서 3차원 입체를 만들어 내는 적층 제조(Additive Manufacturing) 기술의 하나이다.
① 3D Design
③ 5축 다면 가공
④ 방전 가공 : 전기

1-2
Water Jet : 물총처럼 높은 압력으로 물을 빠르게 분사하여 절단

2 ■ PART 01 핵심이론

핵심이론

필수적으로 학습해야 하는 중요한 이론들을 각 과목별로 분류하여 수록하였습니다.
시험과 관계없는 두꺼운 기본서의 복잡한 이론은 이제 그만! 시험에 꼭 나오는 이론을 중심으로 효과적으로 공부하십시오.

제1회 적중모의고사

01 3D프린터에 사용되는 제조 기술은?
① 절삭 가공
② 적층 제조
③ 방전 가공
④ 3D Design

해설
3D 프린팅은 2차원상의 물질들을 층층이 쌓으면서 3차원 입체를 만들어 내는 적층 제조(Additive Manufacturing) 기술의 하나이다.

02 다음이 설명하는 스캔 데이터의 유형은?
- 점들이 서로 연결된 형태의 데이터가 저장된다.
- 점들 간의 위상 관계가 존재한다.
- 파라메트릭 수식을 이용하여 곡면을 생성할 수 있다.

① 폴리라인
② 삼각형 메시
③ 자유 곡면
④ 3D 기본 도형

해설
폴리라인
- 점들이 서로 연결된 폴리라인 형태의 데이터가 저장된다.
- 하나의 폴리라인 안에서는 점들 간의 순서 즉 위상 관계가 존재하게 된다.
- 점들로 구성되어 있기 때문에 점군의 일종이라고 볼 수 있다.
- 파라메트릭 수식을 이용하여 거의 오차가 없는 자유 곡면을 생성할 수도 있다.

03 3D 스캐너 중 측정 대상물이 투명하거나 유리와 같은 소재이며, 표면에 코팅을 할 수 없는 경우 사용 가능한 것은?
① 이동식 스캐너
② TOF 방식 스캐너
③ 접촉식 스캐너
④ CT

해설
- 비접촉식 스캐너 : 측정 대상물이 쉽게 변형이 갈 경우와 표면 코팅이 가능할 경우 사용한다.
- TOF 방식의 스캐너 : 원거리의 대상을 측정할 경우 사용한다.
- 이동식 스캐너 : 측정 대상물이 크지만 일부를 스캔해야 하는 경우 사용한다.
- CT(Computed Tomography) : 측정 대상물의 내부 측정이 필요할 경우 사용한다.

04 IGES 포맷 방식에 대한 설명에 해당하지 않는 것은?
① 최초의 표준 포맷이다.
② 가장 단순한 포맷이다.
③ 형상 데이터를 나타내는 엔터티(Entity)로 이루어져 있다.
④ CAD/CAM 소프트웨어에서 3차원 모델의 거의 모든 정보를 포함할 수 있다.

해설
IGES(Initial Graphics Exchanges Specification)
- 최초의 표준 포맷이다.
- 형상 데이터를 나타내는 엔터티(Entity)로 이루어져 있다.
- 점, 선, 원, 자유 곡선, 자유 곡면, 트림 곡면, 색상, 글자 등 CAD/CAM 소프트웨어에서 3차원 모델의 거의 모든 정보를 포함할 수 있다.

188 ■ PART 02 적중모의고사

1② 2① 3③ 4② **정답**

적중모의고사

최신 경향의 문제들을 철저히 분석하여 꼭 풀어 봐야 할 문제로 구성된 적중모의고사를 수록하였습니다. 중요한 이론을 최종 점검하고 새로운 유형의 문제에 대비할 수 있습니다.

과년도 기출복원문제

지금까지 출제된 과년도 기출복원문제를 수록하였습니다. 각 문제에는 자세한 해설이 추가되어 핵심이론만으로는 아쉬운 내용을 보충 학습하고 출제경향의 변화를 확인할 수 있습니다.

2018년 제1회 과년도 기출복원문제

01 여러 부분을 나누어 스캔할 때 스캔 데이터를 정합하기 위해 사용되는 도구는?

① 정합용 마커
② 정합용 스캐너
③ 정합용 광원
④ 정합용 레이저

해설
여러 번의 측정으로 얻어진 데이터를 하나로 합치는 과정을 정합이라고 하며, 서로 합쳐야 할 점 데이터에서 동일한 정합용 불들의 중심을 서로 매칭시킴으로써 데이터들이 하나로 합쳐지게 된다. 이때 사용되는 정합용 불을 마커라고 한다.

02 3D프린터의 개념 및 특징에 관한 내용으로 옳지 않은 것은?

① 컴퓨터로 제어되기 때문에 만들 수 있는 형태가 다양하다.
② 제작 속도가 매우 빠르며, 절삭 가공하므로 표면이 매끄럽다.
③ 재료를 연속적으로 한층, 한층 쌓으면서 3차원 물체를 만들어 내는 제조 기술이다.
④ 기존 잉크젯 프린터에서 쓰이는 것과 유사한 적층 방식으로 입체물을 제작하는 방식도 있다.

해설
3D프린팅은 2차원상의 물질을 층층이 쌓으면서 3차원 입체를 만들어 내는 적층 제조를 한다.

03 다음 설명에 해당되는 3D 스캐너 타입은?

물체 표면에 지속적으로 주파수가 다른 빛을 쏘고 수신광부에서 이 빛을 받을 때 주파수의 차이를 검출해 거리값을 구해내는 방식

① 핸드헬드 스캐너
② 변조광 방식의 3D 스캐너
③ 백색광 방식의 3D 스캐너
④ 광 삼각법 3D 레이저 스캐너

해설
① 핸드헬드 스캐너 : 광 삼각법을 주로 이용하여 물체의 이미지를 얻으며, 점(Dot) 또는 선(Line) 타입의 레이저를 피사체에 투사하는 레이저 방출자와 반사되어 빛을 받는 수신 장체주(CCD)와 내부 ...
구성되어 ...
③ 백색광 방식 ...
변형 형태 ...
1차원 패턴 ...
움직이는 ...
시킨다. 2차 ...
의 패턴이 ...
④ 백색광 방식 ...
한 번에 ...
; Field ...
한 번에 ...
부터 ...
어떤 시 ...
낼 수도 ...
④ 광 삼각법 ...
방식의 스캐 ...
체를 스캔 ...
조사하는 ...
레이저가 ...

2024년 제2회 최근 기출복원문제

01 디자인 요구 사항, 영역, 길이, 각도, 공차, 제작 수량에 대한 정보를 포함하고 있으며, 제품 제작 시 반영해야 할 정보를 정리한 문서는?

① 전개도
② 조립도
③ 분해도
④ 작업 지시서

해설
① 전개도 : 입체의 표면을 평면 위에 펼쳐 그린 도면이다.
② 조립도 : 제품의 전체적인 조립 상태나 구조를 나타낸 도면으로, 이 도면을 따라 부품을 제작할 수 있다.
③ 분해도 : 물체의 구조를 알려 주기 위한 도면으로, 각각 부품의 위치 또는 상호관계 등을 표시하여 하나의 물체를 구성하는 부품과 물체의 관계를 표시한 도면이다.

02 전단면도에 대한 설명으로 옳은 것은?

① 필요한 부분만을 절단하여 단면으로 나타낸다.
② 핸들이나 바퀴의 암, 리브 등의 절단 부위를 90° 회전하여 나타낸다.
③ 계단 모양으로 절단하여 단면을 나타낸다.
④ 형상을 잘 표현할 수 있는 면을 중심선을 따라 절단하여 단면을 나타낸다.

해설
① 부분단면도

② 회전도시단면도

내부에 도시할 때 　외부에 도시할 때

③ 계단단면도

단면 A–A

최근 기출복원문제

최근에 출제된 기출문제를 복원하여 가장 최신의 출제경향을 파악하고 새롭게 출제된 문제의 유형을 익혀 처음 보는 문제들도 모두 맞힐 수 있도록 하였습니다.

이 책의 목차

PART 01

PART **01**

핵심이론

#출제 포인트 분석   #자주 출제된 문제   #합격 보장 필수이론

합격에 **윙크**[Win-Q]하다!

www.sdedu.co.kr

제품 스캐닝

핵심이론 01 | 3D프린팅의 개념과 방식

① 개념

　ㄱ 3D프린팅은 2차원상의 물질들을 층층이 쌓으면서 3차원 입체를 만들어 내는 적층 제조(Additive Ma-nufacturing) 기술의 하나이다.

　ㄴ 물체의 설계도나 디지털 이미지 정보로부터 직접 3차원 입체를 제작할 수 있는 기술이다.

② 방식

　ㄱ 3차원 형상을 2차원상으로 분해하여 적층 제작함으로써 매우 복잡한 형상을 손쉽게 구현할 수 있다.

　ㄴ 수요자의 설계를 바탕으로 직접 3차원 구조체를 만들 수 있어 맞춤형 제품을 빠르고 용이하게 만들 수 있다.

③ 전망

　ㄱ 대량생산 시대를 가져온 1, 2차 산업혁명과 달리 3D프린팅 기술은 아이디어 기반의 맞춤형 제품을 생산한다는 점에서 3차 산업혁명을 이끌 기술로 주목받고 있다.

　ㄴ 3D프린팅 기술은 기술별로 크게 Material Extrusion, Vat Photopolymerization, Powder Bed Fusion, Sheet Lamination으로 나눌 수 있다.

1-1. 2차원의 물질들을 층층이 쌓으면서 3차원 입체를 만들어 내는 적층 제조 방법에 해당하는 것은?

① 3D Design
② 3D프린팅
③ 5축 다면 가공
④ 방전 가공(EDM)

1-2. 3D프린팅 기술에 해당하지 않는 것은?

① Powder Bed Fusion
② Sheet Lamination
③ Material Extrusion
④ Water Jet

|해설|

1-1

3D프린팅은 2차원상의 물질들을 층층이 쌓으면서 3차원 입체를 만들어 내는 적층 제조(Additive Manufacturing) 기술의 하나이다.
① 3D Design : 설계 방법
③ 5축 다면 가공 : 절삭 가공 방법
④ 방전 가공 : 절삭 가공 중 특수 가공 방법

1-2

Water Jet : 물총의 원리를 이용한 것으로 물을 노즐을 통해 힘있게 분사하여 절삭 가공하는 기술이다.

정답 1-1 ② 1-2 ④

핵심이론 02 | 재료에 따른 분류

① 액 체

　㉠ 주로 액체 상태의 광경화성 수지를 물체의 모양에 따라 한 층씩 광경화시켜 제품을 제작한다.

　㉡ 대표적인 방식으로는 수조 광경화(Vat Photopolymerization) 방식이 있다.

　㉢ 장단점

　　• 장점 : 물체의 정밀도가 높다.

　　• 단점 : 내구성이 떨어진다.

② 분 말

　㉠ 분말 형태로 만들어진 합성수지, 금속 원료를 녹이거나 소결하는 과정을 거친다.

　㉡ 대표적인 방식은 분말 융접(Powder Bed Fusion) 방식이며, 수조 광경화 방식과 유사한 과정을 거친다.

　　• 분말 형태의 폴리머나 금속 원료에 레이저를 조사하여 고형화시킴으로써 막을 생성한다.

　　• 막을 형성시키고 그 위에 파우더를 얇게 뿌리는 작업을 반복하여 물체를 제작하는 방식이다.

　㉢ 장단점

　　• 장점 : 내구성이 견고하고 조형 속도는 가장 빠르다.

　　• 단점 : 가격대가 비싼 편이다.

③ 고 체

　㉠ 고체 필라멘트 형태의 플라스틱 재료를 고온의 노즐에서 가열하여 재료를 압출시켜 한 층씩 구조물을 제작하는 방식을 말한다.

　㉡ 적층물 제조 방식은 종이 형태의 얇은 원료를 한 장씩 쌓고 물체의 모양대로 깎아 나가는 과정을 거치며, 압출 적층 조형 방식은 필라멘트 형태의 플라스틱이나 왁스 원료를 녹여서 노즐로 분사시켜 한 층씩 쌓아 가며 물체를 제작한다.

　㉢ 막을 형성시키고 그 위에 파우더를 얇게 뿌리는 작업을 반복하여 물체를 제작하는 방식이다.

　㉣ 장단점

　　• 장점 : 가격이 저렴하여 일반 개인용 3D프린터로 널리 사용되는 추세이다.

　　• 단점 : 조형 속도는 가장 느리다.

재료 형태	재료 종류	조형 방식
액체 기반형	액체 상태	레이저나 강한 자외선을 이용하여 재료를 순간적으로 경화시켜 형상을 제작한다.
분말 기반형	분말 상태 (플라스틱, 금속 분말 등)	분말 형태의 재료를 가열한 후 결합하여 제작하며, 재료를 가열하는 방식 외에 다른 방식은 접착제를 이용하여 분말을 결합하여 제품을 제작한다.
고체 기반형	필라멘트	필라멘트 형태의 열가소성 재료를 열을 가해 녹인 후 노즐을 거쳐 압출되는 재료를 적층하여 조형한다.
	왁스	재료를 헤드에서 녹여 노즐을 통해 분사한다.
	플라스틱 시트 혹은 필름	플라스틱 시트를 접착하면서 칼을 사용해 절단한 후 적층하여 조형한다.

2-1. 다음이 설명하는 3차원 프린터의 재료 형태는?

> • 조형 속도가 가장 빠르다.
> • 내구성이 견고하다.

① 액 체
② 분 말
③ 고 체
④ 기 체

2-2. 다음 중 고체 기반형 3D프린터의 재료에 해당하지 않는 것은?

① 왁 스
② 필라멘트
③ 금속 분말
④ 필 름

| 해설 |

2-1
분말 형태의 재료
• 장점은 내구성이 견고하고 조형 속도는 가장 빠르다.
• 단점은 가격대가 비싸다.

2-2
• 분말 : 분말 상태의 플라스틱, 금속 분말
• 고체 : 필라멘트, 왁스, 플라스틱 시트, 필름

정답 2-1 ② 2-2 ③

핵심이론 03 | 재료에 따른 3D프린터 구분

① 선택적 레이저 소결 조형(SLS ; Selective Laser Sintering) : 레이저로 분말 형태의 재료를 가열하여 응고시키는 방식으로 제품을 제작하며, 정밀도가 높다.

② 압출 적층 조형(FDM ; Fused Deposition Modeling) : 고체 수지 재료를 열로 녹여 쌓아 제품을 제작하는 방식으로, 정밀도가 낮으나 가격이 저렴하다.

③ 직접 금속 레이저 소결 조형(DMLS ; Direct Metal Laser Sintering) : 금속 분말을 레이저로 소결시켜 생산하며, 강도가 높은 제품의 제작에 주로 사용한다.

④ 광경화 수지 조형(SLA ; Stereo Lithography Apparatus) : 레이저 빛을 선택적으로 방출하여 제품을 제작하는 방식으로, 얇고 미세한 형상을 제작한다.

⑤ 면경화 방식(DMD ; Digital Micromirror Device) : 단면 형상의 빛만을 반사시켜 광경화성 수지를 경화시키는 방식이다.

⑥ 적층물 제조(LOM ; Laminated Object Manufacturing) : 종이나 필름처럼 층으로 된 물질을 한 층씩 쌓아 만들며, 재료 물질이 가장 저렴하다.

⑦ 전자 빔 소결(EBM ; Electron Beam Melting) : 전자 빔을 통해 금속 파우더를 용해하여 타이타늄 같은 고강도 부품을 제조한다.

재료 적층 방식	액체(수지)	폴리머 ·금속	필 름	금 속
압 출		FDM		
분 사	MJM, Polyjet			
액체 광조형	SLA, DLP			
고체 융접		SLS, SHS		DMLS, SLM, EBM
DED (Directed Energy Deposition)				DMD
Sheet Lamination			LOM	

3-1. 고체 용접 방식의 3D프린터가 아닌 것은?

① SLS
② DMLS
③ EBM
④ LOM

3-2. 금속 재료에 해당하지 않는 것은?

① EBM
② SLM
③ DLP
④ DMD

|해설|

3-1

④ LOM(Laminated Object Manufacturing) : 종이나 필름처럼 층으로 된 물질을 한 층씩 쌓아 만드는 방식이다.
① SLS(Selective Laser Sintering) : 레이저로 분말 형태의 재료를 가열하여 응고시키는 방식이다.
② DMLS(Direct Metal Laser Sintering) : 금속 분말을 레이저로 소결시켜 생산하며, 강도가 높은 제품의 제작에 주로 사용한다.
③ EBM(Electron Beam Melting) : 전자 빔을 통해 금속 파우더를 용해하여 타이타늄같은 고강도 부품을 제조한다.

3-2

• 금속 재료 : DMLS, SLM, EBM, DMD
• 액체(수지) : SLA, DLP

정답 3-1 ④ 3-2 ③

핵심이론 01 | 3D 스캐닝의 개념 및 원리

① 스캐닝의 의미 : 측정 대상으로부터 특정 정보(문자, 모양, 크기, 위치 등)를 얻어 내는 것으로, 3차원 스캐닝은 측정 대상으로부터 3차원 좌표, 즉 X, Y, Z값을 읽어 내는 일련의 과정이다.

② 3D 스캐닝 과정 : 3차원 좌표를 측정하기 위해서 피측정물에 대한 측정 준비부터 최종 3차원 데이터의 생성까지를 포함할 수 있다. 이렇게 생성된 데이터는 후처리 과정을 통하여 3D 모델로 생성이 가능하며, 최종적으로 3차원 프린팅 혹은 머시닝으로 가공이 가능하다.

> 준비 단계 → 점군(Point Cloud) 생성 단계 → 3차원 모델 재구성 단계

③ 3D 스캐닝의 원리
물체를 스캐닝한 이미지들을 하나의 좌표계로 합친 후 정렬된 여러 데이터 세트(SET)를 하나의 데이터로 합하여 3D 모델링 데이터를 생성하는 것이다.

> 물체의 스캐닝 이미지 → 정렬 및 정합(각 데이터 상태를 하나의 좌표계로 합치는 작업) → 머징(Merging) = 3D 모델링 데이터 생성

㉠ 직접 접촉을 통해서 좌표를 획득하는 방법
㉡ 비접촉으로 획득하는 방법

1-1. 측정 대상으로부터 3차원 좌표 X, Y, Z값을 읽어 내는 일련의 과정을 무엇이라 하는가?

① 3D 스캐닝
② 3D 모델링
③ 3D프린팅
④ 3D 가공

1-2. 3D 스캐닝을 통하여 얻어내는 정보가 아닌 것은?

① 모 양
② 크 기
③ 질 량
④ 위 치

1-3. 3D 스캐닝의 단계에 해당하지 않는 것은?

① 준비 단계
② 점군 생성 단계
③ 3D 모델 재구성 단계
④ 3D 가공 단계

|해설|

1-1
3D 스캐닝은 측정 대상으로부터 3차원 좌표, 즉 X, Y, Z값을 읽어 내는 일련의 과정이다.

1-2
스캐닝은 측정 대상으로부터 문자, 모양, 크기, 위치 등을 얻어 내는 것이다.

1-3
3D 스캐닝 과정 : 준비 단계 → 점군(Point Cloud) 생성 단계 → 3차원 모델 재구성 단계

정답 1-1 ① 1-2 ③ 1-3 ④

① **접촉식 3D 스캐너** : 대상물의 표면과 직접 접촉하는 터치 프로브(Touch Probe)를 이용하여 좌표를 읽어 내는 방식으로, 접촉식의 대표적인 방법은 CMM(Coordinate Measuring Machine)이다.

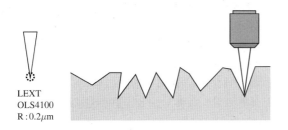

LEXT
OLS4100
R : 0.2μm

ㄱ 장점 : 측정 대상물이 투명하거나 거울과 같이 전반사 혹은 표면 재질로 인해서 난반사가 일어나는 단단한 피측정물에 대해서 측정이 가능하다.

ㄴ 단점 : 측정 대상물의 외관이 복잡하거나 접촉 시 피측정물이 쉽게 변형될 경우에는 사용이 불가능하다.

② **비접촉식 3D 스캐너** : 피측정물과 직접 접촉하지 않고 레이저와 같은 광학 방식으로 피측정물을 측정하는 방식으로, 3차원 스캐닝의 대부분이 비접촉식 방법을 취하고 있다.

ㄱ Time-Of-Flight(TOF) 방식 레이저 3D 스캐너 : 펄스 레이저(Pulse Laser)를 사용하며, 레이저의 펄스가 레이저 헤드를 출발해서 대상물을 투사하고 반사하여 돌아오는 시간을 측정해서 최종적으로 거리를 계산한다.

거리 = 속도 × 시간

레이저의 펄스를 카운트할 수 있는 고주파 타이머(High-frequency Timer)가 사용이 되어야 하며, 주로 피코초(picosecond, 10^{-12}second)의 타이머가 많이 사용된다. 위상 간섭(Phase Interference)을 통해서도 시간을 측정할 수 있으며, 이 경우에는 연속 레이저(Continuous Laser)를 사용한다. 점 방식으로 측정을 하기 때문에 피측정물을 둘러싸고 있는 외관을 스캔해야 한다.

• 장점 : 먼 거리의 대형 구조물을 측정하는 데 용이하다.

• 단점 : 측정 정밀도가 비교적 낮아 작은 형상이면서 정밀한 측정이 필요한 경우에는 적합하지 않다.

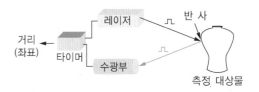

ㄴ 레이저 기반 삼각 측량 3차원 스캐너 : 라인 형태의 레이저를 측정 대상물에 주사하여 반사된 광이 수광부[CCD(Charge-Coupled Device) 혹은 CMOS(Complementary Metal-Oxide Semiconductor)]의 특정 셀(Cell)에서 측정이 된다. 레이저 발진부와 수광부 사이의 거리는 정해져 있으며, 레이저의 발진 각도도 정해져 있다. 또한 수광부의 측정 셀의 위치를 통해서 측정 대상물로부터 반사되어 오는 레이저의 각도도 알 수 있다. 이를 통해서 레이저 발진부, 수광부, 측정 대상물로 이루어진 삼각형에서 1변과 2개의 각으로부터 나머지 변의 길이를 구할 수 있다.

• 장점 : 라인 타입의 레이저이기 때문에 한 번에 측정할 수 있는 점의 개수가 TOF 방식보다 많다.

• 단점 : 전면적을 스캔하기 위해서는 턴테이블(Turn-table)에 피측정물을 올려놓고 회전을 시키면서 측정해야 한다.

ⓒ 패턴 이미지 기반 삼각 측량 3차원 스캐너 : 이미지를 생성할 수 있는 장치[레이저 인터페로미터(Laser Interferometer) 혹은 프로젝터]와 같은 장치가 이미 알고 있는 패턴의 광을 측정 대상물에 조사하고, 측정 대상물에 변형된 패턴을 카메라에서 측정하고 모서리 부분들에 대한 삼각 측량법으로 3차원 좌표를 계산한다(Young et al., 2007).
  • 장점 : 광 패턴(Structured Light)을 바꾸면서 초점 심도를 조절할 수 있고, 한꺼번에 넓은 영역을 빠르게 측정할 수 있으며, 휴대용으로 개발하기가 용이하다.

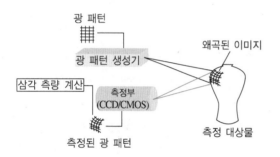

ⓓ 그 외의 3차원 스캐너
  • 백색광 및 광 위상 간섭법 : 반도체 산업에서 많이 쓰이는 고정밀용으로 나노미터 분해능을 가지고 있다.
  • CT(Computed Tomography) : 의료 분야에서 많이 사용되는 3차원 스캐너의 일종이며, 의료 영상을 3차원 복원하는 데 많이 사용된다.

2-7. 위상 간섭 방법에 대한 설명으로 옳지 않은 것은?

① 정밀도가 낮다.
② 대형 구조물의 측정에 적합하다.
③ 측정물의 내부를 스캔할 수 있다.
④ 연속 레이저를 이용하여 측정한다.

2-8. 펄스 레이저를 이용하여 물체를 스캐닝할 때 수광부에 해당하는 것은?

① CMM(Coordinate Measuring Machine)
② CCD(Charge-Coupled Device)
③ TOF(Time-Of-Flight)
④ CT(Computed Tomography)

2-9. 고주파 타이머에 많이 사용되는 ps(피코초)의 타이머에서 측정 가능 시간은?

① 10^{-3}초
② 10^{-6}초
③ 10^{-9}초
④ 10^{-12}초

| 해설 |

2-1
접촉식의 대표적인 방법은 CMM(Coordinate Measuring Machine)이다.

2-2
측정 대상물의 외관이 복잡하거나 접촉 시 피측정물이 쉽게 변형될 경우에는 접촉식의 사용이 불가능하다.

2-3
측정 대상물이 투명하거나 거울과 같이 전반사 혹은 표면 재질로 인해서 난반사가 일어나는 단단한 피측정물에 대해서 측정이 가능하다.

2-4
프로브는 측정물의 상태를 되도록 변화시키지 않고 측정하기 위한 검침기구이다.

2-5
단위를 이용하여 나타내면 다음과 같다.
① $m^2 \times s$, ② $m/s \times s$, ③ $m/s^2 \times s$, ④ $m^2 \times m/s^2$

2-6
먼 거리의 대형 구조물을 측정하는 데 용이하나 정밀 측정도가 낮아 작은 형상이면서 정밀한 측정이 필요한 경우에는 적합하지 않다. 연속 레이저를 사용한다.

2-7
피측정물을 둘러싸고 있는 외관을 스캔한다.

2-8
수광부는 CCD 또는 CMOS의 특정 셀에서 측정이 된다.

2-9
피코초(picosecond)는 10^{-12}second를 의미한다.

정답 2-1 ① 2-2 ③ 2-3 ② 2-4 ③ 2-5 ②
2-6 ③ 2-7 ③ 2-8 ② 2-9 ④

핵심이론 03 | 삼각 측량법의 원리

① 원 리

　㉠ 삼각 측량법은 광 패턴 방식 및 라인 레이저 방식에서 측정 대상물의 좌표를 구하는 방식이다. 다음 측량법 그림과 같이 대상물에 레이저 빔의 한 점이 형성될 때, 즉 레이저 헤드, 측정부, 대상물 사이에 삼각형 ABC가 형성되고, 사인 법칙을 적용해서 거리를 구하는 방식이다.

　㉡ 측정 대상물에 형성된 라인 형태 혹은 면 형태의 수많은 레이저 점들에 대해서 개별적으로 삼각형을 형성하고 이에 대해서 좌표를 구하는 방식이다.

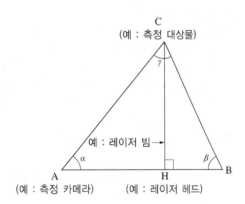

C
(예 : 측정 대상물)
γ
(예 : 레이저 빔→)
α
β
A　　　　　　H　　　　　　B
(예 : 측정 카메라)　(예 : 레이저 헤드)

② 삼각함수의 사인 법칙

　㉠ $\dfrac{\sin\alpha}{\overline{BC}} = \dfrac{\sin\beta}{\overline{AC}} = \dfrac{\sin\gamma}{\overline{AB}}$

　㉡ $\overline{AC} = \dfrac{\overline{AB} \cdot \sin\beta}{\sin\gamma}$

　㉢ $\overline{BC} = \dfrac{\overline{AB} \cdot \sin\alpha}{\sin\gamma}$

　㉣ $\overline{HC} = \overline{AC} \cdot \sin\alpha = \overline{BC} \cdot \sin\beta$

자주 출제된 문제

측정 카메라가 측정물과 이루는 각도가 60°이며, 대상물과의 거리가 5m일 때, 레이저와 측정물과의 거리는 얼마인가?

① 2.5m

② 3.5m

③ 4.3m

④ 5m

|해설|

$$거리 = 5 \times \sin 60° = 5 \times \frac{\sqrt{3}}{2} = 4.33m$$

정답 ③

핵심이론 01 ｜ 스캔 데이터의 유형 및 특징

① 점군(Point Cloud) : 라인 타입의 빔을 회전하면서 피측정물에 주사하고 좌표를 획득하기 때문에 측정 데이터는 점군이다.

　㉠ 유 형
　　• 측정점 사이에는 위상 관계가 없이 측정된 점들이 무작위로 데이터를 형성한다. 즉, 측정점들이 이웃하고 있음에도 불구하고 실제 저장된 데이터에서는 이들이 이웃하고 있다는 별도의 정보가 없다.
　　• 측정된 점군 데이터는 이웃하는 세 점을 연결해서 삼각형 메시(Mesh)를 형성할 수도 있고, 이를 통해서 3차원 프린팅의 기본 데이터 파일인 STL 생성도 가능하다.
　　• 이러한 점군은 노이즈 및 측정이 되지 않은 부분도 포함하고 있기 때문에 후처리 작업을 통해서 적합한 점군 데이터로 변환해야 한다. 여러 번의 측정을 통해서 얻어진 점들을 필터링(Filtering) 및 보정(Fairing)을 한 다음, 이러한 점군들을 서로 정합(Registration) 및 병합(Merging)시킨 후에 최종적으로 3차원 프린팅이 가능한 STL 파일이 생성된다.

　㉡ 점데이터를 이용한 부드러운 3차원 곡면 형성 순서

점 데이터 → 2차원 자유 곡선 → 3차원 자유 곡면

② 폴리라인(Polyline)
　㉠ 점들이 서로 연결된 폴리라인 형태의 데이터가 저장된다. 하나의 폴리라인 안에서는 점들 간의 순서, 즉 위상 관계가 존재하게 된다. 이러한 폴리라인도 결국에는 점들로 구성되어 있기 때문에 점군의 일종이라고 볼 수 있다. 따라서 필터링 및 페어링을 거친 다음 삼각형 메시를 곧바로 생성하여 3차원 프린팅을 할 수도 있으며, 파라메트릭 수식을 이용하여 거의 오차가 없는 자유 곡면을 생성할 수도 있다. 곡면을 형성하는 방식은 점군의 경우와 동일하다.
　㉡ 하나의 폴리라인은 수십에서 수백 개의 점 데이터로 구성되어 있다.

③ 삼각형 메시(Triangular Mesh)
　㉠ 점군 혹은 폴리라인을 가장 쉽게 3차원화시키는 방법이 가까운 세 점을 연결해서 삼각형을 만드는 것이다. 이렇게 삼각형 면에 색깔을 입혀 3차원으로 보이게 할 수 있다.
　㉡ 또한 곧바로 STL 파일로 변환해서 3차원 프린팅을 할 수도 있다.
　㉢ 그러나 이렇게 만들어진 삼각형 메시는 많은 불필요한 점들뿐만 아니라 노이즈도 포함하고 있기 때문에 필터링 및 보정 과정을 거쳐야 한다.

자주 출제된 문제

다음이 설명하는 스캔 데이터의 유형은?

- 측정점들이 이웃하고 있더라도 별도의 정보가 없다.
- 서로 정합 및 병합시킨 후 STL 파일을 생성한다.
- 노이즈 및 측정이 되지 않은 부분을 포함하고 있다.

① 점 군
② 폴리라인
③ 자유 곡면
④ 3차원 입체

|해설|

측정점 사이에 위상 관계가 없이 무작위로 데이터를 형성하며, 이웃하는 세 점을 연결해서 삼각형 메시(Mesh)를 형성할 수도 있고, 이를 통해서 3차원 프린팅의 기본 데이터 파일인 STL 생성도 가능하다. 노이즈 및 측정이 되지 않은 부분도 포함하고 있기 때문에 후처리 작업을 통해서 적합한 점군 데이터로 변환해야 한다.

정답 ①

핵심이론 02 | 최적 스캐닝 방식 및 스캐너 선택하기

① 측정 대상물에 따른 스캐닝 방식 및 스캐너 선택
  ㉠ 측정 대상물이 투명하거나 유리와 같은 소재이며 표면에 코팅을 수행할 수 없을 경우에는 접촉식을 선택한다.
  ㉡ 표면 코팅이 가능할 경우에는 광을 기반으로 하는 비접촉식 측정도 가능하다.
  ㉢ 접촉 측정 대상물이 쉽게 변형될 경우에는 비접촉식을 사용해야 한다.
  ㉣ 원거리의 대상을 측정할 경우에는 TOF 방식의 스캐너를 사용한다.
  ㉤ 측정 대상물이 크지만 일부를 스캔해야 하는 경우에는 이동식 스캐너를 사용한다.
  ※ CT(Computed Tomography) : 측정 대상물의 내부 측정이 필요할 경우에 사용한다.

② 적용 분야
  ㉠ 산업용 스캐너는 머시닝을 통해서 얻어진 가공품의 검사 용도로도 많이 사용이 된다.
  ㉡ 일반적으로 3차원 프린팅에서 사용할 3D 데이터 생성용 스캐너는 그 정밀도가 그리 높을 필요가 없다. 이는 3차원 프린팅의 가공 정밀도가 스캐너의 정밀도보다 좋으면 되기 때문이다.
  ㉢ 프로토 타입용으로 사용할 경우에는 저가형이 유리하며, 최종 제품 개발용으로 사용할 경우에는 고가형을 선택한다.
  ㉣ 여러 번 측정을 해야 하며 측정 시간이 중요할 경우에는 광 패턴 방식의 고속 스캐너가 유리하다.

2-1. 측정 대상물의 내부 측정이 필요한 경우 사용하는 스캐너는 무엇인가?

① CMM
② CCD
③ TOF
④ CT

2-2. 스캐닝 방식을 선택하는 데 고려사항이 아닌 것은?

① 표면 재질
② 복잡도
③ 크 기
④ 질 량

|해설|

2-1

CT(Computed Tomography) : 의료 분야에서 많이 사용되는 3차원 스캐너의 일종이며, 의료 영상을 3차원 복원하는 데 많이 사용된다. 측정 대상물의 내부 측정이 필요할 때 사용한다.

2-2

표면 재질에 따라 접촉식, 비접촉식을 선택하며, 크기에 따라 고정식, 이동식을 선정한다. 스캔 작업 시간은 대상의 크기와 복잡도에 따라 달라진다.

정답 2-1 ④ 2-2 ④

핵심이론 03 | 스캐닝 준비하기

① 측정 대상물의 표면 상태 : 라인 레이저 방식에서는 레이저가 측정 대상물의 표면에 잘 주사가 되고 그 초점이 잘 맺혀야 하며, CCD 혹은 CMOS 방식의 카메라에서 측정 대상물의 표면에 맺힌 레이저 스폿(Spot)을 잘 읽을 수 있어야 한다.

㉠ 표면이 투명할 경우 : 레이저 빔이 투과를 해서 표면에 레이저 스폿이 생성되지 않기 때문에 표면 측정이 이루어지지 않는다.

㉡ 거울과 같이 전반사가 일어날 경우 : 정확한 레이저 스폿의 측정이 어렵다.

※ 투명하거나 난반사 혹은 전반사가 일어날 경우에는 측정 방식을 바꾸거나 측정 대상물의 표면 처리를 통해서 원활한 측정이 이루어지도록 한다.

② 측정 대상물의 크기 : 피측정물이 측정 범위를 벗어날 경우에는 측정 방식을 바꾸거나 혹은 여러 부분으로 측정해서 데이터를 생성하며, 데이터 생성 시 원활한 정합 및 병합이 이루어질 수 있도록 어느 정도의 중첩된 표면이 측정되어야 한다. 또한 표면이 복잡하고 중요할 경우에는 측정이 잘되는 위치에서 측정을 실시한다. 스캔 작업 시간은 대상의 크기와 복잡도에 따라 달라진다.

㉠ 산업용 고정밀 라인 레이저 측정 : 정합용 마커(Registration Marker)를 사용한다.

㉡ 정합용 볼을 포함하는 측정 고정구(Fixture)를 사용한다.

• 정합용 볼이 피측정물에 부착이 되지 않기 때문에 더 많은 부분의 측정이 가능하다.

• 정합용 볼을 피측정물에 부착하는 부가 과정이 필요 없다.

㉢ 광 패턴 혹은 라인 레이저 방식의 이동식 스캐너를 사용한다.

3-1. 라인 레이저 방식에서 레이저의 조건으로 옳지 않은 것은?

① 표면에 초점이 잘 맺혀야 한다.
② 측정 대상물의 표면에 잘 주사되어야 한다.
③ 측정 대상물의 표면에 잘 투과되어야 한다.
④ 표면에 맺힌 스폿을 잘 읽을 수 있어야 한다.

3-2. 피측정물이 측정 범위를 벗어난 경우 측정 방법이 아닌 것은?

① 정합용 마커를 사용한다.
② 중첩이 되지 않도록 한다.
③ 이동식 스캐너를 사용한다.
④ 정합용 볼을 포함하는 고정구를 사용한다.

|해설|

3-1
레이저 빔이 표면에서 투과 또는 흡수되는 경우 표면에 스폿이 생성되지 않는다.

3-2
원활한 정합 및 병합이 이루어질 수 있도록 어느 정도의 중첩된 표면이 측정되어야 한다.

정답 3-1 ③ **3-2** ②

핵심이론 04 | 스캐닝 설정하기

스캐닝 준비가 끝나면 스캐너의 설정을 통해서 준비 과정을 마무리한다. 스캐닝 설정은 스캐너 보정(Calibration), 노출 설정, 측정 범위, 측정 위치 선정, 스캐닝 간격 및 속도 설정 등이 포함된다.

① 스캐너 보정(Calibration)
  ㉠ 스캐너는 스캐닝을 시작하기 이전에 보정을 수행해야 한다.
  ㉡ 주변 조도에 따른 카메라 보정, 이송 장치의 원점 설정 등을 포함하고 있다.

② 노출 설정
  ㉠ 측정 방식에 따라서 주변 밝기, 즉 조도(Illumination)를 조절해야 한다.
  ㉡ 레이저 방식의 경우 너무 밝은 빛이 있으면 표면에 투사된 레이저가 카메라에서 잘 측정이 되지 않는다. 광 패턴 방식일 경우도 마찬가지이며, 직사광을 피하도록 한다.
  ㉢ 너무 어두울 경우에는 카메라에 들어오는 빛의 양이 줄어들기 때문에 제대로 된 측정이 이루어지지 않을 수도 있다.
  ㉣ 주변 밝기 조절로 스캐너에서 요구하는 조도를 맞추고, 카메라 설정을 통해서 노출 정도를 제어해야 한다.

③ 측정 범위 및 측정 위치 선정
  ㉠ 측정 대상물이 클 경우에는 측정 영역을 미리 설정해 준다. 즉, 측정 경로를 미리 설정해 줌으로써 측정 시간을 단축시킬 수 있다.
  ㉡ 측정 대상물에 큰 단차가 존재할 경우에는 카메라의 초점 심도 밖으로 측정 대상물이 위치할 수도 있기 때문에, 측정 경로를 설정할 때에는 측정 방향으로 시작과 끝점, 그리고 레이저 광의 진행 방향으로 초점 심도를 고려한다.

ⓒ 측정 중 이동할 수 있는 스캐너의 경우 별다른 측정 영역이 필요 없으며, 원하는 영역을 이동 속도를 고려해서 측정한다.

④ 스캐닝 간격 및 속도 설정 : 라인 레이저를 사용하는 스캐너의 경우 스캐닝 간격, 즉 연속된 2개의 레이저 빔 라인에 대한 간격을 설정할 수 있다. 스캐너가 직선으로 이송하는 경우에는 이송 방향으로 스캔 간격을 미리 설정할 수 있다.

  ㉠ 스캐닝 간격
    • 간단한 형상을 가진 면을 스캔 : 많은 점들이 필요 없기 때문에 스캐닝 간격을 넓게 설정한다.
    • 턴테이블을 이용하는 방식 : 회전량을 조절함으로써 측정 간격을 조절한다.
    • 복잡한 면을 스캔할 경우 : 스캐닝 간격을 좁게 설정해서 가능한 한 많은 점 데이터를 확보하여야 원래 형상을 정확히 복원할 수 있다.

  ㉡ 스캐닝 속도 : 스캐닝 점의 개수를 조절함으로써 속도조절이 가능하다.

4-1. 스캐닝 설정에 해당하는 것이 아닌 것은?

① 스캐너 보정
② 스캐닝 간격
③ 스캐너의 가격
④ 측정 위치 선정

4-2. 스캐닝 간격 및 속도 설정 시 옳은 것이 아닌 것은?

① 간단한 형상은 스캐닝 간격을 좁게 설정한다.
② 턴테이블 이용 시 회전량 조절을 통해 측정 간격을 조절할 수 있다.
③ 복잡한 면을 스캔할 경우 많은 점 데이터를 확보해야 정확히 복원할 수 있다.
④ 스캐닝 속도는 스캐닝 점의 개수를 조절함으로서 조절이 가능하다.

|해설|

4-1
스캐닝 설정은 스캐너 보정(Calibration), 노출 설정, 측정 범위, 측정 위치 선정, 스캐닝 간격 및 속도 등이 포함된다.

4-2
간단한 형상을 가진 면을 스캔하는 경우 많은 점들이 필요 없기 때문에 스캐닝 간격을 넓게 설정한다.

정답 4-1 ③ 4-2 ①

핵심이론 01 │ 스캔 데이터 생성

① 측정 대상물의 자세에 따른 스캔 실시

  ㉠ 측정은 미리 설정된 자세에서 턴테이블이 돌아가며 이루어진다. 측정 자세는 형상의 복잡도, 크기 및 원하는 측정 영역에 따라서 1개 혹은 여러 개로 설정할 수 있다.

  ㉡ 직선 이송 방식의 측정에서 측정 대상물은 정반(Base)에 고정되고 스캐너가 이송하면서 데이터를 측정하게 되며, 완전한 데이터를 얻기 위해서는 측정 대상물을 여러 번 측정하게 된다.

  ㉢ 측정 데이터는 잡음 데이터(Noise Data)를 포함하고 있으며, 이는 추후 데이터 보정 과정을 통해서 필터링(Filtering)된다.

② 상세 측정 과정

  ㉠ 턴테이블의 회전에 따라서 전면의 측정이 이루어지고, 레이저 및 카메라가 상향 조정되면서 다음 측정이 이루어진다. 이는 한 번의 360° 측정으로는 모든 면이 측정이 되지 않기 때문이며, 턴테이블의 회전축 방향으로 이송하여 다음 측정이 이루어진다.

  ㉡ 다음 측정을 위한 회전축 방향으로의 이송 거리는 라인 레이저의 길이 및 측정 데이터의 중첩 영역의 크기에 달려 있다.

1-1. 스캔 데이터 생성에 대한 설명으로 옳은 것은?

① 측정 데이터는 잡음 데이터를 포함하고 있다.

② 완전한 데이터를 얻기 위해서는 대상물을 한 번만 측정한다.

③ 측정 데이터는 필터링과 같은 보정 과정을 거치지 않고 원본 데이터를 이용한다.

④ 직선 이송 방식에서는 스캐너를 고정시키고 물체를 이동하면서 데이터를 측정한다.

1-2. 피측정물을 올려 놓고 회전을 시키면서 전면을 측정할 수 있는 것을 무엇이라 하는가?

① 바이스

② 플랫폼

③ 턴테이블

④ 정 반

|해설|

1-1
완전한 데이터를 얻기 위해서는 측정 대상물을 여러 번 측정하며, 이때 측정 데이터는 잡음을 포함하고 있어서 추후 데이터 보정 과정을 통해 필터링된다.

1-2
오디오의 턴테이블처럼 피측정물을 올려 놓고 회전시키는 것이다.

정답 1-1 ① 1-2 ③

핵심이론 02 | 데이터 저장

① 형 태

　㉠ 측정된 데이터는 기본적으로 점군의 형태로 저장이 된다. 점군은 다른 소프트웨어에서 사용이 가능한 표준 포맷으로 저장할 수도 있고, 스캐너 자체 소프트웨어에서만 사용이 가능한 전용 포맷으로 저장할 수도 있다.

　㉡ 이러한 포맷은 기본적으로 각 점에 대한 정보, 즉 X, Y, Z좌표를 포함하며, 경우에 따라서는 STL 파일과 같이 법선 벡터(Normal Vector), 색깔 정보, 이웃하는 점과의 위상(Topology) 정보를 포함할 수도 있다.

② 표준 포맷

　모든 스캔 소프트웨어 혹은 데이터 처리 소프트웨어에서 사용이 가능한 포맷으로 가장 많이 사용되는 포맷은 XYZ, IGES와 STEP가 있다.

　㉠ XYZ 데이터 : 가장 단순하며, 각 점에 대한 좌푯값인 XYZ값을 포함하고 있다.

　㉡ IGES(Initial Graphics Exchange Specification) : 최초의 표준 포맷이며, 형상 데이터를 나타내는 엔터티(Entity)로 이루어져 있다. 점, 선, 원, 자유 곡선, 자유 곡면, 트림 곡면, 색상, 글자 등 CAD/CAM 소프트웨어에서 3차원 모델의 거의 모든 정보를 포함할 수 있다.

　㉢ STEP(Standard for Exchange of Product Data) : IGES의 단점을 극복하고 제품 설계부터 생산에 이르는 모든 데이터를 포함하기 위해서 가장 최근에 개발된 표준이다.

자주 출제된 문제

2-1. IGES 포맷에 대한 설명으로 옳지 않은 것은?

① 최초의 표준 포맷이다.
② 가장 단순한 형태이다.
③ 형상 데이터를 나타내는 엔터티(Entity)로 이루어져 있다.
④ 3차원 모델의 거의 모든 정보(점, 선, 원, 곡선, 곡면, 색상, 글자)를 포함할 수 있다.

2-2. 스캐너를 이용하여 측정된 데이터가 저장되는 표준 포맷의 형태가 아닌 것은?

① XYZ
② IGES
③ STEP
④ JPG

|해설|

2-1

최초의 표준 포맷이며, 형상 데이터를 나타내는 엔터티(Entity)로 이루어져 있다. 점, 선, 원, 자유 곡선, 자유 곡면, 트림 곡면, 색상, 글자 등 CAD/CAM 소프트웨어에서 3차원 모델의 거의 모든 정보를 포함할 수 있다.

2-2

모든 스캔 소프트웨어 혹은 데이터 처리 소프트웨어에서 사용이 가능한 포맷으로 가장 많이 사용되는 포맷은 XYZ, IGES와 STEP가 있다.

정답 2-1 ② 2-2 ④

① 정합(Registration) : 개별 스캐닝 작업에서 얻어진 점
　데이터들이 합쳐지는 과정으로 정합용 고정구 및 마커
　등을 사용하는 경우와 측정 데이터 자체로 정합을 하
　는 경우가 있다.

　㉠ 정합용 툴을 이용하는 경우 : 정합용 마커는 최소
　　3개 이상의 볼이 서로 정합될 데이터에 모두 측정
　　이 되도록 간격을 조절하여 부착한다. 서로 합쳐야
　　할 점 데이터에서 동일한 정합용 볼들의 중심을
　　서로 매칭시킴으로써 측정 데이터들이 하나로 합
　　쳐지게 된다.

　㉡ 점군 데이터를 직접 이용하는 경우 : 각각 측정된
　　점 데이터로부터 중첩되는 특징 형상들을 찾아내
　　서 그 부분을 일치시킴으로써 정합을 하게 된다.

② 병합(Merging)

　㉠ 정합을 통해서 중복되는 부분을 서로 합치는 과정
　　이다. 즉, 정합을 통하여 같은 좌표계로 통일된 데
　　이터를 하나의 파일로 통합하는 것이다.

　㉡ 서로 중첩되거나 불필요한 점의 개수를 줄여 데이
　　터 사이즈를 줄이는 것이다.

3-1. 고정구, 마커 등을 이용하여 스캔 과정에서 얻어진 점 데이터를 합치는 과정은?

① 정 합
② 병 합
③ 매 칭
④ 필터링

3-2. 중복되는 부분을 서로 합치는 과정은 무엇인가?

① 정 합
② 병 합
③ 매 칭
④ 필터링

|해설|

3-1
정합은 개별 스캐닝 작업에서 얻어진 점 데이터들이 합쳐지는
과정으로 정합용 고정구 및 마커 등을 사용하는 경우와 측정 데이터
자체로 정합을 하는 경우가 있다.

3-2
병합(Merging)은 정합을 통해서 중복되는 부분을 서로 합치는
과정이다. 즉, 정합을 통하여 같은 좌표계로 통일된 데이터를
하나의 파일로 통합하는 것이다.

정답 3-1 ① 3-2 ②

스캔 데이터는 기본적으로 많은 노이즈를 포함하고 있으며 측정, 정합 및 병합 후에 불필요한 데이터를 필터링해야 한다.

① 데이터 클리닝(Cleaning)

스캔 데이터는 측정 환경, 측정 대상물의 표면 상태 및 스캐닝 설정 등에 따라서 다양한 노이즈를 포함할 수 있다. 이러한 노이즈는 소프트웨어에서 제공하는 자동 필터링 기능을 사용할 수도 있으며, 수동으로 필요 없는 점들을 제거할 수도 있다. 수동 기능은 특정 영역을 설정해서 필요 없는 점들을 제거한다.

※ 스캔 데이터 보정
- 필터링 : 중첩된 점의 개수를 줄여 데이터 처리를 쉽게 하는 것이다.
- 스무딩(Smoothing) : 측정 오류로 주변 점들에 비해서 불규칙적으로 형성된 점들에 대한 수정을 하는 것이다.

② 스캔 데이터 페어링

㉠ 형상 수정 : 페어링(Fairing) 과정을 통해서 불필요한 점을 제거하고 다양한 오류를 바로 잡아 최종적으로 삼각형 메시(Triangular Mesh)를 형성하고 3차원 프린팅을 할 수 있다. 측정이 되지 않아 움푹 패인 비정상적인 형상은 패치(Patch)와 같은 툴로 주변 점들을 연결해서 수정한다.

※ 삼각형 메시 생성 법칙
- 점과 점 사이의 법칙(Vertex-to-Vertex Rule) : 삼각형들은 꼭짓점을 항상 공유해야 한다.
- 공간상에서 삼각형이 서로 교차하지 않는다.
- 삼각형들끼리 서로 겹치지 않는다.

㉡ 페어링 작업
- 형상을 부드럽게 하는 작업이다.
- 삼각형의 크기를 균일하게 하는 작업이다.

- 삼각형의 면의 방향으로 바로잡는 작업이다.
- 큰 삼각형에 노드를 추가해서 작은 삼각형으로 만드는 작업이다.

자주 출제된 문제

4-1. 중첩된 점의 개수를 줄여 데이터 처리를 쉽게 하는 것은?

① 노이징 ② 필터링
③ 스무딩 ④ 페어링

4-2. 삼각형 메시 생성 시 법칙에 해당하지 않는 것은?

① 삼각형들끼리 서로 겹치지 않는다.
② 공간상에서 삼각형은 교차하지 않는다.
③ 삼각형의 넓이는 같아지도록 설정한다.
④ 삼각형들은 꼭짓점을 항상 공유해야 한다.

4-3. 페어링 작업에 해당하지 않는 것은?

① 형상을 부드럽게 하는 작업
② 삼각형의 크기를 균일하게 하는 작업
③ 삼각형의 면의 방향으로 바로잡는 작업
④ 작은 삼각형을 큰 삼각형으로 만드는 작업

|해설|

4-1
필터링은 중첩된 점의 개수를 줄여 데이터 처리를 쉽게 하는 것이다.

4-2
삼각형 메시 생성 법칙
- 점과 점 사이의 법칙(Vertex-to-Vertex Rule) : 삼각형들은 꼭짓점을 항상 공유해야 한다.
- 공간상에서 삼각형이 서로 교차하지 않는다.
- 삼각형들끼리 서로 겹치지 않는다.

4-3
큰 삼각형에 노드를 추가해서 작은 삼각형으로 만드는 작업이다.

정답 4-1 ② 4-2 ③ 4-3 ④

제1절 도면의 이해

핵심이론 01 도면의 분류

① 용도에 따른 분류

- ㉠ 계획도 : 설계자가 만들고자 하는 제품의 계획을 나타낸 도면이다(제작도의 기초).

- ㉡ 주문도 : 주문자의 요구 내용을 설계자 또는 생산자에게 제시하는 도면이다.

- ㉢ 견적도 : 설계자 또는 생산자가 견적서에 첨부하여 주문품의 내용을 설명하는 도면이다.

- ㉣ 승인도 : 설계자가 주문자의 요구 사항을 반영하여 승인받은 도면이다.

- ㉤ 제작도 : 제품 제작을 위해 승인도를 구체화하여 제도 통칙에 맞게 그린 도면이다.

- ㉥ 설명도 : 완성된 제품의 구조, 기능, 작동 원리 등을 설명하는 도면이다.

② 내용에 따른 분류

- ㉠ 조립도 : 두 개 이상의 부품이 조립된 형상을 나타내는 도면으로 조립에 필요한 사항만 기입한다.

- ㉡ 스케치도 : 제품 구상의 아이디어를 구체화하여 손으로 자유롭게 그리거나 실물을 보고 도면에 옮겨 그린 것으로, 치수나 필요한 사항을 기입한 도면이다.

- ㉢ 부품도 : 하나의 부품을 제도 통칙에 맞추어 자세하게 나타낸 도면으로 부품 제작 시 필요하다.

- ㉣ 부분 조립도 : 조립 상태를 몇 개의 부분으로 나누어 나타내는 도면으로, 자동차와 같이 물체가 크거나 복잡하여 한 장에 나타내기 어려울 때 주로 사용한다.

1-1. 제작도의 기초가 되며 설계자가 만들고자 하는 제품의 계획을 나타낸 도면은?

① 계획도
② 주문도
③ 견적도
④ 설명도

1-2. 제품 구상의 아이디어를 구체화하여 손으로 자유롭게 그리거나 실물을 보고 도면에 옮겨 그린 것으로 치수나 필요한 사항을 기입한 도면은?

① 조립도
② 스케치도
③ 부품도
④ 부분조립도

|해설|

1-1

- 주문도 : 주문자의 요구 내용을 설계자 또는 생산자에게 제시하는 도면이다.
- 견적도 : 설계자 또는 생산자가 견적서에 첨부하여 주문품의 내용을 설명하는 도면이다.
- 설명도 : 완성된 제품의 구조, 기능, 작동 원리 등을 설명하는 도면이다.

1-2

- 조립도 : 두 개 이상의 부품이 조립된 형상을 나타내는 도면으로 조립에 필요한 사항만 기입한다.
- 부품도 : 하나의 부품을 제도 통칙에 맞추어 자세하게 나타낸 도면으로 부품 제작 시 필요하다.
- 부분 조립도 : 조립 상태를 몇 개의 부분으로 나누어 나타내는 도면으로, 자동차와 같이 물체가 크거나 복잡하여 한 장에 나타내기 어려울 때 주로 사용한다.

정답 1-1 ① 1-2 ②

핵심이론 02 | 도면의 크기

① 제도용지의 짧은 변과 긴 변 길이의 비율은 $1 : \sqrt{2}$ 이며, A0 용지의 넓이는 약 1m^2이다.

② 큰 도면을 접을 때는 A4 용지의 크기로 접으며, 표제란이 바깥으로 나오도록 한다.

③ 도면의 치수에 따라 굵기 0.5mm 이상의 윤곽선을 그린다.

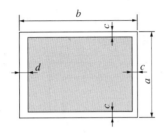

크기의 호칭			A0	A1	A2	A3	A4
$a \times b$			841 × 1,189	594 × 841	420 × 594	297 × 420	210 × 297
도면의 윤곽	c(최소)		20	20	10	10	10
	d (최소)	접지 않을 때	20	20	10	10	10
		접을 때	25	25	25	25	25

자주 출제된 문제

2-1. 도면의 크기에 대한 설명으로 틀린 것은?

① 제도용지의 짧은 변과 긴 변의 비는 $1 : \sqrt{2}$ 이다.
② A0 용지의 넓이는 $\sqrt{2}\,\text{m}^2$이다.
③ 표제란이 바깥으로 나오도록 접는다.
④ 큰 도면을 접을 때는 A4 용지의 크기로 접는다.

2-2. 도면에서 A3 제도용지의 크기는?

① 841 × 1,189   ② 594 × 841
③ 420 × 594   ④ 297 × 420

|해설|

2-1
A0 용지의 넓이는 약 1m^2이다.

2-2
A4 용지의 크기는 210 × 297이다. A4 용지의 짧은 변 × 2 = A3 용지의 긴 변이 된다.
∴ A3 제도용지의 크기 = 297 × 420

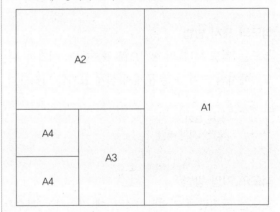

정답 2-1 ② 2-2 ④

핵심이론 03 | 도면의 척도

① 척도(Scale)

대상물의 실제 치수에 대한 도면에 표시한 대상물의 비율을 나타내는 것으로 축척, 현척, 배척의 세 종류가 있으며 도면에 사용하는 척도의 경우 KS A ISO 5455에 따른다.

② 척도의 종류

ㄱ. 축척 : 실물보다 작게 축소해서 그린 것으로, 1 : 1보다 작은 척도이다.

ㄴ. 현척 : 실물과 같은 크기로 그린 것으로, 1 : 1인 척도이며 실척이라고도 한다.

ㄷ. 배척 : 실물보다 크게 확대해서 그린 것으로, 1 : 1보다 큰 척도이다.

③ 척도의 표시 방법

척도는 '척도 A : B'의 형식으로 표시한다. 여기서 A는 도면에서의 크기, B는 물체의 실제 크기를 나타낸다.

A : B
└─ 실제 크기
└── 도면에서의 크기

④ 척도의 기입 방법

척도는 표제란에 기입하며 도면에 기입하는 치수는 척도에 관계없이 모두 실제 치수로 기입해야 한다. 한 장의 도면에서 서로 다른 척도를 사용하는 경우 주요 척도는 표제란에 기입하고, 그 외의 척도는 해당 그림의 부품 번호 또는 상세도의 참조 문자 부근에 기입한다. 전체 도면이 정해진 척도를 적용하지 않을 경우에는 치수 밑에 밑줄을 그어 표시하거나 '비례가 아님' 또는 'NS(Not to Scale)'로 기입한다.

자주 출제된 문제

3-1. 도면의 척도가 '1 : 2'로 도시되었을 때 척도의 종류는?

① 배 척　　　　② 축 척
③ 현 척　　　　④ 비례척이 아님

3-2. 다음 도면의 척도에 관한 설명 중 옳지 않은 것은?

① 척도에는 축척, 실척, 배척 3가지 종류가 있다.
② 척도를 기입할 때 A : B로 표기하며, A는 도면에 그려지는 크기, B는 물체의 실제 크기를 표시한다.
③ 축척, 배척으로 제도했더라도 도면의 치수는 실제 치수를 기입해야 한다.
④ 한 장의 도면에 서로 다른 척도를 사용할 수 없다.

3-3. 다음의 도형을 척도 1 : 2로 도면에 나타낼 때, 도면에 기입하는 치수 A는 얼마인가?

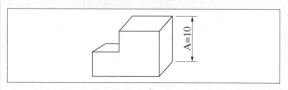

① 5　　　　② 10
③ 20　　　　④ 50

| 해설 |

3-1

1 : 2 에서
└─ 실제 크기
└── 도면에서의 크기

실제 크기보다 도면에서의 크기가 작으므로 축척이다.
① 배척 : 실물보다 크게 확대해서 그린 것으로, '2 : 1'과 같이 나타낸다.
③ 현척 : 실물과 같은 크기로 그린 것으로, '1 : 1'로 나타낸다.
④ 비례척이 아님 : 정해진 척도를 적용하지 않을 경우에 사용하며, '비례가 아님' 또는 'NS(Not to Scale)'로 나타낸다.

3-2

한 장의 도면에서 서로 다른 척도를 사용하는 경우 주요 척도는 표제란에 기입하고, 그 외의 척도는 해당 그림의 부품 번호 또는 상세도의 참조 문자 부근에 기입한다.

3-3

도면에 기입하는 치수는 척도에 관계없이 모두 실제 치수로 기입한다.

정답 3-1 ②　3-2 ④　3-3 ②

① 선의 모양과 굵기에 따른 선의 종류

㉠ 선의 종류

종 류	모 양	
실 선	———————	연속적으로 이어진 선
파 선	- - - - - - - -	짧은 선을 일정한 간격으로 반복되게 그은 선
1점 쇄선	—·—·—·—	길고 짧은 두 종류의 선을 반복되게 그은 선
2점 쇄선	—··—··—	긴 선과 2개의 짧은 선을 번갈아 그은 선

㉡ 선의 굵기

0.18, 0.25, 0.35, 0.5, 0.7, 1, 1.4, 2mm로 규정하고 있으며, 아주 굵은 선 : 굵은 선 : 가는 선의 굵기 비율은 4 : 2 : 1이다.

㉢ 선의 종류와 용도

선의 종류		용도에 의한 명칭	선의 용도
굵은 실선	———————	외형선	대상물이 보이는 부분의 모양을 표시하는 데 쓰인다.
가는 실선	———————	치수선	치수를 기입하기 위하여 쓰인다.
		치수 보조선	치수를 기입하기 위해 도형으로부터 끌어내는 데 쓰인다.
		지시선	기술·기호 등을 표시하기 위하여 끌어들이는 데 쓰인다.
		회전 단면선	도형 내에 그 부분의 끊은 곳은 90° 회전하여 표시하는 데 쓰인다.
		중심선	도형의 중심선을 간략하게 표시하는 데 쓰인다.
		수준면선	수면, 유면 등의 위치를 표시하는 데 쓰인다.
가는 파선 또는 굵은 파선	- - - -	숨은선(파선)	대상물의 보이지 않는 부분의 모양을 표시하는 데 쓰인다.
가는 1점 쇄선	—·—·—·—	중심선	• 도형의 중심을 표시하는 데 쓰인다. • 중심이 이동한 중심 궤적을 표시하는 데 쓰인다.
		기준선	특히 위치 결정의 근거가 된다는 것을 명시할 때 쓰인다.
		피치선	되풀이하는 도형의 피치를 취하는 기준을 표시하는 데 쓰인다.

선의 종류		용도에 의한 명칭	선의 용도
굵은 1점 쇄선	—·—·—	특수 지정선	특수한 가공을 하는 부분 등 특별한 요구사항을 적용할 수 있는 범위를 표시하는 데 사용한다.
가는 2점 쇄선	—··—··—	가상선	• 인접 부분을 참고로 표시하는 데 사용한다. • 공구, 지그 등의 위치를 참고로 나타내는 데 사용한다. • 가공 부분을 이동 중의 특정한 위치 또는 이동 한계의 위치를 표시하는 데 사용한다. • 가공 전후의 모양을 표시하는 데 사용한다. • 되풀이하는 것을 나타내는 데 사용한다. • 도시된 단면의 앞쪽에 있는 부분을 표시하는 데 사용한다.
		무게중심선	단면의 무게중심을 연결한 선을 표시하는 데 사용한다.
불규칙한 파형의 가는 실선 또는 지그재그선	〰〰	파단선	대상물의 일부를 파단한 경계 또는 일부를 떼어낸 경계를 표시하는 데 사용한다.
가는 1점 쇄선으로 끝부분 및 방향이 변하는 부분을 굵게 한 것	—·—⌐	절단선	단면도를 그리는 경우, 그 절단 위치를 대응하는 그림에 표시하는 데 사용한다.
가는 실선으로 규칙적으로 빗금을 그은 선	/////////	해칭	도면의 특정 부분을 다른 부분과 구별하는 데 사용한다. 예를 들면 단면도의 절단된 부분을 나타내는 선이다.
가는 실선	———————	특수한 용도의 선	• 외형선 및 숨은 선의 연장을 표시하는 데 사용한다. • 평면이란 것을 나타내는 데 사용한다. • 위치를 명시하는 데 사용한다.
아주 굵은 실선	▬▬▬▬		얇은 부분의 단선 도시를 명시하는 데 사용한다.

자주 출제된 문제

4-1. 도면에서 사용되는 아주 굵은 선 : 굵은 선 : 가는 선의 비는?

① 6 : 3 : 1
② 5 : 2.5 : 1
③ 4 : 2 : 1
④ 3 : 2 : 1

4-2. 가는 실선이 쓰이지 않는 것은?

① 치수선
② 숨은선
③ 지시선
④ 파단선

|해설|

4-2

가는 실선은 치수선, 치수 보조선, 지시선, 회전 단면선, 파단선, 해칭선 등에 사용된다.

정답 4-1 ③ 4-2 ②

핵심이론 05 | 투상도의 종류 및 규격

① 정투상도

유리 상자 안에 물체를 놓고 투상할 때, 보는 방향에 따라 수직으로 놓인 유리면을 입화면, 수평으로 놓인 유리면을 평화면, 나머지 하나를 측화면이라고 한다. 이 세 평면을 정투상도의 기본 투상면이라고 한다. 입화면은 물체의 모양과 특징이 가장 잘 나타나는 정면도를, 평화면은 물체의 위쪽 부분의 모양이 나타나는 평면도를, 측화면은 물체의 왼쪽이나 오른쪽 면의 모양이 나타나는 좌(우)측면도를 생성한다.

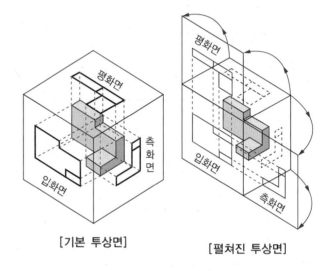

[기본 투상면]　　　[펼쳐진 투상면]

② 특수투상도

　㉠ 등각투상도 : 물체의 밑면의 경사가 지면과 30°가 되도록 잡아 물체의 세 모서리가 120°의 등각을 이루면서 물체의 세 면이 동시에 보이도록 그린 것이다. 세 축의 길이 비율은 1 : 1 : 1로 한다.

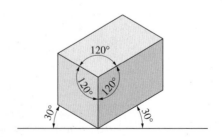

ⓛ 사투상도 : 정면도는 실제 모습과 같게 그리고 평
면도와 측면도는 수평선과 경사지게 하여 입체적
으로 그린 것으로 윗면과 옆면은 수평선과 30°,
45°, 60° 경사지게 그린다.

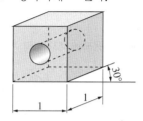

ⓒ 투시투상도 : 시점에서 물체를 본 시선이 화면과
만나는 점을 방사선으로 연결하여 원근감을 느낄
수 있도록 그린 것으로 건축, 토목, 교량 등을 그릴
때 많이 사용한다. 표현방법에 따라 소점이 1개,
2개, 3개인 경우가 있다.

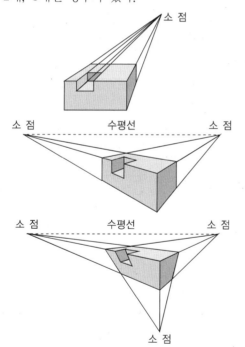

5-1. 다음 내용이 설명하는 투상법은?

> 투사선이 평행하게 물체를 지나 투상면에 수직으로 닿고
> 투상된 물체가 투상면에 나란하기 때문에 어떤 물체의
> 형상도 정확하게 표현할 수 있다. 이 투상법에는 1각법과
> 3각법이 있다.

① 투시투상법　　　　　② 등각투상법
③ 사투상법　　　　　　④ 정투상법

**5-2. 눈에 비치는 모양과 같게 그린 것으로 거리감을 느낄 수
있도록 투상하는 방법은?**

① 투시투상법　　　　　② 등각투상법
③ 사투상법　　　　　　④ 정투상법

|해설|

5-1

• 등각투상법 : 정면, 평면, 측면을 하나의 투상도에서 동시에
　볼 수 있도록 그린 도법으로 직각으로 만나는 3개의 모서리는
　각각 120°를 이룬다.
• 사투상법 : 물체를 투상면에 대하여 한쪽으로 경사지게 투상하여
　입체적으로 나타낸 것으로 정면의 도형은 정투상도의 정면도와
　거의 같다.
• 투시투상법 : 눈에 비치는 모양과 같게 물체를 그리는 것으로
　멀고 가까운 거리감을 느낄 수 있도록 하나의 시점과 물체의
　각 점을 방사선으로 이어서 그리는 도법이다.

5-2

투시투상법 : 눈에 비치는 모양과 같게 물체를 그리는 것으로
멀고 가까운 거리감을 느낄 수 있도록 하나의 시점과 물체의 각
점을 방사선으로 이어서 그리는 도법이다.

정답 5-1 ④　5-2 ①

핵심이론 06 | 제3각법과 제1각법

① 제3각법

물체를 제3면각에 놓고 가상의 화면에 투영하여 형상을 그리는 방법으로, 투상을 하게 되면 '눈 → 투상면 → 물체'의 순서가 된다.

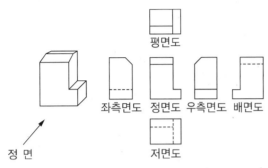

[제3각법의 투상도 배치]

② 제1각법

물체를 제1면각에 놓고 가상의 화면에 투영하여 형상을 그리는 방법으로, 투상을 하게 되면 '눈 → 물체 → 투상면'의 순서가 된다. 또한 도면의 배치도 정면도를 기준으로 '좌측면도 ↔ 우측면도', '평면도 ↔ 저면도'의 위치가 바뀐 상태로 투상도를 배치한다.

③ 제3각법과 제1각법의 표시

도면을 작성할 때 각법의 표시는 '제3각법', '제1각법'이라고 문자로 기입하거나 다음 그림과 같이 기호로 표시한다.

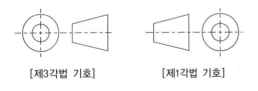

[제3각법 기호]   [제1각법 기호]

자주 출제된 문제

6-1. 제3각법에서 정면도 아래에 배치하는 투상도를 무엇이라 하는가?

① 평면도   ② 좌측면도
③ 배면도   ④ 저면도

6-2. 도면의 표제란에 사용되는 제3각법의 기호로 옳은 것은?

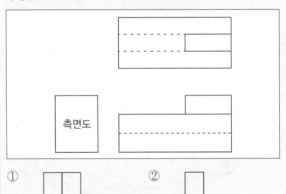

6-3. 다음 중 제3각 투상법에 대한 설명으로 맞는 것은?

① 눈 → 투상면 → 물체
② 눈 → 물체 → 투상면
③ 투상면 → 물체 → 눈
④ 물체 → 눈 → 투상면

6-4. 다음의 투상도에서 좌측면도에 해당하는 것은?(단, 제3각 투상법으로 표현한다)

측면도

①   ②

③   ④

6-5. 다음 등각투상도의 화살표 방향이 정면도일 때, 평면도를 올바르게 표시한 것은?(단, 제3각법의 경우에 해당한다)

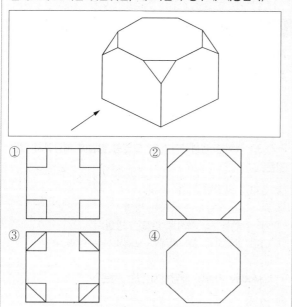

① ②

③ ④

6-6. 다음과 같이 제3각법에 의한 투상도에 가장 적합한 입체도는?(단, 화살표 방향이 정면이다)

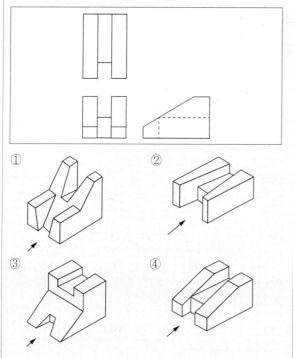

① ②

③ ④

| 해설 |

6-1

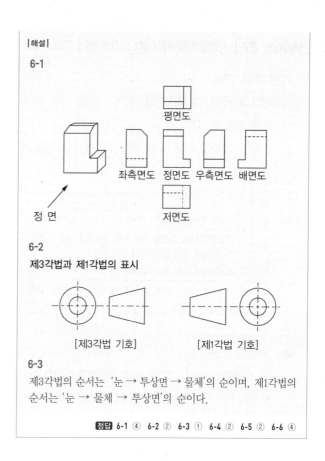

평면도

좌측면도 정면도 우측면도 배면도

정 면   저면도

6-2

제3각법과 제1각법의 표시

[제3각법 기호]   [제1각법 기호]

6-3

제3각법의 순서는 '눈 → 투상면 → 물체'의 순이며, 제1각법의 순서는 '눈 → 물체 → 투상면'의 순이다.

정답 6-1 ④ 6-2 ② 6-3 ① 6-4 ⑤ 6-5 ② 6-6 ④

① 기본 메뉴 기능

　㉠ 파일의 생성, 열기, 저장, 닫기, 환경 설정 등의
　　기본 기능이 있다.

　㉡ 생성된 객체에 대해 이동, 회전, 스케일 조정의 기
　　능이 제공된다.

메 뉴	기 능
이 동	3차원 객체를 생성한 뒤 적당한 위치로 이동시킨다.
회 전	생성된 3차원 객체를 X축, Y축, Z축 방향으로 회전시켜 원하는 형상을 만든다.
스케일	객체의 크기를 변화시킨다.
그 외 객체 선택, 복사, 객체 중심축 설정, 스냅 설정, 실행취소, 재실행 등이 있다.	

② 3D 모델링 기능

　㉠ 3D 객체를 생성하기 위한 모델링 방법으로, 3D 기본
　　도형을 이용하는 방법과 2D 라인을 3D 객체로 만드
　　는 방법, 폴리곤 모델링 기법, CSG(Constructive
　　Solid Geometry) 방식 등 3D 객체를 모델링하는
　　다양한 방법이 있다.

　㉡ 3D 소프트웨어는 이러한 모델링 도구를 제공하여
　　사용자가 3D 객체를 생성할 수 있게 한다.

③ Modify 기능

　생성된 3D 객체를 수정하는 기능으로 점, 선, 면에
　대한 삽입, 삭제, 수정 기능을 제공하고 객체 구부리
　기, 비틀기, 늘리기, 돌출시키기, 부드럽게 하기 등의
　기능을 제공하여 생성된 객체의 품질을 향상시킨다.

④ 재질 입히기 및 렌더링 기능

　㉠ 재질은 3D 객체에 색상이나 문양, 질감을 표현하
　　는 기능으로, 유리나 플라스틱, 금속, 천, 나무,
　　돌 등의 재질을 제작할 수 있게 지원한다.

　㉡ 이미지 매핑도 가능하며 빛의 세기 조절과 반사
　　굴절 효과도 지원한다.

　㉢ 랜더링을 통해 모델링된 결과물을 출력할 수 있다.
　　랜더링은 3D로 제작된 결과물을 출력하는 계산 과
　　정이다.

자주 출제된 문제

7-1. 3D 소프트웨어의 주요 기능 중 기본 메뉴에 해당하지 않는 것은?

① 파일 생성　　　　② 파일 저장
③ 돌출시키기　　　④ 환경 설정

7-2. 3D 객체를 생성하기 위한 모델링 방법에 해당하지 않는 것은?

① 폴리곤 모델링 기법
② 2D 기본 도형을 이용하는 방법
③ 2D 라인을 3D 객체로 만드는 방법
④ CSG 방식으로 3D 객체를 모델링하는 방법

7-3. Modify 기능에 해당하지 않는 것은?

① 이 동
② 비틀기
③ 늘리기
④ 부드럽게 하기

|해설|

7-1
기본 메뉴에는 파일의 생성, 열기, 저장, 닫기, 환경 설정 등의
기본 기능이 있다. 또 생성된 객체에 대해 이동, 회전, 스케일
조정의 기능이 제공된다.

7-2
3D 객체를 생성하기 위한 모델링 방법
• 3D 기본 도형을 이용하는 방법
• 2D 라인을 3D 객체로 만드는 방법
• 폴리곤 모델링 기법
• CSG(Constructive Solid Geometry) 방식으로 3D 객체를 모델
　링하는 방법

7-3
Modify 기능은 생성된 3D 객체를 수정하는 기능으로 점, 선,
면에 대한 삽입, 삭제, 수정 기능을 제공하고 객체 구부리기,
비틀기, 늘리기, 돌출시키기, 부드럽게 하기 등의 기능을 제공하여
생성된 객체의 품질을 향상시킨다.

정답 7-1 ③　7-2 ②　7-3 ①

① 정투상도

㉠ 모델링을 하려고 하는 물체는 보는 방향마다 모양이 다르다.

㉡ 따라서 투상도 작성 시 정면도의 선택에 따라 투상도 전체가 바뀌게 되며, 물체에 대한 정보를 가장 많이 주는 투상도를 정면도로 사용한다.

㉢ 투상법의 종류는 제1각법과 제3각법이 있는데, 보통 모델링을 할 때에는 제3각법에 의해서 제작된다.

② KS 규격

[국가별 표준]

표준 마크	표준 규격	표준 명칭
	KS	한국산업표준 (Korean Industrial Standards)
	JIS	일본공업표준 (Japanese Industrial Standards)
	ANSI	미국표준 (American National Standards Institute)
	BS	영국표준 (British Standard)
	DIN	독일표준 (Deutsche Institut für Normung)
	NF	프랑스표준 (Norme Française)

[KS 부문별 분류 기호]

분류 기호	부 문
KS A	기 본
KS B	기 계
KS C	전기전자
KS D	금 속
KS M	화 학

㉠ 일반적으로 제작용 도면의 경우 한국산업표준(KS 규격)이 정한 원칙에 따라 도면을 작성한다.

㉡ 한국산업표준(KS 규격)에서 정의되지 않은 경우에는 ISO에서 정한 국제표준에 따라 도면을 작성해야 한다.

㉢ 3D 엔지니어링 프로그램에서는 3D 모델링 데이터를 도면화시키기 위해 다음 도표의 표준 규격에 따라 작성한다.

• 3D 모델링을 위한 스케치에 있어서는 보통 KS 규격의 투상법과 단위(Units)에 대한 규격만 따른다.

• 3D 엔지니어링 프로그램에서 치수 단위는 mm 단위를 원칙으로 하되, 도면에 단위를 표시하지 않는다.

• 다만, 미터(m)나 킬로미터(km) 등 특정한 단위의 사용이 불가피한 경우 치수 뒤에 단위를 표기할 수 있다(KS F 1541 − 7 치수의 기입).

[한국산업표준 및 국제표준]

구 분	규 격	
	KS	ISO
도면의 크기	KS A 0106 KS B ISO 5457	−
투상법	KS A 0111 KS A 0111−1 KS A 0111−2 KS A 0111−3 KS A 0111−4 KS A ISO 128−30 KS A ISO 128−40 KS A ISO 128−50	ISO 2594 ISO 8048 ISO 8560 ISO 9431
축 척	KS A 0110	ISO 5455
선	KS A ISO 128−21 KS A ISO 128−22 KS F ISO 128−23	ISO 128−20
문 자	KS A 0107	−
심 벌	KS A 0108 KS A 0113	−
레이어	KS F 1542	ISO 13567−1 ISO 13567−2 ISO/TR 13567−3

③ 정투상도에 따른 작업 평면 선택

 ㉠ 3D 엔지니어링 프로그램에서 기준 평면은 정면, 윗면, 우측면 3개의 기준 평면을 제공하고 있다.

 ㉡ 사용자가 정투상도법에 준하는 위치를 선택하여 2D 스케치 영역으로 접근하면 된다.

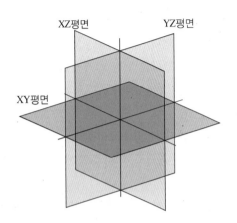

XZ평면   YZ평면

XY평면

8-1. 다음 중 국가별 표준 규격 기호가 잘못 표기된 것은?

① 영국 – BS
② 독일 – DIN
③ 프랑스 – ANSI
④ 스위스 – SNV

8-2. KS 부문별 분류 기호로 맞지 않는 것은?

① KS B : 기계
② KS C : 전기전자
③ KS D : 기본
④ KS M : 화학

8-3. 한국산업표준 중 기계 부문에 대한 분류 기호는?

① KS A   ② KS B
③ KS C   ④ KS D

8-4. 우리나라의 도면에 사용되는 길이 치수의 기본적인 단위는?

① mm   ② cm
③ m   ④ inch

|해설|

8-1
프랑스 – NF, 미국 – ANSI

8-2
KS D : 금속

8-3
② KS B : 기계
① KS A : 기본
③ KS C : 전기전자
④ KS D : 금속

8-4
• 치수 기입 시 KS 규격의 투상법과 단위(Units)에 대한 규격을 따르며 단위는 기입하지 않는다.
• 치수 단위는 mm 단위를 원칙으로 하되, 도면에 단위를 표시하지 않는다.

정답 8-1 ③ 8-2 ③ 8-3 ② 8-4 ①

제2절 2D 스케치

핵심이론 01 3D 엔지니어링 소프트웨어 기능 파악

① 3D 엔지니어링 소프트웨어에 따른 기능

　일반적으로 가장 많이 사용하는 3D 엔지니어링 소프트웨어에는 CATIA, SolidWorks, UG-NX, Inventor, Solidedge 등이 있다.

　㉠ 파트 작성 : 3D 엔지니어링 소프트웨어에서 파트는 하나의 부품 형상을 모델링하는 곳으로, 3D 엔지니어링 소프트웨어에서 형상을 표현하는 가장 중요한 요소이다. 또한 우리가 보편적으로 3차원 형상 모델링하는 곳이 바로 파트이다.

　㉡ 조립품 작성 : 파트 작성을 통해 생성된 부품을 조립하는 곳으로, 3D 엔지니어링 소프트웨어를 통해 부품 간 간섭 및 조립 유효성 검사 및 시뮬레이션 등 의도한 디자인대로 동작하는지 체크할 수 있는 요소이다.

　㉢ 도면 작성 : 작성된 부품 또는 조립품을 도면화시키고, 현장에서 형상을 제작하기 위한 2차원 도면을 작성하는 요소이다.

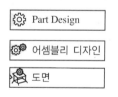

② 파트 작성 기능 파악하기

　㉠ 스케치 작성 : 2차원 스케치와 3차원 스케치로 구분이 된다.

　　• 2차원 스케치는 평면을 기준으로 선, 원, 호 등 작성 명령을 이용하여 형상을 표현하는 것이다.

　　• 3차원 스케치는 3차원 공간에서 직접적으로 선을 작성한다.

　　• 일반적으로는 2차원 스케치를 통해서 프로파일(단면)을 작성한다.

※ 스케치는 제작할 형상의 가장 기본적인 프로파일을 생성하기 위해 레이아웃을 작성하는 곳으로, 형상의 완성도를 결정하는 가장 중요한 부분이다.

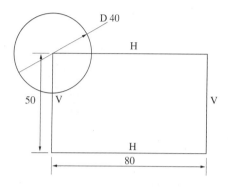

　㉡ 솔리드 모델링

　　• 3차원 형상의 표면뿐만 아니라 내부에 질량, 체적, 부피값 등 여러 가지 정보가 존재할 수 있으며, 점, 선, 면의 집합체로 되어 있다.

　　• 솔리드 모델링은 스케치에서 생성된 프로파일에 각종 모델링 명령(돌출, 회전, 구멍 작성, 스윕, 로프트) 등을 이용하여 형상을 표현한다.

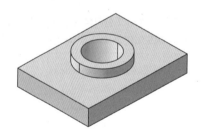

　㉢ 곡면(서피스) 모델링

　　• 3차원 형상을 표현하는 데 있어서 솔리드 모델링으로 표현하기 힘든 기하 곡면을 처리하는 기법으로 솔리드 모델링과는 다르게 형상의 표면 데이터만 존재하는 모델링 기법이다.

　　• 곡면 모델링 기법으로 3차원 형상을 표현하고, 3D 엔지니어링 소프트웨어에서 제공하는 기능으로 차후 솔리드 형상으로 변경하여 완성한다.

• 특히 3D프린터를 이용한 3차원 형상을 출력하고자 한다면, 곡면 모델링 방법으로 모델링 후 솔리드로 이루어진 형상을 3D프린터로 출력해야 정상적으로 출력이 된다.

자주 출제된 문제

1-1. 3D 엔지니어링 소프트웨어가 아닌 것은?

① CATIA   ② SolidWorks
③ Inventor   ④ Auto CAD

1-2. 다음 설명에 가장 적합한 3차원의 기하학적 형상 모델링 방법은?

• Boolean 연산(합, 차, 적)을 통하여 복잡한 형상 표현이 가능하다.
• 형상을 절단한 단면도 작성이 용이하다.
• 은선 제거가 가능하고 물리적 성질 등의 계산이 가능하다.
• 컴퓨터의 메모리량과 데이터 처리가 많아진다.

① 서피스 모델링(Surface Modeling)
② 솔리드 모델링(Solid Modeling)
③ 시스템 모델링(System Modeling)
④ 와이어 프레임 모델링(Wire Frame Modeling)

|해설|

1-1
3D 엔지니어링 소프트웨어에는 CATIA, SolidWorks, UG-NX, Inventor, Solidedge 등이 있다.

1-2
솔리드 모델링은 3차원 형상의 표면뿐만 아니라 내부에 질량, 체적, 부피값 등 여러 가지 정보가 존재할 수 있으며, 점, 선, 면의 집합체로 되어 있다.

정답 1-1 ④   1-2 ②

핵심이론 02 | 기하학적 드로잉(Drawing) 및 스케치 명령

드로잉이란 치수 추출이 가능한 기하학적 형상을 그리는 것으로, 형상의 기본 단면을 표현하기 위한 스케치를 뜻한다.

① 스케치(Sketch) 명령
3D 엔지니어링 프로그램의 스케치를 위한 드로잉 도구

선   폴리선   원   호

아이콘	설 명
선	기본적인 선을 그리는 명령으로, 스케치에서 가장 많이 사용되는 연속적인 선 그리기 기능을 가지고 있다.
원	원을 그리는 명령으로, 기본적으로 중심점을 먼저 지정하고 원의 크기를 지정하여 원을 스케치한다.
호	원호를 그리는 명령으로, 원의 일부분을 그릴 때 많이 사용하고 있으며 하위 명령에 따라 다양하게 호를 그릴 수 있다.
사각형	사각형을 그리는 명령으로, 사각형의 코너와 반대편 코너를 지정하여 사각형을 그릴 수 있으며 하위 명령에 따라 그리는 방법을 다양하게 변경할 수 있다.
정다각형	정다각형을 그리는 명령으로, 정삼각형 이상 정다각형 도형을 그릴 수 있다. 명령을 선택하여 먼저 변의 개수를 지정하고, 중심점과 다각형의 크기 점을 지정해서 다각형을 그릴 수 있다.
타 원	타원을 그리는 명령으로, 장축과 단축으로 이루어진 원을 그릴 때 사용한다. 중심점을 먼저 지정하고, 장축의 위치와 단축의 위치를 지정하여 그린다.
폴리선	직선뿐만 아닌 호(Arc)와 조합하여 연속적인 선 그리기가 가능한 메뉴이며, 단일 평면 객체 생성이 가능하다.

그 밖에 각 명령의 하위 명령 등 여러 가지 드로잉 명령을 이용하여 스케치 작업을 한다.

② 스케치 편집 도구

스케치 드로잉 후 필요에 따라 수행되는 편집 도구

✥ 이동	✂ 자르기	☐ 축척	❏┇ 직사각형
♺ 복사	→ 연장	⬇ 늘이기	✛ 원형
⟳ 회전	⊣⊢ 분할	⚎ 간격띄우기	⋈ 대칭
수정			패턴

아이콘	설 명
✥ 이 동	복사 옵션을 사용하여 점에서 점으로 선택한 스케치 형상을 이동한다.
♺ 복 사	선택한 스케치 형상을 복사하고 스케치에 하나 이상의 복제를 배치한다.
⟳ 회 전	스케치 형상 또는 사본을 지정한 중심점 기준으로 회전시킨다.
✂ 자르기	가장 가까운 교차 곡선 또는 경계 형상까지 곡선을 자를 때 사용한다.
→ 연 장	가장 가까운 교차 곡선 또는 경계 형상까지 곡선을 연장할 때 사용한다.
⊣⊢ 분 할	도면 요소를 두 개 이상의 단면으로 분할할 때 사용한다.
☐ 축 척	선택한 스케치 형상의 크기를 비례하여 늘리거나 줄일 때 사용한다.
⬇ 늘이기	지정된 점을 사용하여 선택한 형상을 늘릴 때 사용한다.
⚎ 간격띄우기	선택한 스케치 형상의 간격을 띄워 복사할 때 사용한다.
❏┇ 직사각형	선택한 객체를 직사각형 배열로 복사한다.
✛ 원 형	선택한 객체를 중심점을 기준으로 원형 배열한다.
⋈ 대 칭	대칭면을 기준으로 대칭면의 반대쪽에 복사한다.

그 밖에 패턴에 따른 배열 및 대칭 복사의 명령을 가지고 있다.

2-1. 선택한 스케치 형상의 크기를 비례하여 늘리거나 줄이는 도구는?

① 간격띄우기
② 늘이기
③ 축 척
④ 연 장

2-2. 뾰족한 모서리를 지정한 반지름값으로 라운딩하는 것은?

① 모따기
② 모깎기
③ 호그리기
④ 스플라인

2-3. 스케치 편집 도구가 아닌 것은?

① 호   ② ✂ 자르기

③ ✥ 이동   ④ ♺ 복사

|해설|

2-1
선택한 스케치 형상의 크기를 비례하여 늘리거나 줄일 때 사용하는 도구는 축척이다.

2-2
모깎기는 뾰족한 모서리를 지정한 반지름값에 의해 라운딩하는 것이고, 모따기는 반듯하게 자르는 것이다.

2-3
호는 스케치 명령에 해당한다.

정답 2-1 ③ 2-2 ② 2-3 ①

① 구속 조건

    ㉠ 객체들 간의 자세를 흐트러짐 없이 잡아 두고, 차후 디자인 변경이나 수정 시 편리하고 직관적으로 업무를 수행하기 위한 기능이다.

    ㉡ 구속 조건에는 크게 형상 구속과 치수 구속 두 가지가 있으며, 이 두 구속 조건을 모두 충족해야만 정상적이고 안전한 형상을 모델링할 수 있다.

② 구속 조건의 종류

    ㉠ 형상 구속

      • 드로잉된 스케치 객체들 간의 자세를 맞추는 구속이다.

      • 스케치 객체들의 자세가 자유롭게 변형되는 것을 막고, 설계자가 의도한 대로 스케치 형상을 유지할 수 있도록 설정하는 구속이다.

      • 형상 구속의 종류 : 수평, 수직, 직각, 평행, 동일, 동일선상, 일치, 동심, 접선, 교차, 대칭, 동일 원 등이 있다.

    ㉡ 치수 구속 : 스케치의 값을 정해서 크기를 맞추는 구속이다.

    ※ 디자인을 형상화하기 위한 모델링 스케치 시 형상 구속과 치수 구속의 조건을 모두 만족해야 한다.

③ 구속 조건의 예시

아이콘		설 명
치수 구속	치 수	2D 또는 3D 스케치에서 치수를 배치한다.
	(아이콘)	선택된 스케치 형상에 누락된 치수와 구속 조건을 적용한다.
형상 구속	일 치	2D 또는 3D 스케치의 다른 형상에 점을 구속한다.
	동일선상	두 개 이상의 선 또는 타원축이 동일한 선에 놓이도록 구속한다.
	동 심	동일 중심점에 두 개의 호, 원 또는 타원을 구속한다.
	고 정	상대적인 위치에 점과 곡선을 고정한다.
	평 행	선택한 선형 형상이 서로 평행으로 놓이도록 구속한다.
	직 각	선택한 선형 형상이 서로 직각이 되도록 구속한다.
	수 평	스케치 좌표계의 X축에 평행이 되도록 점과 선을 구속한다.
	수 직	스케치 좌표계의 Y축에 평행이 되도록 점과 선을 구속한다.
	접 선	스플라인의 끝을 포함하는 곡선을 다른 곡선에 접하도록 구속한다.
	부드럽게	곡률 연속(G2) 조건을 스플라인에 적용한다.
	대 칭	선택한 선 또는 곡선이 선택한 선을 중심으로 대칭이 되도록 구속한다.
	동 일	선택된 원과 호가 동일한 반지름을 갖거나 선택된 선이 동일한 길이를 갖도록 구속한다.

3-1. 형상 구속에 해당하지 않는 것은?

① 평 행
② 접 선
③ 일 치
④ 치 수

3-2. 평행 구속에 해당하는 것은?

① (아이콘) ② (아이콘)
③ (아이콘) ④ (아이콘)

| 해설 |

3-1
구속 조건
• 형상 구속 : 드로잉된 스케치 객체들 간의 자세를 맞추는 구속이다 (수평, 수직, 직각, 평행, 동일, 동일선상, 일치, 동심, 접선, 교차, 대칭, 동일 원 등이 있다).
• 치수 구속 : 스케치의 값을 정해서 크기를 맞추는 구속이다.

3-2
① (아이콘) : 동일선상 구속
② (아이콘) : 수평 구속
③ (아이콘) : 동일 구속

정답 3-1 ④ 3-2 ④

핵심이론 **04** │ 디자인 소프트웨어에서 지원하는 모델링 종류

① 3D 소프트웨어 지원 모델링 개요

ㄱ 우리가 살고 있는 공간을 구성하는 건물, 가구, 기계, 전자 제품, 인테리어 소품, 캐릭터 등의 다양한 물체를 3D 소프트웨어로 제작할 수 있다. 다양한 3D 객체를 표현하는 방법도 여러 가지가 존재한다.

ㄴ 3D 소프트웨어에서 기본적으로 제공하는 3D 기본 도형을 이용하여 모델링하는 방법과 삼각형 면을 기본 단위로 하는 폴리곤 모델링, 2D 객체를 이용하여 3D 객체로 모델링하는 방법, CSG(Constructive Solid Geometry) 방식으로 3D 객체를 모델링하는 다양한 방법이 있다.

② 3D 소프트웨어에서 지원하는 모델링 종류

ㄱ 3D 기본 도형 모델링

• 3D 기본 도형이란 박스, 콘, 구, 실린더, 튜브 등 가장 기본이 되는 간단한 도형을 의미하며, 3D 도형은 길이, 너비 및 높이 정보를 가진다.

• 3D 소프트웨어에서 제공하는 3D 기본 도형에는 Box, Cone, Sphere, Cylinder, Tube, Pyramid 등이 있다. 이러한 기본 도형을 합치거나 변형하여 비교적 단순한 3D 객체를 생성할 수 있다(예 의자, 책상, 장난감 기차 등은 3D 도형을 이용하여 쉽게 제작할 수 있다).

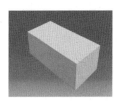

[Box : 정육면체 또는 직육면체]

[Cone : 위 아래의 반지름이 다른 원기둥]

[Sphere : 구]　　　[Cylinder : 원기둥]

[Pyramid :
피라미드 모양]　　　[Torus :
도넛이나 링 모양]

ⓛ 폴리곤 모델링
- 폴리곤 모델링은 삼각형을 기본면으로 3D 객체를 모델링하는 방법으로, 3차원 객체를 구성하는 점과 선, 면을 편집하여 객체를 만든다.
- 폴리곤의 서브 오브젝트인 점(Vertex), 선(Edge), 면(Polygon)에 대한 편집 명령으로는 삭제, 분할, 연결, 높이 변경, 모서리 깎기 등이 있다.

종 류	기 능
점	점 삭제 기능, 선택한 점에 새로운 점을 만들어 분리시키는 기능, 선택한 점에 높이를 주는 기능, 지정된 범위 안에 점을 합치는 기능, 점과 점을 이어 주는 기능 등이 있다.
선	선택한 선의 삭제 기능, 선택한 선을 분리시키는 기능, 선택한 선에 높이를 주는 기능, 지정한 범위 안에 선을 합치는 기능, 선택한 선을 다른 선과 연결하는 기능, 선택한 선에 수직이 되는 방향으로 면을 분할하는 기능, 선택한 선을 새로운 모양으로 만들어 주는 기능 등이 있다.
면	면에 높이를 주는 기능, 선택한 면의 넓이를 늘리거나 줄이는 기능, 면과 면을 연결하는 기능, 선을 따라 선택한 면을 돌출시키는 기능 등이 있다.

ⓒ 2D 라인을 이용한 3D 모델링
- 2D 라인으로 단면을 그리고 단면에 두께를 준다거나 2D 라인을 회전시킨다거나 하는 방식으로 3D 객체를 생성하는 방법이다.

- 2차원 객체로는 라인, 사각형, 원, 타원, 호, 텍스트 등이 있다.

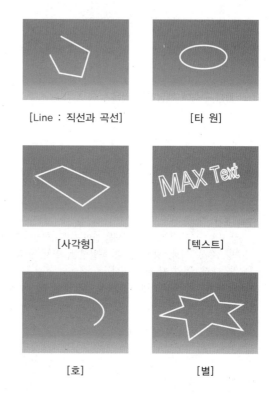

[Line : 직선과 곡선]　　　[타 원]

[사각형]　　　[텍스트]

[호]　　　[별]

- 2D 라인을 이용한 3D 모델링의 종류는 다음과 같다.
  - 돌출 모델링 : 2D 단면에 높이 값을 주어 면을 돌출시키는 방식이다. 선택한 면에 높이 값을 주어 돌출시킨다.

- 스윕(Sweep) 모델링 : 경로를 따라 2D 단면을 돌출시키는 방식이다. 스윕 모델링을 하기 위해서 경로와 2D 단면이 있어야 한다.

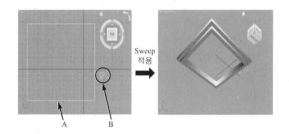

- 회전 모델링 : 축을 기준으로 2D 라인을 회전하여 3D 객체로 만드는 방식이다. 단면이 대칭을 이루면서 360° 회전되는 물체를 만들 때 사용한다. 주로 와인 잔, 병 등을 만들 때 사용한다.

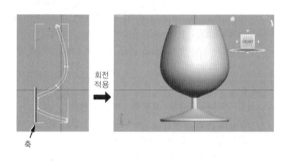

- 로프트 모델링 : 2개 이상의 라인을 사용하여 3D 객체를 만드는 방식이다. 사용되는 라인 중 하나는 경로(Path)로 사용되며, 다른 하나는 표면(Shape)을 만들게 된다. 2개 이상의 라인을 적용하여 다양한 형태를 만들 수 있고, 복잡한 형태의 객체도 만들 수 있다.

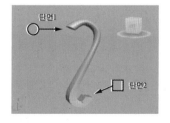

ㄹ CSG(Constructive Solid Geometry) 방식 : 기본 객체들에 집합 연산을 적용하여 새로운 객체를 만드는 방법이다. 집합 연산은 합집합, 교집합, 차집합 연산이 있다.
  • 합집합 : 두 객체를 합쳐서 하나의 객체로 만드는 것
  • 교집합 : 두 객체의 겹치는 부분만 남기는 방식
  • 차집합 : 한 객체에서 다른 한 객체의 부분을 빼는 것

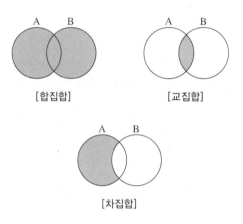

※ 합집합과 교집합은 피연산자의 순서가 변경되어도 동일한 결과를 나타내지만, 차집합의 경우는 피연산자의 순서가 변경되면 다른 객체가 만들어진다.

4-1. 3D 소프트웨어에서 제공하는 3D 기본 도형에 해당하지 않는 것은?

① 텍스트
② 박 스
③ 구
④ 콘

4-2. 2D 라인을 이용하여 3D 객체를 생성하는 방법에서 2차원 객체에 해당하는 것이 아닌 것은?

① 원
② 구
③ 타 원
④ 호

4-3. 다음이 설명하는 모델링 방식에 해당하는 것은?

> • 경로를 따라 2D 단면을 돌출시키는 방식이다.
> • 모델링을 위해서는 2D 단면과 경로가 필요하다.

① 돌출 모델링
② 스윕 모델링
③ 회전 모델링
④ 로프트 모델링

4-4. 집합 연산을 적용하여 새로운 객체를 만드는 방법 중 두 객체의 겹치는 부분만 남기는 방식은 무엇인가?

① 합집합
② 차집합
③ 교집합
④ 부분집합

|해설|

4-1
3D 소프트웨어에서 제공하는 3D 기본 도형에는 Box, Cone, Sphere, Cylinder, Tube, Pyramid 등이 있다.

4-2
2D 라인을 이용한 3D 모델링은 2D 라인으로 단면을 그리고 단면에 두께를 준다거나 2D 라인을 회전시킨다거나 하는 방식으로 3D 객체를 생성하는 방법이다. 2차원 객체로는 라인, 사각형, 원, 타원, 호, 텍스트 등이 있다.

4-3
② 스윕(Sweep) 모델링 : 경로를 따라 2D 단면을 돌출시키는 방식이다. 스윕 모델링을 하기 위해서 경로와 2D 단면이 있어야 한다.
① 돌출 모델링 : 2D 단면에 높이 값을 주어 면을 돌출시키는 방식이다. 선택한 면에 높이 값을 주어 돌출시킨다.
③ 회전 모델링 : 축을 기준으로 2D 라인을 회전하여 3D 객체로 만드는 방식이다. 단면이 대칭을 이루면서 360° 회전되는 물체를 만들 때 사용한다. 주로 와인 잔, 병 등을 만들 때 사용한다.
④ 로프트 모델링 : 2개 이상의 라인을 사용하여 3D 객체를 만드는 방식이다. 사용되는 라인 중 하나는 경로(Path)로 사용되며, 다른 하나는 표면(Shape)을 만들게 된다. 2개 이상의 라인을 적용하여 다양한 형태를 만들 수 있고, 복잡한 형태의 객체도 만들 수 있다.

4-4
집합 연산은 합집합, 교집합, 차집합 연산이 있다.
• 합집합 : 두 객체를 합쳐서 하나의 객체로 만드는 것
• 교집합 : 두 객체의 겹치는 부분만 남기는 방식
• 차집합 : 한 객체에서 다른 한 객체의 부분을 빼는 것

정답 4-1 ① 4-2 ② 4-3 ② 4-4 ③

핵심이론 05 | 작업 지시서

① 작업 지시서

  ㉠ 제품 제작 시에 반영해야 할 정보를 정리한 문서이다.

  ㉡ 디자인 요구 사항, 영역, 길이, 각도, 공차, 제작 수량에 대한 정보를 포함하고 있다.

② 작업 지시서에 포함되어야 할 내용

  ㉠ 제작 개요

    • 제작 물품명 : 제작할 물품명을 표기한다.

    • 제작 방법 : 제작 방법에 대한 설명을 표기한다.

    • 제작 기간 : 제작 기간을 표기한다.

    • 제작 수량 : 제작 수량을 표기한다.

  ㉡ 디자인 요구 사항

    • 모델링 방법 : 모델링 방법에 대한 자세한 설명을 표기한다.

    • 제작 시 주의 사항과 요구 사항을 작성한다.

    • 출력할 3D프린터의 스펙 및 출력 가능 범위를 정확히 체크하고 그에 맞는 모델링을 수행한다.

  ㉢ 정보 도출 : 전체 영역과 부분의 영역, 각 부분의 길이, 두께, 각도에 대한 정보를 도출한다.

  ㉣ 도면 그리기

    • Top View, Front View, Left View, Perspective View에 대한 도면을 그린다.

    • 각 도면에 대한 정확한 영역과 길이, 두께, 각도 등에 대한 정보를 표기한다.

핵심이론 01 | 작업 환경 설정

3D 객체를 형성 전에 작업 환경을 설정해야 한다. 작업 환경 설정에는 스케일 설정, 화면 구성 등이 있다.

① 스케일 설정 : 3D 출력물의 정확도와 여러 객체를 조립할 때 단위를 통일하기 위해서 꼭 필요하며, 3D프린터용 출력물 모델링을 위해서 단위를 mm로 설정하도록 한다.

② 자동 저장 기능 : 3D 디자인 소프트웨어에 자동 저장 기능이 있다면 반드시 설정하는 것이 중요하다. 다른 프로그램에 비해 3D 프로그램의 경우 예기치 못하게 다운되는 경우가 종종 있으므로 자동 저장 기능을 설정해 두는 것이 필요하다.

③ 명령어 취소 기능 횟수 : 복잡한 객체의 경우 높게 설정해 두면 수정하기 편리하다.

1-1. 3D 프린터 객체 형성 전 작업 환경 설정 시 하는 것으로 바르게 묶은 것은?

ㄱ. 스케일 설정	ㄴ. 화면 구성
ㄷ. 제작 수량 설정	ㄹ. 프린터 설정

① ㄱ, ㄴ
② ㄱ, ㄷ
③ ㄴ, ㄷ
④ ㄷ, ㄹ

1-2. 3D프린터용 출력물 모델링 시 단위로 알맞은 것은?

① cm
② mm
③ inch
④ mg

|해설|

1-1
작업 환경 설정에는 스케일 설정, 화면 구성 등이 있다.

1-2
스케일 설정 : 3D 출력물의 정확도와 여러 객체를 조립할 때 단위를 통일하기 위해서 꼭 필요하며, 3D프린터용 출력물 모델링을 위해서 단위를 mm로 설정하도록 한다.

정답 1-1 ① 1-2 ②

핵심이론 02 | 3D 객체 생성 과정

① 2D 라인 그리기

    ㉠ 작업 지시서를 보고 2D 라인으로 단면을 제작한 후 3D로 모델링해야 하는 객체의 경우에는 먼저 2D 라인을 제작해야 한다.

    ㉡ 2D 라인의 제작은 2차원 그래픽 소프트웨어에서 작성된 파일을 3D 디자인 소프트웨어 내부로 불러들여 작업하여도 되고, 3D 디자인 소프트웨어의 자체 기능을 이용하여 작성할 수도 있다.

    ㉢ 3D 디자인 소프트웨어는 기본적으로 선, 원, 호, 사각형, 다각형, 텍스트 등의 2D 객체를 지원한다.

    ㉣ 스케치된 그림이나 이미지 파일이 있으면 최대한 동일하게 라인을 생성시킨다.

② 3D 객체 만들기

    ㉠ 2D 라인이 준비되면 3D 객체 생성 도구를 이용하여 3D 모델링을 할 수 있다.

    ㉡ 2D 라인을 이용하여 3D 객체를 제작하는 방법에는 돌출 모델링, 스윕 모델링, 회전 모델링, 로프트 모델링이 있다.

    ㉢ 2D 라인 없이 3D 객체를 만드는 방법에는 3D 기본 도형을 이용한 모델링, 폴리곤 모델링, CSG 방식이 있다.

③ 객체 병합 및 수정

    ㉠ 개별 객체가 만들어지면 하나의 객체로 병합하는 과정을 거치고, 폴리곤 편집을 통해 수정할 수 있다.

    ㉡ 수정 도구를 이용하여 크기, 각도, 위치, 두께, 부드러움 정도를 수정할 수 있다.

핵심이론 01 │ 형상 데이터 조립 방법

복잡한 형상을 가진 3D 객체의 경우에는 부분을 따로 제작한 뒤 하나의 형상으로 조립해야 한다. 여러 객체로 이루어진 하나의 공간을 구현할 때에도 각각 제작된 객체를 하나의 공간으로 합치는 조립을 수행해야 한다.

① 부분 형상 제작
　㉠ 하나의 객체로 조립할 부분 형상들을 제작할 때에는 모두 동일한 작업 환경을 이용해야 한다.
　㉡ 동일한 좌표계와 동일한 스케일 환경에서 작업을 해야 조립이 용이하다.
　㉢ 특히 객체 조립 부위의 크기와 두께가 일치되도록 주의해야 한다.

② 객체 조립
　㉠ 부분 형상이 준비되면 객체들을 하나의 공간으로 불러들여 조립을 수행한다.
　㉡ 3D 디자인 소프트웨어는 다른 파일에 존재하는 객체들을 불러올 수 있는 병합 기능이 있으므로 이러한 기능을 이용하여 병합할 객체를 한 공간으로 모은다.
　㉢ 부분 형상들을 병합할 위치에 배치한다. 3D 소프트웨어에서 제공하는 병합 기능을 이용하여 형상을 하나로 조립한다.
　　• 부분 형상 확인하기 : 부분 형상을 병합하기 전에 각각의 형상이 3D프린터로 출력이 가능한지 확인한다.
　　• 객체 병합 기능 : 객체 병합 기능으로 부분 형상을 하나의 객체로 합칠 수 있다. 병합 기능은 여러 개의 형상을 하나로 합쳐서 하나의 객체로 만들어 준다.

　　• 폴리곤 연결 : 연결할 두 면을 선택한 뒤 폴리곤 연결 기능을 적용하면 두 면을 자연스럽게 이어 준다. 연결할 두 면의 크기가 동일하면 연결된 부분의 크기도 일정하다.

자주 출제된 문제

1-1. 부분 형상 제작 시에 대한 설명으로 옳지 않은 것은?
① 동일한 좌표계에서 작업한다.
② 동일한 사람이 작업해야 한다.
③ 동일한 스케일 환경에서 작업한다.
④ 객체 조립 부위의 크기와 두께가 일치해야 한다.

1-2. 다른 파일에 존재하는 객체를 불러올 수 있는 기능은 무엇인가?
① 복 사
② 이 동
③ 병 합
④ 정 합

|해설|

1-1
부분 형상 제작
하나의 객체로 조립할 부분 형상들을 제작할 때에는 모두 동일한 작업 환경을 이용해야 한다. 동일한 좌표계와 동일한 스케일 환경에서 작업을 해야 조립이 용이하다. 특히 객체 조립 부위의 크기와 두께가 일치되도록 주의해야 한다.

1-2
병합 기능
다른 파일에 존재하는 객체들을 불러올 수 있는 기능이다.

정답 1-1 ② 1-2 ③

| 작업 지시서의 디자인 도면과 형상
데이터 비교하기

작업 지시서의 디자인 도면과 형상 데이터를 비교하기
위해서 다음 사항들을 고려해야 한다.

① 전체 형상의 모양과 크기 비교

작업 지시서의 디자인 도면과 조립된 3D 형상의 크기
와 모양을 비교한다.

② Top, Front, Left 도면과 형상 비교

정확한 비교를 위해 작업 지시서에 표시된 Top,
Front, Left 도면과 조립된 3D 형상의 Top, Front,
Left View를 비교한다.

③ 각 부분 수치 비교

각 부분의 크기, 두께, 각도 등을 면밀히 검토하여 차
이점이 없는지 확인해야 한다.

④ 조립 부위의 연결 비교

하나의 객체로 조립이 되었는지 확인하고 조립 부위의
연결이 자연스러운지 검토해야 한다.

⑤ 차이점 파악하고 수정 내용 작성하기

작업 지시서의 디자인 도면과 형상 데이터를 비교하여
차이점이 파악되면 수정할 내용을 작성해야 한다. 구
체적인 수치를 이용하여 수정 내용을 작성한다. 차이
가 나는 부분의 명칭과 크기, 두께, 방향, 각도에 대해
표기한다.

자주 출제된 문제

작업 지시서의 디자인 도면과 형상 데이터를 비교할 때 고려하
지 않는 것은?

① 각 부분 수치 비교
② 조립 부위의 연결 비교
③ 전체 형상의 모양과 크기 비교
④ Perspective 도면과 형상 비교

|해설|

작업 지시서의 디자인 도면과 형상 데이터를 비교할 때 고려할 사항
• 전체 형상의 모양과 크기 비교
• Top, Front, Left 도면과 형상 비교
• 각 부분 수치 비교
• 조립 부위의 연결 비교
• 차이점 파악하고 수정 내용 작성

정답 ④

파악된 형상 데이터와 디자인 스케치의 차이점을 바탕으로 형상 데이터를 수정하기 위해 3D 디자인 소프트웨어의 수정 기능을 학습해야 한다.

① 크기, 두께, 각도 수정하기

　　㉠ 작업 지시서의 도면과 모델링된 3D 데이터의 크기 및 두께, 각도에 차이가 있다면 3D 디자인 소프트웨어의 수정 도구를 이용하여 수정한다.

　　㉡ 3D 디자인 소프트웨어의 크기 측정 도구를 이용하여 각 뷰에서의 크기를 측정한다. 측정된 크기가 도면과 다르다면 스케일 기능이나 객체의 속성값 설정을 통해 크기를 수정한다.

　　㉢ 이때 수정하고자 하는 축이 바르게 선택되었는지 확인한다.

　　㉣ 각도의 경우 수정하고자 하는 방향이 맞는지 확인 후 각도를 수정한다.

② 2D 라인 수정하기

　　㉠ 2D 라인으로 단면이나 경로를 작성한 경우에는 2D 라인을 수정할 수 있다.

　　　• 3D 디자인 소프트웨어는 각 작업을 스택이나 레이어 형태로 기록하고 있기 때문에, 2D 작업 후 3D 작업을 했더라도 2D 부분의 수정이 가능하다.

　　　• 작업이 완료되기 전까지는 각각의 작업을 하나로 병합하지 말고 수정을 할 수 있도록 유지한다.

　　㉡ 2D 객체를 구성하는 하위 요소인 점과 선을 수정할 수 있다.

　　　• 점에 대한 수정 기능으로는 점 삽입, 점 삭제, 점 분리, 점들의 병합, 점을 기준으로 곡률 조절 등이 있다.

　　　• 선에 대한 수정 기능은 선 삽입, 선 삭제, 선 분할, 선 연결 등이 있다.

　　㉢ 2D 도형에 대한 수정 기능은 2D 도형 합치기, 도형에 대한 집합 연산, 모서리 둥글게 만들기 등이 있다. 이러한 기능을 이용하여 2D 라인을 수정할 수 있다.

③ 폴리곤 수정하기

　　㉠ 폴리곤 수정은 폴리곤을 구성하는 하위 객체인 점, 선, 면의 수정을 통해 이루어진다.

　　㉡ 점에 대한 수정 기능은 점 삽입, 점 삭제, 점 분할, 점 병합, 점의 위치 이동 등이 있다.

　　㉢ 선에 대한 수정 기능은 선 삽입, 선 삭제, 선 분할, 선 연결, 선의 위치 이동 등이 있다.

　　㉣ 면에 대한 수정 기능은 선택한 면에 높이 주기, 선택한 면의 넓이를 늘리거나 줄이기, 면과 면을 연결하기 등이 있다.

④ 정렬하기

　객체 조립을 위해 정렬 기능을 이용하면 기준점을 중심으로 정확한 위치에 객체를 배치시킬 수 있다.

⑤ 부드럽게 처리하기

　최종 결과물의 연결 부위나 전반적으로 부드럽게 처리할 부분에 대해서 면 분할 기능을 이용해 출력물을 부드럽게 처리할 수 있다.

3-1. 모델링된 3D 데이터의 크기 측정 방법으로 옳은 것은?

① 데이터의 용량 크기를 이용하여 측정한다.
② 컴퓨터 모니터에서 자를 이용하여 측정한다.
③ 크기를 알고 있는 물체를 이용하여 비교 측정한다.
④ 3D 디자인 소프트웨어의 크기 측정 도구를 이용하여 측정한다.

3-2. 2D 도형에 대한 수정 기능으로 옳지 않은 것은?

① 점들의 병합
② 2D 도형 합치기
③ 모서리 둥글게 만들기
④ 도형에 대한 집합 연산

3-3. 폴리곤 수정에 해당하는 것으로 옳지 않은 것은?

① 점의 수정
② 선의 수정
③ 면의 수정
④ 입체의 수정

3-4. 폴리곤 수정에서 면에 대한 수정 기능이 아닌 것은?

① 선의 위치 이동
② 면과 면을 연결하기
③ 선택한 면에 높이 주기
④ 선택한 면의 넓이를 늘리기

3-5. 최종 결과물의 연결 부위나 부드럽게 처리할 부분에 적용하는 기능은 무엇인가?

① 면 병합 기능
② 면 분할 기능
③ 점의 위치 이동 기능
④ 선의 위치 이동 기능

|해설|

3-1

3D 디자인 소프트웨어의 크기 측정 도구를 이용하여 각 뷰에서의 크기를 측정한다. 측정된 크기가 도면과 다르다면 스케일 기능이나 객체의 속성값 설정을 통해 크기를 수정한다.

3-2

2D 도형에 대한 수정 기능은 2D 도형 합치기, 도형에 대한 집합 연산, 모서리 둥글게 만들기 등이 있다.

3-3

폴리곤 수정
폴리곤을 구성하는 하위 객체인 점, 선, 면의 수정을 통해 이루어진다. 점에 대한 수정 기능은 점 삽입, 점 삭제, 점 분할, 점 병합, 점의 위치 이동 등이 있고, 선에 대한 수정 기능은 선 삽입, 선 삭제, 선 분할, 선 연결, 선의 위치 이동 등이 있다. 면에 대한 수정 기능은 선택한 면에 높이 주기, 선택한 면의 넓이를 늘리거나 줄이기, 면과 면을 연결하기 등이 있다.

3-4

면에 대한 수정 기능은 선택한 면에 높이 주기, 선택한 면의 넓이를 늘리거나 줄이기, 면과 면을 연결하기 등이다.

3-5

최종 결과물의 연결 부위나 전반적으로 부드럽게 처리할 부분에 대해서 면 분할 기능을 이용해 출력물을 부드럽게 처리할 수 있다.

정답 3-1 ④ 3-2 ① 3-3 ④ 3-4 ① 3-5 ②

핵심이론 04 | 데이터 수정 방법

① 차이 나는 부분 분석하기

작업 지시서의 도면과 모델링된 3D 데이터의 차이점을 분석한다.

② 수정 방법 선택하기

3D 디자인 소프트웨어의 수정 기능 중 어떤 방법을 선택하여 수정할 수 있는지 정한다.

㉠ 크기나 두께, 위치 이동, 각도의 수정은 기본 도구를 이용하여 수정 가능하다.

㉡ 돌출 모델링의 돌출의 정도는 폴리곤 편집을 통해 가능하다.

㉢ 회전 모델링과 스윕 모델링, 로프트 모델링의 경우는 2D 라인 편집을 통해 수정할 수 있다.

㉣ 폴리곤 모양을 변경해야 할 경우에는 폴리곤의 점, 선, 면 편집을 통해 수정할 수 있다.

㉤ 그 밖에 3D 디자인 소프트웨어에는 구부리기, 비틀기, 늘리기 등 다양한 수정 도구가 있으며, 적절한 수정 도구를 선정하여 편집할 수 있도록 한다.

③ 수정하기

선택한 수정 방법과 도구를 이용하여 도면과 일치하도록 수정한다.

④ 수정 확인하기

수정이 제대로 되었는지 확인한다.

핵심이론 01 | 3D프린터 방식과 재료

3D프린터의 재료는 고체 기반 재료와 액체 기반 재료, 분말 기반 재료로 나눌 수 있다. 똑같은 형상을 만들어도 재료에 따라 가공하는 방식이 다르며 응용 용도도 다르다. 또 요구되는 정밀도 등에 따라서 가공하는 방법이 달라질 수 있다. 출력하고자 하는 모델의 정확한 특성을 이해한 후 그에 맞는 3D프린터를 선택해야 한다.

① 고체 기반형

　㉠ FDM 방식 : 열가소성 재료를 녹인 후 노즐을 거쳐 압출되는 재료를 적층해 가는 방식이다. 열가소성 재료에는 ABS, PLA 등의 플라스틱 필라멘트 형태가 있다.

　㉡ LOM 방식 : 종이판이나 플라스틱 등의 시트를 CO_2 레이저나 칼로 커팅 후 열을 가하여 접착하면서 모델을 제작하는 방식이다.

② 액체 기반형

　㉠ DLP 방식 : 레이저빔이나 강한 자외선에 반응하는 광경화성 액상 수지를 경화시켜 제작하는 방식이다.

　㉡ SLA 방식 : 빛에 민감한 반응을 하는 광경화성 수지가 들어 있는 수조에 자외선 레이저를 주사하여 모델을 제작하는 방식이다.

　㉢ Polyjet/MJM 방식 : 프린트 헤드의 노즐에서 액상의 컬러 잉크와 바인더라는 경화 물질을 분말 상태 재료에 분사하여 모델을 제작하는 방식이다.

③ 분말 기반형

　㉠ 3DP 방식 : 분말을 바인더라 불리는 접착제를 이용하여 단면 조형 후 적층하고 바인더로 분말을 접착하여 형상을 제작한다.

　㉡ SLS/DMLS 방식 : 분말 형태의 재료를 레이저를 이용하여 소결 또는 융해하여 형상을 제작한다.

　㉢ EBM 방식 : Electron Beam을 이용하여 분말 형태의 재료를 소결 또는 융해하여 형상을 제작한다.

자주 출제된 문제

1-1. 3D프린터의 재료를 나눌 때 형태에 따른 분류에 해당하지 않는 것은?

① 고체 기반 재료　　　② 액체 기반 재료
③ 기체 기반 재료　　　④ 분말 기반 재료

1-2. 3D프린터의 재료에서 액체 기반형 재료에 해당하지 않는 것은?

① DLP　　　　　　　② FDM
③ SLA　　　　　　　④ MJM

1-3. 분말 형태의 재료를 레이저를 이용하여 소결 또는 융해하여 형상을 제작하는 것은?

① 3DP　　　　　　　② SLS
③ EBM　　　　　　　④ LOM

|해설|

1-1
3D프린터의 재료는 고체 기반 재료와 액체 기반 재료, 분말 기반 재료로 나눌 수 있다.

1-2
• 고체 기반형 : FDM, LOM
• 액체 기반형 : DLP, SLA, Polyjet/MJM
• 분말 기반형 : 3DP, SLS/DMLS, EBM

1-3
• 3DP : 분말을 바인더라 불리는 접착제를 이용하여 단면 조형 후 적층하고 바인더로 분말을 접착하여 형상을 제작한다.
• SLS/DMLS : 분말 형태의 재료를 레이저를 이용하여 소결 또는 융해하여 형상을 제작한다.
• EBM : Electron Beam을 이용하여 분말 형태의 재료를 소결 또는 융해하여 형상을 제작한다.
• LOM 방식 : 종이판이나 플라스틱 등의 시트를 CO_2 레이저나 칼로 커팅 후 열을 가하여 접착하면서 모델을 제작하는 방식이다.

정답 1-1 ③　1-2 ②　1-3 ②

핵심이론 02 | 고체 기반 3D프린터

① 고체 기반 3D프린터

 ㉠ FDM 방식의 3D프린터는 대부분 플라스틱 필라멘트를 소재로 사용한다.

 ㉡ 3D 모델링 데이터를 슬라이싱하여 단면을 만든다.

 ㉢ 하나의 단면이 출력되면 다음 단면을 출력하는 방식으로, 높이를 만들고 한 층씩 쌓아 가면서 3D 형상을 완성한다.

 ㉣ 장단점

장 점	• 친숙한 소재인 ABS와 친환경적 소재인 PLA를 사용할 수 있다. • 다른 3D프린터 방식에 비해 3D프린터와 재료의 가격이 저렴하다. • 작동 원리가 간단하고 사용 가능한 오픈 소스가 많아 활용하기 좋고, 가장 보편적인 방식으로 접근성이 좋다.
단 점	• 다른 3D프린터 방식에 비해 출력의 품질이 떨어진다. • 미세 분진과 가열된 플라스틱 냄새가 발생한다. • 정교한 작업이 어렵다.

② 사용 용도

 3D프린터가 비교적 저렴하기 때문에 3D프린터를 처음 접하는 사람이나 일반 가정용으로 사용하기 적당하다. 주로 섬세한 표현보다는 전제적인 윤곽에 대한 출력이나 시제품 제작 등에 사용될 수 있다.

자주 출제된 문제

고체 기반 3D프린터의 장점에 해당하지 않는 것은?

① 작동 원리가 간단하다.
② 정교한 작업이 가능하다.
③ 친환경 소재인 PLA를 사용할 수 있다.
④ 다른 프린터 방식에 비해 3D프린터와 재료의 가격이 저렴하다.

|해설|

고체 기반 3D프린터의 장단점

장 점	• 친숙한 소재인 ABS와 친환경적 소재인 PLA를 사용할 수 있다. • 다른 3D프린터 방식에 비해 3D프린터와 재료의 가격이 저렴하다. • 작동 원리가 간단하고 사용 가능한 오픈 소스가 많아 활용하기 좋고, 가장 보편적인 방식으로 접근성이 좋다.
단 점	• 다른 3D프린터 방식에 비해 출력의 품질이 떨어진다. • 미세 분진과 가열된 플라스틱 냄새가 발생한다. • 정교한 작업이 어렵다.

정답 ②

핵심이론 03 | 액체 기반 3D프린터

① 액체 기반 3D프린터

    ㉠ 다양한 색상과 특성을 가지는 소재들이 개발되어 있고, 출력 속도와 정밀도가 우수하다.

    ㉡ 속도와 품질이 우수하고 소재가 다양하기 때문에 가격이 조정된다면 앞으로 가장 많이 사용될 것으로 전망한다.

    ㉢ 광경화성 3D프린터는 액체 상태의 플라스틱을 광원을 이용하여 고체로 굳혀 조형물을 만드는 방식이다.

    ㉣ 장단점

장 점	• 약 0.1mm 이하의 해상도를 가지기 때문에 품질이 좋다. • 소재의 종류가 500종 이상으로 다양하다. • 출력 속도가 빠르고 컬러 출력도 지원된다.
단 점	• 재료의 가격이 비싸다. • 사용 및 취급 시 세심한 주의가 필요하다.

② 사용 용도

    ㉠ 액세서리 및 치기공 등 정밀한 형상을 제작할 때 사용한다.

    ㉡ 일반인과 프로슈머, 산업 전반에 걸쳐 폭넓게 활용될 수 있다.

    ㉢ 출력 가능한 사이즈가 작아 액세서리나 피규어 제작 등의 산업에 활용되고 있다.

자주 출제된 문제

액체 기반 3D프린터의 장점에 해당하지 않는 것은?

① 출력 속도가 빠르다.
② 정교한 작업이 가능하다.
③ 재료의 가격이 저렴하다.
④ 해상도가 좋아 품질이 좋다.

|해설|

액체 기반 3D프린터의 장단점

장 점	• 약 0.1mm 이하의 해상도를 가지기 때문에 품질이 좋다. • 소재의 종류가 500종 이상으로 다양하다. • 출력 속도가 빠르고 컬러 출력도 지원된다.
단 점	• 재료의 가격이 비싸다. • 사용 및 취급 시 세심한 주의가 필요하다.

정답 ③

① 분말 기반 3D프린터

　㉠ 바인더 접착제를 사용하여 모형을 제작하는 3D프린터 방식과 레이저를 이용하여 분말을 소결 또는 융해하는 방식이 있다.

　㉡ 다양한 분말 재료를 접합제, 레이저, 전자 빔 등의 다양한 에너지 소스들을 사용하여 접합, 소결, 용융 등의 형태로 적층하는 방식의 3D프린터이다.

　㉢ 장단점

장 점	• 3DP 방식은 서포트가 필요하지 않기 때문에 출력 후 서포트 제거 등의 작업이 필요하지 않다. • 금속을 비롯해 세라믹, 플라스틱 등 분말로 된 다양한 소재를 사용할 수 있다. • 컬러 표현이 가능하다.
단 점	• 분진이 발생하므로 피부와 호흡기에 영향을 미칠 수 있다. • 3D프린터와 재료의 가격이 비싸다. • 2차 처리 과정을 거쳐야 하는 번거로움이 있다.

② 사용 용도

　㉠ 바인더를 활용하는 3DP 방식은 강도가 떨어지기 때문에 피규어나 석고상 등을 제작하는 분야에 사용된다.

　㉡ 금속 및 세라믹, 모래 등을 사용하는 레이저 방식의 3D프린터는 복잡한 형상과 함께 강도와 내열성 등이 필요한 자동차 부품 등의 산업에 사용된다.

분말 기반 3D프린터의 장점에 해당하지 않는 것은?

① 컬러 표현이 가능하다.
② 3DP 방식은 출력 시 서포트가 필요 없다.
③ 3D프린터 및 재료의 가격이 저렴하다.
④ 금속, 플라스틱 등 다양한 분말 소재를 사용할 수 있다.

|해설|

분말 기반 3D프린터의 장단점

장 점	• 3DP 방식은 서포트가 필요하지 않기 때문에 출력 후 서포트 제거 등의 작업이 필요하지 않다. • 금속을 비롯해 세라믹, 플라스틱 등 분말로 된 다양한 소재를 사용할 수 있다. • 컬러 표현이 가능하다.
단 점	• 분진이 발생하므로 피부와 호흡기에 영향을 미칠 수 있다. • 3D프린터와 재료의 가격이 비싸다. • 2차 처리 과정을 거쳐야 하는 번거로움이 있다.

정답 ③

3D프린터에 따른 형상 데이터 변경

① 3D프린터에 따라 출력이 가능한 해상도가 다르다.

② 처음부터 특정 3D프린터의 출력 해상도를 고려하여 제작한 경우라면 문제가 없겠지만, 그 외의 경우는 3D 모델링 데이터를 출력할 프린터의 해상도에 맞추어 데이터를 변경해야 한다.

③ 출력할 3D프린터의 특성을 고려하지 않고 정밀하게 모델링된 데이터의 경우 가장 작은 부분의 크기가 0.1mm 정도이며, 3D프린터의 출력이 가능한 해상도가 0.4mm인 경우에는 3D 모델링 데이터를 최소 0.4mm 이상으로 변경해야 한다.

④ 3D 디자인 소프트웨어의 스케일 기능을 이용하여 두께와 크기를 변경한다.

자주 출제된 문제

3D 모델링 데이터의 가장 작은 부분의 크기가 0.3mm 정도일 때, 해상도가 0.5mm인 프린터로 출력 시 얼마 이상으로 수정해야 하는가?

① 0.2mm 이상
② 0.3mm 이상
③ 0.5mm 이상
④ 0.8mm 이상

|해설|
모델링을 해상도 0.5mm 이상으로 수정해야 한다.

정답 ③

핵심이론 06 | 슬라이서 프로그램에서 형상 데이터 변경

슬라이서 프로그램은 3D프린팅이 가능하도록 데이터를 층별로 분류하여 저장해 준다. 대부분의 슬라이서 프로그램이 오픈 소스에 기반하여 개발되었기 때문에 유사한 설정과 인터페이스를 가지고 있다.

① 출력물의 정밀도 설정
  ㉠ Layer Height(mm) : 출력 시 적층의 높이를 지정한다.
    • 최소 높이 값은 각 프린터의 사용 설명서를 참조해야 한다.
    • 높이 값이 작을수록 프린팅 해상도는 좋아지지만 프린팅 속도는 느려질 수밖에 없다.
  ㉡ 벽 두께(mm) : 출력물의 벽 두께를 설정한다.
    • 노즐 구경보다 작은 값을 설정할 수 없다.
    • 구경이 0.4mm라면 벽 두께는 그 이상을 설정해야 한다.

② 출력물의 채움 방식
  ㉠ 출력물 내부 채움 밀도(%) : 출력물의 내부를 채울 때 밀도를 설정한다.
    • 수치가 높을수록 밀도가 높고 내부에 재료를 꽉 채우게 된다.
  ㉡ ABS 등의 경우 밀도가 높을수록 재료 수축률이 높아져 갈라짐 현상이 발생할 수 있다.

③ 속도와 온도
  ㉠ 출력 속도, 노즐과 베드판의 온도를 설정한다.
  ㉡ 각 축의 모터 이동 속도를 너무 높이면 표면의 결속 상태가 좋지 않게 되는 문제가 발생할 수 있다.

④ 출력할 재료에 대한 설정
  ㉠ 프린팅 필라멘트(재료)의 직경과 압출되는 재료의 양을 설정한다.

ⓛ 노즐에서 분사되는 양이 많으면 흐름 현상이 생기고, 너무 적으면 출력물이 갈라지거나 그물같이 구멍이 뚫릴 수도 있다.

자주 출제된 문제

슬라이서 프로그램에서 데이터 변경 시 설명으로 옳지 않은 것은?

① 출력 시 적층 높이는 작을수록 해상도가 높다.
② 노즐에서 분사되는 양이 많으면 흐름 현상이 생긴다.
③ 출력물의 내부를 채울 때 수치가 높을수록 내부에 공간이 많다.
④ 각 축의 모터 이동 속도가 너무 높으면 표면 결속 상태가 좋지 않게 된다.

|해설|

출력물 내부 채움 밀도(%)
출력물의 내부를 채울 때 밀도를 설정한다. 수치가 높을수록 밀도가 높고 내부에 재료를 꽉 채우게 된다.

정답 ③

핵심이론 01 | 3D 형상 데이터 분할

① 3D 형상 데이터의 출력 : 3D프린터는 기기마다 최대 출력 사이즈가 정해져 있다.
　ㄱ 최대 출력 크기보다 큰 모델링 데이터는 하나의 3D 형상 데이터를 나누어 출력하는 분할 출력의 과정을 거쳐야 한다.
　ㄴ 출력물이 3D프린터의 최대 출력 사이즈를 넘으면 분할 출력을 해야 하고, 이 경우에는 분할 출력 후 다시 하나의 형태로 만들어지는 것을 고려하여 분할해야 한다.
　ㄷ 분할된 개체를 다시 하나로 연결시켜 줄 때 주로 접착제를 사용하거나 모델링의 수정을 통해 접착제 없이 결합이 될 수 있는 구조로 수정한다.

② 3D 형상 데이터의 분할
　ㄱ 큰 사이즈 출력물 분할
　　다음 그림의 의자 모델링 데이터는 338 × 232 × 495mm이다.
　　• 슬라이서 프로그램에서 열어보면 다음과 같이 출력 범위를 벗어남을 알 수 있다.
　　• 이런 경우 형상 데이터를 분할하여 출력해야 한다.
　　• 출력할 프린터의 해상도는 최대 275 × 265 × 230mm이다.

ⓛ 캐릭터 모델링 분할 출력 : 사람이 서 있는 형태의 캐릭터를 출력하려고 하면 서포트가 많이 필요하다.

- 이러한 경우 캐릭터를 큰 덩어리로 나누어 분할 출력하는 것이 효율적이다.
- 어깨로부터 이어지는 팔과 손가락은 반드시 서포트가 필요하다.
- 서포트를 설치한 후 출력을 했을 때, 서포트를 제거하는 과정에서 출력물이 손상되기도 하기 때문이다.

자주 출제된 문제

형상 데이터를 분할하는 경우에 대한 설명으로 옳지 않은 것은?

① 분할 시 모델링을 수정해서는 안 된다.
② 서포트를 최소화하기 위하여 분할 출력한다.
③ 분할된 개체를 다시 하나로 연결시킬 때 접착제를 사용한다.
④ 최대 출력 크기보다 큰 모델링 데이터는 분할하여 출력한다.

|해설|
분할된 개체를 다시 하나로 연결시켜 줄 때 주로 접착제를 사용하거나 모델링의 수정을 통해 접착제 없이 결합이 될 수 있는 구조로 수정한다.

정답 ①

핵심이론 02 │ 3D 형상 데이터에 부가 요소 추가

① 3D프린터 부가 요소 추가

　ⓐ 3D프린터는 적층 방식으로 출력이 이루어지므로 모델의 구조에 따라 서포트와 같은 부가 요소를 추가해야 한다.

　ⓑ 적층이 되려면 바닥면부터 레이어가 차례로 쌓여야 하는데, 바닥면과 떨어져 있는 레이어는 갑자기 허공에 뜨게 되어 출력이 제대로 이루어지지 않는다.

　ⓒ 이러한 문제점을 보완하고자 하는 것이 서포트이다. 3D프린팅에서 서포트는 바닥면과 모델 사이에 지지대가 필요한 부분을 이어 주는 역할을 한다.

② 3D프린터 부가 요소 추가 방식

　ⓐ FDM 방식 : FDM 방식을 지원하는 출력 소프트웨어 Cura, Makerbot, Meshmixer 등에서 자동 서포트가 실행된다.

　ⓑ DLP 방식 : DLP 방식을 지원하는 출력 소프트웨어 Meshmixer, B9Creator, Stick+ 등에서 자동 서포트를 지원하거나 직접 서포트를 설치할 수 있다. 서포트를 모델에 직접 설치하면 자동으로 설치하는 것에 비해 소재의 비용 절감과 함께 높은 품질의 출력물을 얻을 수 있다.

　ⓒ SLA 방식 : 자동 서포트를 지원하고 직접 서포트도 설치할 수 있다. 광원이 다른 점 외에는 DLP와 비슷하기 때문에 DLP 방식의 출력 보조 소프트웨어 B9Creator, Stick+ 등에서 서포트를 설치할 수 있다.

2-1. FDM 방식을 지원하는 출력 소프트웨어가 아닌 것은?

① Cura
② Stick+
③ Makerbot
④ Meshmixer

2-2. 바닥면과 모델 사이에 지지대가 필요한 부분을 이어주는 역할을 하는 것은?

① 서포트
② 플랫폼
③ 브림
④ 압출기

|해설|

2-1
FDM 방식을 지원하는 출력 소프트웨어 Cura, Makerbot, Mesh-mixer 등에서 자동 서포트가 실행된다.

2-2
서포트는 바닥면과 모델 사이에 지지대가 필요한 부분을 이어주는 역할을 한다.

정답 2-1 ② 2-2 ①

핵심이론 03 | 출력용 데이터 저장

① 디자인 데이터로 저장

　㉠ 여러 3D 디자인 소프트웨어에서 작업한 형상을 3D 프린터용 데이터로 저장하려면 3D프린터 표준 파일로 저장해야 한다.

　㉡ 3D 설계 툴은 설계 목적에 따라 다양한 툴들이 존재하며, 기본적으로 슬라이서 프로그램에서 호환 가능한 *.stl, *.obj 파일로 변환이 가능하다면 어떠한 툴도 상관없다.

　㉢ 슬라이서 프로그램에서 STL 파일의 레이어 분할 및 출력 환경을 설정할 수 있다.

　㉣ 슬라이서 프로그램에서 레이어 및 출력 환경이 결정되면 G-Code로 변환한다.

② 슬라이서 프로그램으로 출력용 데이터 저장

　㉠ 슬라이서 프로그램은 입체 모델링을 단면별로 나누어 프린팅 소프트웨어에서 동작할 수 있게 G코드를 생성하는 프로그램이다.

　㉡ 슬라이서 프로그램은 출력물이 바로 서고 형태를 유지하기 위해 필요한 서포트의 설치를 지원한다.

3-1. 슬라이서 프로그램에서 호환이 가능한 파일은 무엇인가?

① *.stl
② *.hwp
③ *.pdf
④ *.xlsx

3-2. 입체 모델링을 단면별로 나누어 G코드를 생성하는 프로그램은 무엇인가?

① 디자인 프로그램
② 모델링 프로그램
③ 스캐닝 프로그램
④ 슬라이서 프로그램

|해설|

3-1
슬라이서 프로그램에서 호환 가능한 파일은 *.stl, *.obj이다.

3-2
슬라이서 프로그램은 입체 모델링을 단면별로 나누어 프린팅 소프트웨어에서 동작할 수 있게 G코드를 생성하는 프로그램이다.

정답 3-1 ① **3-2** ④

핵심이론 04 | 성공적인 프린팅을 위한 고려 사항

① 외곽선의 끊김 확인

  ㉠ 3D프린팅을 위한 모델링 데이터는 모든 면이 닫혀 있어야 한다.

  ㉡ 3D프린팅에서 모든 출력은 폴리곤 모델링으로 전환해 출력하게 되므로 메시의 갈라짐에 유의해야 한다.

  ㉢ 별도의 메시 점검 프로그램을 사용하여 끊김을 확인할 수 있다.

② 두께 지정

  ㉠ 두께를 지정하지 않으면 내부를 모두 채워 출력하게 된다.

  ㉡ 모든 면에 두께를 주는 것이 재료를 아끼고 형태 변형을 줄이는 방법이다.

③ 정확한 치수를 확인해 모델링

  ㉠ 정확한 치수로 각 부품을 모델링한 후 출력하여 각 부품을 조립하면 실제 사용 가능한 제품을 제작할 수 있다.

  ㉡ 재료의 수축률은 일일이 알기 어려우므로 정확한 치수에 따른 모델링을 하고 재료의 수축률로 생기는 오차에 대비하는 것이 좋다.

④ 슬라이싱 간격 확인

  ㉠ 슬라이서 프로그램에서 프린팅 설정 시 Z축의 최소치와 최대치를 알아야 한다.

  ㉡ 적층 높이의 수치가 낮을수록 출력물 품질은 좋아지지만 프린팅 속도는 느려진다.

  ㉢ 보통 0.2~0.3mm 간격으로 적층 높이를 설정하면 거칠게 표현되지만 상대적으로 빠른 속도로 결과를 얻을 수 있다.

  ㉣ 0.1~0.15mm의 높이는 좋은 품질의 출력물을 얻을 수 있다.

⑤ 내부 채움 방식 설정

　　㉠ 기본 채움 정도는 20%로 재료의 온도 변화에 따른 수축률과 속도, 강도를 테스트한 경험에서 나온 수치이다. 이것을 기본값으로 프린팅해 본 후 필요에 따라 채움의 정도를 변경하는 것이 좋다.

　　㉡ 내부 채움 방식 설정은 경험치에 의한 것이므로 많은 시험 출력이 필요하다.

　　㉢ ABS 재료는 수축률이 크고 PLA 재료는 수축률이 작다.

자주 출제된 문제

4-1. 3D프린터의 출력에 대한 설명이 옳지 않은 것은?

① 재료의 수축률로 생기는 오차를 고려하여 출력한다.
② 두께를 지정하지 않으면 내부가 비어 있는 형태로 출력하게 된다.
③ 3D프린팅을 위한 모델링 데이터는 모든 면이 닫혀 있어야 한다.
④ 적층 높이의 수치가 낮을수록 출력물 품질은 좋아지지만 프린팅 속도는 느려진다.

4-2. 3D프린팅 출력에 대한 설명이 옳지 않은 것은?

① ABS 재료는 수축률이 크다.
② 내부 채움 방식 설정은 경험치에 의한 것이다.
③ 3D프린팅에서 모든 출력은 솔리드 모델링으로 전환해 출력된다.
④ 적층 높이를 높게 설정하면 거칠게 표현되지만 상대적으로 빠른 속도로 출력된다.

|해설|

4-1
두께를 지정하지 않으면 내부를 모두 채워 출력하게 된다.

4-2
3D프린팅에서 모든 출력은 폴리곤 모델링으로 전환해 출력하게 되므로 메시의 갈라짐에 유의해야 한다.

정답 4-1 ②　4-2 ③

제7절　3D 엔지니어링 객체 형성

핵심이론 01 | 파트 제작 순서와 드로잉 형상 입체화

① 파트 제작 순서

하나의 객체를 제작할 땐 제작 순서를 미리 정해 놓는 것이 중요하기 때문에 설계를 시작하기 전에 먼저 어디에서부터 제작할 것인지 생각한다. 설계에 있어서도 파트 제작 순서를 먼저 생각하고 설계를 시작한다.

② 드로잉 형상 입체화에 필요한 피처 명령

아이콘		설 명
	돌 출	작성된 스케치를 기준으로 돌출 피처를 작성한다.
	회 전	작성된 스케치를 기준으로 회전 피처를 작성한다.
	구 멍	돌출 또는 회전에 의해서 생성된 3D 형상에 규격에 맞는 구멍을 작성한다.
	스 윕	경로 스케치와 단면 스케치를 이용하여 경로를 따라가는 형상을 작성한다.
	셸	작성된 3D 형상의 동일 두께를 가진 통을 작성한다.
	모깎기	작성된 3D 형상의 모서리에 모깎기를 적용한다.
	모따기	작성된 3D 형상의 모서리에 모따기를 적용한다.

㉠ 돌출(Extrude)

　• 2D로 제작된 스케치를 단순히 그 모양 그대로 입체화시키는 기능이다.

　• 2D 스케치를 한 다음에 돌출 기능을 이용하면 입체화된 도형이 나타나며, 돌출 높이를 지정하여 형상을 완성한다.

ⓛ 회전(Revolve)
- 작성된 2D 스케치의 단면과 작성한 중심축을 기준으로 회전시켜 형상을 완성한다.
- 보통 축과 같이 전체가 회전 형태를 띠고 있는 객체를 주로 생성한다.

ⓒ 구멍(Hole)
- 규격에 따른 구멍 생성을 목적으로 하는 경우 이 명령을 이용하여 구멍을 작성한다.
- 별도의 스케치를 작성하지 않고 생성된 3차원 형상에 직접 작업을 수행한다.

ⓡ 스윕(Sweep)
- 돌출이나 회전으로 작성하기 힘든 자유 곡선이나 하나 이상의 스케치 경로를 따라가는 형상을 모델링한다.
- 경로 스케치와 별도로 단면 스케치를 각각 작성하여 형상을 완성한다.

ⓜ 셸(Shell)
- 생성된 3차원 객체의 면 일부를 제거한 후 남아 있는 면에 일정한 두께를 부여하여 속을 만드는 기능이다.
- 주로 플라스틱 케이스 등 3D프린터를 이용하여 제품 목업을 목적으로 하는 경우 많이 사용될 수 있다.

ⓗ 모깎기(Fillet) : 스케치에서도 모깎기를 수행할 수 있지만, 일반적으로 작성된 3차원 형상의 모서리에 모깎기를 적용하여 차후 유지 보수를 편리하게 할 수 있다.

ⓢ 모따기(Chamfer) : 스케치에서도 모따기를 수행할 수 있지만, 일반적으로 작성된 3차원 형상의 모서리에 모따기를 적용하여 차후 유지 보수를 편리하게 할 수 있다.

1-1. 축과 같이 전체가 회전 형태를 띠고 있는 객체를 생성하는 데 사용되는 명령은?
① 스윕(Sweep)
② 셸(Shell)
③ 구멍(Hole)
④ 회전(Revolve)

1-2. 3차원 형상뿐만 아닌 스케치에서도 가능한 피처 명령은?
① 돌 출
② 모따기
③ 회 전
④ 셸

|해설|
1-1
회전은 2D 스케치의 단면과 작성한 중심축을 기준으로 회전시켜 형상을 완성하는 명령어로 보통 축과 같이 대칭이 되는 형태의 객체를 생성하는 데 사용된다.

1-2
모따기와 모깎기는 스케치의 드로잉 도구에도 있는 명령이다.

정답 1-1 ④ 1-2 ②

① 파트 파일 저장 및 주의 사항

　⑦ 파일은 부품 하나에 하나의 파일로 이루어지고 있으며, 두 개 이상의 부품을 하나의 파일로 저장할 수 없다.

　ⓛ 일반적으로 모델링을 시작하기 전 로컬디스크나 이동식 저장 장치에 미리 저장될 폴더를 생성해 놓고 작업하는 경우도 있으며, 최소 부품을 모델링 후 원하는 저장 위치에 직접 폴더를 생성하고 저장해도 무관하다.

　ⓒ 부품에 대한 속성이 정의되지 않으면 파일명이 부품명으로 사용되므로, 저장할 때 적용하고자 하는 부품명으로 파일명을 지정하여 저장한다.

② 저장 명령의 위치

저장 명령은 상단 메뉴바의 파일에 있으며, 저장, 다른 이름으로 저장, 모두 저장 등이 있다.

　파일(F)　편집(E)　뷰(V)　삽입(I)　도구

　□ 새로 작성...　Ctrl+N
　🖼 새로 작성 대상...
　📂 열기...　Ctrl+O
　닫기
　💾 저장　Ctrl+S
　다른 이름으로 저장...
　모두 저장

　⑦ 저장 : 최초 한 번 저장된 상태에서 계속적인 작업 후 현재 작업물을 안전하게 보관할 때 저장 명령을 선택하면, 최초 저장된 파일명으로 저장 장치에 바로 저장된다.

　ⓛ 다른 이름으로 저장 : 현재 파일명이 아닌 다른 파일명 또는 다른 속성의 파일 포맷으로 저장할 때 사용한다.

　ⓒ 모두 저장 : 작업 창에 열려 있는 모든 부품 및 조립품 작업 도큐먼트를 저장하는 기능으로, 일괄 저장으로 손쉽게 작업 파일을 저장할 수 있다.

③ 3D프린팅을 위한 부품 파일 저장

　⑦ 저장 기능은 해당 프로그램의 작업 원본 파일을 저장하는 기능으로, 3D프린팅을 위한 슬라이싱 프로그램과는 파일이 호환되지 않는다. 그러므로 저장된 원본 부품을 3D프린터로 출력하기 위해서는 부품의 파일 형식을 슬라이싱 프로그램에서 받을 수 있도록 변경한다.

　ⓛ *.stl 파일로 다른 이름 저장하기 : '다른 이름으로 저장' 기능을 이용하여 슬라이싱 프로그램에서 받을 수 있는 *.stl 파일 형식으로 변경하고, 사용자가 원하는 파일 이름을 작성하여 저장한다.

자주 출제된 문제

작업 창에 열려 있는 모든 부품 및 조립품 작업 도큐먼트를 저장하는 명령은?
① 저장
② 다른 이름으로 저장
③ 모두 저장
④ 일시 저장

|해설|
저장 명령에는 저장, 다른 이름으로 저장, 모두 저장 등이 있다.

정답 ③

제8절 객체 조립하기

핵심이론 01 | 파트(Part) 배치

① 조립품의 이해 : 모델링한 각각의 부품으로 하나의 조
립품을 구성하기 위해 [Part Design], [어셈블리 디자
인], [도면] 등의 기능을 사용한다.

일반적으로 조립품을 생성하는 이유는 단품으로 모델
링된 부품에 대한 설계의 정확도 확인 및 부품 간 문제
점을 분석하여 실제 형상을 제작하였을 때 나타날 수
있는 오류들을 최대한 줄이기 위해서이다. 또한 디자
인된 형상의 동작 및 해석 시뮬레이션 등 다양한 설
계 분석을 목적으로 사용된다.

② 조립을 위한 부품 배치
   ㉠ 상향식 방식 : 파트를 모델링해 놓은 상태에서 조
     립품을 구성하는 방식이다.
   ㉡ 하향식 방식 : 조립품에서 부품을 조립하면서 모델
     링하는 방식이다.
   ※ 상향식 방식으로 조립하기 위해서는 우선 모델링
     된 부품을 현재 조립품 상태로 배치를 해야 한다.

③ 부품 배치
   ㉠ 기준 부품 배치
     • 조립품에서 기준이 되는 부품을 제일 먼저 가져
       와 배치하는 것을 말하며, 이 기준 부품은 조립
       품 상에서 자유롭게 움직이지 않도록 자동으로
       고정되어 있다.
     • 메뉴에서 [삽입]-[기존 컴포넌트]를 선택한다.
   ㉡ 기타 부품 배치 : 기준 부품이 배치된 이후 조립에
     사용될 나머지 부품을 현재 조립품상에 가져온다.

**1-1. 모델링한 각각의 부품으로 하나의 조립품을 구성하기 위
해 사용하는 기능이 아닌 것은?**

① 도 면
② Fairing
③ Part Design
④ 어셈블리 디자인

1-2. 조립품을 생성하는 이유가 아닌 것은?

① 입체감을 주기 위함
② 부품 간 문제점을 분석하기 위함
③ 단품으로 모델링된 부품에 대한 설계의 정확도 확인
④ 동작 및 해석 시뮬레이션 등 다양한 설계 분석을 위해

**1-3. 파트를 모델링해 놓은 상태에서 조립품을 구성하는 방식
은?**

① 상향식 방식
② 하향식 방식
③ 중립식 방식
④ 중력식 방식

| 해설 |

1-1
모델링한 각각의 부품으로 하나의 조립품을 구성하기 위해 [Part
Design], [어셈블리 디자인], [도면] 등의 기능을 사용한다.

1-2
조립품을 생성하는 이유는 단품으로 모델링된 부품에 대한 설계의
정확도 확인 및 부품 간 문제점을 분석하여 실제 형상을 제작하였을
때 나타날 수 있는 오류들을 최대한 줄이기 위해서이다. 또한
디자인된 형상의 동작 및 해석 시뮬레이션 등 다양한 설계 분석을
목적으로 사용된다.

1-3
조립을 위한 부품 배치
• 상향식 방식 : 파트를 모델링해 놓은 상태에서 조립품을 구성하는
  방식이다.
• 하향식 방식 : 조립품에서 부품을 조립하면서 모델링하는 방식
  이다.

정답 1-1 ② 1-2 ① 1-3 ①

① 파트 조립품 생성

　㉠ 조립품에 배치된 부품을 이용하여 조립 순서와 조건에 맞게 조립품을 생성한다.

　㉡ 부품 조립 또한 조립 제약 조건에 의해서 부품 간 조립이 이루어진다.

② 제약 조건

　㉠ 부품과 부품 간 위치 구속을 목적으로 적용하는 기능으로, 부품 간 정확한 조립과 동작 분석을 위해서 사용한다.

　㉡ 부품의 면과 면, 선(축)과 선(축), 점과 점, 면과 선(축), 면과 점, 선(축)과 점 등 부품의 다양한 요소를 선택하여 조건에 맞는 제약 조건을 부여한다.

　㉢ 제약 조건의 종류 : 여러 가지 제약 조건을 통해 부품과 부품 사이에 구속시켜 자신이 원하는 모습으로 조립할 수 있다.

아이콘	설 명
일치 제약 조건	일치시키고자 하는 면과 면, 선과 선, 축과 축 등을 선택하면 일치시켜 주는 제약 조건이다.
접촉 제약 조건	선택한 면과 면, 선과 선을 접촉하도록 하는 제약 조건이다.
오프셋 제약 조건	선택한 면과 면, 선과 선 사이에 오프셋으로 거리를 주는 제약 조건이다.
각도 제약 조건	면과 면, 선과 선을 선택해 각도로 제약을 주는 조건이다.
고정 컴포넌트	선택한 파트를 고정시켜 주는 기능을 한다.

• 가장 많이 사용되는 제약 조건은 일치 제약 조건, 접촉 제약 조건, 오프셋 제약 조건이다. 부품의 조립과 동작의 조건에 따라 제약 조건이 두 개 이상 적용될 수 있으며, 과도하게 부품과 부품 사이에 제약 조건을 걸면 오류가 나는 원인이 된다.

• 제약조건은 디자인 변경 및 수정 시 발생하는 문제를 최소화시킬 수 있으며, 부품 간 동작을 확인해 볼 수 있도록 해 준다.

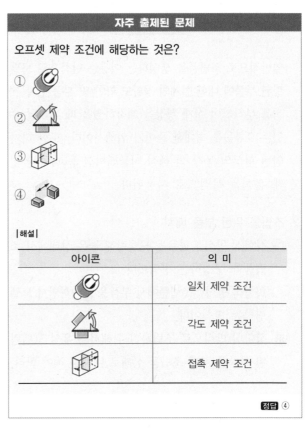

자주 출제된 문제

오프셋 제약 조건에 해당하는 것은?

①
②
③
④

|해설|

아이콘	의 미
	일치 제약 조건
	각도 제약 조건
	접촉 제약 조건

정답 ④

제9절 출력용 설계 수정

핵심이론 01 │ 파트(Part) 수정

① 부품 간 조립 분석

조립품에서 제약 조건을 이용하여 조립된 부품은 실제 현물이 조립되는 것과는 다르게 컴퓨터상에서 시뮬레이션 형식으로 조립이 되므로, 부품 간 크기가 맞지 않는다 하더라도 컴퓨터상에서는 아무런 문제가 없이 조립이 된다. 하지만 모델링한 부품의 크기가 실제 조립 시 나올 수 없는 크기로 잘못 지정되는 경우, 실제 3D프린터를 이용하여 결과물을 출력해 조립하였을 때는 조립이 이루어지지 않고 다시 수정과 출력을 반복하면서 부품의 오류를 바로잡아 가야 하는 불편함이 있다.

② 3D 엔지니어링 프로그램은 이런 설계상 발생하는 오류를 직관적으로 분석하고 찾아내어 설계자로 하여금 신속한 수정이 가능하도록 하고 있다.

㉠ 간섭 분석 : 조립된 부품 간의 문제점을 분석하기 위해서는 3D 엔지니어링 프로그램에서 제공하는 간섭 분석 명령을 이용하여 부품의 잘못된 부분을 확인할 수 있으며, 분석된 내용을 토대로 잘못된 부품을 수정할 수 있다.

㉡ 부품 수정 : 부품 하나를 직접 프로그램으로 열거나 파트 하나를 지정하여 조립 상태에서도 수정이 가능하다.

• 부품을 직접 열어 수정하는 경우 : 도면의 치수가 명확하게 존재하고, 작업자가 실수에 의한 부분이라면 원본 부품 파일을 열어 직접 수정할 수 있다.

• 하향식 방식으로 작업을 진행하는 경우 : 정확한 도면과 값이 임의적일 경우 조립품에서 부품을 수정하는 것이 일반적으로 수월하다.

자주 출제된 문제

3D 엔지니어링 프로그램에서 조립된 부품 간의 문제점을 분석하기 위한 명령은?

① 간섭 분석
② 부품 배치
③ 파일 저장
④ 파트 분할

|해설|

조립된 부품 간의 문제점을 분석하기 위해서는 3D 엔지니어링 프로그램에서 제공하는 간섭 분석 명령을 이용하여 부품의 잘못된 부분을 확인할 수 있으며, 분석된 내용을 토대로 잘못된 부품을 수정할 수 있다.

정답 ①

핵심이론 02 | 공차, 크기, 두께 변경

① 3D프린터로 출력할 부품 수정의 이해

　㉠ 일반적인 출력 방식은 FDM(Fused Deposition Modeling, 열가소성 적층 방식) 방식이다.
　　• ABS나 PLA 계열로 되어 있는 플라스틱을 노즐 안에서 높은 온도로 녹여 적층한다. 즉, 플라스틱을 녹여 쌓아올리는 방식으로 모든 물체에 열을 가하고 식으면서 나타나는 열 수축 현상이 FDM 3D프린터에서 발생한다.
　　• 하나 이상의 부품을 출력하고 출력된 부품을 조립할 경우 3D 엔지니어링 프로그램에서 모델링된 부품을 그대로 출력하면 수축과 팽창 공차에 의해서 조립이 되지 않는다.
　㉡ 출력 후 조립이 되어야 되는 상황일 때
　　• 모델링된 파트를 출력 후 조립이 가능할 수 있도록 모델링을 수정해야 한다.
　　• 3D프린터 특성상 너무 작은 구멍이나 기둥, 면의 두께를 가지고 있는 형상 벽면 같은 경우 원활한 출력을 위해 부품을 수정해야 한다.

② 출력 공차 적용

　㉠ 프로그램에서의 모델링은 기본적으로 공차가 발생하지 않지만, 실제 가공에서는 가공 공차를 부여하여 제품을 제작하는 사람이 부여된 공차를 토대로 가공하여 제품을 만드는 것이 일반적이다.
　㉡ 3D프린터의 경우, 모델링된 형상 데이터를 그대로 읽어 들여 출력하므로 가공자에 의한 출력 공차를 부여할 수 없기 때문에 3D 형상을 모델링하는 학습자가 직접 사용 중인 3D프린터의 최소, 최대 출력 공차를 분석한 후 그 값에 맞게 부품을 수정해야 한다.
　㉢ 3D프린터 출력 공차는 3D프린터 장비들마다 다르게 적용되지만, 보통 0.05~0.4mm 사이에서 공차가 발생하고, 평균적으로 0.2~0.3mm 정도의 출력 공차를 부여하는 것이 바람직하다.

• 출력 공차 적용 대상
　- 부품과 부품이 조립되는 부분
　- 부품 간 유격이 출력 공차 범위 내에 들어오는 조립 부품
• 2개의 조립 부품 중에서 두 부품 중 1개의 부품에만 출력 공차를 적용한다.

③ 크기 변경

FDM 방식의 3D프린터 특성상 아주 작은 구멍이나 간격이 좁은 부품 요소들의 경우 제대로 출력이 되지 않는 경우가 발생한다. 이 경우에도 수정한 조립 공차 적용과 동일하게 출력을 위해서 부품 요소의 크기를 변경해야 한다.

　㉠ 구멍이 지름 1mm 이하이면 출력이 되지 않을 수 있다.
　㉡ 축은 지름 1mm 이하에서 출력되지 않는다.
　㉢ 형상과 형상 사이의 간격은 최소 0.5mm 떨어지게 한다(가능하면 1mm 이상 간격을 유지한다).

④ 두께 변경

　㉠ FDM 방식의 3D프린터의 출력 노즐은 통상 0.2mm 노즐 또는 0.4mm 노즐을 사용하며, 출력 시간을 고려하여 대다수 0.4mm 노즐을 사용하여 3D프린팅한다.
　㉡ 디자인된 3D 모델링 형상의 외벽 두께가 노즐 크기보다 작은 벽면 두께로 모델링된 경우 출력이 되지 않는 경우가 발생할 수 있으며, 출력이 된다 하더라도 품질을 신뢰할 수 없는 결과물이 나올 수 있다.
　㉢ 특성상 아주 작은 구멍이나 간격이 좁은 부품 요소들의 경우 제대로 출력이 되지 않는 경우가 발생한다.
　㉣ 너무 얇은 외벽 두께를 가진 부품의 형상 또한 부품 수정을 통해 최소한 1mm 이상의 벽면으로 출력될 수 있도록 수정한다.

⑤ 변경된 파일 저장

모델링된 3차원 형상을 3D프린터로 출력하기 위해서
부품을 수정한 후 저장할 때는 원본 3차원 부품 형상과
혼돈되지 않도록 수정용 파일을 다른 이름으로 저장하
여 보관한다.

자주 출제된 문제

2-1. 출력 공차를 적용하는 경우에 대한 설명이 틀린 것은?

① 부품과 부품이 조립되는 부분에 공차를 적용한다.
② 외벽 두께가 노즐보다 작은 경우에 공차를 적용한다.
③ 2개의 부품이 조립될 때는 1개의 부품에만 공차를 적용
한다.
④ 부품 간 유격이 출력 공차 범위 내에 들어오는 조립 부품의
경우 공차를 적용한다.

**2-2. FDM 방식으로 플라스틱을 출력하는 경우 노즐의 지름이
1mm일 때 출력이 안 되는 경우는?**

① 구멍의 지름이 5mm인 경우
② 구멍의 지름이 3mm인 경우
③ 축의 지름이 0.5mm인 경우
④ 축의 지름이 2mm인 경우

**2-3. 1개 이상의 출력물을 한 번에 출력할 때 구조물 간의 최소
간격은?**

① 0.1mm
② 0.5mm
③ 1mm
④ 5mm

|해설|

2-1
외벽 두께가 노즐보다 작은 경우에는 두께를 변경한다.

2-2
• 구멍이 지름 1mm 이하이면 출력이 되지 않을 수 있다.
• 축은 지름 1mm 이하에서 출력되지 않는다.
• 형상과 형상 사이의 간격은 최소 0.5mm 떨어지게 한다(가능하면
1mm 이상 간격을 유지한다).

2-3
형상과 형상 사이의 간격은 최소 0.5mm 떨어지게 한다(가능하면
1mm 이상 간격을 유지한다).

정답 2-1 ② 2-2 ③ 2-3 ②

핵심이론 03 | 파트(Part) 분할

① 파트 분할의 이해

㉠ 3D프린터의 경우 금형으로 표현할 수 없는 제품의
형상도 손쉽게 출력이 가능하지만, 3D프린터 장비
가 가지고 있는 특수성으로 인해 3D프린터로 출
력할 모델링 형상 또한 분할하여 출력하고, 출력
된 2개 이상의 파트 조각을 붙여서 하나의 완성된
형태로 만드는 경우가 발생한다.

㉡ 지지대를 최소한 줄일 수 있거나 지지대의 제거를
손쉽게 할 수 있는 경우, 부품의 크기가 커서 한
번에 출력이 어려운 경우에 파트를 분할하여 출력
한다. 또한, 출력된 형상의 표면을 최대한 깨끗하
게 유지한 상태로 출력할 수 있는 장점이 있기
때문에 파트를 분할하여 출력한다.

㉢ 파트 분할은 출력될 모든 부품에 적용되는 것이
아니며, 모델링 내부에 공간이 발생되어 있고 그
모델링 공간에서 조립이나 동작 등이 이루어져야
하는 경우에 많이 사용한다.

② 파트 분할 적용

㉠ 파트를 분할하기 위해서는 분할 지점에 기준 평면
(사용자 평면) 또는 서피스(곡면)로 이루어진 분할
객체가 존재해야 한다.

㉡ 단순 분할인 경우 기준 평면(사용자 평면)을 이용
하고, 특수 분할인 경우 서피스(곡면)를 생성하여
분할할 수 있다.

• 기준 평면 사용 방법 : 처음 모델링을 위한 스케치
드로잉을 시작할 때 사용한 평면을 기준으로, 파
트를 분할할 때 위치한 기준 평면으로 파트를 분할
한다.

• 원하는 위치에 기준 평면이 존재하지 않는 경우 :
사용자 평면을 이용하여 분할할 파트 위치에 평
면을 생성하고 분할한다.

③ 분할된 파트 조각 저장 및 3D프린터 슬라이싱
- ⊙ 분할된 파트는 3D 엔지니어링 프로그램에서 제공하는 분할 파트 저장 기능을 이용하여 분할된 파트 조각을 각각의 부품 파일로 별도 저장한다.
- ⓛ 저장된 부품 조각은 3D프린터 슬라이싱 프로그램에서 사용할 수 있는 파일 형식(*.stl)은 저장한다.
- ⓒ 3D프린터 툴패스를 확인하면 처음에 생성된 지지대는 출력되지 않은 상태로 슬라이싱되는 것을 확인할 수 있다.

① 3D프린팅을 위한 모델링 데이터 변환
- ⊙ 3D프린터에서의 출력은 3D프린터가 인식할 수 있는 G코드 파일로 변환해서 3D프린터로 전송해야 출력이 가능하다.
- ⓛ 3D프린터는 슬라이싱 프로그램을 통해서 G코드를 생성할 수 있다.
- ⓒ 3D프린터 슬라이싱 프로그램은 3D 엔지니어링 프로그램에서 모델링된 파일을 직접 가져올 수 없기 때문에 3D 엔지니어링 프로그램에서 부품 파일을 슬라이싱 프로그램에서 인식할 수 있는 형식으로 변경해서 저장해야 한다.

② 모델링 데이터 변환 저장하기
- ⊙ 저장(Save) 기능에서 파일 형식을 변경해서 저장하거나 내보내기(Export)를 통해서 3D프린터 슬라이싱 프로그램에서 불러올 수 있는 파일 형식으로 저장하는 방식으로 사용되고 있다.
- ⓛ 3D프린터 슬라이싱 프로그램에서 불러올 수 있는 파일 형식은 크게 2가지 형식으로 *.stl 형식과 *.obj 형식을 사용한다.
  - *.stl 형식 : 주로 3D CAD 프로그램에서 제공된다.
  - *.obj 형식 : 3D 그래픽 프로그램에서 많이 사용한다.

③ STL 파일 옵션 변경

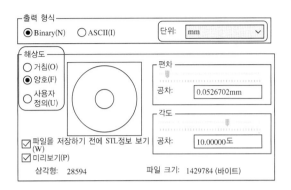

㉠ 모든 3D 엔지니어링 프로그램에서 STL 파일 형식
  을 선택했을 경우, 옵션 버튼을 클릭하면 위 그림
  과 같은 창이 나타난다. 옵션 내용에서 맞춰야 하
  는 내용은 단위(mm)와 해상도 부분이다.
㉡ 해상도는 거침, 양호, 사용자정의(부드러움)로
  표시된다.
  • 거침은 STL로 변환했을 때 곡면에 다각형처럼
    각으로 이루어진 상태로 출력이 된다.
  • 양호 또는 사용자정의(부드러움)를 선택하면 곡
    면이 매끄러운 곡면을 유지하면서 출력이 이루어
    진다.

4-1. 3D프린터 슬라이싱 프로그램에서 불러올 수 있는 파일 형식은?

① *.hwp
② *.stl
③ *.pdf
④ *.xls

4-2. 3D프린터 출력 설정 시 해상도에 해당하는 것은?

① 거 침
② 밝 음
③ 선명하게
④ 0~100%

|해설|

4-1

3D프린터 슬라이싱 프로그램에서 불러올 수 있는 파일 형식은
크게 2가지 형식으로 *.stl 형식과 *.obj 형식을 사용한다.

4-2

해상도는 거침, 양호, 사용자정의로 표시된다.

정답 4-1 ② 4-2 ①

핵심이론 **01** **오류 검출 프로그램 선정**

① STL(STereoLithography)

ㄱ STL(STereoLithography)은 3D Systems사가 Albert Consulting Group에 의뢰해 쉽게 사용할 수 있게 만들어졌다. 모든 CAD 시스템으로부터 쉽게 생성되도록 매우 단순하게 설계하여 초기 3D프린팅 시스템 제작 판매사들에 인정받았으며, 3D프린팅의 표준 입력 파일 포맷으로 사용되고 있다.

ㄴ STL 포맷은 3차원 데이터의 Surface 모델을 삼각형 면에 근사시키는 방식이기 때문에 CAD 시스템에서 쉽게 생성되지만, 생성된 STL 파일에서 제품을 제작하기 힘들 정도의 오류를 포함할 수도 있다. 즉, CAD 시스템에서 생성된 형상의 데이터는 Surface를 포함하는 경우가 많고, 이러한 Surface 형상 데이터를 오차 없이 삼각형으로 나타내는 것은 불가능하므로, 오차가 없도록 Surface를 가능한 한 많은 삼각형으로 최대한 근사시켰기 때문에 그 과정에서 오류가 생길 수 있다.

② AMF(Additive Manufacturing File)

ㄱ AMF(Additive Manufacturing File) 포맷은 XML에 기반하여 STL의 단점을 다소 보완한 파일 포맷이다. STL 포맷은 표면 메시에 대한 정보만을 포함하지만, AMF 포맷은 색상, 질감, 표면 윤곽이 반영된 면을 포함하므로, STL 포맷에 비해 곡면을 잘 표현할 수 있다. 즉, 색상 단계를 포함하여 각 재료 체적의 색과 메시의 각 삼각형의 색상을 지정할 수 있다.

ㄴ 3D CAD 모델링을 할 때 모델의 단위를 계산할 필요가 없고, 같은 모델을 STL과 AMF로 변환했을 때 AMF의 용량이 매우 작다. ASTM에서 ASTM F2915-12로 표준 승인되었지만, 아직 많은 CAD 시스템에서 지원하지 않아 널리 사용되지 않고 있다.

[STL 포맷과 AMF 포맷의 용량 차이]

③ OBJ

　㉠ OBJ 포맷은 3D 모델 데이터의 한 형식으로 기하학적 정점, 텍스처 좌표, 정점 법선과 다각형 면들을 포함한다. 3D 애니메이션 프로그램인 Wavefront Technologies에 의해 개발되었고, 거의 모든 3D 프로그램 간의 호환이 잘되어 많이 사용되고 있다.

　㉡ 매 프레임에 하나의 파일이 필요하고 많은 용량이 필요하며 OBJ 파일로 내보내고 불러오는 데 오랜 시간이 걸린다는 단점이 있다.

④ 3MF

　㉠ STL 포맷은 3D프린팅 표준 포맷으로 단순하고 쉽게 사용할 수 있다는 장점이 있지만 단순하기 때문에 여러 가지 정보가 결여되어 있고 단점이 많다. 이러한 단점 때문에 기술이 발전될수록 쓸 수 없는 포맷이 될 가능성이 많다. 그러나 3MF는 색상, 재질, 재료, 메시 등의 정보를 한 파일에 담을 수 있도록 했고, 또한 매우 유연한 형식으로 필요한 데이터를 추가할 수 있다.

　㉡ 마이크로소프트 주도로 STL 포맷을 대체하기 위해 만든 포맷이며, 3D프린팅의 표준 포맷으로 만들기 위해 거대한 3D프린팅 기업들과 CAD 프로그램 기업인 3D systems, Autodesk, Dassaul Systems, HP, Materialise, Stratasys, Ultimaker 등의 기업과 공동으로 개발하고 있다.

⑤ PLY

　㉠ PLY 포맷은 OBJ 포맷의 부족한 확장성으로 인한 성질과 요소에 개념을 종합하기 위해 고안되었으며, 스탠포드 삼각형 형식 또는 다각형 파일 형식으로, 주로 3D 스캐너를 이용해 물건이나 인물 등을 3D 스캔한 스캔데이터를 저장하기 위해 설계되었다.

　㉡ 표면의 법선 색상, 투명도 좌표 및 데이터를 포함하고, PLY 포맷은 STL 포맷과 비슷하게 ASCII 형식과 Binary 형식이 있다.

자주 출제된 문제

1-1. STL의 포맷 방식에서 Surface 모델을 근사시키는 도형은?

① 원
② 삼각형
③ 사각형
④ 육각형

1-2. 다음의 보기가 설명하는 포맷 방식은?

> • STL에 비해 용량이 작다.
> • STL의 단점을 보완하였다.
> • 곡면을 잘 표현할 수 있다.
> • 색상, 질감과 표면 윤곽에 대한 정보가 포함된다.

① AMF
② OBJ
③ 3MF
④ PLY

1-3. OBJ 포맷에 대한 설명으로 옳지 않은 것은?

① 많은 용량이 필요하다.
② 파일을 불러오는 시간이 빠르다.
③ 3D 프로그램 간에 호환이 잘된다.
④ 3D 모델 데이터의 한 형식으로 기하학적 정점을 포함한다.

1-4. 다음의 보기가 설명하는 포맷 방식은?

> • OBJ 포맷의 부족한 확장성으로 인해 고안되었다.
> • 주로 3D 스캔한 데이터를 저장하기 위해 설계되었다.
> • STL 포맷과 비슷한 ASCII 형식과 Binary 형식이 있다.

① AMF
② OBJ
③ 3MF
④ PLY

1-1

STL 포맷은 3차원 데이터의 Surface 모델을 삼각형 면에 근사시키는 방식이다.

1-2

AMF는 STL의 단점을 다소 보완한 파일 포맷이다. STL 포맷은 표면 메시에 대한 정보만을 포함하지만, AMF 포맷은 색상, 질감, 표면 윤곽이 반영된 면을 포함해 STL 포맷에 비해 곡면을 잘 표현할 수 있다. 색상 단계를 포함하여 각 재료 체적의 색과 메시의 각 삼각형의 색상을 지정할 수 있다. 3D CAD 모델링을 할 때 모델의 단위를 계산할 필요가 없고, 같은 모델을 STL과 AMF로 변환했을 때 AMF의 용량이 매우 작다.

1-3

OBJ 포맷은 매 프레임에 하나의 파일이 필요하고 많은 용량이 필요하며 OBJ 파일로 내보내고 불러오는 데 오랜 시간이 걸린다는 단점이 있다.

1-4

PLY 포맷은 OBJ 포맷의 부족한 확장성으로 인한 성질과 요소에 개념을 종합하기 위해 고안되었으며, 스탠포드 삼각형 형식 또는 다각형 파일 형식으로, 주로 3D 스캐너를 이용해 물건이나 인물 등을 3D 스캔한 스캔데이터를 저장하기 위해 설계되었다. 표면의 법선 색상, 투명도 좌표 및 데이터를 포함하고, PLY 포맷은 STL 포맷과 비슷하게 ASCII 형식과 Binary 형식이 있다.

정답 1-1 ② 1-2 ① 1-3 ② 1-4 ④

핵심이론 02 | STL 포맷의 개념과 형식 종류

① STL 포맷의 개념

STL 포맷은 삼각형의 세 꼭짓점이 나열된 순서에 따른 오른손 법칙(Right Hand Rule)을 사용한다. Normal Vector를 축으로 반시계 방향으로 꼭짓점이 입력되어야 하고, 각 Vertex(꼭짓점)는 인접한 모든 삼각형의 Vertex여야 한다는 꼭짓점 규칙을 만족시켜야 한다.

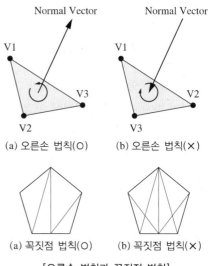

(a) 오른손 법칙(O)   (b) 오른손 법칙(×)

(a) 꼭짓점 법칙(O)   (b) 꼭짓점 법칙(×)

[오른손 법칙과 꼭짓점 법칙]

또한, 유한 요소 Mesh Generation 방식을 사용하여 3D 모델을 삼각형들로 분할한 후 각각의 삼각형으로 출력하고 쉽게 STL 파일로 출력할 수 있기 때문에 특별한 해석 없이 사용할 수 있다.

예 삼각형이 가장 적게 사용되는 정사면체에서 삼각형으로 된 면이 4개이므로 STL 포맷으로 변환하면 삼각형 4개에 대한 정보를 가지게 된다. 삼각형 각각의 꼭짓점과 모서리의 총합은 각각 12개이지만, 정사면체의 꼭짓점과 모서리는 삼각형 면들과 중복되므로 중복된 꼭짓점과 모서리를 제외하면 꼭짓점은 4개이고 모서리는 6개가 된다.

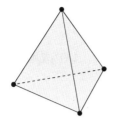

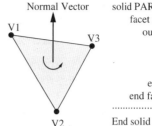

[아스키(ASCII) 코드 형식의 문자열]

- 꼭짓점 수 = (총삼각형의 수 / 2) + 2

  = (4 / 2) + 2 = 4

- 모서리 수 = (꼭짓점 수 × 3) − 6

  = (4 × 3) − 6 = 6

하지만 STL은 최소 3번의 중복된 꼭짓점의 좌표 정의가 필요하고 기하학적 위상 정보가 부족하며, 곡면으로 구성된 모델의 경우 곡면을 삼각형만으로 표현하기 위해 아주 많은 삼각형을 필요로 한다. 그래서 STL 포맷은 동일한 Vertex가 반복된 법칙으로 인해 파일의 크기가 매우 커지게 되어 전송 시간이 길고 저장 공간을 많이 차지한다. 삼각형과 삼각형 사이의 구멍이나 면들의 연결 존재 등의 위상 정보가 없고 관계에 대한 정보가 없어 특정 모양의 정보 처리도 매우 느리고 비효율적이다. 이런 단점이 있지만 단순함과 호환성으로 많이 사용되고 있다.

② 아스키(ASCII) 코드 형식

아스키(ASCII) 코드 형식은 문자열을 사용하여 형상을 표현하고, Solid는 다수의 Facet을 포함하여 각각의 Facet은 Facet Normal로 나타내는 Normal Vector로 시작해 Outer Loop 이후에 삼각형 꼭짓점 각각을 나타내는 3개의 Vertex 문자열에 표기하고 End Loop와 End Facet문으로 끝낸다.

③ 바이너리(Binary) 코드

바이너리(Binary) 코드 형식은 80Byte의 Head Information과 4Byte의 전체 면들(Facets)의 개수에 각 삼각형 Facet을 3개의 Float형으로 정의한 Normal Vector좌표와 9개의 Float형으로 정의한 Vertex 좌표 정보로 표현된다.

[바이너리(Binary) 코드 형식의 문자열]

Data Type	Byte	Description
string	80	Head information
unsigned integer	4	number of facets
Frist Triangle Definition		
float	4	normal x
float	4	normal y
float	4	normal z
float	4	vertex 1 x
float	4	vertex 1 y
float	4	vertex 1 z
float	4	vertex 2 x
float	4	vertex 2 y
float	4	vertex 2 z
float	4	vertex 3 x
float	4	vertex 3 y
float	4	vertex 3 z
unsigned short	2	Attribute byte should be set to zero
Second Triangle Definition		
Third Triangle Definition		
	⋮	

출처 : 김호찬(1998), 급속조형을 위한 데이터 변환 및 최적지지대 자동생성 시스템 개발

2-1. STL 포맷 시 삼각형에 대한 설명으로 틀린 것은?

① 꼭짓점은 인접한 모든 삼각형의 꼭짓점이어야 한다.
② 삼각형의 꼭짓점이 나열된 순서에 따른 오른손 법칙을 사용한다.
③ Normal Vector를 축으로 시계 방향으로 꼭짓점이 입력되어야 한다.
④ 삼각형으로 분할 후 STL로 출력하기 위해서는 특별한 해석이 필요 없다.

2-2. STL 포맷에 대한 설명으로 틀린 것은?

① 단순하고 호환성이 우수하다.
② 모델링을 삼각형만으로 표현한다.
③ 전송 시간이 짧고 저장 공간을 적게 차지한다.
④ 곡면을 삼각형으로 표현하기 위해서는 많은 삼각형을 필요로 한다.

2-3. 다음의 도형에서 모서리의 총합은 몇 개인가?

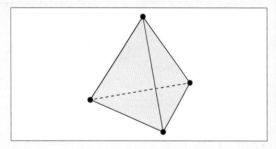

① 4
② 5
③ 6
④ 8

2-4. 아스키(ASCII) 코드 형식에 대한 설명으로 틀린 것은?

① 문자열을 사용하여 형상을 표현한다.
② End Loop와 End Facet문으로 끝낸다.
③ Facet Nomal로 나타내는 Normal Vector로 시작한다.
④ 삼각형 꼭짓점 각각을 나타내는 4개의 Vertex 문자열에 표기한다.

|해설|

2-1

Normal Vector를 축으로 반시계 방향으로 꼭짓점이 입력되어야 한다.

2-2

동일한 Vertex가 반복된 법칙으로 인해 파일의 크기가 매우 커지게 되어 전송 시간이 길고 저장 공간을 많이 차지한다.

2-3

모서리 수 = (꼭짓점 수 × 3) − 6 = (4 × 3) − 6 = 6

2-4

삼각형 꼭짓점 각각을 나타내는 3개의 Vertex 문자열에 표기한다.

정답 2-1 ③ 2-2 ③ 2-3 ③ 2-4 ④

① Netfabb(Autodesk)

   ㉠ 거의 모든 CAD 포맷을 Import 가능하고 다른 포맷으로 변환해 Export 가능하다. 자동 복구 도구를 이용해 모델의 구멍이나 교차점 및 기타 결함을 제거시켜 주고, 수동 복구 도구와 사용자 정의 복구 스크립트를 사용하면 오류를 잘라 메시를 편집하고 원본 파일과 수정된 메시를 비교할 수 있다. 뿐만 아니라 구멍을 만들어 별도의 부품을 병합 또는 기능을 추출할 수 있고 그림과 텍스처에 텍스트를 추가할 수 있다.

   ㉡ 3D프린팅 전에 모델의 형상에 오프셋, 벽 두께 등을 조정하고, 날카로운 모서리를 줄일 수 있고 메시 단순화 등 메시를 조정하여 메시의 수를 줄여 파일의 크기를 크게 줄일 수 있다.

   ㉢ 레이저 기반의 3D프린터의 경우 온도를 조정하여 계산 속도와 처리 시간을 감소시키고 패턴을 정의할 수 있다.

② Meshmixer(Autodesk)

   ㉠ 주요 기능 : 메시를 부드럽게 하고 구멍이나 브리지, 일그러진 경계면 등의 오류를 어느 부분에 어떤 오류가 있는지 알려주고 자동 복구시켜 준다. 물론 수동으로도 가능하고 메시를 단순화시키거나 감소시킬 수 있는 툴도 제공한다.

   ㉡ 제공하는 도구
   • 모델의 표면에 형상을 만들거나 3D프린팅을 위해 서포트를 조절할 수 있다.
   • 3D프린팅 시 자동으로 3D프린터 베드에 알맞게 방향을 최적화해 주며 평면을 자르거나 미러링시킬 수도 있다.
   • 분석 도구가 있어 3D 측정이나 안정성 및 두께 분석 등이 가능하다.

③ MeshLab

   ㉠ 구조화되지 않은 큰 메시를 관리 및 처리하는 것을 목적으로 Healing, Cleaning, Editing, Inspecting, Rendering 도구를 제공하는 3D 메시 수정 소프트웨어이다.

   ㉡ 오토매틱 메시 클리닝 필터는 중복 제거, 참조되지 않은 정점, 아무 가치 없는 면, 다양하지 않은 모서리 등을 걸러 준다.

   ㉢ 메싱 도구는 2차의 에러 측정, 많은 종류의 세분화된 면, 두 표면 재구성 알고리즘에 기초하여 높은 품질의 단순화를 지원하고 표면에 일반적으로 존재하는 노이즈를 제거해 준다.

   ㉣ 곡률 분석 및 시각화를 위한 많은 종류의 필터와 도구를 제공한다.

자주 출제된 문제

3-1. Netfabb에 대한 설명으로 틀린 것은?

① 그림에는 텍스트를 추가할 수 없다.
② 원본 파일과 수정된 메시를 비교할 수 있다.
③ 자동 복구 도구를 이용해 결함을 제거할 수 있다.
④ 메시 단순화를 통하여 메시의 수를 줄여 파일의 크기가 작아진다.

3-2. Meshmixer에 대한 설명으로 틀린 것은?

① 평면을 자르거나 미러링시킬 수 있다.
② 메시를 단순화시키거나 감소시킬 수 있다.
③ 분석 도구가 있어 3D 측정이나 두께 분석이 가능하다.
④ 오류가 어느 부분에 있는지는 사용자가 찾아야 한다.

|해설|

3-1
구멍을 만들어 별도의 부품을 병합 또는 기능을 추출할 수 있고 그림과 텍스처에 텍스트를 추가할 수 있다.

3-2
일그러진 경계면 등의 오류를 어느 부분에 어떤 오류가 있는지 알려 주고 자동 복구시켜 준다.

정답 3-1 ① 3-2 ④

핵심이론 04 │ 출력용 파일의 오류 종류

① 클로즈 메시와 오픈 메시
  ㉠ 출력용 파일로 변환된 모델에서 메시 사이에 한 면이 비어 있는 형상을 오픈 메시라고 하며, 오픈 메시가 생기는 경우 모델링만 보는 것에는 큰 지장이 없지만, 3D프린팅의 경우 출력된 모델이 달라질 수 있다.
  ㉡ 안이 채워진 원을 출력용 파일로 변환시켰을 때 오픈 메시가 없는 클로즈 메시 파일을 출력하면 원래 모델링한 것과 같이 출력되지만, 구멍이 있는 메시는 오픈 메시가 되어 출력하는 데 큰 오류가 생길 수 있다.
    • 클로즈 메시 : 메시의 삼각형 면의 한 모서리가 2개의 면과 공유하는 것이다.
    • 오픈 메시 : 메시의 삼각형 면의 한 모서리가 한 면에만 포함되는 경우를 말한다.

② 비(非)매니폴드 형상
  ㉠ 비매니폴드 형상은 실제 존재할 수 없는 구조로 3D프린팅, 불 작업, 유체 분석 등에 오류가 생길 수 있다.
  ㉡ 올바른 구조인 매니폴드 형상은 하나의 모서리를 2개의 면이 공유하고 있지만, 올바르지 못한 비매니폴드 형상은 하나의 모서리를 3개 이상의 면이 공유하고 있는 경우와 모서리를 공유하고 있지 않은 서로 다른 면에 의해 공유되는 정점을 나타낸다.

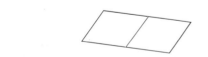

[매니폴드 형상]

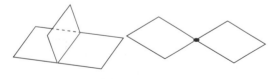

[비매니폴드 형상]

③ 메시가 떨어져 있는 경우
  Mesh와 Mesh 사이가 완전히 떨어져 있는 경우가 있다. 메시와 메시 사이의 거리가 실제로는 눈으로 구분하기 힘들 정도로 작게 떨어져 있는 경우 이런 부분을 잘 수정하지 않으면 3D프린팅을 할 경우 큰 오류가 날 수 있다.

④ 반전 면
  ㉠ 오른손 법칙에 의해 생긴 Normal Vector가 반시계 방향으로 입력되어 인접된 면과 같은 방향으로 되어야 하지만, 반대로 시계 방향으로 입력되어 인접된 면과 Normal Vector의 방향이 반대 방향일 경우 반전 면이 생기게 된다.
  ㉡ 반전 면은 시각화 및 렌더링 문제뿐만 아니라 3D프린팅을 하는 경우에 문제가 발생할 수 있다.

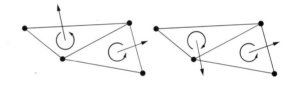

⑤ 오류를 수정하지 않고 출력할 경우
  ㉠ 정상적으로 구멍이 출력되어야 하는데 오류를 수정하지 않고 그대로 출력할 경우 구멍이 있어야 할 자리에 3D프린터가 재료를 가득 메워 놓는 경우가 있다.
  ㉡ 오류를 수정한 다음 출력한 경우 정상적으로 구멍이 출력되고, 출력 시간 역시 오류를 수정하지 않고 출력할 경우에 2시간이 걸리지만, 수정하고 출력한 경우에는 1시간이 걸린다.
  ㉢ 이처럼 오류를 수정하지 않고 그대로 출력할 경우 출력 시간이 1시간 차이가 나는 것은 물론 아주 심각한 오류가 발생할 수 있고, 아주 작은 오류라도 3D프린팅을 할 때 출력물의 품질이 떨어지거나 출력 시간이 더 오래 걸릴 수 있다.

4-1. 출력용 파일의 오류에 해당하지 않는 것은?

① 반전 면
② 클로즈 메시
③ 비매니폴드 형상
④ 메시가 떨어져 있는 경우

4-2. 비(非)매니폴드 형상이 아닌 것은?

① 2개의 면이 모서리를 공유하고 있지 않다.
② 하나의 모서리를 2개의 면이 공유하고 있다.
③ 하나의 모서리를 3개의 면이 공유하고 있다.
④ 하나의 모서리를 4개의 면이 공유하고 있다.

4-3. 오류를 수정하지 않고 출력할 경우 발생하는 것이 아닌 것은?

① 심각한 오류가 발생한다.
② 출력물의 품질이 떨어진다.
③ 출력 시간이 더 오래 걸린다.
④ 정상적으로 구멍이 출력된다.

|해설|

4-1
클로즈 메시 파일을 출력하면 원래 모델링한 것과 같이 출력된다.

4-2
하나의 모서리를 2개의 면이 공유하고 있는 것은 매니폴드 형상에 해당한다.

4-3
오류를 수정하지 않고 그대로 출력할 경우 아주 심각한 오류가 발생할 수 있고, 아주 작은 오류라도 3D프린팅을 할 때 출력물의 품질이 떨어지거나 출력 시간이 더 오래 걸릴 수 있다.

정답 4-1 ② 4-2 ② 4-3 ④

제2절 출력 보조물 설정

핵심이론 01 | 출력 보조물

① 지지대 : 3D프린터로 제품을 출력 시 필요한 바닥 받침대와 형상 보조물을 말한다.
   ㉠ 형상 보조물 : 제품의 출력 시 적층 바닥과 제품이 떨어져 있을 경우 이를 보조해 주는 지지대를 말한다.
   ㉡ 바닥 받침대 : 제품의 출력 시 적층 바닥과 제품을 보다 견고하게 유지시켜 주는 지지대를 말한다.

② 지지대의 이용 : 3D프린팅은 제작 방식에 따라 제작의 오차 및 오류가 존재한다. 이러한 오차 및 오류를 줄이기 위해서 지지대를 형상 제작에 이용하면 효율적으로 제품의 품질을 향상시킬 수 있다.

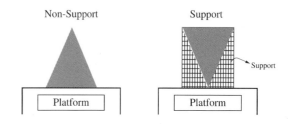

   ㉠ FDM 방식 : 제품의 아랫면이 크거나 뒤틀림이 존재할 때에는 지지대를 이용하여 제품을 제작하면 제품의 뒤틀림과 오차를 줄일 수 있다.
   ㉡ SLA 방식 : 형상의 오차 및 처짐 등의 발생을 줄일 수 있다.

다음에서 3D프린터 출력 시 지지대에 해당하는 것은?

> ㄱ. 형상 보조물
> ㄴ. 바닥 받침대
> ㄷ. 프로브
> ㄹ. 회전바이스

① ㄱ, ㄴ
② ㄱ, ㄹ
③ ㄴ, ㄷ
④ ㄷ, ㄹ

|해설|

지지대는 3D프린터로 제품을 출력 시 필요한 바닥 받침대와 형상 보조물을 말한다.

정답 ①

핵심이론 02 | 지지대 구조물(Support Structures)의 형상

액체 상태의 광경화성 수지를 사용하는 광조형법이나 녹인 재료를 주사하여 형상을 제작하는 경우에는 조형물이 완성되어서 분리시킬 때까지 조형물의 고정, 파손, 지붕 형상과 돌출 부분에서의 처짐 등을 방지하기 위해서 반드시 지지대가 필요하다.

① 서포트의 종류 : 지지대는 필요로 하는 형상과 기능에 따라 다음과 같이 나눌 수 있다.

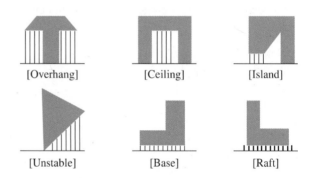

[Overhang]   [Ceiling]   [Island]
[Unstable]   [Base]   [Raft]

ㄱ Overhang : 외팔보와 같이 새로 생성되는 층이 받쳐지지 않아 아래로 휘게 되는 경우를 방지하기 위한 지지대이다.

ㄴ Ceiling : 양단이 지지되는 경우라도 이를 받치는 기둥의 간격이 크면 가운데 부분에서 천장이 처지지 않도록 처짐이 과도하게 발생하는 경우를 방지하기 위한 지지대이다.

ㄷ Island : 이전에 단면과는 연결되지 않는 단면이 새로이 등장하는 경우로 지지대가 받쳐주지 않으면 허공에 떠 있는 상태가 되어 제대로 성형되지 않는다.

ㄹ Unstable : 특별히 지지대가 필요한 면은 없지만 바닥이 너무 좁아 불안정할 때 성형 도중에 자중에 의하여 스스로 붕괴하게 되는 경우를 방지하기 위한 지지대이다.

ⓜ Base : 기초 지지대로 성형 중 진동이나 충격이 가해졌을 경우 성형품의 이동이나 붕괴를 방지하기 위한 지지대이다.

ⓗ Raft : 성형 플랫폼에 처음으로 만들어지는 구조물로서 성형 중에는 플랫폼에 대한 강한 접착력을 제공하고, 성형 후에는 부품의 손상 없이 플랫폼에 분리하기 위한 지지대의 일종이다.

• 지지대와 관련한 성형 결함
 − Sagging : 제작 중 하중으로 인해 아래로 처지는 현상을 말한다.
 − Warping : 소재가 경화하면서 수축에 의해서 뒤틀림이 발생하는 현상을 말한다.

• 지지대를 넉넉히 생성하는 것은 조형물이 튼튼히 조형될 수 있게 한다. 그러나 과도하게 형성할 경우 조형물과의 충돌로 인하여 제품 품질이 하락하고 후공정에 있어서 작업 과정을 복잡하고 어렵게 만든다.

• 지지대가 조형물과 완전히 붙어 있다면 제거가 어렵다. 따라서 지지대의 제거가 용이하도록 지지대가 조형물에 접촉되는 부분은 그림과 같이 뾰족한 이빨 모양으로 처리하게 된다.

• 조형물의 지지면과 지지대가 단순히 접해 있는 것만으로는 조형물을 충분히 지지하기 어렵기 때문에 그림과 같이 δ_z만큼 지지대의 일부가 조형물의 내부로 침투하는 것으로 가정하여 접촉 길이를 정한다.

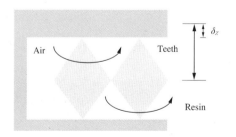

ⓛ 지지대의 제거 : 출력 후 생기는 지지대를 제거하는 것이 후가공이다.
 ⓐ SLA의 경우 : 광경화성 수지를 사용하기 때문에 모델 재료와 지지대 재료가 같고, 가는 기둥형으로 쉽게 떨어지게 되어 있다.
 ⓑ 3DP 방식이나 SLS 방식의 경우 : 적층 기술은 따로 지지대를 사용하지 않기 때문에 파우더만 털어주면 출력물을 얻을 수 있다.

자주 출제된 문제

2-1. 광조형법을 이용한 형상 제작 시 지지대의 역할이 아닌 것은?
① 조형물의 고정
② 돌출부의 처짐 방지
③ 조형물의 파손 방지
④ 가공 온도 조절

2-2. 제작 중 하중에 의해 아래로 처지는 현상은?
① Sagging ② Warping
③ Rolling ④ Slicing

2-3. 지지대를 사용하지 않는 방식은?
① FDM 방식 ② 3DP 방식
③ SLA 방식 ④ MJM 방식

|해설|

2-1
조형물이 완성되어서 분리시킬 때까지 조형물의 고정은 물론, 파손, 지붕 형상과 돌출 부분에서의 처짐 등을 방지하기 위해서 지지대가 반드시 필요하다.

2-2
• Sagging : 제작 중 하중으로 인해 아래로 처지는 현상이다.
• Warping : 소재가 경화하면서 수축에 의해서 뒤틀림이 발생하는 현상이다.

2-3
3DP방식이나 SLS방식의 경우 적층 기술은 따로 지지대를 사용하지 않기 때문에 파우더만 털어주면 출력물을 얻을 수 있다.

정답 2-1 ④ 2-2 ① 2-3 ②

핵심이론 03 | 지지대 설정

① 지지대 설정 : Infill, Support Type으로 크게 설정할 수 있다.

② Infill, Support Type

　㉠ Infill : 내부 채우기 정도를 뜻하는 것으로 0~100%까지 채우기가 가능하며, 채우기 정도가 높아질수록 출력 시간이 오래 소모되며 출력물의 무게가 무거운 단점이 있다.

　㉡ Support Type

　　• 전체 서포터 : 형상물 전체에 서포트를 설정해 주는 방식으로, 시간이 오래 소모되고 형상물의 모양을 최대한 유지시켜 출력시키지만 서포터를 제거하는 데 어려움이 있으므로 출력물의 품질을 기대하기는 어렵다.

　　• 부분 서포터 : 지지대를 필요로 하는 부분을 슬라이서 프로그램이 자동으로 설정해 주는 방식으로 효율적이다.

　　• 서포터 없음 : 지지대를 필요로 하지 않는 형상물을 출력할 때 사용한다.

핵심이론 01 │ 슬라이싱

① 슬라이싱(Slicing)

3D프린팅은 CAD 프로그램으로 모델링한 3차원적 형상물을 2차원적 단면으로 분해한 후 적층하여 다시 3차원적 형상물을 얻는 방식을 말한다. 그러므로 원하는 3차원 제품을 제작하기 위해서는 슬라이싱에 의한 2차원 단면 데이터 생성 시 절단된 윤곽의 경계 데이터가 연결된 폐루프를 이루도록 한 후 생성된 폐루프끼리 교차되지 않아야 한다.

② 슬라이싱(Slicing)을 위한 과정

㉠ 과 정

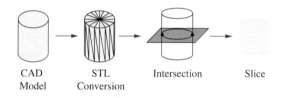

CAD Model　STL Conversion　Intersection　Slice

㉡ 형상 분석 : 제품의 품질을 향상시키기 위해서 형상물을 분석하여 재배치하는 것으로, 형상 분석에는 형상을 확대, 축소, 회전, 이동을 통하여 지지대 사용 없이 성형되기 어려운 부분을 찾는다.

자주 출제된 문제

슬라이싱에서 형상 분석에 해당하지 않는 것은?

① 확 대　　　　② 이 동
③ 회 전　　　　④ 수 정

|해설|

형상 분석
제품의 품질을 향상시키기 위해서 형상물을 분석하여 재배치하는 것으로, 형상 분석에는 형상을 확대, 축소, 회전, 이동을 통하여 지지대 사용 없이 성형되기 어려운 부분을 찾는다.

정답 ④

핵심이론 02 │ 적층값 파악 및 결정

① 적층값

적층값 3D프린터가 형상물을 출력하는 데 적층하는 수치를 뜻한다. 이 적층값은 3D프린터마다 각각 다르며, 적층값이 높을수록 정밀도가 떨어진다.

② Surface 출력 두께

3차원 구조물을 제작할 때 3차원 구조물 면이 두껍지 않으면 3D프린터에서 출력이 되지 않는다.

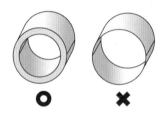

③ Model 면 Open 및 Close

3D프린터에 3차원 구조물의 모델을 삽입할 시 3차원 모델링 검토는 필수적이다. 3차원 모델의 면과 면 사이가 전부 막혀 있지 않은 상태라면 출력이 되지 않을 뿐만 아니라 오류 메시지가 표시된다.

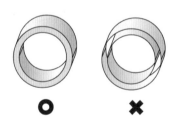

④ 모서리

3D프린터를 이용하여 한 개 이상의 출력물을 한 번에
출력할 때에는 구조물 간의 간격 조정은 필수적이다.
출력물이 접촉되어 있는 경우 구조물을 제작하기 어려
워진다. 또한, 모서리 부분이나 한쪽 면이 접촉이 되어
있을 경우 하나의 구조물로 제작이 되므로 한 개 이상
의 출력물을 출력하고자 할 때에는 모델 사이에 0.1mm
이상의 공간을 두어야 한다.

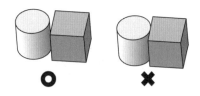

⑤ Model의 재료 및 스케일

Model 제작의 쓰임과 목적에 따라 재료의 채우기를
적절히 설정한 후 구조물을 제작해야 한다. 또한 3차
원 모델의 스케일을 조정하여 프린터의 재료 및 작동
시간을 조정할 수 있다.

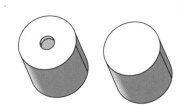

⑥ 3D프린터의 출력 범위

3D 구조물의 설계 및 출력 시 유의할 사항은 프린터
출력 범위에 맞게 구조물을 설계하여야 한다. 구조물
이 출력범위를 벗어나면 프린팅은 되지 않는다.

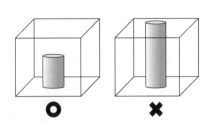

⑦ 구조물의 안정성

3차원 구조물을 제작할 때 무게중심을 고려하여 안정
성 있는 설계를 하는 것이 중요하며, 모델의 지지대
역할 또는 물체를 연결하는 부분의 안정성 때문에 고
려해야 한다. 모델의 지지대 및 연결 부위를 약하게
설계할 시 휘어짐, 부서짐 현상이 발생할 수 있다. 이
렇게 힘이나 하중을 받는 부분을 설계할 시 안정적인
설계를 통해 구조물의 품질을 향상시킬 수 있다.

자주 출제된 문제

3D프린터의 적층 시에 대한 설명으로 옳은 것은?

① 적층값이 높을수록 정밀도는 높다.
② 3차원 구조물 제작 시 면이 얇을수록 출력은 잘된다.
③ 한 번에 여러 개의 구조물을 제작 시 구조물 간 간격은 상관
   없다.
④ 3차원 모델의 면과 면 사이가 전부 막혀 있지 않으면 출력
   이 되지 않는다.

|해설|
① 적층값은 3D프린터가 형상물을 출력하는 데 적층하는 수치를
   뜻한다. 이 적층값은 3D프린터마다 각각 다르며 적층값이
   높을수록 정밀도가 떨어진다.
② 3차원 구조물을 제작할 때 3차원 구조물 면이 두껍지 않으면
   3D프린터에서 출력이 되지 않는다.
③ 한 개 이상의 출력물을 한 번에 출력할 때에는 구조물 간의
   간격 조정은 필수적이다. 출력물이 접촉되어 있는 경우 구조물
   을 제작하기 어려워진다.

정답 ④

| 슬라이서 프로그램의 종류

① 슬라이서 프로그램의 종류 : 메이커봇(Makerbot) 데스크톱 소프트웨어, Cura, SIMPLIFY3D

② SIMPLIFY3D의 특징
  ㉠ 지지 물질의 위치, 크기 및 각도를 사용자가 지정할 수 있다.
  ㉡ 최적화된 듀얼 압출로서 듀얼 컬러 부품을 제작할 수 있으며, 이중 압출 인쇄 작업의 설정 간소화가 특징이다.
  ㉢ 멀티 파트 인쇄 기능으로 시간을 절약하여 효율성을 높이기 위하여 인쇄 부분을 여러 부분으로 나누어 인쇄할 수 있다.

자주 출제된 문제

3-1. 슬라이서 프로그램의 종류가 아닌 것은?

① Cura
② Auto CAD
③ SIMPLIFY3D
④ 메이커봇 데스크톱 소프트웨어

3-2. SIMPLIFY3D의 특징이 아닌 것은?

① 인쇄 작업 설정이 복잡하다.
② 듀얼 컬러 부품을 제작할 수 있다.
③ 인쇄 부분을 여러 부분으로 나누어 인쇄할 수 있다.
④ 지지 물질의 위치, 크기를 사용자가 지정할 수 있다.

|해설|

3-1
슬라이서 프로그램의 종류
• 메이커봇 데스크톱 소프트웨어
• Cura
• SIMPLIFY3D

3-2
• 지지 물질의 위치, 크기 및 각도를 사용자가 지정할 수 있다.
• 듀얼 컬러 부품을 제작할 수 있으며, 이중 압출 인쇄 작업의 설정 간소화가 특징이다.
• 멀티 파트 인쇄 기능으로 시간을 절약하여 효율성을 높이기 위하여 인쇄 부분을 여러 부분으로 나누어 인쇄할 수 있다.

정답 3-1 ② 3-2 ①

핵심이론 04 | 3D프린터의 종류 및 제작 방식에 따른 적층 두께 및 특징

① FDM 방식
  ㉠ Makerbot(Replicator 2X)
    • 출력 사이즈 : $246 \times 152 \times 155$mm
    • 적층 두께
      – High : $100\mu m$
      – Medium : $270\mu m$
      – Low : $340\mu m$
    • 위치 정밀도
      – XY축 : $11\mu m$
      – Z축 : $2.5\mu m$
    • 필라멘트 직경 : 1.75mm
    • 노즐 직경 : 0.4mm
  ㉡ Stratasys(Dimension 1200es)
    • 출력 사이즈 : $254 \times 254 \times 305$mm
    • 적층 두께 : 0.254mm
  ㉢ Cubicon Single
    • 출력 사이즈 : $240 \times 190 \times 200$mm
    • 적층 두께 : 0.1mm

② SLS 방식
  ㉠ 3D Systems(ProX 100)
    • 레이저 파워 : 50W
    • 레이저 파장 : 1,070nm
    • 최소 적층 두께 : $10\mu m$
    • 최대 성형 크기 : $100 \times 100 \times 80$mm
  ㉡ Renishaw-Am250
    • 레이저 파워 : 200W
    • 레이저 초점 지름 : $70\mu m$
    • 적층 두께 : $20{\sim}100\mu m$
    • 최대 성형 크기 : $245 \times 245 \times 300$mm

ⓒ EOS(FORMIGA P110)

　　　　• 최대 제작 속도 : 20mm/h

　　　　• 레이저 초점 지름 : $70\mu m$

　　　　• 최소 적층 두께 : 0.06mm

　　　　• 최대 성형 크기 : $200 \times 250 \times 330$mm

③ LOM 방식

　　ⓐ Solido(SD300 Pro)

　　　• 정밀도 : 0.1mm(XY)

　　　• 적층 두께 : 0.168mm

　　　• 최대 성형 크기 : $160 \times 210 \times 135$mm

④ Binder Jetting

　　ⓐ 3D Systems(Projet 660 Pro)

　　　• 최소 해상도 : 0.1mm

　　　• 적층 두께 : 0.1mm

　　　• 최대 성형 크기 : $254 \times 381 \times 203$mm

　　ⓑ ExOne(M-Flex)

　　　• 해상도

　　　　－ XY : 0.0635mm

　　　　－ Z : 0.100mm

　　　• 적층 두께 : 0.15mm

　　　• 최대 성형 크기 : $400 \times 250 \times 250$mm

　　ⓒ VoxelJet(VX500)

　　　• 해상도 : 300dpi

　　　• 적층 두께 : $80/150\mu m$

　　　• 최대 성형 크기 : $500 \times 400 \times 300$mm

⑤ Material Jetting

　　ⓐ Objet24

　　　• 해상도

　　　　－ X-axis : 600dpi

　　　　－ Y-axis : 600dpi

　　　　－ Z-axis : 900dpi

　　　• 적층 두께 : $28\mu m$

　　　• 최대 성형 크기 : $234 \times 192 \times 148.6$mm

⑥ DLP 방식

　　ⓐ 3D Systems(Projet 1200)

　　　• 평면 해상도 : $56\mu m$

　　　• 적층 두께 : 0.03mm

　　　• 최대 성형 크기 : $43 \times 27 \times 180$mm

⑦ SLA 방식

　　ⓐ 3D Systems(Projet 6000)

　　　• 최고 해상도 : $50\mu m$

　　　• 최대 성형 크기 : $250 \times 250 \times 250$mm

자주 출제된 문제

3D Systems(ProX 100)의 최대 성형 크기는?

① $100 \times 100 \times 80$

② $245 \times 245 \times 300$

③ $100 \times 100 \times 100$

④ $254 \times 254 \times 305$

|해설|

출력 사이즈

• FDM 방식

　－ Stratasys : $254 \times 254 \times 305$mm

• SLS 방식

　－ 3D Systems(ProX 100) : $100 \times 100 \times 80$mm

　－ Renishaw : $245 \times 245 \times 300$mm

정답 ①

제4절 G코드 생성

핵심이론 01 슬라이싱 상태파악

① 3D프린터용 슬라이싱 및 G코드 생성하기

ㄱ 3D프린터의 구동을 위한 G-Code 생성을 위한 프로그램을 슬라이서 프로그램이라고 한다.

ㄴ 3D프린터로 적층하기 전에 출력될 모델을 미리 확인해 보면서 실수도 줄이고, 더 효율적으로 작업을 할 수 있도록 지정된 3D프린터에서 지원하는 적층 값의 범위를 파악할 수 있다.

ㄷ 슬라이싱된 파일을 활용하여 실제 적층을 하기 전 가상 적층을 실시하여 슬라이싱의 형태를 파악할 수 있다.

ㄹ 슬라이서 프로그램의 3D프린터 설정 기능을 활용하여 기타 설정값을 설정할 수 있고, 슬라이싱된 파일과 기타 설정값을 기준으로 G코드를 생성할 수 있다.

② 가상 적층 보기

ㄱ 가상 적층은 3D프린터에서 실제로 재료를 적층하기 전에 슬라이싱 소프트웨어를 통해 출력될 모델을 볼 수 있다(3D프린터로 출력하기 전에 가상 적층을 슬라이싱 상태로 미리 확인할 수 있다).

ㄴ 가상 적층을 볼 때는 경로, 서포터, 플랫폼을 확인하면 된다. 즉, 가상 적층을 통해 서포터 종류와 어떻게 생기는지, 출력물과 플랫폼 사이에 브림(Brim)이나 라프트(Raft) 등의 모양을 미리 알 수 있기 때문에 실제로 출력 후 원하는 대로 모델이 나오지 않아서 재출력할 일이 줄어든다.

자주 출제된 문제

실제로 재료를 3D프린팅하기 전에 소프트웨어를 이용하여 미리 확인하는 것은?

① 가상 적층
② 가상 현실
③ 증강 현실
④ 3D 스캐닝

|해설|

3D프린터에서 실제로 재료를 적층하기 전에 슬라이싱 소프트웨어를 통해 모양을 미리 알 수 있다. 때문에 실제로 출력 후 원하는 대로 모델이 나오지 않아서 재출력할 일이 줄어든다.

정답 ①

핵심이론 02 | 슬라이서 프로그램 옵션 설정

① Quality

㉠ Layer Height(mm)

3D프린터가 출력할 때 한 층의 높이를 설정하는 옵션이다. 사용할 3D프린터의 최대 높이와 최저 높이 사이의 값으로 설정하면 되고, 높이가 낮을수록 출력물의 품질이 좋아진다.

㉡ Shell Thickness(mm)

출력물의 두께를 설정하는 옵션으로 속을 가득 채울 것이라면 설정할 필요가 없다. 하지만 속을 채우기를 적게 했을 때 출력물을 단단하게 하고 싶다면 Shell Thickness 옵션값을 높여서 두께를 두껍게 하면 된다.

㉢ Enable Retraction

서로 떨어져 있는 모델을 출력하면 헤드가 모델 사이를 이동하게 된다. 이때 모델과 모델 사이의 떨어져 있는 부분에 헤드에서 녹아 나온 필라멘트가 실처럼 생기게 되는데, Enable Retraction은 이런 필라멘트를 줄여 주는 기능이다.

② Fill

㉠ Top/Bottom Thickness(mm)

출력물의 위아래 두께를 늘려 주는 기능이다.

㉡ Fill Density(%)

출력물 속을 채우는 기능으로, 100%로 출력하면 단단하지만 출력하는 데 많은 시간이 걸리고, 반대로 너무 채우지 않으면 출력물이 너무 약해서 쉽게 파손된다.

③ Speed and Temperature

㉠ Print Speed(mm/s)

프린트하는 속도를 조절하는 옵션으로 빠를수록 품질이 저하된다. 일반 품질은 50으로, 고품질은 20~30으로 설정한다.

㉡ Printing Temperature(℃)

노즐의 온도를 결정하는 부분으로서 사용하는 소재에 따라 온도는 다르게 설정한다. PLA는 180℃부터, ABS는 220℃부터 녹기 시작하나 온도가 너무 낮으면 노즐이 자주 막히는 상황이 발생한다. PLA는 200~220℃, ABS는 230~260℃ 정도가 적절하다.

㉢ Bed Temperature(℃)

히팅 베드의 온도를 설정하는 것으로서 노즐의 온도와 마찬가지로 소재에 따라 온도를 다르게 설정한다. 온도 변화에 변형이 작은 소재는 굳이 설정할 필요가 없다.

④ Support

㉠ Support Type

• None : 서포터가 없도록 설정한다.
• Touching Buildplate : 출력물과 플레이트 사이에만 서포터가 생성되고 출력물과 출력물 사이에는 생성되지 않게 하는 옵션이다.
• Everywhere : 서포터가 필요한 모든 곳에 서포트를 생성하는 옵션이다.

㉡ Platform Adhesion Type

• None : 베드 부착을 하지 않는다.
• Brim : 첫 번째 레이어를 확장시켜 플레이트에 베드 면을 깔아주는 옵션이다. 출력할 때 플레이트와 출력물이 잘 붙지 않는 경우에 사용한다.
• Raft : 출력물 아래에 베드 면을 깔아주는 옵션으로 출력 후 떼어낼 수 있게 되어 있다.

⑤ Machine

㉠ Nozzle Size(mm)

노즐 사이즈를 설정하는 옵션이다.

2-1. 슬라이서 프로그램에서 출력물의 두께를 설정하는 옵션은?

① Layer Height
② Enable Retraction
③ Print Speed
④ Shell Thickness

2-2. 출력물 속을 너무 채우지 않아 약해서 쉽게 파손될 때 조정하는 것은?

① Layer Height
② Fill Density
③ Print Speed
④ Support Type

|해설|

2-1
① Layer Height : 3D프린터가 출력할 때 한 층의 높이를 설정하는 옵션이다.
② Enable Retraction : 모델과 모델 사이의 떨어져 있는 부분에 헤드에서 녹아 나온 필라멘트가 실처럼 생기게 되는데, Enable Retraction은 이런 필라멘트를 줄여 주는 기능이다.
③ Print Speed : 프린트 하는 속도를 조절하는 옵션으로 빠를수록 품질이 저하된다.

2-2
Fill Density : 출력물의 속을 채우는 기능으로, 100%로 출력하면 단단하지만 출력하는 데 많은 시간이 걸리고 반대로 너무 채우지 않으면 출력물이 너무 약해서 쉽게 파손된다.

정답 2-1 ④ 2-2 ②

핵심이론 03 | G코드 생성

① G-Code 파일

㉠ 가공 경로를 생성하고 나면 이제 3D프린터의 각종 모터와 부속 기구를 직접 움직이기 위한 CAM 정보를 출력하여야 한다.

- 3D프린터의 구동을 위한 G코드 생성을 위한 프로그램을 슬라이서 프로그램이라고 하는데, 대부분의 경우 가공 파일은 NC 가공 기계에서 사용하는 G-Code와 유사하며, 일부 G-Code로 출력되는 경우도 있다.

- G-Code에서 지령의 한 줄을 블록(Block)이라 한다. 블록의 해석에서 우선 주석이 제거된다.

- 주석은 기계에 대한 직접적인 명령은 없고 사용자가 코드를 읽기 쉽도록 해석해 주는 문장으로, 세미콜론 ‘;’과 괄호 ‘( )’가 사용된다.

- 세미콜론은 해당 블록에서 이 기호 이후의 모든 문자가 주석임을 뜻하고, 괄호는 괄호를 포함한 괄호 내의 모든 문자가 주석임을 뜻한다.

㉡ 블록에서 주석을 제거한 후에 남은 문자가 없으면 다음 블록이 실행된다.

㉢ 남은 문자열은 다시 워드(Word)로 분리된다.

- 어드레스는 준비 기능 G, 보조 기능 M, 기타 기능으로 F, S, T, 그리고 좌표어로 X, Y, Z, I, J, K, A, B, C, D, E, R, P 등이 있다.

- 데이터는 숫자로 정수 또는 실수가 사용되며, 정수와 실수를 동시에 줄 수 있는 경우에는 소수점의 유무에 따라 단위가 달라지므로 주의가 필요하다.

② G코드 일람표

G코드	그 룹	기 능	용 도
▼ G00	01	위치 결정	공구의 급속 이송
▼ G01		직선 보간	직선 가공
▼ G02		원호 보간	시계 방향으로 원호를 가공
▼ G03		원호 보간	반시계 방향으로 원호를 가공
▼ G04	00	드 웰	지령 시간 동안 절삭 이송을 일시 정지
▼ G09		정위치 정지	블록 종점에서 정위치 정지
▼ G10		데이터 설정	L_에 따라 다양한 데이터 등록
▼ G11		데이터 설정 취소	다양한 데이터 프로그램 입력 취소
▼ G15	17	극좌표 지령 취소	G16 기능 취소
▼ G16		극좌표 지령	각도 값의 극좌표 지령
▼ G17	02	X-Y 평면	작업 평면 지정 X-Y
▼ G18		Z-X 평면	작업 평면 지정 Z-X
▼ G19		Y-Z 평면	작업 평면 지정 Y-Z
▼ G20	06	인치 데이터 입력	좌푯값의 단위를 인치로 지정
▼ G21		mm 데이터 입력	좌푯값의 단위를 mm로 지정
▼ G22	09	행정 제한 영역 설정	안전을 위해 일정 영역 금지
▼ G23		행정 제한 영역 Off	G22 기능 취소
▼ G27	00	원점 복귀 점검	기계 원점으로 복귀 후 점검
▼ G28		자동 원점 복귀	기계 원점으로 복귀
▼ G30		제2원점 복귀	제2원점 복귀
▼ G31		스킵(Skip) 기능	블록의 가공 중 다음 블록으로 넘어간 후 실행
▼ G33	01	나사 가공	헬리컬 절삭으로 나사 가공
▼ G37	00	자동 공구 길이 측정	자동으로 공구 길이 측정
▼ G40	07	공구 지름 보정 취소	공구 지름 보정 해제
▼ G41		공구 지름 좌측 보정	좌측 방향으로 공구 진행 방향 보정
▼ G42		공구 지름 우측 보정	우측 방향으로 공구 진행 방향 보정

G코드	그 룹	기 능	용 도
▼ G43	08	공구 길이 보정 +	공구 길이 보정이 Z축 방향으로 +
▼ G44		공구 길이 보정 -	공구 길이 보정이 Z축 방향으로 -
▼ G45	00	공구 위치 오프셋 신장	이동 지령을 정량만큼 신장
▼ G46		공구 위치 오프셋 축소	이동 지령을 정량만큼 축소
▼ G47		공구 위치 2배 신장	이동 지령을 정량의 2배 신장
▼ G48		공구 위치 2배 축소	이동 지령을 정량의 2배 축소
▼ G49	08	공구 길이 보정 취소	공구 길이 보정 모드 취소
▼ G50	11	스케일링 취소	크기 확대, 축소 및 미러 이미지 취소
▼ G51		스케일링	스케일링 및 미러 이미지 지령
▼ G52	00	로컬 좌표계 설정	절대 좌표계에서 다른 좌표계 설정
▼ G53		기계 좌표계 설정	기계 원점을 기준으로 좌표계 선택
▼ G54	14	공작물 좌표계 1 선택	원점으로 공작물 기준을 설정하여 좌표계를 6개까지 설정 가능
▼ G55		공작물 좌표계 2 선택	
▼ G56		공작물 좌표계 3 선택	
▼ G57		공작물 좌표계 4 선택	
▼ G58		공작물 좌표계 5 선택	
▼ G59		공작물 좌표계 6 선택	
▼ G60	00	한 방향 위치 결정	고정밀도 위한 한 방향 위치 결정
▼ G61	15	정위치 정지 모드	정위치에 정지 확인 후 다음 가공
▼ G62		자동 코너 오버라이드	공구 원주부의 이송 속도 차이 보정
▼ G63		Tapping	모드 이송 속도 고정, Tapping 가공
▼ G64		연속 절삭 모드	연결된 교점 부분을 가공
▼ G65	00	매크로 호출	지령된 블록에서만 단순 호출

G코드	그룹	기 능	용 도
▼ G66	12	매크로 모달 호출	각 블록에서 호출
▼ G67		매크로 모달 취소	매크로 해제
▼ G68	16	좌표 회전	기울어진 형상을 회전
▼ G69		좌표 회전 취소	좌표 회전 기능 취소
▼ G73	09	고속 심공 드릴 사이클	고속 드릴링 사이클
▼ G74		왼나사 태핑 사이클	왼나사 가공
▼ G76		정밀 보링 사이클	구멍이 있는 바닥에서 공구 시프트하는 사이클
▼ G80		고정 사이클 취소	고정 사이클 해제
▼ G81	09	드릴링 사이클	드릴 또는 센터 드릴 가공의 사이클
▼ G82		카운터 보링 사이클	구멍 바닥에서 공구 시프트하는 사이클
▼ G83		심공 드릴 사이클	깊은 구멍 가공 고정 사이클
▼ G84		태핑 사이클	탭 나사 가공 고정 사이클
▼ G85		보링 사이클	절입 및 복귀 시 왕복 절삭 가능
▼ G86		보링 사이클	황삭 보링 작업용 고정 사이클
▼ G87		백 보링 사이클 구멍	바닥면을 보링할 때 사용
▼ G88		보링 사이클	수동 이송이 가능한 보링 사이클
▼ G89		보링 사이클	구멍이 난 바닥에서 드웰을 하는 보링 사이클
▼ G90	03	절대 지령	절대 지령 선택
▼ G91		증분 지령	증분 지령 선택
▼ G92	00	공작물 좌표계 설정	공작물 좌표계 설정
▼ G94	05	분당 이송	1분 동안 공구 이송량 지정
▼ G95		회전당 이송	회전당 공구 이송량 지정
▼ G96	13	주속 일정 제어	공구와 공작물의 상대 운동 속도를 일정하게 제어
▼ G97		주축 회전수 일정	제어 분당 RPM 일정
▼ G98	10	고정 사이클 초기점 복귀	고정 사이클 종료 후 초기점으로 복귀
▼ G99		고정 사이클 R점 복귀	고정 사이클 종료 후 R점으로 복귀

3-1. 다음 중 주석에 대한 설명으로 옳지 않은 것은?

① ';' 기호 이후의 모든 문자는 주석이다.
② 블록의 해석에서 우선 주석이 제거된다.
③ 괄호를 제외한 괄호 내의 모든 문자가 주석임을 뜻한다.
④ 기계에 대한 직접적인 명령은 없고 사용자가 코드를 읽기 쉽도록 해석해 주는 문장이다.

3-2. 다음 중 3D프린터 프로그램을 작성할 때 준비 기능에 해당하는 어드레스는?

① F
② G
③ M
④ S

|해설|

3-1
괄호는 괄호를 포함한 괄호 내의 모든 문자가 주석임을 뜻한다.

3-2
어드레스는 준비 기능 G, 보조기능 M, 기타 기능으로 F, S, T 등이 있다.

정답 3-1 ③ 3-2 ②

① 준비 기능(G, Preparation Function)

로마자 G 다음에 2자리 숫자(G00~G99)를 붙여 지령한다. 제어 장치의 기능을 동작하기 전 준비하는 기능으로 준비 기능(G코드)이라고 부른다.

ㄱ 원샷(One-shot) 명령 : 0번으로 분류된 명령으로 한 번만 유효하며 이후의 코드에 전혀 영향을 미치지 않는 것으로 좌표계의 설정이나 기계 원점으로의 복귀 등 주로 기계 장치의 초기 설정에 관한 것이다.

ㄴ 모달(Modal) 명령 : 같은 그룹의 명령이 다시 실행되지 않는 한 지속적으로 유효하다.

② **좌표 지령의 방법**

좌표어에서 좌표를 지령의 방법에는 절대(Absolute) 지령과 증분(Incremental) 지령이 있다.

ㄱ 절대 지령

• G90을 사용하며, 좌표를 지정된 원점으로부터의 거리로 나타내는 방식이다.

• 좌푯값으로부터 현재 가공할 위치가 어디인지 직관적으로 알 수 있어 사람이 코드를 읽기 쉬운 장점이 있다.

ㄴ 증분 지령

• G91을 사용하며, 현재 헤드가 있는 위치를 기준으로 해당 축 방향으로의 이동량으로 위치를 나타낸다.

• 기계의 이동량을 나타내게 되어 기계가 해석하기에는 유리한 방식이지만 코드를 보고 현재 어떤 위치인지 알기가 어려운 단점이 있다.

③ 헤드 이송 명령(보간 기능)

헤드를 직접 이송하는 명령으로 모달 그룹 1에 해당한다.

ㄱ G00

급속 이송으로 설정된 장비 이송의 최대 속도로 첨가 가공 없이 헤드를 이동시키는 명령이다. 이 명령은 현 위치에서 X축, Y축, Z축 등의 좌표어로 주어진 목표 위치까지 이송하는 것을 목표로 하는데, 여러 축이 동시에 이동할 경우에는 장치나 설정에 따라 직선으로 이동할 수도 있지만 각 축별 최대 이송 속도로 축별 이송 거리만큼 이동하여 직선이 아닌 여러 마디의 굽은 선으로 이송될 수도 있다.

ㄴ G01

직선 보간으로 불리며 F 어드레스로 설정된 이송 속도에 따라 X, Y, Z, E 등의 좌표어로 주어지는 위치까지 소재를 첨가하면서 직선으로 이동한다. 이 명령은 여러 축이 움직여도 항상 직선의 경로로 이동하도록 한다. 또한 경로상에서의 이송 속도는 설정에 따라 계단, 램프, S자의 속도 분포를 갖는다.

ㄷ G02, G03과 헬리컬 곡선 G33 등

원호를 그리는 이송 명령으로 G02, G03과 헬리컬 곡선 G33 등이 있지만, 3D프린팅은 평면 삼각형으로 이루어진 STL 파일을 단면화해서 사용하므로 곡선의 경로가 나타나지 않기 때문에 거의 사용되지 않는다.

④ 기타 준비 기능

ㄱ G04

기계가 특정 시간 동안 아무 변화 없이 대기해야 할 경우 사용할 수 있는 대기(Dwell) 지령이다. 대기 지령은 동일한 블록에 X나 P로 대기 시간을 지정한다.

• 대기 시간 지정

– X : 소수점이 있는 실수로, 초(second) 단위로 정지 시간을 지령한다.

– P : 소수점이 없는 정수로, 밀리초(millisecond) 단위로 정지 시간을 지령한다.

ⓛ G28

원점으로 복귀를 위한 명령으로, 대부분의 프린터는 G-Code를 직접 입력하는 것이 아니라 장치의 운용 기능으로 원점 복귀를 할 수 있도록 설계되어 있다. 또한 대분의 경우 급속 이송으로 기계 원점까지 자동 복귀한다.

ⓒ G92

공작물 좌표계(Workpiece Coordinate)를 설정하는 명령으로, 해당 블록에 존재하는 좌표어의 좌표를 주어진 데이터로 설정해 준다.

예 G92 X10 Z0

→ 현재 헤드가 위치한 장소의 좌표의 X는 10, Z는 0이 되도록 원점을 이동시키며, 언급되지 않은 Y나 E 등의 방향으로는 원점의 위치가 이동하지 않는다.

자주 출제된 문제

4-1. 한 번만 유효하며 이후 코드에 영향을 미치지 않는 것은?

① 보간 명령　　　　② 절대 명령
③ 모달 명령　　　　④ 원샷 명령

4-2. 3D프린터의 준비 기능 중 1회 지령으로 같은 그룹의 준비 기능이 나올 때까지 계속 유효한 G코드는?

① G01　　　　② G04
③ G28　　　　④ G50

4-3. 다음 중 절대 지령에 대한 설명으로 옳은 것은?

① G91을 사용한다.
② 코드를 보고 현재 어떤 위치인지 알기가 어렵다.
③ 좌표를 지정된 원점으로부터의 거리로 나타내는 방식이다.
④ 기계의 이동량을 나타내게 되어 기계가 해석하기에는 유리한 방식이다.

4-4. 다음 프로그램의 일부분에서 G90이 의미하는 좌표계는?

```
G92 X0 Y0 Z0 E0;
G90;
G01 X10 E5 F60;
```

① 기계 좌표계
② 공작물 좌표계
③ 절대 좌표계
④ 상대 좌표계

4-5. 다음 중 헤드 이송 명령에 대한 설명으로 옳은 것은?

① 원샷(One-shot) 명령에 해당한다.
② 원호를 그리는 이송 명령으로 G04 등이 있다.
③ G01은 직선 보간으로 장비 이송의 최대 속도로 직선으로 이동시키는 명령이다.
④ G00은 급속 이송으로 설정된 장비 이송의 최대 속도로 헤드를 이동시키는 명령이다.

4-6. 3D프린터의 가공 코드 중 원호를 그리는 G코드가 아닌 것은?

① G01
② G02
③ G03
④ G33

4-7. 다음 중 Dwell 지령에 대한 설명으로 옳지 않은 것은?

① G04를 사용한다.
② 동일한 블록에 X나 P로 대기 시간을 지정한다.
③ 기계가 특정 시간 동안 아무 변화 없이 대기해야 할 경우 사용한다.
④ 대기 시간 지정 시 X는 소수점이 없는 정수로 밀리초(millisecond) 단위로 정지시간을 지령한다.

4-8. 휴지(Dwell) 시간 지정을 의미하는 어드레스는?

① X
② Y
③ Z
④ F

4-1

원샷(One-shot) 명령 : 한 번만 유효하며 이후의 코드에 전혀 영향을 미치지 않는 것으로 좌표계의 설정이나 기계 원점으로의 복귀 등 주로 기계 장치의 초기 설정에 관한 것이다.

4-2

모달(Modal) 명령 : 같은 그룹의 명령이 다시 실행되지 않는 한 지속적으로 유효하다.

4-3

절대 지령

• G90을 사용하며, 좌표를 지정된 원점으로부터의 거리로 나타내는 방식이다.
• 좌푯값으로부터 현재 가공할 위치가 어디인지 직관적으로 알 수 있어 사람이 코드를 읽기 쉬운 장점이 있다.

4-4

• 절대 좌표(절대 지령) : G90을 사용하며, 좌표를 지정된 원점으로부터의 거리로 나타내는 방식이다.
• 상대 좌표(증분 지령) : G91을 사용하며, 현재 헤드가 있는 위치를 기준으로 해당 축방향으로의 이동량으로 위치를 나타낸다.

4-5

헤드 이송 명령(보간 기능)

• 헤드를 직접 이송하는 명령으로 모달 그룹 1에 해당한다.
• G01은 직선 보간으로 불리며, F 어드레스로 설정된 이송 속도에 따라 X, Y, Z, E 등의 좌표어로 주어지는 위치까지 소재를 첨가하면서 직선으로 이동한다.
• 원호를 그리는 이송 명령으로 G02, G03과 헬리컬 곡선 G33 등이 있다.

4-6

원호를 그리는 이송 명령으로 G02, G03과 헬리컬 곡선 G33 등이 있다.

4-7, 8

대기 시간 지정

• X : 소수점이 있는 실수로, 초(second) 단위로 정지 시간을 지령한다.
• P : 소수점이 없는 정수로, 밀리초(millisecond) 단위로 정지 시간을 지령한다.

정답 4-1 ④ 4-2 ① 4-3 ③ 4-4 ③ 4-5 ④ 4-6 ① 4-7 ④ 4-8 ①

핵심이론 05 | 보조 기능 M

① **M190** : 조형을 하는 플랫폼을 가열하는 기능이다.
  ㉠ S : 가열 최소 온도를 지정한다.
  ㉡ R : 피드백 제어에 의하여 정확한 온도가 유지되도록 설정한다.

② **M109** : ME 방식의 헤드에서 소재를 녹이는 열선의 온도를 지정하고 해당 조건에 도달할 때까지 가열 혹은 냉각을 하면서 대기하는 명령이다.
  ㉠ S : 열선의 최소 온도를 설정한다.
  ㉡ R : 최대 온도를 설정한다.

③ **M73** : 장치의 제작 진행률 표시창에 현재까지 제작이 진행된 정도를 백분율로 표시한다. P를 사용하여 진행률값을 지정한다.

④ **M135** : 헤드의 온도 조작을 위한 PID 제어의 온도 측정 및 출력값 설정 시간 간격을 지정하는 명령이다. S 어드레스로 밀리초 단위의 시간값을 줄 수 있다. 만일 이 코드가 T 어드레스와 함께 사용된다면 이것은 사용할 헤드를 데이터로 주어진 정수의 변경이라는 의미이다.
  예 M135 T0
    → 이 블록 이후에는 0번 헤드를 사용한다는 의미이다.

⑤ **M104** : 헤드의 온도를 지정하는 명령이며, 어드레스로 온도 S와 헤드 번호 T가 이용 가능하다.

⑥ **M133** : 특정 헤드를 M109로 설정한 온도로 다시 가열하도록 하는 기능으로, 헤드의 번호를 나타내는 T 어드레스와 함께 사용될 수 있다.

⑦ M126과 M127 : 헤드에 부착된 부가 장치(주로 냉각팬) 등을 켜고 끄는 기능이다. 어드레스로 T는 해당하는 헤드의 번호이다.

5-1. 다음 중 주프로그램(Main Program)과 보조 프로그램(Subprogram)에 관한 설명으로 틀린 것은?

① 보조 프로그램에서는 좌표계 설정을 할 수 없다.
② 보조 프로그램의 마지막에는 M99를 지령한다.
③ 보조 프로그램 호출은 M98 기능으로 보조 프로그램 번호를 지정하여 호출한다.
④ 보조 프로그램은 반복되는 형상을 간단하게 프로그램하기 위하여 많이 사용한다.

5-2. 다음 중 3D프린터 프로그램에서 공구 기능 T0303의 의미로 가장 올바른 것은?

① 3번 헤드 선택
② 3번 헤드의 보정 3번 선택
③ 3번 헤드의 보정 3번 취소
④ 3번 헤드의 보정 3회 반복 수행

|해설|

5-1
보조 프로그램에서도 좌표계 설정이 가능하다.

5-2
T03 03
└─ 공구 보정 번호 - 00은 보정 취소 기능
└─ 헤드 선택 번호

정답 5-1 ① 5-2 ②

04 3D프린터 HW 설정

제1절 3D프린터의 사용 소재

핵심이론 01 │ FDM 방식 3D프린터의 사용 재료

① FDM 방식 3D프린터 재료의 이해

  ㉠ 플라스틱 수지를 얇은 실처럼 뽑아 플라스틱 필라
    멘트를 만들어 재료로 사용하며, 재료를 압출기에
    넣어 고온에서 노즐을 통해 필라멘트 재료를 용융
    압출한다. 이렇게 재료를 압출하여 사용하기 때문
    에 FDM 방식에서 사용되는 재료는 열가소성 수지
    가 필라멘트 형태로 압출되어야 한다.

  ㉡ 출력된 제품의 강도, 내구성 등이 적절해야 FDM
    방식의 소재로 사용 가능하며, FDM 방식에서 가
    장 흔히 사용되는 재료의 소재로는 PLA 소재와
    ABS 소재가 있고, 이 밖에 다양한 재료들이 필라
    멘트 소재로 사용한다.

② FDM 방식 3D프린터의 사용 재료

  ㉠ PLA 소재 플라스틱 : 옥수수 전분을 이용해 만든
    재료로서 표면에 광택이 있다.

    • 장 점
      - 무독성 친환경적 재료이다.
      - 열 변형에 의한 수축이 적어 정밀한 출력이
        가능하다.
      - 경도가 다른 플라스틱 소재에 비해 강한 편이
        며 쉽게 부서지지 않는다.
      - 히팅 베드 없이 출력이 가능하며 출력 시 유해
        물질 발생이 적은 편이다.

    • 단 점
      - 표면이 거칠다.
      - 서포터 발생 시 서포터 제거가 어렵다.

  ㉡ ABS 소재 플라스틱 : 유독 가스를 제거한 석유
    추출물을 이용해 만든 재료이다.

    • 장 점
      - 강하고 오래가면서 열에도 상대적으로 강한
        편이다.
      - 가전제품, 자동차 부품, 파이프, 안전장치, 장
        난감 등 사용 범위가 넓다.
      - 가격이 PLA에 비해 저렴하다.

    • 단 점
      - 출력 시 휨 현상이 있으므로 설계 시에는 유의
        해야 한다.
      - 가열할 때 냄새가 나기 때문에 출력 시 환기가
        필요하다.

  ㉢ 나일론 소재

    • 기계 부품이나 RC 부품 등 강도와 마모도가 높
      은 특성의 제품을 제작할 때 주로 사용한다.
    • 충격 내구성이 강하고 특유의 유연성과 질긴 소
      재의 특징 때문에 휴대폰 케이스나 의류, 신발
      등을 출력하는 데 유용한 소재이다.
    • 출력했을 때 인쇄물의 표면이 깔끔하고 수축률
      이 낮다.

  ㉣ PC(Polycarbonate) 소재 : 전기 부품 제작에 가장
    많이 사용되는 재료이다. 일회성으로 강한 충격을
    받는 제품에도 주로 쓰인다.

    • 장 점
      - 전기 절연성, 치수 안정성이 좋다.
      - 내충격성도 뛰어나다.

    • 단 점
      - 연속적인 힘이 가해지는 부품에는 부적당하다.
      - 인쇄 시 발생하는 냄새를 맡을 경우 해로울 수
        있으므로 출력 시 실내 환기는 필수이다.

– 인쇄 속도에 따라 압출 온도 설정을 다르게 해야 하므로 다소 까다롭다.

㉢ PVA(Polyvinyl Alcohol) 소재 : 고분자 화합물로 폴리아세트산비닐을 가수 분해하여 얻어지는 무색 가루이다. 물에는 녹고 일반 유기 용매에는 녹지 않는다. 물에 녹기 때문에 PVA 소재는 주로 서포터에 이용한다.

• 장점 : 출력 후 출력물을 물에 담그게 되면 PVA 소재의 서포터가 녹아 원하는 형상만 남아 다양한 형상 제작이 용이해진다.

㉣ HIPS(High-Impact Polystyrene) 소재 : HIPS 소재의 재료는 주로 쓰이는 재료인 ABS와 PLA의 중간 정도의 강도를 지닌다. 리모넨(Limonene)이라는 용액에 녹기 때문에 PVA 소재와 마찬가지로 서포터 용도로 많이 쓰인다.

• 장 점
– 신장률이 뛰어나 3D프린터로 출력 시 끊어지지 않고 적층이 잘된다.
– 고유의 접착성을 가지고 있어서 히팅 베드 면에 접착이 우수하다.

㉥ 나무(Wood) 소재
• 나무(톱밥)와 수지의 혼합물로 나무와 비슷한 냄새와 촉감을 지니고 있다.
• 출력을 하게 되면 출력물이 목각의 느낌을 주기 때문에 주로 인테리어 분야에 사용한다.
• 소재 특성상 노즐의 직경이 작으면 출력 도중 막히는 경우가 있으므로, 노즐 직경 0.5mm 이상의 3D프린터에서 사용한다.

㉦ TPU(Thermoplastic Polyurethane) 소재 : 열가소성 폴리우레탄 탄성체 수지인 TPU 소재는 탄성이 뛰어나 휘어짐이 필요한 부품 제작에 주로 사용한다.
• 장점 : 내마모성이 우수한 고무와 플라스틱의 특징을 고루 갖추고 있어 탄성, 투과성이 우수하며 마모에 강하다.

• 단점 : 가격이 비싼 편이다.
㉧ 그 외 기타 소재
• Bendlay, Soft-PLA, PVC
• 건물을 지을 때 사용되는 시멘트
• 푸드 프린터에서는 각종 원료 및 소스들을 소재로 사용하기도 한다.

자주 출제된 문제

1-1. FDM 방식에 사용할 수 없는 플라스틱 재료는?
① ABS 소재
② 폴리에스테르
③ PVA 소재
④ 나일론 소재

1-2. PLA 소재 플라스틱에 대한 설명으로 틀린 것은?
① 열 변형에 의한 수축이 적다.
② 옥수수 전분을 이용해 만들었다.
③ 히팅 베드 없이 출력이 가능하다.
④ 경도는 다른 플라스틱에 비해 약하다.

1-3. ABS 소재에 대한 설명으로 옳은 것은?
① 출력 시 휨 현상이 있다.
② 열에 상대적으로 약하다.
③ 무독성 친환경 재료이다.
④ 가격은 PLA에 비해 비싸다.

1-4. PC 소재에 대한 설명으로 옳은 것은?
① 유해 물질 발생이 적다.
② 물에 녹는 성질을 가지고 있다.
③ 전기 부품 제작에 많이 사용된다.
④ 연속적인 힘이 가해지는 부품에 적합하다.

1-5. PVA 소재의 특징이 아닌 것은?
① 서포터에 많이 이용된다.
② 나무와 비슷한 냄새와 촉감을 가진다.
③ 물에는 녹고 유기 용매에는 녹지 않는다.
④ 폴리아세트산비닐을 가수 분해하여 얻어진다.

1-6. TPU 소재의 특징으로 옳은 것은?
① 탄성이 뛰어나다.
② 전기 절연성이 뛰어나다.
③ 리모넨에 녹는 성질을 가지고 있다.
④ 나무와 비슷한 냄새와 촉감을 가진다.

1-1

FDM 방식 3D프린터의 플라스틱 재료 : PLA 소재, 나일론 소재, PC(Polycarbonate) 소재, PVA(Polyvinyl Alcohol) 소재, HIPS(High-Impact Polystyrene) 소재, TPU(Thermoplastic Polyurethane) 소재, PVC 등

1-2

PLA 소재 플라스틱의 장단점
• 장 점
  - 옥수수 전분을 이용해 만든 재료로서 무독성 친환경적 재료이며, 표면에 광택이 있다.
  - 열 변형에 의한 수축이 적어 정밀한 출력이 가능하다.
  - 경도가 다른 플라스틱 소재에 비해 강한 편이며 쉽게 부서지지 않는다.
  - 히팅 베드 없이 출력이 가능하며 출력 시 유해 물질 발생이 적은 편이다.
• 단점 : 서포터 발생 시 서포터 제거가 어렵고 표면이 거칠다.

1-3

ABS 소재
• 장점 : 강하고 오래가면서 열에도 상대적으로 강한 편이며, 가격이 PLA에 비해 저렴하다.
• 단점 : 출력 시 휨 현상이 있으므로 설계 시에는 유의하여 사용하며, 가열할 때 냄새가 나기 때문에 출력 시 환기가 필요하다.

1-4

PC 소재
• 장점 : 전기 절연성, 치수 안정성이 좋고 내충격성도 뛰어나다.
• 단 점
  - 연속적인 힘이 가해지는 부품에는 부적당하다.
  - 인쇄 시 발생하는 냄새를 맡을 경우 해로울 수 있으므로 출력 시 실내 환기는 필수이다.
  - 인쇄 속도에 따라 압출 온도 설정을 다르게 해야 하므로 다소 까다롭다.

1-5

PVA 소재
고분자 화합물로 폴리아세트산비닐을 가수 분해하여 얻어지는 무색 가루이다. 물에는 녹고 일반 유기 용매에는 녹지 않으므로 주로 서포터에 이용된다.

1-6

TPU 소재의 장단점
• 장점 : 탄성이 뛰어나 휘어짐이 필요한 부품 제작에 주로 사용하며, 내마모성이 우수한 고무와 플라스틱의 특징을 고루 갖추고 있어 탄성, 투과성이 우수하며 마모에 강하다.
• 단점 : 가격이 비싼 편이다.

정답 1-1 ② 1-2 ④ 1-3 ① 1-4 ③ 1-5 ② 1-6 ①

핵심이론 02 | SLA 방식 3D프린터의 사용 재료

① SLA 방식 3D프린터의 이해

  ㉠ 출력물 재료로 액체 상태의 광경화성 수지를 이용하며, 용기에 담긴 액체 상태의 광경화성 수지를 빛으로 경화시켜 출력물을 만드는 방식이다.
    • 한 레이어가 완성되면 프린트 베드가 레이어 두께만큼 하강하고, 이미 경화된 레이어 위에 다음 레이어를 제작하기 위한 에폭시 수지가 균등하게 도포된다. 용기 안에서 출력물이 완성될 때까지 이 작업이 반복된다.
    • 완성된 물체는 빌딩 플랫폼에서 해체되는데, 재료에 따라 자외선을 이용한 추가 경화 작업이 필요한 것도 있다.
    • SLA 방식의 장단점

장 점	• 구현 정밀도가 높다. • 적층 속도가 효율적이다. • 유해 물질 발생과 소비 전력이 적다.
단 점	• FDM 방식에 비해 재료의 가격이 비싸다. • 빛에 굳는 물질로 관리상 주의가 필요하다. • 장비 가격 및 유지 보수 비용이 높다. • 폐기 시 별도의 절차를 거쳐야 한다.

  ㉡ 구조물 제작 방식
    • 주사 방식
      - 일정한 빛을 한 점에 집광시켜 구동기가 움직이며 구조물을 제작하는 방식이다.
      - 가공성이 용이하나 가공 속도가 느리다.
    • 전사 방식
      - 한 면을 광경화성 레진에 전사하여 구조물을 제작하는 방식이다.
      - 가공 속도가 빠르다.

② SLA 방식 3D프린터의 사용 재료

    ㉠ UV 레진

- UV 광경화성 레진은 355~365nm의 빛의 파장대에 경화되는 레진이며, SLA 방식 3D프린터에서 가장 많이 사용되는 재료이다.
- 구조물을 제작할 때 실내의 빛에 노출되어도 경화가 되지 않는다.
- SLA 방식의 재료 중에선 가격이 싼 편이며 정밀도가 높은 편이나, 강도가 낮은 편이라 시제품을 생산하는 데 주로 사용된다.

    ㉡ 가시광선 레진

- 가시광선(일상생활에 노출되는 광)을 레진에 쏘이게 되면 경화되는 레진으로, 파장대는 UV 파장대를 제외한 빛의 파장에 경화된다.
- 구조물을 제작할 때 별도의 암막이나 빛 차단 장치를 해 주어야 구조물의 제작이 가능하며, UV 레진보다 이용하기가 더 쉽다.

2-1. SLA 방식 3D프린터에 대한 설명으로 옳은 것은?

① 정밀도가 높다.
② 폐기가 간편하다.
③ 보관 등의 관리가 편리하다.
④ FDM 방식 재료에 비해 저렴하다.

2-2. 주사 방식에 대한 설명으로 옳은 것은?

① 가공 속도가 빠르다.
② 가공성이 용이하다.
③ FDM 방식 재료에 비해 저렴하다.
④ 한 면을 광경화성 레진에 전사하여 구조물을 제작한다.

2-3. UV 레진에 대한 설명이 아닌 것은?

① 강도가 낮다.
② 정밀도가 높다.
③ 시제품 생산에 주로 사용된다.
④ 실내의 빛에 노출되면 경화된다.

|해설|

2-1

SLA 방식 3D프린터

- 출력물 재료로 액체 상태의 광경화성 수지를 이용하며, 용기에 담긴 액체 상태의 광경화성 수지를 빛으로 경화시켜 출력물을 만드는 방식이다.
- 정밀도가 높으나 FDM 방식 재료에 비해 재료의 가격이 비싸고 빛에 굳는 물질이기 때문에 관리상 주의가 필요하며, 폐기 시 별도의 절차를 거쳐야 한다.

2-2

주사 방식

일정한 빛을 한 점에 집광시켜 구동기가 움직이며 구조물을 제작하는 방식으로 가공성이 용이하나 가공 속도가 느리다.

2-3

UV 레진

구조물을 제작할 때 실내의 빛에 노출된다 하여도 경화가 되지 않으며, SLA 방식의 재료 중에선 가격이 싼 편이며 정밀도가 높은 편이다. 하지만 강도가 낮은 편이라 시제품을 생산하는 데 주로 사용된다.

정답 2-1 ① 2-2 ② 2-3 ④

| 핵심이론 03 | SLS 방식 3D프린터의 사용 재료 |

① SLS 방식 3D프린터의 이해

　㉠ 고체 분말을 재료로 출력물을 제작하는 방식으로, 작은 입자의 분말들을 레이저로 녹여 한 층씩 적층시켜 조형하는 방식이다. 별도의 서포터가 필요하지는 않지만 후처리 과정이 번거롭고 재료의 가격이 비싼 편이다.

　㉡ 소결(Sintering)

　　압축된 금속 분말에 적절한 열에너지를 가해 입자들의 표면을 녹이고, 녹은 표면을 가진 금속 입자들을 서로 접합시켜 금속 구조물의 강도와 경도를 높이는 공정이다.

　㉢ 분말 융접 3D프린팅 공정

　　용융 온도가 서로 다른 분말들이 고르게 혼합된 분말에 압력을 가한 후 여기에 열에너지를 가해서 상대적으로 용융 온도가 낮은 분말을 녹여 결합시키는 방법으로 진행된다.

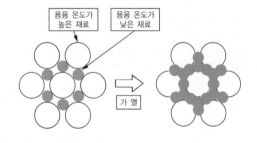

② SLS 방식 3D프린터의 사용 재료

　㉠ 플라스틱 분말

　　• 가격 면에서 세라믹 분말과 금속 분말에 비해 저렴하며, 나일론 계열의 폴리아마이드가 SLS 방식 플라스틱 분말로 사용된다.

　　• 의류, 패션, 액세서리, 핸드폰 케이스 등 직접 만들어서 착용이나 사용이 가능한 제품을 프린트할 수 있다.

　　• 플라스틱 분말은 염색성이 좋아서 다양한 색깔을 낼 수 있다.

　㉡ 세라믹 분말

　　• 세라믹은 금속과 비금속 원소의 조합으로 이루어져 있다.

　　• 보통 산소와 금속이 결합된 산화물, 질소와 금속이 결합된 질화물, 탄화물 등이 있다.

　　• 알루미나(Al_2O_3), 실리카(SiO_2) 등이 대표적인 세라믹이고 점토, 시멘트, 유리 등도 세라믹에 속한다.

　　• 세라믹 분말의 장단점

| 장 점 | 플라스틱에 비해 강도가 강하며, 내열성이나 내화성이 탁월하다. |
| 단 점 | 세라믹을 용융시키기 위해선 고온의 열이 필요하다. |

　㉢ 금속 분말

　　• 철, 알루미늄, 구리 등 하나 이상의 금속 원소로 구성된 재료이다.

　　• 소량의 비금속 원소(탄소, 질소) 등이 첨가되는 경우도 있다.

　　• 3D프린터에서는 주로 알루미늄, 타이타늄, 스테인리스 등이 사용되고 있다.

　　• 금속 분말은 자동차 부품과 같이 기계 부품 제작 등에 많이 사용된다.

　　※ SLS 방식은 서포터가 필요하지 않지만, 금속 분말의 경우에는 소결되거나 용융된 금속에서 빠르게 열을 분산시키고 열에 의한 뒤틀림을 방지하기 위해서 서포터가 필요하다.

　　※ 합금(Alloy) : 금속 원소에 소량의 비금속 원소가 첨가되거나 두 개 이상의 금속 원소에 의해 구성된 금속 물질을 말한다.

3-1. 소결 금속의 제조 방법에 대한 설명으로 옳은 것은?

① 금속을 완전히 용융시켜서 제조한다.
② 대형 롤러 사이를 통과시켜 제조한다.
③ 금속 분말의 표면을 녹인 후 가압하여 원하는 형상을 만든다.
④ 재료를 압출하여 다이스와 구멍의 형상을 가진 긴 제품을 만든다.

3-2. 플라스틱 분말에 대한 설명으로 옳은 것은?

① 금속 분말에 비해 비싸다.
② 내열성 및 내화성이 우수하다.
③ 실리카(SiO₂) 등이 많이 사용된다.
④ 염색성이 좋아서 다양한 색깔을 낼 수 있다.

3-3. 세라믹 분말에 대한 설명으로 옳지 않은 것은?

① 산화물, 질화물, 탄화물 등이 있다.
② 금속과 비금속의 조합으로 이루어져 있다.
③ 성형성이 좋아서 낮은 온도에서도 가공이 쉽다.
④ 알루미나(Al₂O₃), 실리카(SiO₂) 등이 많이 사용된다.

3-4. 금속 원소에 소량의 비금속 원소가 첨가되거나 두 개 이상의 금속 원소에 의해 구성된 금속 물질은 무엇이라 하는가?

① 합 금
② 세라믹
③ 수 지
④ 비금속

| 해설 |

3-1
소 결
압축된 금속 분말에 적절한 열에너지를 가해 입자들의 표면을 녹이고, 녹은 표면을 가진 금속 입자들을 서로 접합시켜 금속 구조물의 강도와 경도를 높이는 공정이다.

3-2
세라믹 분말과 금속 분말에 비해 저렴하며, 염색성이 좋아서 다양한 색깔을 낼 수가 있다.

3-3
• 세라믹은 금속과 비금속 원소의 조합으로 이루어져 있으며 보통 산소와 금속이 결합된 산화물, 질소와 금속이 결합된 질화물, 탄화물 등이 있다.
• 알루미나(Al₂O₃), 실리카(SiO₂) 등이 대표적인 세라믹이고 점토, 시멘트, 유리 등도 세라믹에 속한다.
• 세라믹 분말의 장단점

장 점	플라스틱에 비해 강도가 강하며, 내열성이나 내화성이 탁월하다.
단 점	세라믹을 용융시키기 위해선 고온의 열이 필요하다.

3-4
합금(Alloy) : 금속 원소에 소량의 비금속 원소가 첨가되거나 두 개 이상의 금속 원소에 의해 구성된 금속 물질을 말한다.

정답 3-1 ③　3-2 ④　3-3 ③　3-4 ①

핵심이론 04 | MJ 방식 3D프린터의 사용 재료

① MJ 방식 3D프린터의 이해

    ㉠ MJ 방식은 Polyjet 방식이라고도 하며, 정밀도가 매우 높기 때문에 많이 사용되는 방식이다.

    ㉡ 액체 상태의 광경화성 수지를 잉크젯 프린터와 유사한 형태의 수백 개의 노즐을 통해 단면 형상으로 분사하고, 이를 자외선 램프로 동시에 경화시키며 형상을 제작한다.

    ㉢ 노즐과 자외선 램프는 플랫폼과 평행한 평면에서 이송되는 헤드에 함께 부착되어 있다.

    ㉣ 플랫폼이 철판 형식으로 되어 있어서 날이 얇은 도구를 사용하여 출력물을 떼어낸다.

    ㉤ 온도와 습도에 민감하기 때문에 3D프린터가 위치한 장소에는 에어컨 시설이 필요하다.

    ㉥ 보통 20~25℃의 온도에서 사용하고, 실내 습도는 약 50% 이하를 권장한다.

② MJ 방식 3D프린터의 사용 재료

    ㉠ 광경화성 수지(아크릴 계열 플라스틱)

- MJ 방식은 광경화성 수지가 플랫폼에 토출되면 자외선으로 경화시키며 한 층씩 성형하는 방식이다.
- MJ 방식은 자외선에 경화가 잘되는 재료가 사용되어야 하며, 경화되면 아크릴 계열의 플라스틱 재질이 된다.
- 재료가 빛에 노출되면 굳어서 사용할 수 없게 되므로, 용기 안에 들어 있어도 박스 안에 보관하여 빛을 차단해야 한다.

자주 출제된 문제

MJ 방식의 3D프린터에 대한 설명으로 옳지 않은 것은?

① 정밀도가 매우 높다.
② 온도와 습도에 민감하다.
③ 가시광선에 의해 경화되는 수지이다.
④ 잉크젯 프린터와 같은 노즐을 통해 분사된다.

|해설|

MJ 방식은 광경화성 수지가 플랫폼에 토출되면 자외선으로 경화시키며 한 층씩 성형하는 방식이다.

정답 ③

핵심이론 01 | 3D프린터 소재 장착

① FDM 방식 3D프린터

    ㉠ 3D프린터 뒤나 옆쪽에 위치하여 필라멘트의 선을 튜브에 삽입하여 장착하는 방식이다.

    ㉡ FDM 방식의 재료는 보관이 용이하고 상온에서 보관할 수 있으며, 다른 첨가물을 삽입하기 용이하다.

② SLA 방식 3D프린터

    ㉠ 광경화성 수지는 빛의 영향을 많이 받기 때문에 암막 및 빛 차단 장치를 가지고 있는 팩이나 케이스에 장착하여 공급한다.

    ㉡ 광경화성 재료를 보관할 때에는 빛을 차단하는 장치가 있거나 광개시제와 혼합하지 않고 보관하며, 온도에 영향을 받을 수 있으므로 온도 유지 장치에 보관하는 것이 좋다.

    ㉢ 광경화성 수지는 빛의 파장과 빛의 세기, 노출 시간에 따라 구조물의 제작이 달라진다. 즉, 모노머와 광개시제에 따라 빛의 파장, 빛의 세기, 노출 시간을 조절한다.

③ SLS 방식 3D프린터

    분말을 이용하여 한 층씩 모델링하면서 분말을 쌓아가며 모델링하는 형식이다. SLS 방식 3D프린터 내에 별도의 분말 저장 공간이 있기 때문에 일정량을 부어 사용한다.

④ MJ 방식 3D프린터

    ㉠ SLA 방식처럼 광경화성 수지를 이용하기 때문에 별도의 팩이나 용기를 직접 3D프린터에 꽂아서 사용한다.

    ㉡ 보통 파트 제작에 쓰이는 재료와 서포터에 쓰이는 재료를 설치하는 곳이 다르기 때문에 재료 장착 전에 꼭 확인하고 설치한다.

자주 출제된 문제

광경화성 수지를 이용한 3D프린터에서 구조물의 제작에 영향을 미치는 것이 아닌 것은?

① 빛의 파장
② 노출 시간
③ 빛의 세기
④ 빛의 거리

|해설|

광경화성 수지는 빛의 파장과 빛의 세기, 노출 시간에 따라 구조물의 제작이 달라진다.

정답 ④

FDM 방식 3D프린터 출력

LCD 화면과 버튼으로 출력 시작, 필라멘트 교체, 영점 조정 등이 가능하며, 소재의 장착 후 출력 확인도 LCD 화면을 통해 가능하다.

① 노즐의 수평 설정
　㉠ 노즐의 수평이 히팅 베드와 맞지 않을 때 출력 오류가 일어난다.
　㉡ 노즐이 히팅 베드에 너무 붙거나 너무 떨어지게 되면, 필라멘트가 압출되어 나올 때 붕뜨게 되거나 뚝뚝 끊긴 형태로 나오게 되어 적정 높이를 세팅해 주어야 한다.

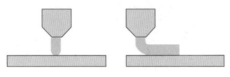

[노즐과 베드의 간격이 넓을 때]

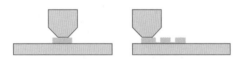

[노즐과 베드의 간격이 너무 붙었을 때]

② 노즐의 막힘 현상
　㉠ FDM 방식은 필라멘트를 노즐로 밀어 넣으면서 고온의 열을 이용하여 녹여 압출하는 방식이며, 노즐 안에는 종종 필라멘트 재료가 굳은 채로 있는 경우가 있다.
　㉡ 그래서 보통 제품 출력 전에 노즐 온도를 올려 안에 있는 필라멘트를 빼낸 뒤 출력을 하거나 필라멘트 교체를 진행한다.

③ 스테핑 모터의 압력 부족 : 스테핑 모터의 힘으로 필라멘트를 노즐로 공급하기 때문에 스테핑 모터의 힘이 부족하면 필라멘트 공급이 줄어들어 출력물의 표면이 불량해진다.

④ 노즐의 출력 두께 조정 : 노즐에서 출력되는 레이어의 두께에 따라 출력물의 품질 성능이 좌우되므로 적절한 두께를 유지하는 것이 출력물 품질 향상에 좋다.
　㉠ 출력되는 레이어 두께가 지나치게 얇으면 압출기에서 출력되는 필라멘트가 히팅 베드에 잘 달라붙지 않고 층층이 쌓이게 되어 품질이 깔끔하지 않다.
　㉡ 레이어의 두께가 두꺼우면 출력물에 구멍이 보이는 현상이 생기며 출력물의 표면이 깔끔하지 않다.

자주 출제된 문제

2-1. FDM 방식의 3D프린터에서 LCD 창과 버튼을 통해 가능한 작업이 아닌 것은?
① 필라멘트 교체
② 영점 조정
③ 출력 확인
④ 소재 장착

2-2. FDM 방식의 3D프린터에서 필라멘트가 압출되어 나올 때 뚝뚝 끊긴 형태로 나오게 되는 경우는?
① 노즐이 막혔을 때
② 노즐과 베드의 간격이 넓을 때
③ 스테핑 모터의 압력이 부족할 때
④ 노즐과 베드의 간격이 너무 붙었을 때

|해설|

2-1
LCD 화면과 버튼으로 출력 시작, 필라멘트 교체, 영점 조정 등이 가능하며, 소재 장착 후 출력 확인도 LCD 화면을 통해 가능하다.

2-2
노즐과 베드의 간격이 너무 붙었을 때 뚝뚝 끊긴 형태로 나오게 된다.

정답 2-1 ④　2-2 ④

핵심이론 **03** | SLA 방식과 SLS 방식 3D프린터 출력

① SLA 방식 3D프린터 출력

별도의 노즐이 필요하지 않고, 출력물을 출력하기 위해 별도의 물체 접촉이 없고 빛으로 광경화성 수지를 경화시켜 출력하기 때문에 FDM 방식보다 오류가 적은 편이다.

　㉠ 빛의 조절

　　• 빛의 경화가 너무 지나치면 경화 부분이 타거나 열을 받아 열 변형을 일으켜서 출력물에 뒤틀림 현상이 일어난다.

　　• 과경화 현상을 방지하기 위해선 빛의 세기를 적절히 조절하여야 한다.

　　• 레이어의 레진을 경화할 때 더 강한 빛이 있으면 빛이 강한 쪽의 레진이 더 빨리 경화되어 구조물의 뒤틀림이 있을 수 있으므로, 뒤틀림이 일어날 경우 빛의 세기 조절을 한다.

　㉡ 빛샘 현상(Light Bleeding)

　　• 광경화성 수지가 어느 정도의 투명도를 가지고 있을 때 경화시키고자 하는 레이어 면 뒤의 광경화성 수지가 새어나온 빛에 함께 경화되어 출력물이 지저분해지는 현상이다.

　　• 액상 형태의 수지가 완전히 불투명하다면 빛샘 현상이 거의 없겠지만, 0.05mm 정도 두께의 플라스틱은 뒤에서 빛을 비추면 대개 빛이 새어 나온다.

　　• 빛샘 현상을 줄이기 위해선 레진의 구성 요소와 경화 시간을 적절히 맞추어 줘야 한다.

② SLS 방식 3D프린터 출력

　㉠ SLS 방식은 분말을 이용하기 때문에 분말을 습한 곳에 보관하게 되면 뭉침 현상이 발생할 수 있기 때문에 보관에 유의한다.

　㉡ SLA 방식의 빛샘 현상과 유사하게 레이저의 파워가 강하면 분말의 융접이 과하게 되는 경우가 있으므로 레이저 파워를 적정하게 조절한다.

3-1. SLA 방식 3D프린터에 대한 설명으로 옳지 않은 것은?

① 별도의 노즐이 필요 없다.
② FDM 방식보다 오류가 많다.
③ 출력물 출력 시 물체 접촉이 없다.
④ 빛을 이용하여 광경화성 수지를 경화시킨다.

3-2. SLA 방식의 3D프린터에서 수지가 투명하거나 얇은 두께인 플라스틱일 때 뒤에서 빛을 비추면 빛이 새어나오는 현상을 무엇이라 하는가?

① 빛샘 현상
② 과경화 현상
③ 노즐 막힘 현상
④ 뭉침 현상

|해설|

3-1
별도의 노즐이 필요하지 않고, 출력물을 출력하기 위해 별도의 물체 접촉이 없고 빛으로 광경화성 수지를 경화시켜 출력하기 때문에 FDM 방식보다 오류가 적은 편이다.

3-2
빛샘 현상 : 광경화성 수지가 어느 정도의 투명도를 가지고 있을 때 경화시키고자 하는 레이어 면 뒤의 광경화성 수지가 새어나온 빛에 함께 경화되어 출력물이 지저분해지는 현상이다.

정답 3-1 ② 3-2 ①

제3절 | 데이터 준비

| 핵심이론 01 | 데이터 업로드

① 데이터 업로드 방법
  ㉠ 설계 프로그램들은 STL 파일을 제공하기 때문에
    3D프린터로 출력하고자 하는 파일을 STL 파일 형
    식으로 저장한다.
  ㉡ STL 파일을 실행하고 해당 3D프린터에 맞게 설정
    하면 3D프린터로 출력이 가능하다.

CAD Model ➡ 3D Object

3D CAD Model   .stl File   Layer Slices & Tool Path   3D Object

[3D 캐드 데이터가 출력되기까지의 과정]

② 3D프린터용 파일로 변환 과정
  ㉠ 3D프린팅은 CAD 시스템에서 모델링된 3차원 형
    상을 2차원 단면으로 분해해서 적층하여 다시 3차
    원적 형상을 얻는다.
  ㉡ 슬라이싱에 의한 2차원 단면 데이터 생성 시 절단
    된 윤곽의 경계 데이터가 정확히 연결된 폐루프를
    이루도록 해야 하고, 생성된 폐루프끼리 교차되지
    않아야 한다.
  ㉢ 층 두께 사이에 놓이는 평평한 면에 대한 보정도
    함께 이루어져야 한다.
  ㉣ 층 두께에 따라 가공 속도, 형상 보정량 등의 공정
    인자가 달라져야 하므로 대부분의 경우에 일정한
    두께로 슬라이싱한다.

자주 출제된 문제

3D프린터용 파일로 변환 시 슬라이싱된 2차원 단면 데이터에
대한 설명으로 옳지 않은 것은?

① 층 두께는 일정하게 슬라이싱한다.
② 2차원 단면은 폐루프를 이루어야 한다.
③ 생성된 단면끼리는 교차되지 않아야 한다.
④ 층 두께 사이 평평한 면은 보정 없이 데이터가 생성된다.

| 해설 |

데이터 생성 시 층 두께 사이에 놓이는 평평한 면에 대한 보정도
함께 이루어져야 한다.

정답 ④

① G코드

  ㉠ 기계를 제어 구동시키는 명령 언어이다.

  ㉡ 대부분의 경우 가공 파일은 NC 가공 기계에서 사용하는 G-Code와 유사하다.

  • 블록(Block) : G-Code에서 지령의 한 줄을 말한다.

  • 주석 : 기계에 대한 직접적인 명령은 없고 사용자가 코드를 읽기 쉽도록 해석해 주는 문장으로, ';'과 '( )'가 사용된다.

  예 G01 F 1200 X100 Y50 E20 → 블록

② G코드의 종류

[G코드의 종류와 의미('nnn'은 숫자를 표현한다)]

종 류	의 미
Gnnn	어떤 점으로 이동하라는 것과 같은 표준 G-Code 명령
Mnnn	RepRap에 의해 정의된 명령(예 쿨링팬 회전)
Tnnn	도구 nnn 선택
Snnn	파라미터 명령(예 모터로 보내는 전압)
Pnnn	파라미터 명령. 밀리초 동안의 시간
Xnnn	이동을 위해 사용하는 X 좌표
Ynnn	이동을 위해 사용하는 Y 좌표
Znnn	이동을 위해 사용하는 Z 좌표
Fnnn	1분당 Feedrate(예 프린터 헤드의 움직임 스피드)
Rnnn	파라미터(예 온도에 사용)
Ennn	압출형의 길이 mm
Nnnn	선 번호. 통신 오류 시 재전송 요청을 위해 사용
*nnn	체크섬. 통신 오류를 체크하는 데 사용

㉠ G코드

  • 주로 NC 가공에서 쓰이고, 3D프린터에서도 사용되는 코드이다.

  • G코드는 제어 장치의 기능을 동작하기 위한 준비를 하기 때문에 준비 기능이라 불린다.

  • G코드 중에서도 지시된 블록에서만 유효한 1회 유효 지령(One-shot G-Code)이 있고, 같은 그룹의 다른 G코드가 나올 때까지 다른 블록에서도 유효한 연속 유효 지령(Modal G-Code)이 있다.

코 드	의 미
G00	빠른 이동(지정된 좌표로 이동)
G01	제어된 이동(지정된 좌표로 직선 이동하며 지정된 길이만큼 압출 이동)
G04	드웰(Dwell), 정지 시간을 정해 두고 미리 정해 둔 시간만큼 지연
G10	헤드 오프셋(시스템 원점 좌표 설정)
G17	X-Y 평면 설정[X-Y 평면 선택(기본값)]
G18	X-Z 평면 설정[X-Z 평면 선택(3D프린터에선 구현되지 않음)]
G19	Y-Z 평면 설정[Y-Z 평면 선택(3D프린터에선 구현되지 않음)]
G20	인치(inch) 단위로 설정[사용 단위를 인치(inch)로 설정]
G21	밀리미터(mm) 단위로 설정[사용 단위를 밀리미터(mm)로 설정]
G28	원점으로 이동(X, Y, Z축의 엔드스톱으로 이동)
G90	절대 위치로 설정(좌표를 기계의 원점 기준으로 설정)
G91	상대 위치로 설정(좌표를 마지막 위치를 기준으로 원점 설정)
G92	설정 위치(지정된 좌표로 현재의 위치를 설정)

ⓛ M코드
- 기계를 제어 및 조정해 주는 코드로 보조 기능이라 불린다.
- 프로그램을 제어하거나 기계의 보조 장치들을 On/Off 해 주는 역할을 한다.

코 드	의 미
M0	프로그램 정지(3D프린터의 동작을 정지)
M1	선택적 프로그램 정지(3D프린터의 옵션 정지)
M17	스테핑 모터 사용(스테핑 모터를 활성화)
M18	스테핑 모터 비사용(스테핑 모터를 비활성화)
M101	압출기 전원 ON(압출기의 전원을 켜고 준비)
M102	압출기 전원 ON(역)[압출기의 전원을 켜고 준비(역방향)]
M103	압출기 전원 OFF, 후퇴(압출기의 전원을 끄고 후진)
M104	압출기 온도 설정(압출기의 온도를 지정된 온도로 설정)
M106	냉각팬 ON(냉각팬의 전원을 ON시켜 동작)
M107	냉각팬 OFF(냉각팬의 전원을 OFF시켜 동작 정지)
M109	압출기 온도 설정 후 대기(압출기의 온도를 설정하고 해당 온도에 도달하기를 기다림)

③ G코드 업로드
- ㄱ SD 카드를 통하여 3D프린터에 G코드 파일을 직접 업로드하거나, USB나 Serial Port를 통하여 컴퓨터에서 전송한다.
- ㄴ Printrun, Cura 등의 Sender(호스트웨어) 프로그램을 사용하여 수동으로 노즐, 베드 등을 제어하고 전달 출력한다.
- ㄷ STL 형식으로 변환된 파일을 3D프린터가 인식 가능한 G코드 파일로 변환할 때는 다음과 같은 내용들이 추가되어 3D프린터로 업로드된다.
  - 3D프린터가 원료를 쌓기 위한 경로 및 속도, 적층 두께, 셸 두께, 내부 채움 비율
  - 인쇄 속도, 압출 온도 및 히팅 베드 온도
  - 서포터 적용 유무 및 적용 유형, 플랫폼 적용 유무 및 적용 유형
  - 필라멘트 직경, 압출량 비율, 노즐 직경
  - 리플렉터 적용 유무 및 적용 범위, 트레이블 속도, 쿨링팬 가동 유무

④ 업로드 확인
- ㄱ 3D프린터에 장착된 LCD 화면으로 G코드 파일이 정상적으로 업로드 되었는지 확인한다.
- ㄴ SD 카드 불러오기, 필라멘트 교체에 대한 기능, 히팅 베드 영점 조절, 노즐과 히팅 베드 온도 조절 등 3D프린팅 출력에 대한 다양한 기능들을 LCD 화면으로 제어한다.

2-1. 주석에 대한 설명으로 옳지 않은 것은?
① 세미콜론(;) 이후의 모든 문자는 주석이다.
② '( )'를 포함한 괄호 내의 모든 문자가 주석이다.
③ 사용자가 코드를 읽기 쉽도록 해석해 주는 문장이다.
④ 블록에서 주석을 제거한 후에 남은 문자가 없으면 프로그램은 정지한다.

2-2. G코드에서 지령의 한 줄을 무엇이라 하는가?
① 워 드
② 어드레스
③ 블 록
④ 데이터

2-3. 다음 중 3D프린터 프로그램에서 워드(Word)의 구성으로 옳은 것은?
① 데이터(Data) + 데이터(Data)
② 블록(Block) + 어드레스(Address)
③ 어드레스(Address) + 데이터(Data)
④ 어드레스(Address) + 어드레스(Address)

2-4. 다음 중 NC 프로그램의 준비 기능으로 그 기능이 전혀 다른 것은?
① G01
② G02
③ G03
④ G04

2-5. G코드에서 X-Y 평면 선택을 의미하는 것은?

① G17
② G18
③ G19
④ G20

2-6. 다음 중 기계 원점에 관한 설명으로 틀린 것은?

① 기계상의 고정된 임의의 지점으로 기계 조작 시 기준이 된다.
② 프로그램 작성 시 기준이 되는 공작물 좌표의 원점을 말한다.
③ 조작판상의 원점 복귀 스위치를 이용하여 수동으로 원점 복귀할 수 있다.
④ G28을 이용하여 프로그램상에서 자동 원점 복귀시킬 수 있다.

2-7. 다음의 보조 기능에서 냉각팬 ON을 의미하는 것은?

① M104
② M106
③ M107
④ M109

2-8. STL 파일이 G코드 파일로 변환될 때 추가되어 업로드되는 것이 아닌 것은?

① 서포터 적용 유무
② 쿨링팬 가동 유무
③ 3D프린터 사용 재료
④ 적층 두께 및 셀 두께

|해설|

2-1

블록에서 주석을 제거한 후에 남은 문자가 없으면 다음 블록을 실행한다.

2-2

블록(Block) : G-Code에서 지령의 한 줄을 의미한다.

2-3

워드는 어드레스 + 데이터이다.

2-4

G01, G02, G03은 가공 명령이고, G04는 휴지 명령이다.

2-5

• G18(X-Z 평면 설정), G19(Y-Z 평면 설정)는 3D프린터에선 구현되지 않는다.
• G20 : 인치(inch) 단위로 설정을 의미한다.

2-6

공작물 원점 : 공작물 가공을 위하여 설정하는 좌표를 말한다.

2-7

M106은 냉각팬 ON, M107은 냉각팬 OFF를 의미한다.

2-8

STL 형식의 파일이 3D프린터가 인식 가능한 G코드 파일로 변환할 때는 다음과 같은 내용들이 추가되어 3D프린터로 업로드된다.

• 3D프린터가 원료를 쌓기 위한 경로 및 속도, 적층 두께, 셀 두께, 내부 채움 비율
• 인쇄 속도, 압출 온도 및 히팅 베드 온도
• 서포터 적용 유무 및 적용 유형, 플랫폼 적용 유무 및 적용 유형
• 필라멘트 직경, 압출량 비율, 노즐 직경
• 리플렉터 적용 유무 및 적용 범위, 트레이블 속도, 쿨링팬 가동 유무

정답 2-1 ④ 2-2 ③ 2-3 ③ 2-4 ④ 2-5 ① 2-6 ② 2-7 ② 2-8 ③

핵심이론 01 ｜ FDM 방식 프린터 출력 방법 확인

① FDM 방식 프린터 출력 방법

　㉠ 가열된 노즐에 필라멘트 형태의 열가소성 수지를 투입하고, 투입된 재료들이 노즐 내부에서 가압되어 노즐 출구를 통해 토출되는 형식으로 조형 공정 특성상 열가소성 재료만을 사용하여야 한다.

　㉡ 재료 압출 방식은 노즐을 통해서 압출되며, 압출 후 노즐 출구의 단면 형상과 유사하게 형상을 유지할 수 있는 재료에는 대부분 적용이 가능하다. 압출 헤드와 성형판 사이의 상대 운동에 의해서 각 단면 형상이 만들어지며, 이것이 모든 층에 반복 적층되어 3차원 형상이 성형된다.

　㉢ 대부분의 재료는 노즐을 통해서 압출될 수 있도록 액체 상태 또는 이와 유사한 상태로 압출 노즐에서 토출되며, 토출된 후에는 그 형태가 변화하지 않는다.

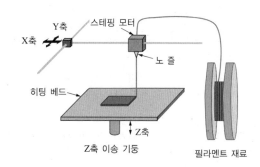

[FDM 방식 공정 원리 개략도]

② 익스트루더

　㉠ 익스트루더는 필라멘트를 공급하는 콜드 엔드(Cold End) 부분과 열을 발생시켜 필라멘트를 녹여서 사출하는 핫 엔드(Hot End) 부분으로 나눌 수 있다. 콜드 엔드는 필라멘트를 공급하기 위해 밀고 당기는 모터 및 부품들로 구성되어 있다.

　㉡ 필라멘트 공급방식에 따른 분류

　　• 직결 방식

－ 핫 엔드와 콜드 엔드가 헤드에 같이 포함되어 있는 형태로, 많은 프린터들이 직결 방식을 이용하고 있다.

－ 장점 : 콜드 엔드와 핫 엔드 사이의 간격이 짧아 필라멘트의 공급이 안정적이다. 필라멘트의 공급이 안정적으로 꾸준히 이루어져야 출력물의 퀄리티가 보장되기 때문에 이는 매우 중요하다. 또, 필라멘트를 교체할 때 헤드에서만 분리해서 갈아 끼우면 되기 때문에 교체가 편리하다.

－ 단점 : 헤드에 콜드 엔드와 핫 엔드가 모두 포함되기 때문에 헤드의 무게와 크기가 비대해진다. 헤드의 크기가 비대해지면 출력공간이 줄어들어 출력 가능한 제품의 최대 크기가 작아지며, 헤드의 무게가 증가하면 출력 과정에서 노즐이 이동할 때 무게에 의한 반동이 크게 발생하면서 출력물에 결함을 불러올 확률이 높아진다.

• 보우덴 방식

－ 직결 방식의 단점을 해소하기 위해 콜드 엔드와 핫 엔드를 분리시킨 익스트루더 방식이다.

－ 장점 : 실제로 움직이는 헤드 부분의 무게가 작아지기 때문에 헤드의 무게에 의한 반동으로부터 보다 자유로울 수 있으며, 출력의 속도를 조금 더 빠르게 할 수 있다.

－ 단점 : 콜드 엔드와 핫 엔드의 거리가 매우 멀어지기 때문에 직결 방식에 비해 필라멘트 공급 과정에서 필라멘트가 접히거나 부러지는 등의

문제가 발생한다. 특히 탄성이 약한 재료들이 더 큰 영향을 받으므로 사용할 수 있는 필라멘트의 선택폭이 줄어들게 된다.

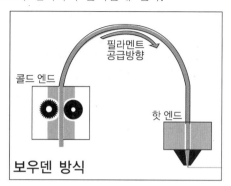

③ FDM 방식 프린터 출력 방법 확인

㉠ 재료 압출 방법

가열된 노즐에 필라멘트 형태의 열가소성 수지를 투입하며, 투입된 재료들이 노즐 내부에서 가압되어 노즐 출구를 통해서 토출된다.

• 필라멘트 : 필라멘트 형태로 재료가 공급되며, 보호 카트리지나 롤에 감겨 있다.

• 스테핑 모터와 노즐 : 스테핑 모터의 회전에 의해 톱니가 회전하게 되면 여기에 물려 있는 필라멘트 재료가 노즐 내부로 이송되고, 노즐 내부에서는 재료가 가열 용융되어 압출된다.

• 히팅 베드

– 베드는 Z축 방향으로 이송되며 노즐이 X-Y 평면에서 이송되면서 단면 형상이 만들어진다. 한 층의 단면이 만들어지면 층 높이만큼 플랫폼이 아래로 이송되거나 또는 헤드가 부착된 X-Y축이 위로 이송되면서 다음 층을 만들 수 있게 된다.

– 사용되는 재료는 열가소성 수지이기 때문에 노즐에서 토출된 후 바로 굳게 된다. 하지만 주위 온도가 너무 낮게 되면 굳는 속도가 빨라지게 되어 이전 층 위에 접착되지 않는 현상이 발생하기도 한다.

– 낮은 온도에서 성형되면 노즐에서 토출된 재료가 급격히 냉각되기 때문에 만들어진 구조물은 잔류 응력을 가지게 되어 추후 변형이 발생할 수도 있으므로 히팅 베드를 가열시켜 온도를 유지하거나 제품이 제작되는 내부 자체를 적정한 온도로 유지하여 성형하기도 한다.

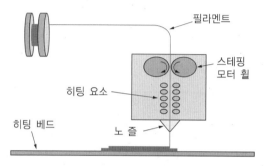

[FDM 방식 재료 압출 방법]

㉡ 후가공 : FDM 방식은 3D프린터 방식 중에서도 정밀도가 떨어지는 편이기 때문에 깔끔한 표면의 출력물을 원한다면 후가공은 필수적이다.

• 서포터 제거

– 비수용성 서포터 : 니퍼, 커터 칼, 조각도, 아트 나이프 등 공구를 사용하여 떼어 낸다. 그러나 수용성 서포터 제거보다 시간이 오래 걸리며 표면 상태도 좋지 않다.

– 수용성 서포터 : 폴리비닐알코올이 물에 용해되는 특성을 이용하여 단순한 물 세척만으로 쉽게 제거할 수 있으며 독성이 없는 물질로 안전하게 사용할 수 있다. 크기와 형상에 따라 서포터 제거 시간이 달라지겠지만 일반적인 크기의 수용성 서포터 제거에는 약 15분 정도가 걸린다. HIPS 소재도 서포트 소재로 주로 사용되며 리모넨(Limonene)이라는 용액에서 용해된다.

- 사 포
  - 출력물의 표면을 다듬기 위해 사포도 사용된다.
  - 사포의 거칠기마다 번호가 있는데 번호가 낮을수록 사포 표면이 거칠고 높을수록 사포 표면이 곱다.
  - 번호가 낮은 사포인 거친 사포로 사용을 시작해서 번호가 높은 고운 사포로 점차 단계를 넘어가야 한다.
  - 사용되는 사포로는 스펀지 사포, 천 사포, 종이 사포가 있다.

스펀지 사포	비싸지만 부드러운 곡면을 다듬는 데 주로 사용된다.
천 사포	질기기 때문에 오래 사용이 가능하다.
종이 사포	구겨지고 접히는 특성 때문에 물체의 안쪽을 사포질할 때 유리하다.

- 아세톤 훈증 : 밀폐된 용기 안에 출력물을 넣고 아세톤을 기화시키면, 기화된 아세톤이 표면을 녹여 후처리하는 방법이며 매끈한 표면을 쉽게 얻을 수 있다. 단점으로 냄새가 많이 나고 디테일한 부분이나 꼭짓점 각이 뭉개지는 경우가 있다.
  - 붓을 이용해 직접 출력물에 바르면 붓 자국이 남을 수도 있고 실온은 시간이 많이 걸리며 부분 간 편차가 생긴다.
  - 아세톤 훈증 방식 : 편차 없이 균등하게 도포되어 출력물의 표면을 녹여 준다. 아세톤은 무색의 휘발성 액체로 밀폐된 공간에 부어 놓기만 하여도 증발되어 훈증 효과를 볼 수 있으나 실온에서 훈증하게 되면 시간이 오래 걸린다. 3D프린터 히팅 베드의 열을 이용하여 아세톤 증발을 촉진시키면 시간을 단축할 수 있다. 휘발성 액체를 훈증시키고 히팅 베드의 열을 이용한 작업이므로 환기가 잘되는 곳에서 작업하며, 실내라면 환기 시설이 있는 공간에서 작업을 실시한다.

핵심이론 02 | SLA 방식 프린터 출력 방법 확인

① SLA 방식 프린터 출력 방법
 ㉠ 용기 안에 담긴 액체 상태의 광경화성 수지에 적절한 파장을 갖는 빛을 주사하여 선택적으로 경화시키는 방식이다.
 ㉡ SLA 방식에서 사용되는 광경화성 수지는 광개시제(Photoinitiator), 단량체(Monomer), 중간체(Oligomer), 광억제제(Light Absorber) 및 기타 첨가제로 구성된다.
 ㉢ 광개시제는 특정한 파장의 빛을 받으면 반응하여 단량체와 중간체를 고분자로 변환시키는 역할을 하여, 액체 상태의 광경화성 수지가 고체로 상변화를 일으키게 된다.

② 빛 경화 방법 : 빛이 레이저에서 나와서 렌즈를 지나 거울에 반사되어 광경화성 수지에 주사되면서 제품 형상이 만들어진다.
 ㉠ 레이저
  • 파장이 짧은 빛일수록 광학계를 이용하면 더 작은 지름을 갖는 빛으로 만들 수 있기 때문에 자외선 레이저가 주로 사용된다(정밀도, 해상도 증가).
  • 하지만 경화되는 부피가 매우 작기 때문에 큰 형상을 제작하기에는 많은 시간이 소요된다.
 ㉡ 렌즈 : 레이저에서 나오는 빛을 매우 작은 지름을 갖도록 만들어 주는 역할을 한다.
 ㉢ 반사 거울
  • 반사 거울에 반사된 레이저 빛이 광경화성 수지 위에 주사되어 단면을 성형한다.
  • 제품은 수조 내에 잠겨 위아래로 이송되는 플랫폼 위에 만들어진다.
 ㉣ 엘리베이터 : 플랫폼이 위아래로 이송되기 위해선 Z축 방향 엘리베이터에 연결되어 동작을 해야 아래로 내려가면서 제품 제작이 가능하다.

㉤ 스윕 암
 • 플랫폼이 내려가면서 위로 광경화성 수지가 차오르는 것을 평탄하게 해 주는 역할을 한다.
 • 광경화성 수지 표면의 평탄화 및 새로운 층을 위한 액체 광경화성 수지의 코팅을 한다.
 • 매우 날카로운 칼날 형태를 갖고 있으며 내부에 광경화성 수지를 공급할 수 있는 장치를 가지고 있는 경우도 있다.

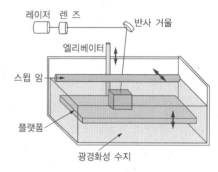

[SLA 방식 제품 제작 방법]

③ 빛의 주사 조건에 따른 광경화 기술 분류
 ㉠ 자유 액면 방식(Free Surface Method)
  • 광경화성 수지의 표면이 외부로 노출되어 있으며, 노출된 광경화성 수지의 표면에 빛을 주사하는 방식이다.
  • 구조물 성형이 규제 액면 방식에 비해서 상대적으로 용이하다. 한 층을 성형한 후 다음 층을 성형하기 위해서 구조물을 받치고 있는 플랫폼이 층 높이만큼 매우 정밀하게 이송되거나, 매우 정밀한 양의 광경화성 수지가 수조 내로 공급되어야 하기 때문에 광경화성 수지의 높이 제어가 어렵다.
  • 층 높이가 매우 얇은 경우 광경화성 수지의 점성에 의해서 이전 층 위에 덮인 광경화성 수지가 고르게 퍼지는 데 시간이 많이 소요되기도 하므로, 스위퍼 등의 장치를 이용하여 광경화성 수지를 고르게 퍼지도록 해 주어야 한다.

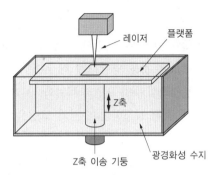

[자유 액면 방식 개념도]

ㄴ 규제 액면 방식(Constrained Surface Method)
- 빛이 투명 창을 통해서 광경화성 수지에 조사된다. 광경화성 수지의 점성에 크게 영향을 받지 않기 때문에 이전에 성형된 층 위에 새로운 층을 성형하기 위해서 광경화성 수지를 채우는 데 매우 용이하다.
- 새롭게 덮힌 광경화성 수지가 평탄하게 될 때까지 대기 시간이 필요하지 않지만, 층을 만들기 위해서는 플랫폼을 정밀하게 이송하는 것이 필수적이다.
- 광경화성 수지는 이전에 만들어진 층과 투명 유리 사이에서 경화되기 때문에 새롭게 경화된 층은 투명 유리에 접착이 될 가능성이 높다.
- 광학계를 정밀하게 설계하여 주사되는 빛 에너지를 조절하거나 투명 창 위에 특수한 필름을 붙여서 경화되는 수지가 접착되지 않도록 해 주어야 한다.

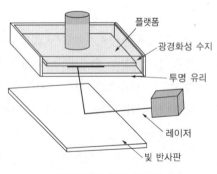

[규제 액면 방식 개념도]

2-1. SLA 방식의 3D프린터에서 사용되는 광경화성 수지에 들어가는 것이 아닌 것은?
① 광개시제
② 단량체
③ 중간체
④ 광촉매제

2-2. SLA 방식의 3D프린터에서 사용되는 재료 중 특정한 파장의 빛을 받으면 반응하는 것은 무엇인가?
① 광개시제
② 단량체
③ 광촉매제
④ 광억제제

2-3. SLA 방식의 3D프린터에서 사용되는 부품이 아닌 것은?
① 렌 즈
② 반사 거울
③ 레이저
④ 필라멘트

2-4. SLA 방식의 3D프린터에서 가장 정밀도가 뛰어난 레이저는?
① 적외선 레이저
② 자외선 레이저
③ 가시광선 레이저
④ 태양광 레이저

2-5. SLA 방식의 3D프린터에서 빛의 지름을 조절해 주는 역할을 하는 것은?
① 스윕 암
② 엘리베이터
③ 렌 즈
④ 반사 거울

2-1

SLA 방식에서 사용되는 광경화성 수지는 광개시제(Photoinitiator), 단량체(Monomer), 중간체(Oligomer), 광억제제(Light Absorber) 및 기타 첨가제로 구성된다.

2-2

광개시제 : 특정한 파장의 빛을 받으면 반응하여 단량체와 중간체를 고분자로 변환시키는 역할을 하여, 액체 상태의 광경화성 수지가 고체로 상변화를 일으키게 된다.

2-3

• SLA 방식의 부품으로는 레이저, 렌즈, 반사 거울, 엘리베이터, 스윕 암 등이 있다.
• 필라멘트는 FDM 방식 프린터에 사용된다.

2-4

레이저는 파장이 짧은 빛일수록 광학계를 이용하면 더 작은 지름을 갖는 빛으로 만들 수 있기 때문에 파장이 짧은 자외선 레이저가 정밀도, 해상도가 높다.

2-5

렌즈는 레이저에서 나오는 빛을 매우 작은 지름을 갖도록 만들어 주는 역할을 한다.

정답 2-1 ④ 2-2 ① 2-3 ④ 2-4 ② 2-5 ③

핵심이론 03 | SLS 방식 프린터 출력 방법 확인

① SLS 방식 프린터 출력 방법

　㉠ 플라스틱 분말 위에 레이저를 스캐닝하여 플라스틱 시제품을 만들기 위해 개발되었으나 금속이나 세라믹 분말을 이용한 제품의 성형, 다양한 열원의 사용 그리고 다양한 형태의 분말 재료 융접 등이 가능한 형태로 발전하였다.

　㉡ 분말에 가해지는 에너지를 높여 분말을 녹여 융접시키는 레이저 용융(SLM ; Selective Laser Melting) 기술도 개발되고 있다.

　㉢ SLS 방식은 서포터가 필요하지 않은 방식인데, 융접되지 않은 주변 분말들이 제품의 제작 시 자연스럽게 서포터 역할을 하기 때문에 서포터가 필요하지 않게 된다. 다만, 금속 분말은 융접할 때 수축 등 변형이 일어날 수 있으므로 별도의 서포터가 필요하다.

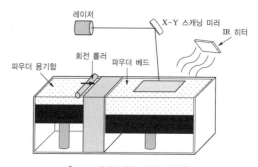

[SLS 방식 제품 제작 방법]

② 분말 융접 방법

　분말 융접을 위해 레이저를 쏘여 분말을 융접해 가면서 제품을 제작하는 방식이다. 레이저에서 나온 빛이 스캐닝 미러에 반사되어 파우더 베드의 분말들을 융접시키면서 한 층씩 성형한다.

　㉠ 레이저 : 레이저는 분말들 사이에 융접을 발생시키기 위해서 하나 혹은 다수의 열원을 가지며 매우 좁은 범위에 집중적으로 열에너지를 가하는 데 유리한 CO_2 레이저 등과 같은 레이저 열원이 많이 사용된다.

ⓛ X-Y 스캐닝 미러 : 레이저에서 나온 빛은 반사 거울을 거치는데, 반사 거울은 각 층에서 원하는 부분에서 분말 융접이 발생하도록 제어하기 위한 장치이다. 레이저 빛은 X-Y 스캐닝 미러 등에 의해서 평면에 주사되면서 분말들을 융접시킨다.

ⓒ IR 히터 : 레이저에 의해서 성형되는 분말 주위뿐만 아니라 다음 층을 형성하기 위해서 준비된 분말이 채워진 카트리지의 온도를 높이고 유지하기 위해서 베드 위에 위치한 적외선 히터 등을 이용한다.

ⓔ 회전 롤러 : 분말을 추가하거나 분말이 담긴 표면을 매끄럽게 해 주는 장치인 회전하는 롤러는 베드 위에 분말을 고르게 펼쳐 주면서 일정한 높이를 갖도록 해 준다.

ⓜ 플랫폼 : 고르게 펴진 분말에 고출력의 레이저 빛을 쏘여 베드 위의 분말을 약 0.1mm 이내로 매우 얇게 융접시켜 층을 만든다. 그리고 하나의 단면이 만들어지면 플랫폼이 아래로 이동하고 그 위에 회전 롤러에 의해서 다음 층을 성형하기 위한 분말이 덮이게 된다.

ⓗ 파우더 용기함 : 파우더 베드에 들어가는 분말들을 보관하는 곳으로, 파우더 베드에서 한 층씩 성형되면 파우더 베드 플랫폼은 한 층씩 내려가고 파우더 용기함은 한 층씩 올라가면서 올라온 분말들이 회전 롤러에 의해 플랫폼으로 들어가는 방식이다.

ⓢ SLS 방식 3D프린터 내부 : 플랫폼 안의 분말은 녹는점이나 유리 전이보다 약간 낮은 온도 정도의 고온으로 유지된다. 이는 분말을 융접하기 위해 가해지는 레이저 빛의 에너지를 상대적으로 낮게 유지할 수 있을 뿐만 아니라, 고온 성형 공정에 기인한 불균일한 열팽창에 의한 성형품의 뒤틀림을 방지할 수 있기 때문이다.

③ 분말 종류에 따른 융접

ⓐ 비금속 분말 융접
- 비금속 분말 융접에 사용되는 대표적인 재료는 플라스틱이다. 이외에도 세라믹, 유리 등이 사용된다.
- 플라스틱과 같은 비금속 재료들은 레이저 등의 열원으로 분말의 표면만을 녹여 소결시키는 공정이 적용되는 것이 일반적이다.
- 비금속 분말 융접 기술은 금속 융접과 다르게 열에 의한 변형을 크게 고려하지 않아도 되기 때문에 별도의 서포터가 만들어지지 않는다.
- 베드에 담긴 분말이 서포터 역할을 하기 때문에 서포터 제거 시 발생할 수 있는 제품의 손상에 대한 우려가 없고 보다 복잡한 내부 형상을 갖는 제품의 제작이 가능하다.

ⓑ 금속 분말 융접
- SLS 방식에서 사용할 수 있는 금속은 타이타늄 합금, 인코넬 합금, 코발트 크롬, 알루미늄 합금, 스테인리스 스틸, 공구강 등으로 매우 다양한 금속들이 사용되고 있다.
- 금속 분말 융접과 비금속 분말 융접의 가장 큰 차이는 서포터의 유무이다.
- 금속 분말을 이용한 분말 융접에서는 소결되거나 용융된 금속에서 빠르게 열을 분산시키고 열에 의한 뒤틀림을 방지하기 위해서 서포터가 필요하다.
- 따라서 이런 경우에는 다른 3차원 프린팅 공정과 마찬가지로 서포터를 만들어 주어야 하며, 일반적으로는 성형되는 제품과 동일한 금속 분말을 소결하거나 용융시켜 서포터를 만든다.
- 이렇게 만들어진 서포터는 성형 과정이 모두 끝난 후 별도의 기계 가공에 의해서 제거된다.
- 서포터가 제거된 후에는 금속의 기계적 물성을 높이거나 표면 거칠기를 개선하기 위해서 쇼트 피닝(Shot Peening), 연마, 절삭 가공 또는 열처리 등의 후처리가 필요한 경우가 많다.

3-1. 비금속 분말 융접에 사용되는 재료가 아닌 것은?

① 플라스틱
② 세라믹
③ 유 리
④ 인코넬 합금

3-2. 비금속 분말 융접에 대한 설명으로 옳지 않은 것은?

① 서포터가 필요하다.
② 대표적인 재료는 플라스틱이 있다.
③ 복잡한 내부 형상을 갖는 제품의 제작이 가능하다.
④ 분말의 표면만을 녹여 소결시키는 공정이 적용된다.

3-3. 금속 분말 융접에서 서포터에 대한 설명으로 옳지 않은 것은?

① 열에 의한 뒤틀림을 방지한다.
② 서포터는 제품 성형 후 제거한다.
③ 성형되는 제품과 다른 금속 분말로 만든다.
④ 용융된 금속에서 열을 분산시키는 역할을 한다.

|해설|

3-1
SLS 방식에서 사용할 수 있는 금속은 타이타늄 합금, 인코넬 합금, 코발트 크롬, 알루미늄 합금, 스테인리스 스틸, 공구강 등이 있다.

3-2
• 비금속 분말 융접은 융접되지 않은 주변 분말들이 제품의 제작 시 자연스럽게 서포터 역할을 하기 때문에 서포터가 필요하지 않게 된다.
• 금속 분말은 융접할 때 수축 등 변형이 일어날 수 있으므로 별도의 서포터가 필요하다.

3-3
소결되거나 용융된 금속에서 빠르게 열을 분산시키고 열에 의한 뒤틀림을 방지하며, 일반적으로는 성형되는 제품과 동일한 금속 분말을 소결하거나 용융시켜 서포터를 만든다. 그리고 이렇게 만들어진 서포터는 성형 과정이 모두 끝난 후 별도의 기계 가공에 의해서 제거된다.

정답 3-1 ④ 3-2 ① 3-3 ③

제5절 3D프린터의 출력을 위한 사전 준비

온도 조건, 베드 확인, 청결 상태 등을 확인하여 출력하기 용이한 상태로 맞춰 주는 작업이다.

핵심이론 01 │ 온도 조건 확인

3D프린터에서 온도 조건은 매우 중요한 요소이다. FDM 방식 같은 경우엔 열가소성 수지를 녹이기 위한 온도 조건을 잘 살펴야 하고 히팅 베드의 온도도 적절한 온도가 필요하다.

① FDM 방식 : 열을 이용하여 출력물을 출력하는 방식이기 때문에 온도 조절이 필수적이다. FDM 방식 3D프린터에는 노즐 온도와 히팅 베드 온도가 중요한데, 3D프린터별로 3D프린터 내부의 온도를 설정해야 하는 경우도 있다.

  ㉠ 노즐 온도
   • 재질에 따라 알맞은 온도를 설정하지 않는다면 필라멘트 토출에 오류가 생긴다.
   • 온도가 너무 낮으면 필라멘트가 제대로 용융되지 않아 노즐에서 잘 나오지 않게 되고, 반대로 온도가 너무 높다면 필라멘트가 물처럼 흐물흐물 흘러나오고 소재가 타는 경우도 생긴다.

소재 종류	노즐 온도
PLA	180~230℃
ABS	220~250℃
나일론	240~260℃
PC(Polycarbonate)	250~305℃
PVA(Polyvinyl Alcohol)	220~230℃
HIPS(High-Impact Polystyrene)	215~250℃
나 무	175~250℃
TPU(Thermoplastic Polyurethane)	210~230℃

ⓛ 히팅 베드 온도
  - ABS 소재의 경우 온도에 따른 출력물 변형이 있기 때문에 히팅 베드가 필수적이다.
  - 노즐 온도와 마찬가지로 히팅 베드의 온도도 소재별로 다르게 설정해야 한다.
  - 온도 변화에 의해 출력물의 변형이 작은 경우는 히팅 베드가 굳이 필요하지 않다.

소재 종류	히팅 베드 사용 유무 혹은 사용 온도
PLA, PVA 소재 등	필요 없음 (사용 시 히팅 베드 온도는 50℃ 이하로 설정)
ABS, HIPS, PC 소재 등	필 수 (80℃ 이상 온도로 설정)

② SLA 방식 : 광경화성 수지가 적정 온도를 유지해서 출력물의 품질이 좋아지기 때문에 수지를 보관하는 플랫폼의 용기가 일정 온도로 유지된다(약 30℃가량).

③ SLS 방식
  ㉠ 분말을 열에너지를 이용하여 용융시켜서 융접하는 방식으로 CO_2 레이저 같은 레이저 열원이 많이 사용된다.
  ㉡ 레이저의 온도가 너무 높으면 분말을 융접할 때 분말이 타는 경우가 생길 수 있으니 분말 소재에 맞는 적정 온도를 설정해야 한다.
  ㉢ SLS 방식 3D프린터는 성형되는 분말 주위 및 분말이 채워진 카트리지의 온도를 높이고 유지하기 위해서 베드 위에 위치한 적외선 히터 등을 이용한다.

④ 장비 외부의 주변 온도
  ㉠ 외부의 온도가 너무 낮거나 너무 높으면 출력물이 출력되는 데 방해가 되기 때문에 외부의 온도도 적절히 맞춰 주어야 한다.
  ㉡ MJ 방식 같은 경우엔 온도가 20~25℃ 사이에서 동작되는 것을 권장하며 에어컨 시설이 필요하다.

㉢ 외부의 공기 흐름을 차단시켜 체임버 내부의 온도를 올려 출력에 맞는 적정 온도를 유지시켜 주기도 한다.

자주 출제된 문제

1-1. 히팅 베드가 필요 없는 소재는?

① PC
② PVA
③ ABS
④ HIPS

1-2. 3D프린터에서 필라멘트가 물처럼 흘러나오는 경우는?

① 노즐의 온도가 낮을 때
② 노즐의 온도가 높을 때
③ 히팅 베드의 온도가 낮을 때
④ 히팅 베드의 온도가 높을 때

1-3. 다음 중 노즐의 온도가 가장 높은 재료는?

① PLA
② 나 무
③ TPU
④ PC

|해설|

1-1
ABS 소재 같은 경우는 온도에 따른 출력물 변형이 있기 때문에 히팅 베드가 필수적이며, PLA, PVA 소재와 같이 온도 변화에 의해 출력물의 변형이 작은 경우는 히팅 베드가 굳이 필요 없다. HIPS 소재는 히팅 베드가 필수적으로 필요하다.

1-2
노즐의 온도가 너무 낮으면 필라멘트가 제대로 용융되지 않아 노즐에서 잘 나오지 않게 되고, 반대로 온도가 너무 높다면 필라멘트가 물처럼 흐물흐물 흘러나오고 소재가 타는 경우도 생긴다.

1-3
④ PC : 250~305℃
① PLA : 180~230℃
② 나무 : 175~250℃
③ TPU : 210~230℃

정답 1-1 ② 1-2 ② 1-3 ④

출력되는 3D프린터 내부 공간이나 노즐 등에 이물질이 있거나 묻어 있게 되면 출력에 방해가 되므로 출력 전에 3D프린터 내외부 청소는 필수적이다.

① 노 즐
  ㉠ 노즐에서 필라멘트가 나오기 때문에 노즐이 지저분하거나 전에 사용하던 필라멘트들이 눌어붙어 지저분한 경우 출력물의 정밀도가 저하되고 출력 불량이 될 수도 있으니 출력 전에 노즐의 청결 유무를 꼭 확인한다.
  ㉡ 노즐 바깥부분에 찌꺼기들이 묻었을 경우에는 Preheat 기능으로 노즐의 온도를 올린 뒤 롱노즈 같은 도구로 떼어낸다. 억지로 떼려고 하면 노즐에 흠집이 생길 수 있다.
  ㉢ 노즐 내부가 막혔을 때
    • 노즐의 온도를 올려 노즐 청소 바늘 같은 걸로 노즐 구멍을 찌르면 막혔던 노즐이 뚫린다.
    • 노즐을 분해하여 토치로 노즐을 가열한 뒤 공업용 알코올에 담가 놓으면 노즐 안의 불순물들이 빠지기도 한다.
    • 노즐의 온도를 실제 사용 온도보다 좀 더 높여서 막힌 물질들을 다 녹여 빼는 방법 등이 있다.

② 3D프린터 내외부
  ㉠ 3D프린터 동작 중 3D프린터 문이 열려 있거나 위에 덮혀 있는 뚜껑이 열려 있다면, 출력 중인 3D프린터 내부로 이물질이 들어가 스테핑 모터 쪽에 끼여 출력하는 데 큰 방해가 되거나 모터가 망가질 수 있다.
  ㉡ 또한 베드에 출력물 외의 다른 출력물이나 찌꺼기가 끼여 출력에 방해가 되기 때문에 출력 중에는 문을 반드시 닫아야 한다.

③ 출력 조건 최종 확인
  ㉠ 정밀도 확인
    • 레이어의 두께는 마이크로 단위까지 설정이 가능할 정도로 설계한 물체를 거의 오차 없이 출력할 수가 있지만, FDM 방식 같은 경우는 다른 3D프린터 방식들에 비해선 정밀도가 조금 떨어지는 편이다.
    • 특히 FDM 방식으로 조립 형태의 물체를 만들 경우에는 출력 공차를 주어야 조립이 가능하다.
    • 노즐에서 필라멘트가 압출되어 재료가 토출되는 방식상 원하는 곳에 노즐이 재료를 토출하여도 노즐의 지름과 재료가 나와서 퍼짐의 정도에 따라 오차가 발생하게 된다.
  ㉡ 온도 확인 : 소재별로 온도 설정이 다르게 때문에 온도 설정은 3D프린터를 동작하기 위해서 중요한 요소이다.

자주 출제된 문제

노즐이 막혔을 때 해결 방안이 아닌 것은?

① 롱노즈로 잡아 뽑거나 드릴을 이용하여 구멍을 뚫는다.
② 노즐의 온도를 올려 노즐 청소 바늘로 노즐 구멍을 찌른다.
③ 실제 사용 온도보다 좀 더 높여서 막힌 물질들을 다 녹여 뺀다.
④ 노즐을 분해하여 토치로 가열한 뒤 공업용 알코올에 담가 놓는다.

|해설|

Preheat 기능으로 노즐의 온도를 올린 뒤 롱노즈 같은 도구로 떼어낸다. 억지로 떼려고 하면 노즐에 흠집이 생길 수 있다.

정답 ①

05 제품출력

제1절 문제점 리스트 작성 및 저장

핵심이론 01 │ 3D프린팅 시 문제점 해결

3D프린팅을 하고자 할 경우 출력용 파일 오류뿐만 아니라 출력물의 여러 가지 요소가 문제점이 될 수 있다. 또한 출력용 파일의 오류가 없더라도 그대로 출력한다면 수정과 출력 시간 등의 시간이 배로 들기 때문에, 오류가 없더라도 다른 요소들을 미리 생각하고 오류들과 함께 문제점 리스트에 작성해 놓고 하나씩 수정한다면 출력하고자 하는 모델을 수정 없이 한 번에 출력할 수 있을 것이다.

① 크 기

모델의 크기가 3D프린터의 플랫폼의 크기를 넘어 버린다면 출력이 될 수 없기 때문에, 출력할 모델의 비율을 줄여서 만들어 출력하든지 3D 프로그램과 오류 검출 프로그램을 이용해 분할시켜 출력할 수 있다. 크기가 너무 작으면 비율을 원하는 크기로 키워서 출력한다.

② 서포트

서포트가 필요한 모델이라면 출력할 때 가장 서포트가 적게 생성되도록 모델의 방향을 수정하여 출력해야 시간을 최소화시킬 수 있다. 물론 서포트가 없도록 하는 경우가 가장 좋다.

③ 공 차

출력물이 어떤 다른 부품이나 다른 출력물과 결합 또는 조립되어야 한다면 공차를 생각해야 한다. 특히 FDM 형식의 3D프린터의 경우 결합 부분의 치수대로 만들더라도 만들어지는 과정에서 수축과 팽창으로 인해 치수가 달라질 수 있다. 같은 3D프린터로 출력할 경우 수치가 달라지는 값이 일정하기 때문에 평소에 출력했던 출력물의 수치를 측정해 보면 수치가 달라지는 값을 알 수 있다. 출력 전에 미리 확인하고 늘어나는 값을 생각해서 수정해야 나중에 출력 후 결합을 못해 다시 수정하고 출력하는 일이 없다.

④ 채우기

출력물의 강도가 강해야 한다면 3D프린팅을 할 경우에 출력물 내부를 많이 채우도록 하고, 출력물의 강도가 약해도 된다면 출력물 내부에 채우기를 조금만 해서 출력 시간을 줄이도록 한다. 채우기를 많이 하면 출력 시간이 오래 걸리기 때문에 적당하게 채워야 한다.

자주 출제된 문제

1-1. 3D프린터의 출력 시 고려해야 하는 것이 아닌 것은?

① 모델의 크기　　　　② 파일의 크기
③ 출력물의 공차　　　④ 서포트

1-2. 3D프린팅 시 설명으로 옳지 않은 것은?

① 출력물 내부에 많이 채울수록 출력물의 강도가 강하다.
② 모델의 크기가 플랫폼의 크기를 넘을 때는 비율을 줄인다.
③ 다른 부품이나 출력물과 결합 또는 조립될 때는 공차를 생각하여 수정한다.
④ 서포트는 많을수록 제품에 안정되므로 많이 생성되도록 모델의 방향을 수정한다.

│해설│

1-1
출력 시 크기, 서포트, 공차, 채우기 등을 고려한다.

1-2
서포트가 필요한 모델을 출력할 때는 가장 서포트가 적게 생성되도록 모델의 방향을 수정하여 출력해야 시간을 최소화시킬 수 있다. 물론 서포트가 없도록 하는 경우가 가장 좋다.

정답 1-1 ② 1-2 ④

핵심이론 02 | 문제점 리스트 작성

① 문제점 리스트 만들기

문제점 리스트를 작성할 경우 제일 먼저 출력할 모델에 오류가 있는지를 확인해야 한다.

㉠ 오류가 있는지 없는지도 모르는 상태에서 크기, 서포트, 공차, 채우기 등을 먼저 설정했다가 나중에 오류가 있다면 오류를 제거하고 다시 설정을 해야 하는 경우가 생기기 때문이다.

㉡ 오류가 있는지 없는지를 먼저 확인해서 어떤 오류가 얼마나 있는지를 작성한 뒤 수정 후 크기, 공차, 서포트, 채우기의 순으로 설정한다.

문제점 리스트				
오류		오류 여부	○　　×	
	오류 종류	구 멍		개
		비매니폴드 형상		개
		단절된 메시		개
		수정 가능	○　　×	
확인 사항		크 기		%
	공차 부위	구 멍		mm
		연결부		mm
		핀		mm
	서포트	회전축		축
		방 향		쪽
		각 도		°
		바닥과 닿는 면		면
		채우기		%

② 최종 출력용 모델링 파일의 형태로 저장하기

3D 모델링 프로그램에서 모델링 후 오류 검출 프로그램을 이용해 검사를 했을 때 오류가 없는 경우도 있다.

㉠ STL 파일은 지원하지 않는 프로그램이 없지만 AMF, OBJ 또는 자신이 원하는 파일 포맷이 아닐 경우 대다수의 오류 검출 프로그램에서는 많은 출력용 모델링 파일 포맷으로 변환을 지원한다.

㉡ 무료 프로그램인 Netfabb는 3MF, STL, STL(ASCII), Color, GTS, AMF, X3D, X3D8, 3DS, Compressed Mesh, OBJ, PLY, VRML, Slice를 지원하고, Meshmixer는 OBJ, DEA, PLY, STL(Binary), STL(ASCII), AMF, WRL, Smesh를 지원한다.

㉢ 서로 지원하는 포맷이 같은 것도 있지만, 다른 것도 있기 때문에 자신이 원하는 포맷에 따라 Netfabb나 Meshmixer 중에 선택해 사용하면 된다.

자주 출제된 문제

2-1. 3D프린터의 출력 시 오류를 작성하는 것은 무엇인가?

① 문제점 리스트　　② 작업 지시서
③ 포트폴리오　　④ 설명서

2-2. 문제점 리스트에서 작성하는 것이 아닌 것은?

① 오류 여부　　② 수정 가능 여부
③ 출력물의 수량　　④ 오류의 종류

2-3. Meshmixer가 지원하는 포맷이 아닌 것은?

① OBJ　　② PLY
③ ASCII　　④ VRML

|해설|

2-1
출력용 파일의 오류가 검출되지 않았더라도 그대로 출력한다면 수정과 출력 시간 등의 시간이 배로 들기 때문에, 오류가 없더라도 다른 요소들을 미리 생각하고 오류들과 함께 문제점 리스트에 작성해 놓고 하나씩 수정한다면 출력하고자 하는 모델을 수정 없이 한 번에 출력할 수 있을 것이다.

2-2
• 오류 : 오류 여부, 오류 종류, 수정 가능 등
• 확인 사항 : 크기, 공차 부위, 서포트, 채우기 등

2-3
• Netfabb : 3MF, STL, STL(ASCII), Color, GTS, AMF, X3D, X3D8, 3DS, Compressed Mesh, OBJ, PLY, VRML, Slice
• Meshmixer : OBJ, DEA, PLY, STL(Binary), STL(ASCII), AMF, WRL, Smesh

정답 2-1 ①　2-2 ③　2-3 ④

CHAPTER 05 제품출력 ■ 115

핵심이론 01 | 자동 오류 수정 기능

① Netfabb

  ㉠ 오류 보기

    • 상단의 [Repair]을 누르거나 [Extra]–[Repair Part]를 누른다.

    • [Status]–[Show Degenerated Daces], [Actions]–[Self–Intersections]–[Detect], [Status]– [Highlight Errors]에 체크해 오류를 보이게 한다.

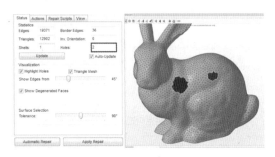

[자동 오류 검사]

  ㉡ 자동 오류 수정

    • 상단의 [Repair]을 누르거나 [Extra]–[Repair Part]를 누른다.

    • [Status]–[Automatic Repair]를 눌러 [Default Repair], [Simple Repair] 중에 하나를 선택한 뒤 [Execute]를 누른다.

      – [Default Repair]는 기본적으로 설정된 값에 의해 Repair되는 것이다.

      – [Simple Repair]는 최소한의 오류만을 Repair 해 주는 것이다.

    • [Apply Repair]를 누르고 [Remove old Part], [Keep old Part] 중에 하나를 선택한다.

      – [Remove old Part]는 Repair하기 전에 오류가 있는 모델을 제거해서 Repair한 모델만 남기는 기능이고, [Keep old Part]는 Repair하기 전에 오류가 있는 모델을 남겨 오류가 있는 모델과 Repair한 모델을 같이 볼 수 있다.

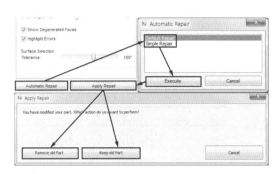

[자동 오류 수정 방법]

  ㉢ 자동 오류 수정 완료 : [Simple Repair]로 오류 수정 후에 [Remove old Part]로 수정 전 모델을 제거했다.

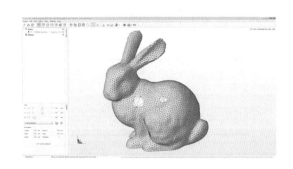

② Meshmixer

  ㉠ 오류 보기 : [Analysis]–[Inspector]를 누르면 자동으로 오류가 보이게 된다. 그림의 파일은 단절된 메시 1개와 구멍 2개가 있는 오류 파일이다.

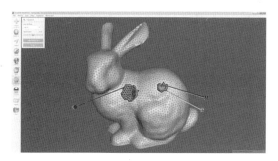

[자동 오류 검사]

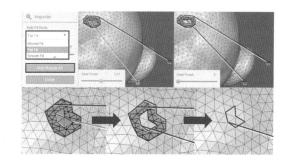

ⓛ 자동 오류 수정 설정

- [Inspector] 설정 창에는 [Hole Fill Mode]과 [Small Thresh]이 있다.
- [Hole Fill Mode]는 구멍이 있는 곳을 어떻게 채울 것인지 설정하는 기능이다.
- [Minimal Fill]는 최소한의 메시로 구멍을 채워 준다.
- [Flat Fill]는 많은 삼각형으로 채우지만 구멍을 평평하게 채워 준다.
- [Smooth Fill]는 모델의 곡면을 따라서 부드럽게 메시로 채워 준다.
- [Small Thresh]의 값을 조정하면 허용 오차의 개념으로 오류를 나타낸다.
  - 어떤 값 미만, 이하의 오차는 구멍인 오류
  - 어떤 값 초과, 이상의 오차는 단절된 메시인 오류
  ※ 단절된 메시를 [Small Thresh] 값을 바꿔 오류를 구멍으로 바꾼 뒤 자동 오류 수정을 하면, 단절된 메시에서 구멍으로 바뀐 메시는 원래 모델과 이어지지 않고 혼자 남게 된다. 이런 경우에는 꼭 필요한 부분이 아니라면 단절된 메시로 놔두고 자동 오류 수정을 해야 한다.
- 설정을 끝내고 [Auto Repair All]을 눌러 주면 오류 수정이 된다.

ⓒ 자동 오류 수정 : 설정을 끝내고 [Auto Repair All] 을 눌러 주면 오류 수정이 된다. 그림은 구멍을 채우는 [Hole Fill Mode] 설정을 다르게 해 놓았다.

- (a)는 [Minimal Fill]으로 최소 메시로 구멍을 채웠다.
- (b)는 [Flat Fill]으로 곡면이었지만 메시를 평평하게 채워 메시가 어색한 것을 볼 수 있다.
- (c)는 [Smooth Fill]으로 모델의 곡면을 따라 메시로 채운 것이다.

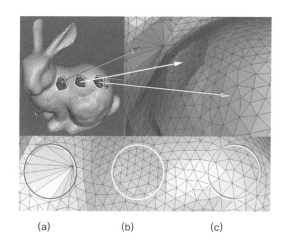

(a)　　　　　(b)　　　　　(c)

1-1. 최소한의 오류만을 나타내는 명령어는?

① Default Repair
② Simple Repair
③ Apply Repair
④ Small Repair

1-2. 자동 오류 수정 중 최소한의 메시로 구멍을 채우는 명령어는?

① Minimal Fill
② Flat Fill
③ Smooth Fill
④ Small Fill

|해설|

1-1
• [Default Repair]는 기본적으로 설정된 값에 의해 Repair되는 것이다.
• [Simple Repair]는 최소한의 오류만을 Repair해 주는 것이다.

1-2
• [Minimal Fill]는 최소한의 메시로 구멍을 채워 준다.
• [Flat Fill]는 많은 삼각형으로 채우지만 구멍을 평평하게 채워 준다.
• [Smooth Fill]는 모델의 곡면을 따라서 부드럽게 메시로 채워 준다.

정답 1-1 ② **1-2** ①

핵심이론 02 | 수동 오류 수정 가능 여부

① 수동 오류 수정 가능

자동 오류 수정을 했지만 수정되지 않은 부분은 수동 오류 수정 기능을 사용하여 모델을 수정한다면 대부분의 오류 수정이 가능하다.

② 수동 오류 수정 불가능

수정 불가능한 모델은 다른 출력물과 결합이 필요한 모델이다. 결합 부분이 자동 오류 수정으로 수정되지 않아 수동 오류 수정으로 수정할 경우 정확한 치수를 줄 수 없기 때문에, 비슷한 모양으로는 가능할지 몰라도 결합은 힘들 수 있다. 또한 모델 자체에 치명적인 오류가 있을 경우 수정할 수 없다. 치명적인 오류가 있는 경우에는 모델링 프로그램에서 다시 수정하거나 모델링해야 한다.

수동 오류 수정이 불가능한 것으로 묶은 것은?

ㄱ. 평면에 작은 구멍이 있는 경우
ㄴ. 다른 출력물과 결합이 필요한 경우
ㄷ. 모델 자체에 치명적인 오류가 있는 경우

① ㄱ, ㄴ
② ㄱ, ㄷ
③ ㄴ, ㄷ
④ ㄱ, ㄴ, ㄷ

|해설|

수정 불가능한 모델은 다른 출력물과 결합이 필요한 모델과 모델 자체에 치명적인 오류가 있을 경우이다.

정답 ③

핵심이론 03 | 수동 오류 수정을 위한 기능

① [Meshmix]

저장되어 있는 [Open Part], [Solid Part]를 이용해 자신의 모델에 합성할 수 있는 기능이다. 프로그램 왼쪽의 기능에서 [Meshmix]를 선택하면 [Arms], [Ears] 등의 항목에서 원하는 [Open Part]와 [Solid Part]를 드래그하여 모델의 합성할 부분에 놓으면 된다.

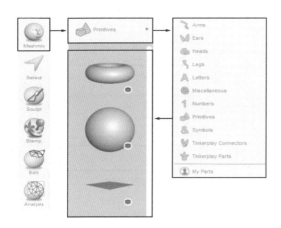

[Meshmix 기능]

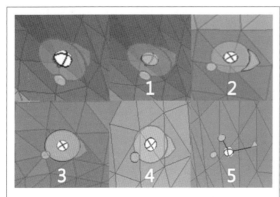

[컨트롤 아이콘]

• [Open Part]와 [Solid Part]를 드래그하여 모델의 합성할 부분에 놓으면 모델 표면에 수직으로 합성되고, [Open Part]와 [Solid Part]를 설정할 수 있는 컨트롤 아이콘이 생성된다.

• 1번은 [Open Part], [Solid Part]와 모델과의 접촉면을 옮길 수 있다.

• 2번은 [Open Part], [Solid Part]의 사이즈를 키우는 것이다.

• 3번은 [Open Part], [Solid Part]를 회전시키는 기능이다.

• 4번을 클릭해 활성화시키면 5번과 같이 변하는데, 5번을 조절하면 합성한 표면의 위치는 고정한 상태로 [Open Part]의 방향을 바꿀 수 있다. 5번 기능은 [Open Part]에서만 사용 가능하다.

㉠ [Open Part]와 [Solid Part]의 아이콘 : 아래와 같은 아이콘으로 표시되는데, (a)의 아이콘은 [Open Part]를 나타내며, (b)의 아이콘은 [Solid Part]를 나타낸다.

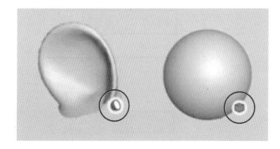

(a) Open Part 아이콘   (b) Solid Part 아이콘

㉡ [Open Part] : 어느 한 부분이 막히지 않고 오픈되어 있는 오픈 메시이기 때문에, 합성할 경우 그림과 같이 [Open Part] 경계 부분과 모델의 메시와 합성된다.

[Open Part]

옵 션	설 명
Size	합성할 파트의 크기를 키우는 기능이다.
Offset	파트와 모델 사이의 거리를 늘리는 기능이다.
SmoothR	파트의 결합 부분을 넓혀 좀 더 부드럽게 합성되도록 하는 기능이다.
DScale	모델과 결합된 메시의 크기 변화 없이 나머지 부분의 크기를 키운다.
Optimize	합성을 최적화시킨다.

옵 션	설 명
Dimension	파트의 크기를 키우는 기능이다.
Offset	모델과 파트 사이의 거리를 늘리는 기능이다.
Append To Mesh	원래 모델의 메시에 [Solid Part]의 메시를 더하는 옵션이다.
Create New Object	[Solid Part]를 새로운 오브젝트로 만든다.
Boolean Union	[Open Part]처럼 [Solid Part]를 모델과 결합시키는 옵션이다.
Boolean Subtract	모델에 [Solid Part]가 교차된 메시를 제거하는 옵션이다.

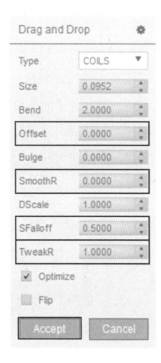

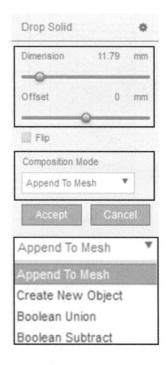

ㄷ [Solid Part] : 구멍이 없는 클로즈 메시로 모델과
합성할 때 모델과 [Solid Part]의 메시가 결합되지
않는다. 하지만, 옵션으로 [Open Part]처럼 합성
되도록 만들 수 있다.

② [Select]

[Select] 기능은 자신이 수정하고자 하는 메시 하나하나를 지정해서 수동으로 수정할 수 있는 기능이다. 프로그램 왼쪽의 기능에서 [Select]를 선택하면 두 번째 그림과 같은 창이 나온다. 창에서 수정하고 싶은 메시를 선택하게 되면 세 번째 그림과 같이 기능을 사용할 수 있는 창이 생긴다.

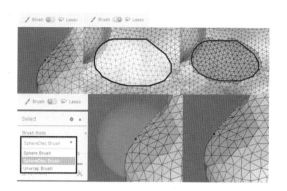

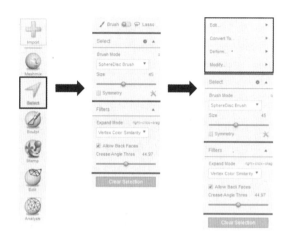

㉠ 메시 선택 방법에는 [Brush]와 [Lasso]가 있다.
- [Brush]는 마우스 드래그를 이용해 메시를 선택하는 방법으로 그림과 같이 키우고 줄일 수 있는 원형 범위가 정해지고, 드래그하면 선택된 메시는 주황색으로 표시된다.
- [Brush]는 [Sphere Brush], [SphereDisc Brush] 등이 있다.
  - [Sphere Brush] : 구체로 되어 있어 구체에 닿는 모든 메시가 선택되는 모드이다.
  - [SphereDisc Brush] : 원형으로 되어 있어 드래그된 메시만 선택되는 모드이다.
- [Lasso]는 마우스 드래그로 선을 그어 주면 그어진 선 안쪽의 메시를 선택해 주는 기능이다.

㉡ 메시 선택 구역

메시 선택	방 법
선택 취소	컨트롤 + 클릭 + 드래그
전체 선택 취소	컨트롤 + 더블 클릭
선택 영역 넓히기	컨트롤 + 휠↑
선택 영역 좁히기	컨트롤 + 휠↓

구멍이 있는 메시 주변을 더블 클릭하면 구멍 주변의 메시만 선택된다(모서리가 서로 공유되지 않은 메시를 더블 클릭해야 한다).

㉢ 모델이 아닌 배경에 마우스를 위치시키고 클릭 후 모델 위에 드래그하면 붉은 선이 그어지고 그 선을 기준으로 메시의 숫자가 적은 쪽을 선택해 준다. 직선뿐만 아니라, 자신이 원하는 곡선, 원 등의 모양도 자유롭게 그을 수 있다.

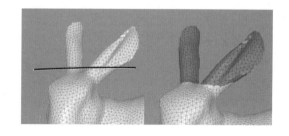

③ 수정 기능

　　㉠ [Edit] : 선택한 메시를 자르거나 재배치시키고 구멍을 채우는 등의 기본적인 기능이 있다. 이 기본적인 기능으로도 대부분의 오류를 수동으로 수정할 수 있다.

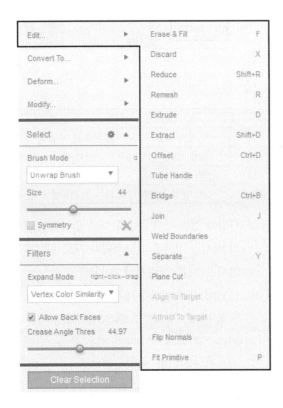

명 령	설 명
Erase & Fill	선택한 메시를 지우고 다시 채우거나 이미 구멍이 있는 부분을 채워 주는 기능이다.
Discard	수정하기 위해 선택한 메시를 제거해 주는 기능이다.
Reduce	선택한 메시의 수를 줄여 주는 기능이다.
Remesh	선택한 메시를 재배치시켜 주는 기능이다.
Extrude	선택된 메시를 자신이 설정한 방향으로 오프셋시키는 기능이다.
Extract	선택한 메시를 오프셋시키는 기능으로, [Extrude]와 다르게 오프셋된 메시와 선택된 메시 사이에 연결되는 메시가 없다.
Offset	선택한 메시를 노말 벡터 방향으로 오프셋시켜 주는 기능이다.

명 령	설 명
Tube Handle	서로 떨어져 있는 메시를 선택하면 선택한 메시를 연결시켜 주는 기능이다.
Bridge	중복되지 않은 모서리를 가진 메시가 포함된 2개의 영역을 선택하면 중복되지 않은 모서리를 서로 연결시켜 준다.
Join	단절된 메시를 다른 메시와 연결시켜 주는 기능이다.
Separate	선택된 메시를 다른 오브젝트로 만들어 주는 기능이다.
Plane Cut	위치와 각도를 변경시킬 수 있는 평면의 위, 아래쪽 방향에 선택된 메시만 제거하는 기능이다.
Flip Normals	선택한 메시의 노말 벡터 방향을 반전시키는 기능이다.

　　㉡ [Convert To] : 선택한 메시를 [Open Part], [Solid Part], [Stamp]로 변환해 [Meshmix]-[My Parts]에 추가시킬 수 있다. 추가시킨 [Parts]를 기존 메시에 추가시켜 활용할 수 있다.

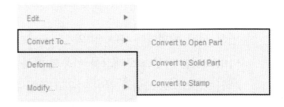

명 령	설 명
Convert to Open Part	선택한 메시를 [Meshmix]-[My Parts]에 추가하는 기능이다.
Convert to Solid Part	선택한 메시를 [Meshmix]-[My Parts]에 추가하는 기능이다.
Convert to Stamp	선택한 메시를 [Stamp]에 추가하는 기능으로, 선택한 메시 안에 선택되지 않은 메시가 있으면 추가시킬 수 없다. 또한 3차원으로 선택할 경우, 추가는 되지만 적용이 제대로 되지 않을 수 있다.

ⓒ [Deform] : 선택한 메시를 변형시키는 기능으로, 표면이 굴곡진 메시를 부드럽게 팽창시키거나 수축시킬 수 있고 휘거나 굽힐 수 있다.

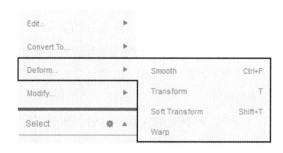

명 령	설 명
Smooth	선택한 메시의 굴곡진 표면을 부드럽게 해 주는 기능이다.
Transform	선택한 메시를 모델과 오프셋시키거나 축에 대해 회전, 팽창, 수축시킬 수 있는 기능이다.
Soft Transform	선택한 메시와 경계의 메시가 함께 오프셋되어 부드러운 형상을 가진다.
Warp	선택한 메시를 휘거나 굽힐 수 있는 기능이다.

ⓓ [Modify] : 메시를 선택하는 기능으로, 선택한 메시를 다른 메시 그룹으로 바꿔 주거나 메시 그룹을 없앨 수 있다.

명 령	설 명
Select All	불러낸 모델의 모든 메시를 선택하는 기능이다.
Select Visible	화면에 보이는 메시만을 선택하는 기능이다.
Expand Ring	선택한 메시의 선택 영역을 원 형식으로 넓혀 주는 기능으로, 컨트롤+휠↑과 똑같은 기능이다.
Contact Ring	선택한 메시의 선택 영역을 원 형식으로 좁혀 주는 기능으로, 컨트롤+휠↓과 똑같은 기능이다.
Expand to Connected	선택한 메시와 닿아 있는 모든 메시를 선택해 주는 기능이다.
Expand to Groups	선택한 메시와 같은 그룹에 속해 있는 메시를 선택해 주는 기능이다.
Invert	선택한 메시 외의 모든 메시를 선택해 주는 기능이다.
[Invert (connected)]	선택한 메시 외의 연결된 메시만 선택해 주는 기능이다.
Optimize Boundary	선택한 메시를 최적화시켜 주는 기능이다.

명 령	설 명
Smooth Boundary	선택한 메시의 테두리를 부드럽게 만들어 주는 기능이다.
Create Face Group	선택한 메시를 그룹화하는 기능이다.
Clear Face Group	그룹화되어 있는 메시의 그룹화를 제거해 주는 기능이다.

자주 출제된 문제

3-1. Solid Part를 Open Part처럼 합성되도록 하는 모드는 무엇인가?

① Append To Mesh
② Create New Object
③ Boolean Union
④ Boolean Subtract

3-2. 선택한 메시의 전체를 취소할 때 사용하는 하는 방법은 무엇인가?

① 컨트롤 + 클릭 + 드래그
② 컨트롤 + 더블 클릭
③ 컨트롤 + 휠↑
④ 컨트롤 + 휠↓

3-3. Edit 기능에서 선택한 메시의 수를 줄여 주는 기능은 무엇인가?

① Discard   ② Remesh
③ Reduce   ④ Join

3-4. Convert To 기능에서 변환할 수 메시의 형태가 아닌 것은?

① Open Part   ② Solid Part
③ Close Part   ④ Stamp

3-5. Deform 기능에서 선택한 메시를 휘거나 굽힐 수 있는 기능은?

① Smooth   ② Transform
③ Soft Transform   ④ Warp

3-6. Modify 기능에서 화면에 보이는 메시만을 선택하는 기능은?

① Select Visible
② Select All
③ Invert
④ Optimize Boundary

3-1

③ Boolean Union : [Open Part]처럼 [Solid Part]를 모델과 결합시키는 옵션이다.

① Append To Mesh : 원래 모델의 메시에 [Solid Part]의 메시를 더하는 옵션이다.

② Create New Object : [Solid Part]를 새로운 오브젝트로 만든다.

④ Boolean Subtract : 모델에 [Solid Part]가 교차된 메시를 제거하는 옵션이다.

3-2

② 전체 선택 취소 : 컨트롤 + 더블 클릭

① 선택 취소 : 컨트롤 + 클릭 + 드래그

③ 선택 영역 넓히기 : 컨트롤 + 휠↑

④ 선택 영역 좁히기 : 컨트롤 + 휠↓

3-3

① Discard : 수정하기 위해 선택한 메시를 제거해 주는 기능이다.

② Remesh : 선택한 메시를 재배치시켜 주는 기능이다.

④ Join : 단절된 메시를 다른 메시와 연결시켜 주는 기능이다.

3-4

Convert To : 선택한 메시를 [Open Part], [Solid Part], [Stamp]로 변환한다.

3-5

① Smooth : 선택한 메시의 굴곡진 표면을 부드럽게 해 주는 기능이다.

② Transform : 선택한 메시를 모델과 오프셋시키거나 축에 대해 회전, 팽창, 수축시킬 수 있는 기능이다.

③ Soft Transform : 선택한 메시와 경계의 메시가 함께 오프셋되어 부드러운 형상을 가진다.

3-6

② Select All : 불러낸 모델의 모든 메시를 선택하는 기능이다.

③ Invert : 선택한 메시 외의 모든 메시를 선택해 주는 기능이다.

④ Optimize Boundary : 선택한 메시를 최적화시켜 주는 기능이다.

정답 3-1 ③ 3-2 ② 3-3 ③ 3-4 ③ 3-5 ④ 3-6 ①

제3절 **모델링 소프트웨어에서 재수정**

핵심이론 01 | 모델링 소프트웨어에서 재수정을 위한 문제점 리스트 작성

① 문제점 리스트 작성을 위한 알고리즘

문제점 리스트를 작성하기 위해서는 어떤 과정으로 출력용 데이터를 수정하고 저장하는지에 대한 지식이 필요하다.

㉠ 먼저, 출력용 데이터로 저장한 모델링 파일에 오류 검사를 실시한다.

  • 오류가 검출되지 않았으면 최종 출력용 데이터로 저장하고, 그렇지 않으면 오류의 종류를 파악한다.

  • 치명적인 오류, 결합 부위 오류일 경우 모델링 소프트웨어를 사용해 수정하고, 출력용 데이터로 저장해 오류 검사를 다시 실시한다.

  • 그렇지 않은 경우 자동 오류 수정으로 수정한다.

㉡ 오류가 없으면 최종 출력용 데이터로 저장하고, 남은 오류가 있다면 수동으로 오류 수정을 한다.

㉢ 수동으로 오류 수정을 했음에도 잔류 오류가 있다면 모델링 소프트웨어를 이용해 수정하고 출력용 데이터로 저장한다.

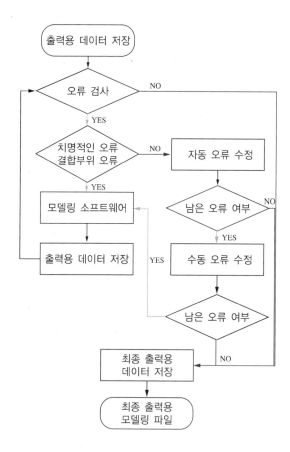

ⓒ 자동 오류 수정에서 일부 오류가 수정 불가이기 때문에 수동 오류 수정을 통해 수정이 되는지 파악하고, 수정이 불가능하면 모델링 소프트웨어에서 수정해야만 한다.

ⓒ 또한, 어떤 부분이 수정이 필요한지 작성해야 한다.

[모델링 소프트웨어에서 재수정을 위한 문제점 리스트]

문제점 리스트			
오류	오류검사	오류 여부	일반적인 오류
			치명적인 오류
			결합 부위 오류
	수정 방법		자동 오류 수정
			모델링 소프트웨어
	일반적인 오류	오류 종류	구 멍
			비매니폴드 형상
			단절된 메시
			…
수 정	자동 오류 수정	수정 여부	수정 완료
			일부 수정 불가
		오류 수정 방법	수동 오류 수정
	수동 오류 수정	수정 여부	수정 완료
			일부 수정 불가
		오류 수정 방법	모델링 소프트웨어
	모델링 소프트웨어	수정이 필요한 오류	

② 문제점 리스트 작성

문제점 리스트와 알고리즘을 이용해 모델링 소프트웨어에서 재수정을 위한 문제점 리스트를 작성할 수 있다. 오류 검사를 통해 어떤 오류인지 알아보고 자동 오류 수정을 할 것인지 모델링 소프트웨어로 모델링 자체를 수정할 것인지 파악한다.

㉠ 일반적인 오류

• 문제점 리스트의 일반적인 오류에 체크하고 수정법의 자동 오류 수정에 체크하며, 오류의 종류에 구멍, 비매니폴드 형상, 단절된 메시의 개수를 작성한다.

• 자동 수정 후 전체가 수정되었다면 수정 완료에 체크하고, 일부 수정이 불가능한 경우라면 일부 수정 불가에 체크해 준다.

자주 출제된 문제

오류의 종류에 해당하지 않은 것은?

① 구 멍
② 단절된 메시
③ 비매니폴드 형상
④ 매니폴드 형상

|해설|

오류 : 구멍, 비매니폴드 형상, 단절된 메시 등이 있다.

정답 ④

핵심이론 02 | 수정 부분을 파악하여 원본 모델링 파일 수정

① 수정 부분 파악하고 수정하기

　㉠ 수정 부분 파악하기

　　• 문제점 리스트를 통해 파악된 치명적인 오류, 결합 부위 오류, 수동 오류 수정으로 수정되지 않는 오류는 모델링 소프트웨어를 통해 수정해야 한다.

　　• 모델링 소프트웨어의 수정이 필요한 오류 항목에 작성된 오류로 수정 부분을 파악하면 된다.

　㉡ 출력용 모델링 파일과 모델링 파일

　　• 출력용 모델링 파일을 모델링 소프트웨어에서 수정하기 위해서는 출력용 모델링 파일로 저장했었던 원본 모델링 파일이 필요하다.

　　• STL, OBJ 등의 출력용 모델링 파일은 메시로 이루어져 있기 때문에 메시 수정 소프트웨어가 아닌 모델링 프로그램에서는 수정이 불가능하다.

　　• 모델링 소프트웨어에서 출력용 모델링 파일로 저장하기 위해 만들었던 모델링 파일을 수정해서 다시 출력용 모델링 파일로 저장한다.

　㉢ 치명적인 오류 수정 방법

　　• 모델링 소프트웨어에서 모델링 파일을 만들어 출력용 모델링 파일로 저장하는 경우에 소프트웨어상에서 오류가 생기는 일이 많다.

　　• 이런 경우 모델링 파일을 출력용 모델링 파일로 다시 저장하면 대부분 해결되지만, 그래도 해결되지 않는다면 모델링을 다시 해야 한다.

　㉣ 결합 부위 오류 수정 방법

　　• 자동 오류 수정 후 메시 부분이 제거되면 수동 오류 수정으로 수정해야 한다.

　　• 하지만 다른 부품과 결합된 부분이 제거된다면 메시 수정 소프트웨어로는 정확한 치수로 복구가 불가능하기 때문에 모델링 소프트웨어 프로그램으로 수정해야 한다.

② 수정된 모델링 파일을 출력용 모델링 파일로 저장

　㉠ 모델링 소프트웨어에서 출력용 모델링 파일로 저장한다.

　㉡ [파일]-[다른 이름으로 저장]에서 출력용 모델링 파일로 저장하면 된다.

　　• 3D CAD 소프트웨어는 3D프린터로 프린팅하기 위해 표준화되어 있는 .stl 확장자만 지원하는 경우가 많다.

　　• CAD 소프트웨어가 아닌 애니메이션 등에 사용되는 3D 모델링 소프트웨어는 .obj, .stl 등의 많은 확장자를 지원한다.

　㉢ 오류 검출 프로그램에서 출력용 모델링 파일로 저장 : 모델링 소프트웨어에서 원하는 확장자를 지원하지 않더라도 오류 검출 프로그램에서 출력용 모델링 파일을 열어 다른 출력용 모델링 데이터 확장자로 저장할 수 있기 때문에 모델링 소프트웨어에서 다른 출력용 모델링 파일로 저장해도 문제없다.

③ 출력용 모델링 파일을 자동 오류 검사를 실시하고 최종 모델링 파일로 저장

　㉠ 출력용 모델링 파일을 자동 오류 검사

　　• 모델링 소프트웨어에서 수정된 출력용 모델링 파일을 자동 오류 검사를 통해 검사를 한다.

　　• 오류가 있다면 문제점 리스트를 작성하는 데 사용했던 알고리즘을 바탕으로 오류 검사, 오류 종류, 수정 방법을 오류가 없어질 때까지 반복한다.

　㉡ 최종 모델링 파일로 저장 : 오류가 없을 경우 자신이 원하는 모델링 파일 확장자로 저장하면 된다.

2-1. 모델링 소프트웨어 수정을 통해 수정하는 것이 아닌 것은?

① 치명적인 오류
② 결합 부위 오류
③ 자동 오류 수정으로 수정되는 오류
④ 수동 오류 수정으로 수정되지 않는 오류

2-2. 3D프린터 출력용 소프트웨어 확장자에 해당하는 것은?

① .hwp
② .jpg
③ .obj
④ .xlsx

2-3. 출력용 모델링 파일을 자동 오류 검사를 할 때 검사하는 항목이 아닌 것은?

① 오류 검사
② 오류 종류
③ 수정 방법
④ 수정 시간

|해설|

2-1

문제점 리스트를 통해 파악된 치명적인 오류, 결합 부위 오류, 수동 오류 수정으로 수정되지 않는 오류는 모델링 소프트웨어를 통해 수정해야 한다.

2-2

.obj, .stl 등이 있다.

2-3

모델링 소프트웨어에서 수정된 출력용 모델링 파일을 자동 오류 검사를 통해 검사를 하며, 오류가 있다면 문제점 리스트를 작성하는 데 사용했던 알고리즘을 바탕으로 오류 검사, 오류 종류, 수정 방법을 오류가 없어질 때까지 반복한다.

정답 2-1 ③ 2-2 ③ 2-3 ④

제4절 출력 과정 확인하기

핵심이론 01 | 3D프린팅 공정별 출력 방향과 지지대의 형태

① 수조 광경화(Vat Photopolymerization) : 용기 안에 담긴 액체 상태의 광경화성 수지(Photopolymer)에 빛을 주사하여 선택적으로 경화시키는 것이다.

　㉠ 출력물이 성형되는 방향

　　• 빛은 위 또는 아래에서 주사될 수 있으며, 빛이 주사되는 방향으로 플랫폼이 이송되고 층이 성형된다.

　　• 플랫폼의 이송 방향에 따라서 출력물이 성형되는 방향은 위쪽 또는 아래쪽이 된다.

　㉡ 지지대 : 지지대는 출력물과 동일한 재료이며, 제거가 용이하도록 가늘게 만들어진다.

② 재료 분사(Material Jetting) : 경화성 수지나 왁스 등의 액체 재료를 미세한 방울(Droplet)로 만들고 이를 선택적으로 도포하는 것이다.

　㉠ 출력물이 성형되는 방향 : 출력물 재료와 지지대 재료는 모두 위에서 아래로 도포되며, 따라서 플랫폼은 아래로 이송되면서 층이 성형되기 때문에 출력물은 플랫폼 위에 만들어지게 된다.

　㉡ 지지대 : 지지대는 출력물과 다른 재료가 사용된다. 대부분의 경우 지지대는 물에 녹거나 가열하면 녹는 재료로 되어 있기 때문에 손쉬운 제거가 가능하다.

③ 재료 압출(Material Extrusion) : 출력물 및 지지대 재료가 노즐이나 오리피스 등을 통해서 압출되고, 이를 적층하여 3차원 형상의 출력물이 만들어진다.

　㉠ 출력물이 성형되는 방향 : 출력물 및 지지대 재료는 모두 위에서 아래로 압출된다. 따라서 플랫폼은 아래로 이송되면서 그 위에 제품이 아래에서 위로 성형된다.

ⓛ 지지대 : 재료 압출 방식에서는 지지대와 출력물이 같은 재료인 경우와 서로 다른 재료인 경우의 두 가지 방식이 있다.

④ **분말 융접(Powder Bed Fusion)** : 평평하게 놓인 분말 위에 열에너지를 선택적으로 가해서 분말을 국부적으로 용융시켜 접합하는 것이다.

　ⓐ 출력물이 성형되는 방향 : 플랫폼 위에 분말이 놓이게 되고, 여기에 위에서 아래 방향으로 열에너지가 가해진다. 따라서 출력물은 아래에서 위쪽 방향으로 성형된다.

　ⓛ 지지대 : 성형되지 않은 분말이 지지대 역할을 하게 되므로 별도의 지지대를 만들어 줄 필요가 없다. 분말을 평평하게 만들어 주기 위해서 롤러 등을 이용해서 분말 위에 압력을 주는 경우도 있으며, 이때 출력물이 압력에 의해서 부서지거나 또는 분말 안에서 움직이지 않게 해 주기 위해서 플랫폼 위에 지지대가 만들어지기도 한다. 지지대가 만들어지는 경우에는 출력물과 같은 재료로 만들어진다.

⑤ **접착제 분사(Binder Jetting)** : 접착제를 분말에 선택적으로 분사하여 분말들을 결합시켜 단면을 성형하고 이를 반복하여 3차원 형상을 만든다.

　ⓐ 출력물이 성형되는 방향 : 플랫폼 위에 분말이 놓이게 되고, 여기에 위에서 아래 방향으로 접착제가 분사된다. 따라서 출력물은 아래에서 위쪽 방향으로 성형된다.

　ⓛ 지지대 : 성형되지 않은 분말이 지지대 역할을 하게 되므로 별도의 지지대를 만들어 줄 필요가 없다.

⑥ **방향성 에너지 침착(Directed Energy Deposition)** : 레이저, 일렉트론 빔 또는 플라스마 아크 등의 열에너지를 국부적으로 가해서 재료를 녹여 침착시키는 것이다.

　ⓐ 출력물이 성형되는 방향 : 대부분의 경우 플랫폼 위에 출력물이 성형되며, 따라서 출력물은 아래에서 위쪽 방향으로 성형된다.

　ⓛ 지지대 : 방향성 에너지 침착에서는 대부분의 경우 지지대가 필요하지 않다.

⑦ **판재 적층(Sheet Lamination)** : 얇은 판 형태의 재료를 단면 형상으로 자른 후 이를 서로 층층이 붙여 형상을 만드는 것이다.

　ⓐ 출력물이 성형되는 방향 : 대부분의 경우 플랫폼 위에 출력물이 성형되며, 따라서 출력물은 아래에서 위쪽 방향으로 성형된다.

　ⓛ 지지대 : 판재 적층에서는 출력물 형상이 되지 않는 나머지 판재 부분이 지지대의 역할을 한다. 이때 지지대의 제거가 용이하도록 나머지 부분을 격자 모양으로 잘라 준다.

자주 출제된 문제

1-1. 출력물의 성형 시 위에서부터 성형이 가능한 방법은?

① 수조 광경화 　　　　② 재료 분사
③ 재료 압출 　　　　　④ 접착제 분사

1-2. 출력물의 성형 시 빛을 주사하여 선택적으로 경화시키는 방법은?

① 방향성 에너지 침착 　② 수조 광경화
③ 재료 압출 　　　　　④ 접착제 분사

1-3. 출력물의 성형 시 지지대를 만들어야 하는 방법은?

① 분말 융접 　　　　　② 접착제 분사
③ 방향성 에너지 침착 　④ 재료 압출

1-4. 3D프린팅 시 지지대의 재료가 출력물과 다른 것은?

① 수조 광경화 　　　　② 재료 분사
③ 분말 융접 　　　　　④ 판재 적층

|해설|

1-1

수조 광경화 출력물이 성형되는 방향 : 빛은 위 또는 아래에서 주사될 수 있으며, 빛이 주사되는 방향으로 플랫폼이 이송되며 층이 성형된다. 플랫폼의 이송 방향에 따라서 출력물이 성형되는 방향은 위쪽 또는 아래쪽이 된다.

1-2

수조 광경화 : 용기 안에 담긴 액체 상태의 광경화성 수지(Photopolymer)에 빛을 주사하여 선택적으로 경화시키는 것이다.

1-3

지지대가 필요 없는 방법 : 분말 융접, 접착제 분사, 방향성 에너지 침착, 판재 적층 등

1-4

재료 분사 방식의 지지대는 출력물과 다른 재료가 사용된다.

정답 1-1 ① 　1-2 ② 　1-3 ④ 　1-4 ②

제5절 **G코드 판독**

핵심이론 01 | **NC 공작 기계와 G코드**

① NC 공작 기계에서 G코드의 역할

　㉠ G코드는 NC 공작 기계의 움직임을 자동화하기 위해서 주로 사용되어 왔다. 즉, NC 공작 기계 내부의 컴퓨터에 G코드로 작성된 프로그램을 입력하면 각 축이나 스핀들 등의 자동 운전이 이루어진다.

　㉡ 따라서 NC 공작 기계를 구성하는 공구의 이송, 주축의 회전, 공구 선택, 직선 및 회전축의 동작 등이 G코드의 명령에 따라서 제어된다.

② G코드의 형식

　㉠ G코드의 명령어는 G00, G01 등과 같이 알파벳 G 다음에 두 자리의 숫자를 붙이는 형식으로 되어 있다. 이때 두 자리의 숫자는 00~99 사이의 숫자가 사용된다.

　㉡ CAD로 모델링된 3차원 형상을 NC 공작 기계로 가공하기 위해서는 적절한 CAM 소프트웨어가 CAD 모델을 G코드로 변환시켜 주게 된다.

③ 3D프린터와 G코드

　㉠ 3D프린터에서 단면을 성형하기 위해서는 움직이는 구동 기구가 필요하다.

　㉡ 재료 압출 방식에서는 재료가 압출되는 헤드가 플랫폼 위에서 평면 운동을 하면서 단면이 성형되게 된다.

　㉢ 따라서 헤드 및 플랫폼의 움직임과 재료 압출을 위해서 적절한 동작명령을 3D프린터에 전달해 주어야 한다.

　㉣ 이런 구동요소들은 대부분 NC 공작 기계와 매우 유사하며 3D프린터의 구동에는 이미 널리 알려진 G코드가 많이 사용된다.

3D프린터와 G코드에 대한 설명이 틀린 것은?

① 헤드의 이송 플랫폼의 움직임 등을 제어한다.
② 단면 성형을 위해서는 움직이는 구동 기구가 필요하다.
③ G코드는 NC 공작 기계에 사용되는 G코드가 많이 사용된다.
④ 재료 압출 방식에서는 헤드가 플랫폼 위에서 수직 운동을 하면서 단면을 성형한다.

|해설|

재료 압출 방식에서는 재료가 압출되는 헤드가 플랫폼 위에서 평면 운동을 하면서 단면이 성형되게 된다.

정답 ④

핵심이론 02 | 좌표계

① 직교 좌표계

㉠ 3차원 공간에서 좌표계를 X, Y 및 Z축을 이용하여 직교 좌표계(Rectangular Coordinate System)로 정의하는 것이 일반적이다.

㉡ X, Y 및 Z축은 서로 90°의 각을 이루고 있으며, 각 축의 화살표 방향이 양(+)의 부호를 갖는다.

㉢ 일반적으로는 X, Y축이 이루는 평면을 지면과 수평하게 놓게 된다.

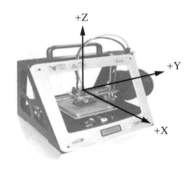

② G코드 판독 좌표계의 종류

기계 좌표계(Machine Coordinate System), 공작물 좌표계(Work Coordinate System), 로컬 좌표계(Local Coordinate System)가 있다.

㉠ 기계 좌표계

• 3D프린터 고유의 기준점으로 3D프린터가 처음 구동되거나 초기화될 때 헤드가 복귀하게 되는 기준점이다.

• 이 기준점을 좌표축의 원점으로 사용하는 좌표계를 기계 좌표계라고 한다. 즉, 기계 좌표 원점에서는 각 축의 기계 좌표계 좌푯값이 각각 X(0.0), Y(0.0), Z(0.0)이 된다.

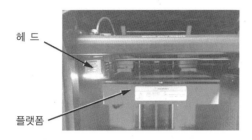

헤드

플랫폼

ⓛ 공작물 좌표계(절대 좌표계)
- 3D프린터의 제품이 만들어지는 공간 안에 임의의 점을 새로운 원점으로 설정하는 것이다.
- 하나의 공간에 여러 개의 제품을 동시에 만들 때, 각 제품마다 공작물 좌표계를 각각 설정하여 사용할 수 있다.
- 이렇게 하면 하나의 플랫폼 위에서 각 제품 단면의 성형 시 제품이 바뀔 때마다 해당되는 제품의 공작물 좌표계를 호출하여 사용할 수 있다.
- 공작물 좌표계는 기계 좌표계를 기준으로 설정된다.

공작물 원점 1   공작물 원점 2   공작물 원점 3

기계 원점

ⓒ 로컬 좌표계
- 필요에 의해서 공작물 좌표계 내부에 또 다른 국부적인 좌표계가 요구될 때 사용된다.
- 로컬 좌표계는 각 공작물 좌표계를 기준으로 설정된다.

2-1. X, Y, Z축이 서로 90°의 각을 이루고 있는 좌표계 방식은?

① 극 좌표계
② 원통 좌표계
③ 회전 좌표계
④ 직교 좌표계

2-2. G코드를 이용해서 3D프린터를 구동하기 위해 사용하는 좌표계가 아닌 것은?

① 기계 좌표계
② 공작물 좌표계
③ 로컬 좌표계
④ 직교 좌표계

2-3. 프린터가 초기화될 때 복귀하게 되는 기준점을 좌표축의 원점으로 사용하는 좌표계는?

① 기계 좌표계(Machine Coordinate System)
② 공작물 좌표계(Work Coordinate System)
③ 로컬 좌표계(Local Coordinate System)
④ 직교 좌표계(Rectangular Coordinate System)

|해설|

2-1

직교 좌표계
- 3차원 공간에서 좌표계를 X, Y 및 Z축을 이용하여 직교 좌표계(Rectangular Coordinate System)로 정의하는 것이 일반적이다.
- X, Y 및 Z축은 서로 90°의 각을 이루고 있으며, 각 축의 화살표 방향이 양(+)의 부호를 갖는다.

2-2
G코드를 이용해서 3D프린터를 구동하기 위해 사용하는 좌표계에는 기계 좌표계(Machine Coordinate System), 공작물 좌표계(Work Coordinate System), 로컬 좌표계(Local Coordinate System)가 있다.

2-3
기계 좌표계는 3D프린터 고유의 기준점으로 3D프린터가 처음 구동되거나 초기화될 때 헤드가 복귀하게 되는 기준점을 좌표축의 원점으로 사용하는 좌표계이다.

정답 2-1 ④   2-2 ④   2-3 ①

| 핵심이론 03 | 위치 결정 방식

① 절대 좌표 방식(Absolute Coordinate Method) : 움직이고자 하는 좌표를 지정해 주면 현재 설정된 좌표계의 원점을 기준으로 해서 지정된 좌표로 헤드 혹은 플랫폼이 이송된다.

② 증분 좌표 방식(Incremental Coordinate Method) : 헤드 또는 플랫폼의 현재 위치를 기준으로 지정된 값만큼 이송된다.

③ 절대 좌표 방식과 증분 좌표 방식의 예 : 절대 좌표 방식에서는 현재의 좌표(30, 30)와 무관하게 다음 이동할 좌표 값인 (90, 100)을 지정해 준다. 하지만 증분 좌표 방식에서는 현재의 좌푯값과 이동할 좌푯값의 차인 (60, 70)을 지정하게 된다.

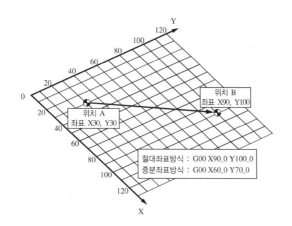

자주 출제된 문제

3-1. 다음 중 CNC 공작 기계 좌표계의 이동 위치를 지령하는 방식에 해당하지 않는 것은?

① 절대 지령 방식
② 증분 지령 방식
③ 혼합 지령 방식
④ 잔여 지령 방식

3-2. CAD 시스템에서 도면상 임의의 점을 입력할 때 변하지 않는 원점(0,0)을 기준으로 정한 좌표계는?

① 상대 좌표계
② 상승 좌표계
③ 증분 좌표계
④ 절대 좌표계

3-3. CAD 시스템에서 마지막 입력 점을 기준으로 다음 점까지의 직선거리와 기준 직교축과 그 직선이 이루는 각도로 입력하는 좌표계는?

① 절대 좌표계
② 구면 좌표계
③ 원통 좌표계
④ 상대 극 좌표계

3-4. CAD 시스템에서 점을 정의하기 위해 사용되는 좌표계가 아닌 것은?

① 극 좌표계
② 원통 좌표계
③ 회전 좌표계
④ 직교 좌표계

| 해설 |

3-1
좌표계 지령은 절대 지령 방식, 증분 지령 방식, 절대 지령 방식과 증분 지령 방식을 함께 쓰는 혼합 지령 방식이 있다.

3-2
절대 좌표계에서는 좌표계의 원점을 기준으로 해서 지정된 좌표로 헤드 혹은 플랫폼이 이송된다.

3-3
• 절대 좌표 방식(Absolute Coordinate Method) : 움직이고자 하는 좌표를 지정해 주면 현재 설정된 좌표계의 원점을 기준으로 해서 지정된 좌표로 헤드 혹은 플랫폼이 이송된다.
• 극 좌표 방식 : 거리값과 평면과 이루는 각도로 좌표계의 위치를 표기하는 방식이다.

3-4
CAD 시스템에서 점을 정의하기 위해 사용되는 좌표계는 극 좌표계, 원통 좌표계, 직교 좌표계가 있다.

정답 3-1 ④ 3-2 ④ 3-3 ④ 3-4 ③

핵심이론 04 │ G 명령어

① Fnnn : 이송 속도

Fnnn은 이송 속도를 의미한다. 이때 nnn은 이송 속도(mm/min)이다.

② Ennn : 압출 필라멘트의 길이

Ennn은 압출되는 필라멘트의 길이를 의미한다. 이때 nnn은 압출되는 길이(mm)이다.

③ G00 : 급속 이송

G00은 빠른 이송을 의미한다. 즉, 헤드나 플랫폼을 목적지로 가장 빠르게 이송시키기 위해서 사용한다.

예 G00 X80

→ X=80mm인 지점으로 빠르게 이송한다.

④ G01 : 직선 보간

G01는 현재 위치에서 지정된 위치까지 헤드나 플랫폼을 직선 이송한다. 이때 이송되는 속도나 압출되는 필라멘트의 길이를 지정할 수 있다. 이송 속도는 Fnnn에 의해서 다음 이송 속도가 지정되기 전까지는 현재의 이송 속도를 따른다.

예 G01 F1500

→ 이송 속도를 1,500mm/min으로 설정한다.

예 G01 X80.5 Y12.3 E12.5

→ 현재 위치에서 X=80.5, Y=12.3으로, 필라멘트를 현재 길이에서 12.5mm까지 압출하면 이송한다.

예 G01 X80.5 Y12.3 E12.5 F3000

→ 현재 위치에서 X=80.5, Y=12.3으로, 필라멘트를 현재 길이에서 12.5mm까지 압출하면 이송하며, 이때 이송 속도는 3,000mm/min이다.

⑤ G28 : 원점 이송

G28은 3D프린터의 각 축을 원점으로 이송시킨다.

⑥ G04 : 멈춤(Dwell)

G4는 3D프린터의 모든 동작을 Pnnn에 의해 지정된 시간만큼 멈춘다. 이때 nnn은 밀리초(millisec)이다.

㉠ X : 소수점이 있는 실수로 표시하며, 초(second) 단위의 정지 시간을 지령한다.

㉡ P : 소수점이 없는 정수로 표시하며, 밀리초(millisecond) 단위로 정지시간을 지령한다.

예 G04 P200

→ 3D프린터의 동작을 200msec 동안 멈춘다.

⑦ G20, G21 : 단위 변환

G20은 단위를 인치(inch)로 변환한다. 그리고 G21은 단위를 밀리미터(mm)로 변환한다.

⑧ G90 : 절대 좌표 설정

G90은 모든 좌푯값을 현재 좌표계의 원점에 대한 좌푯값으로 설정한다.

⑨ G91 : 상대 좌표 설정

G91이 지정된 이후의 모든 좌푯값은 현재 위치에 대한 상댓값으로 설정된다.

⑩ G92 : 좌표계 설정

G92에 의해서 지정된 값이 현재값이 된다. 3D프린터가 동작하지는 않는다.

예 G92 Y15 E120

→ 3D프린터의 현재 Y값을 Y=15mm로, 압출 필라멘트의 현재 길이를 120mm로 설정한다.

4-1. 다음 3D프린터 프로그램에 대한 설명으로 틀린 것은?

G01 X25 Y30 E15 F2000

① 이송은 급속 이송을 나타낸다.
② 현재위치에서 X=25, Y=30으로 이동한다.
③ 필라멘트는 현재 길이에서 15mm까지 압출한다.
④ 이송속도는 2,000mm/min이다.

4-2. 다음 프로그램의 (   ) 부분에 생략된 연속 유효(Modal) G코드(G-Code)는?

G92 X0 Y0 Z0 E0;
G90;
G01 X10 E5 F60;
(   ) Y10 E10;
G00 Z10;

① G00
② G01
③ G02
④ G04

4-3. 다음 3D프린터 프로그램에 대한 설명으로 옳은 것은?

G04 P2000

① 일시 멈춤을 나타낸다.
② 프린터의 동작을 2,000sec 동안 멈춘다.
③ G04 X20으로 나타낼 수 있다.
④ 동작이 멈추는 시간은 2초이다.

4-4. 다음과 같이 3D프린터에 사용되는 휴지(Dwell) 기능을 나타낸 명령에서 밑줄 친 곳에 사용이 가능한 어드레스는?

G04 __ 20 ;

① G
② P
③ U
④ X

4-5. 3D프린터에서 노즐 이송의 단위는?

① F=mm/stroke
② F=rpm
③ F=mm/min
④ F=rpm · mm

|해설|

4-1
G00은 급속 이송을 나타낸다.

4-2
• G01은 모달 명령으로 다른 모달 명령의 G코드를 입력하지 않는 한 G01은 유지된다.
• 모달(Modal) 명령 : 같은 그룹의 명령이 다시 실행되지 않는 한 지속적으로 유효하다.

4-3
G04는 휴지 기능을 나타낸다.

4-4
• X : 소수점이 있는 실수로 초(second) 단위로 정지 시간을 지령한다.
• P : 소수점이 없는 정수로 밀리초(millisecond) 단위로 정지 시간을 지령한다.

4-5
이송 속도 F는 분당 이송 거리로 mm/min으로 나타낸다.

정답 4-1 ① 4-2 ② 4-3 ④ 4-4 ② 4-5 ③

핵심이론 05 | M 명령어

① M01 : 휴면

3D프린터의 버퍼에 남아 있는 모든 움직임을 마치고 시스템을 종료시킨다. 모든 모터 및 히터가 꺼진다. 하지만 G 및 M 명령어가 전송되면 첫 번째 명령어가 실행되면서 시스템이 재시작된다.

② M17 : 모든 스테핑 모터에 전원 공급

M17에 의해 3D프린터의 동작을 담당하는 모든 스테핑 모터에 전원이 공급된다.

③ M18 : 모든 스테핑 모터에 전원 차단

M18에 의해 3D프린터의 동작을 담당하는 모든 스테핑 모터에 전원이 차단된다. 이렇게 되면 각 축이 외부 힘에 의해서 움직일 수 있다.

④ M104 : 압출기 온도 설정

Snnn으로 지정된 온도로 압출기의 온도를 설정한다.

예 M104 S250

→ 3D프린터 압출기의 온도를 250°C로 설정한다.

⑤ M106 : 팬 전원 켜기

Snnn으로 지정된 값으로 쿨링팬의 회전 속도를 설정한다. 이때 nnn은 0~255의 범위를 갖는다. 즉, S255가 지정되면 쿨링팬은 최대 회전 속도로 회전한다.

예 M106 S180

→ 3D프린터 쿨링팬의 회전 속도를 180으로 설정한다.

⑥ M107 : 팬 전원 끄기

쿨링팬의 전원을 끈다. 대신 M106 S0이 사용되기도 한다.

⑦ M117 : 메시지 표시

3D프린터의 LCD 화면에 메시지를 표시한다. 어떤 3D프린터에서는 M117이 다른 기능으로 사용되기도 한다.

예 M117 Good Luck

→ 3D프린터의 LCD 화면에 글자 'Good Luck'을 표시한다.

⑧ M140 : 플랫폼 온도 설정

제품이 출력되는 플랫폼의 온도를 Snnn으로 지정된 값으로 설정한다.

예 M140 S90

→ 3D프린터 플랫폼의 온도를 90°C로 설정한다.

⑨ M141 : 체임버 온도 설정

제품이 출력되는 공간인 체임버의 온도를 Snnn으로 지정된 값으로 설정한다.

⑩ M300 : 소리 재생

출력이 종료되는 것을 알려 주는 등의 용도로 '삐' 소리를 재생한다. Snnn으로 지정된 주파수(Hz)와 Pnnn으로 지정된 지속 시간(msec) 동안 소리가 재생된다.

예 M300 S250 P300

→ 250Hz 주파수를 갖는 소리를 300msec 동안 재생한다.

⑪ 세미콜론(;) : 주석

세미콜론 ';'은 주석을 넣을 때 사용된다. 세미콜론이 있으면 해당 줄에서 이후의 내용은 3D프린터가 무시하기 때문에 G코드를 작성할 때 주석을 넣는 데 사용된다.

5-1. 다음 3D프린터 프로그램에 대한 설명으로 옳은 것은?

```
M104 S200
```

① 체임버의 온도를 200℃로 설정했다.
② 압출기의 온도를 200℃로 설정했다.
③ 플랫폼의 온도를 200℃로 설정했다.
④ 쿨링팬의 회전속도를 180으로 설정했다.

5-2. CNC 프로그램에서 EOB의 뜻은?

① 프로그램의 종료
② 블록의 종료
③ 보조 기능의 정지
④ 주축의 정지

5-3. 다음 보조 기능의 설명으로 틀린 것은?

① M00 – 프로그램 정지
② M01 – 선택 프로그램 정지
③ M02 – 프로그램 종료
④ M17 – 스테핑 모터 전원 차단

|해설|

5-1
• M104 : 압출기 온도 설정
• M140 : 플랫폼 온도 설정
• M141 : 체임버 온도 설정

5-2
EOB는 End Of Block의 약자로 블록의 마지막에 사용한다.

5-3
• M17 : 스테핑 모터 전원 공급
• M18 : 스테핑 모터 전원 차단

정답 5-1 ② 5-2 ② 5-3 ④

제6절 **출력 오류 대처**

핵심이론 01 | 출력 오류의 종류에 따른 원인 및 해결 방법

① 처음부터 재료가 압출되지 않을 때
 ㉠ 압출기 내부에 재료가 채워져 있는지 확인한다.
 ㉡ 압출기 노즐과 플랫폼 사이의 거리가 너무 가까울 때 확인한다.
 ㉢ 필라멘트 재료가 얇아졌는지 확인한다.
 ㉣ 압출 노즐이 막혀 있는지 확인한다.

② 출력 도중에 재료가 압출되지 않을 때
 ㉠ 스풀에 더 이상 필라멘트가 없는지 확인한다.
 ㉡ 필라멘트 재료가 얇아졌는지 확인한다.
 ㉢ 압출 노즐이 막혀 있는지 확인한다.
 ㉣ 압출 헤드의 모터가 과열되었는지 확인 후 냉각시킨다.

③ 재료가 플랫폼에 부착되지 않을 때
 ㉠ 플랫폼의 수평이 맞지 않는지 확인한다.
 ㉡ 노즐과 플랫폼 사이의 간격이 너무 큰지 확인한다.
 ㉢ 첫 번째 층이 너무 빠르게 성형되는지 확인하여 속도를 느리게 한다(플랫폼에 충분히 부착될 시간을 확보).
 ㉣ 온도 설정이 맞지 않는지 확인한다(히팅패드를 사용하여 첫 번째 층의 수축을 방지).
 ㉤ 플랫폼 표면에 먼지나 기름 등의 이물질이 없는지 확인한다.
 ㉥ 출력물과 플랫폼 사이의 부착 면적이 작은 경우 브림 및 래프트 등의 보조물을 함께 성형해 준다.

④ 재료의 압출량이 적을 때
 ㉠ 필라멘트 재료의 지름이 적절한지 확인한다.
 ㉡ 압출량 설정이 적절한지 확인한다.

⑤ 재료가 과다하게 압출될 때 : 압출량이 적어지도록 설정한다.

⑥ 바닥이 말려 올라갈 때
  ㉠ 가열된 플랫폼을 사용한다.
  ㉡ 냉각팬이 동작하지 않도록 한다.
  ㉢ 높은 온도가 유지되는 밀폐된 환경에서 출력한다.
  ㉣ 브림이나 래프트를 사용한다.

⑦ 출력물 도중에 단면이 밀려서 성형될 때
  ㉠ 헤드가 너무 빨리 움직이면 구동 속도를 줄인다.
  ㉡ 3D프린터의 기계 혹은 전자 시스템에 문제가 있는지 확인하여 업체에 수리를 의뢰한다.

⑧ 일부 층이 만들어지지 않을 때
  ㉠ 볼스크류와 베어링 등을 검사하여 이상이 없는지 확인한다(불순물이 묻어 있는 경우 제거).
  ㉡ 축이나 베어링의 정렬이 틀어진 것이 의심되면 3D프린터의 제작 업체에게 수리를 의뢰한다.

⑨ 갈라지는 현상이 발생할 때
  ㉠ 층 높이가 너무 높은 경우 설정을 통해 적당하게 줄인다.
  ㉡ 3D프린터의 설정 온도가 너무 낮은 경우, 필라멘트 토출 온도를 적절하게 설정한다.

⑩ 얇은 선이 생길 때
  ㉠ 리트렉션 거리를 조절해 준다.
  ㉡ 리트렉션 속도를 조절해 준다.
  ㉢ 온도 설정을 변경해 준다.
  ㉣ 압출 헤드가 긴 거리를 이송하지 않도록 해 준다.
  ※ 리트렉션 : 3D프린터 압출 헤드에 재료를 공급해 주는 모터와 모터에 부착된 톱니의 회전 방향을 반대로 해 줌으로써 압출 노즐 내부에 들어가기 직전의 용융되지 않은 필라멘트가 뒤로 이송되면서 압출 노즐 내부의 압력을 낮게 해서 노즐 내부에

남아 있는 용융된 플라스틱 재료가 흘러내리지 않게 하는 것이다.

⑪ 윗부분에 구멍이 생길 때
  ㉠ 출력되는 제품의 두께를 두껍게 조절하거나 층 두께를 얇게 해서 층의 수를 많게 한다.
  ㉡ 내부 채움량을 증가시키면서 구멍이 만들어지지 않는 값을 찾는다.

자주 출제된 문제

1-1. 출력물의 성형 시 처음부터 재료가 압출되지 않는 원인이 아닌 것은?

① 압출 노즐이 막혀 있을 때
② 필라멘트 재료가 얇아졌을 때
③ 플랫폼의 수평이 맞지 않을 때
④ 압출기 내부에 재료가 채워져 있지 않을 때

1-2. 필라멘트 재료가 기어 이빨에 의해서 깎이게 되는 경우가 아닌 것은?

① 출력 속도가 너무 높을 때
② 리트랙션 속도가 너무 빠른 경우
③ 압출 노즐의 온도가 너무 높을 때
④ 필라멘트 재료를 너무 많이 뒤로 빼줄 때

1-3. 출력 도중에 재료가 압출되지 않는 경우가 아닌 것은?

① 스풀에 필라멘트가 없을 때
② 필라멘트 재료가 얇아졌을 때
③ 압출 헤드의 모터가 과열되었을 때
④ 노즐과 플랫폼 사이의 간격이 너무 클 때

1-4. 재료가 플랫폼에 부착되지 않는 경우가 아닌 것은?

① 온도 설정이 맞지 않을 때
② 플랫폼의 수평이 맞지 않을 때
③ 노즐과 플랫폼 사이의 간격이 너무 클 때
④ 출력물과 플랫폼 사이의 부착 면적이 클 때

1-5. 노즐이 다른 위치로 이동할 때 내부에 있는 녹은 상태의 플라스틱 재료가 조금씩 흘러나와서 발생하는 오류는 무엇인가?

① 얇은 선이 생긴다.
② 압출 노즐이 막힌다.
③ 바닥이 말려 올라간다.
④ 일부 층이 만들어지지 않는다.

1-6. 제품에서 갈라지는 현상이 나타나는 경우는?

① 층 높이가 너무 높을 때
② 스풀에 필라멘트가 없을 때
③ 플랫폼의 수평이 맞지 않을 때
④ 압출 헤드의 모터가 과열되었을 때

|해설|

1-1
처음부터 재료가 압출되지 않는 경우
• 압출기 내부에 재료가 채워져 있지 않을 때
• 압출기 노즐과 플랫폼 사이의 거리가 너무 가까울 때
• 필라멘트 재료가 얇아졌을 때
• 압출 노즐이 막혀 있을 때

1-2
필라멘트 재료가 기어 이빨에 의해서 깎이게 되는 원인
• 기어 이빨이 필라멘트 재료를 뒤로 빼 주는 리트랙션(Retraction) 속도가 너무 빠르거나 필라멘트 재료를 너무 많이 뒤로 빼 줄 때
• 압출 노즐의 온도가 너무 낮을 때
• 출력 속도가 너무 높을 때

1-3
출력 도중에 재료가 압출되지 않는 경우
• 스풀에 더 이상 필라멘트가 없을 때
• 필라멘트 재료가 얇아졌을 때
• 압출 노즐이 막혔을 때
• 압출 헤드의 모터가 과열되었을 때

1-4
재료가 플랫폼에 부착되지 않는 경우
• 플랫폼의 수평이 맞지 않을 때
• 노즐과 플랫폼 사이의 간격이 너무 클 때
• 첫 번째 층이 너무 빠르게 성형될 때
• 온도 설정이 맞지 않은 경우
• 플랫폼 표면의 문제가 있는 경우
• 출력물과 플랫폼 사이의 부착 면적이 작은 경우

1-5
얇은 선이 생기는 이유
압출 노즐이 재료의 압출을 하지 않은 상태에서 다른 위치로 이동할 때 내부에 있는 녹은 상태의 플라스틱 재료가 조금씩 흘러나와서 발생한다.

1-6
갈라지는 현상의 원인
• 층 높이가 너무 높은 경우
• 3D프린터의 설정 온도가 너무 낮은 경우

정답 1-1 ③ 1-2 ③ 1-3 ④ 1-4 ④ 1-5 ① 1-6 ①

제7절 **출력물 회수하기**

핵심이론 01 | 고체방식 3D프린터 출력물 회수하기

① 보호장구를 착용
3D프린터에서 출력물을 제거할 때 이물질이 튀거나 상처를 입을 수 있으므로 마스크, 장갑 및 보안경을 착용한다.

② 3D프린터의 동작이 멈춘 것을 확인
3D프린터가 동작하는 도중 손을 넣는 등의 행동은 위험하므로 3D프린터의 동작이 완전히 멈춘 것을 확인한 후 작업한다.

③ 3D프린터의 문을 열기
㉠ 3D프린터의 내부온도를 유지하고 제품이 출력되는 공간을 외부로부터 보호하기 위해서 문이 있는 경우 3D프린터가 출력을 종료한 것을 확인한 후 3D프린터의 문을 연다.
㉡ 잠금장치가 있는 3D프린터의 경우에는 사용자가 실수로 문을 여는 것을 방지하기 위한 것이므로 문을 열기 전에 잠금장치를 풀어 준다.

④ 플랫폼을 3D프린터에서 제거
플랫폼이 3D프린터에 장착된 상태로 무리하게 힘을 주어 성형된 출력물을 제거하면 3D프린터의 구동부(모터 등)가 손상을 입을 수 있으므로 제품이 출력되는 바닥 면인 플랫폼을 3D프린터에서 제거한다.

⑤ 플랫폼에서 출력물을 분리
㉠ 전용 공구를 사용해서 플랫폼에서 출력물을 분리할 때 전용 공구를 플랫폼과 출력물 사이로 밀어 넣어 출력물을 플랫폼에서 분리한다.
㉡ 출력물 분리 시에는 전용 공구에 의해서 플랫폼 표면이 긁히지 않도록 주의하고, 전용 공구의 끝이 날카로우므로 다치지 않도록 주의해야 한다.

⑥ 플랫폼 표면을 확인한 후 다시 3D프린터에 설치

출력물이 제거된 플랫폼의 표면에 이물질이나 흠집 발생을 확인하고, 이물질이 발견될 경우 전용 솔 등으로 털어내 주고 플랫폼 표면의 이상이 없음을 확인하면 다시 3D프린터에 설치한다.

⑦ 3D프린터를 다시 대기 상태로 설정

대부분의 3D프린터는 플랫폼이 다시 설치되면 다음 제품을 출력하기 위한 대기 상태가 되지만, 어떤 3D프린터는 다음 제품을 출력하기 위해서 다시 대기 상태로 만들어 주어야 한다. 이 경우 해당 3D프린터를 조작하여 대기 상태로 설정해 줄 필요가 있다.

1-1. FDM방식 3D프린터의 출력 시 주의사항으로 옳지 않은 것은?

① 플랫폼의 온도가 높으므로 화상에 주의해야 한다.
② 출력이 되기 시작하면 계속 관찰하지 않아도 괜찮다.
③ 3D프린터 확인 시 가능하면 프린터의 문을 열지 않고 관찰하는 것이 좋다.
④ 출력물의 세밀한 파악이 필요할 때는 3D프린터의 문을 열고 체임버 내부를 살펴본다.

1-2. 출력물이 플랫폼에 잘 고정되어 있는지 확인하는 방법으로 옳지 않은 것은?

① 가능하면 프린터의 문을 열지 않고 관찰하는 것이 좋다.
② 핀셋 등의 도구를 이용해서 출력물이 플랫폼에 고정되어 있는지 파악한다.
③ 3D프린터의 동작을 일시 정지시키고 출력물의 부착여부를 파악한다.
④ 플랫폼과 노즐의 온도가 높으므로 화상에 주의하며 파악한다.

|해설|

1-1
3D프린터가 제품을 출력하는 동안 출력되는 상태를 지속적으로 파악해야 한다.

1-2
눈으로 보았을 때에는 출력물이 플랫폼에 고정되어 있는 것으로 보이지만 실제로는 잘 고정되어 있지 않은 경우가 발생할 수 있다. 따라서 이를 파악하기 위해서는 3D프린터의 동작을 일시 정시시키고 3D프린터의 문을 열어 출력물의 부착 여부를 파악해야 한다. 이때 플랫폼과 노즐의 온도가 매우 높으므로 피부에 직접 닿게 되면 화상의 위험이 매우 높다. 따라서 핀셋 등의 도구를 이용해서 출력물이 플랫폼에 잘 고정되어 있는지 확인하는 것이 좋다.

정답 1-1 ② 1-2 ①

핵심이론 02 | 액체방식 3D프린터 출력물 회수하기

① 보호장구 착용

② 3D프린터의 동작이 멈춘 것을 확인

액체방식 3D프린터는 빛의 형태 및 제품 출력 시 플랫폼이 움직이는 방향에 따라 종류가 다양하다. 광원은 자외선 레이저를 사용하고, 제품 출력 시 플랫폼이 위로 움직이는 3D프린터를 이용해서 설명한다. 출력물 회수 방법은 대부분의 액체방식 3D프린터에서 유사하며, 3D프린터가 출력을 종료한 후 동작을 완전히 멈춘 것을 확인한다.

③ 3D프린터의 문 열기

액체방식 3D프린터는 광원으로 자외선을 사용하는데, 자외선으로부터 인체를 보호하고 광경화성 수지가 담긴 수조에 이물질 유입을 방지하기 위해서 문이 있다. 3D프린터의 출력 종료를 확인한 후 문을 열면 출력물이 플랫폼에 거꾸로 붙어 있는 것을 확인할 수 있다. 외관상 출력물에 이상이 없는지 육안으로 확인한다.

④ 플랫폼을 3D프린터에서 분리

플랫폼이 3D프린터에 장착된 채 무리하게 힘을 주어 성형된 출력물을 제거하면 3D프린터의 구동부(모터 등)가 손상을 입을 수 있고, 출력물이 플랫폼에 거꾸로 부착되어 성형된 경우 부스러기 등이 광경화성 수지가 담긴 수조에 떨어져서 오염될 수 있기 때문에 플랫폼을 고정하고 있는 스크루를 풀어 준 후 3D프린터에서 분리한다. 이때 플랫폼 주변과 만들어진 출력물에는 경화되지 않은 광경화성 수지가 묻어 있으므로 피부에 닿지 않도록 주의해야 한다.

⑤ 플랫폼에서 출력물을 분리

전용 공구를 사용해서 플랫폼에서 출력물을 분리할 때는 전용 공구를 플랫폼과 출력물 사이로 밀어 넣어 출력물을 플랫폼에서 분리한다. 이때 전용 공구에 의해서 플랫폼 표면이 긁히지 않도록 하고, 전용 공구의 끝이 날카로우므로 다치지 않도록 주의해야 한다. 또한 경화되지 않은 광경화성 수지가 피부에 닿지 않도록 주의해야 한다.

⑥ 플랫폼 표면의 불순물을 제거

㉠ 출력물을 제거한 후에도 플랫폼에는 액체 상태의 광경화성 수지와 서포트 부스러기 등의 불순물들이 남아 있으므로 케미컬 와이퍼 등으로 플랫폼 표면을 깨끗이 닦아 주어 표면에 있는 불순물을 제거해 준다. 또한 플랫폼에서 출력물을 제거하는 데 사용했던 전용 공구에 남아 있는 액체 상태의 광경화성 수지와 불순물도 닦아 준다.

㉡ 3D프린터의 설명서와 재료설명서를 참고하여 가능하다면 아이소프로필알코올이나 에틸알코올 등을 케미컬 와이퍼에 묻혀 닦아 주면 액체 상태의 광경화성 수지가 좀 더 잘 닦여진다.

⑦ 플랫폼 표면을 확인한 후 다시 3D프린터에 설치

⑧ 출력물에 묻어 있는 광경화성 수지를 제거

분무기를 이용해서 아이소프로필알코올이나 에틸알코올 등을 출력물에 뿌려 주어 출력물 표면에 남아 있는 광경화성 수지를 제거한다. 출력물의 표면이 복잡하거나 내부 구멍이 있는 등 분무기로 세척하기 어려운 경우에는 아이소프로필알코올이나 에틸알코올이 담긴 용기(비커 등)에 출력물을 10분 정도 담가두어 남아 있는 광경화성 수지를 세척해 준다.

⑨ 서포트를 제거

　　㉠ 니퍼와 커터 칼 등을 사용하여 출력물에서 서포트를 제거한다.

　　㉡ 서포트를 제거할 때 출력물의 표면에 손상이 가지 않도록 주의해야 한다. 서포트를 제거하기 전 출력물의 CAD 모델을 검토하여 출력물의 형상을 확인한 후 작업하면 출력물의 손상을 좀 더 줄일 수 있다.

⑩ 후경화

　　자외선에 의해서 굳어진 광경화성 수지 내부에는 미세하게 경화되지 않은 광경화성 수지가 존재하고, 경화되지 않은 상태의 광경화성 수지는 서서히 경화되면서 출력물의 변형을 일으키는 원인이 된다. 따라서 서포트가 제거된 출력물을 자외선 경화기에 넣어 출력물 내부에 존재하는 경화되지 않은 광경화성 수지가 모두 굳어지도록 해 주어야 한다. 자외선 경화기가 없다면 자외선램프를 이용한 간이경화기를 제작하여 이용할 수 있다. 외부로 빛이 새 나가지 않도록 밀폐된 통에 자외선램프를 연결한 후 그 내부에 출력물을 넣고 자외선램프를 켜 주면 출력물 내부에 있는 미세한 광경화성 수지를 굳힐 수 있고, 보안경을 착용하여 자외선 빛을 직접 보지 않도록 주의한다.

2-1. 액체방식 3D프린터의 출력물 회수 시 주의점이 아닌 것은?

① 경화되지 않은 광경화성 수지가 피부에 닿지 않도록 주의해야 한다.

② 3D프린터의 문을 열어 3D프린터가 동작을 멈춘 것을 확인한다.

③ 분무기로 에틸알코올 등을 출력물에 뿌려 주어 출력물 표면에 남아 있는 광경화성 수지를 제거한다.

④ 니퍼와 커터 칼 등을 사용하여 출력물에서 서포트를 제거한다.

2-2. 액체방식 3D프린터 출력물 회수 순서는?

> ㄱ. 보호장구 착용
> ㄴ. 플랫폼에서 출력물 회수
> ㄷ. 3D프린터의 작동이 멈춘 것을 확인
> ㄹ. 자외선 경화기에 넣어 후경화

① ㄱ → ㄷ → ㄹ → ㄴ
② ㄱ → ㄴ → ㄷ → ㄹ
③ ㄱ → ㄷ → ㄴ → ㄹ
④ ㄷ → ㄱ → ㄹ → ㄴ

|해설|

2-1

액체방식 3D프린터는 자외선으로부터 인체를 보호하고 광경화성 수지가 담긴 수조에 이물질이 들어가는 것을 방지하기 위해서 문이 있으므로 3D프린터가 동작을 멈춘 것을 확인한 후 3D프린터의 문을 연다.

2-2

출력물 회수 순서

· 보호장구 착용
· 3D프린터의 작동이 멈춘 것을 확인
· 3D프린터 문을 열어 출력물 회수
· 출력물에 묻어 있는 광경화성 수지 제거
· 니퍼와 커터 칼 등을 사용하여 서포트 제거
· 출력물 내부에 존재하는 경화되지 않은 광경화성 수지가 모두 굳어지도록 후경화한다.

정답 2-1 ② 2-2 ③

① 보호장구 착용

② 3D프린터의 동작이 멈춘 것을 확인

분말방식 3D프린터 중 분말재료에 바인더를 분사하여 3차원 형상을 출력하는 3D프린터는 작업이 마무리되면 출력물을 꺼내지 않고 3D프린터 내부에 둔 상태로 건조해야 한다. 이는 출력물을 건조하지 않고 바로 3D프린터에서 제품을 꺼내게 되면 출력물이 부서질 위험이 있기 때문이다.

③ 3D프린터의 문 열기

분말방식 3D프린터는 매우 고운 분말재료를 사용하기 때문에 분말이 코나 입으로 흡입되지 않도록 보호해야 한다. 또한 성형 도중 3D프린터에 이물질의 유입을 방지하기 위한 문을 열 때는 3D프린터의 건조 과정이 종료한 것을 확인한 후 열어야 한다. 이때 출력물은 플랫폼 위에 있는 분말들 속에 잠겨 있다.

④ 플랫폼에서 출력물을 회수

㉠ 플랫폼 위 분말에 잠겨 있는 출력물의 분리를 위해서 진공 흡입기로 출력물 주위의 성형되지 않은 분말들을 제거해야 한다.

㉡ 진공 흡입기에 솔을 장착하여 출력물 주위에 묻어 있는 분말가루를 흡입해야 하며, 솔을 장착하지 않은 상태로 성형품 주위에 묻어 있는 분말가루를 흡입기로 제거하면 출력물이 부서질 위험이 있다.

㉢ 출력물 주위의 분말가루들을 제거하면 출력물이 보이고, 출력물에 붙어 있는 분말가루들도 솔이 장착된 진공 흡입기로 제거한다.

㉣ 플랫폼에서 분말가루를 제거한 후 장갑을 착용한 상태로 출력물의 회수작업을 하고, 이때 남은 분말가루가 날리지 않도록 조심한다.

⑤ 플랫폼 위에 남아 있는 분말가루 제거

㉠ 플랫폼에서 출력물을 분리하고 나면 플랫폼 위에는 출력물의 성형에 사용되지 않은 분말가루가 남아 있는데 남은 분말가루는 진공 흡입기로 제거한다. 진공 흡입기로 회수된 분말가루들은 재사용이 가능하다.

㉡ 분말방식 3D프린터는 출력 과정에서 표면의 평탄화 공정이 필수적이다. 평탄화 작업에 의해 발생한 분말가루가 평탄화 장치 주변에 남게 된다. 그러므로 평탄화 장치를 3D프린터에서 제거한 후 진공 흡입기를 이용해서 장치 주변에 남아 있는 분말가루를 흡입해야 한다.

⑥ 회수된 출력물에 묻어 있는 분말가루를 완전히 제거

㉠ 출력물을 3D프린터에서 제거한 후에도 여전히 출력물 표면에는 분말가루가 남아 있어서 이를 제거해 주어야 한다.

㉡ 회수된 출력물에서 남은 분말가루를 제거해 주는 작업은 별도의 세척 공간에서 수행하며, 어떤 종류의 3D프린터는 세척실이 3D프린터에 있는 것도 있다.

㉢ 세척실 내부에서 분말가루 제거용 붓을 이용해 출력물 표면에 남아 있는 분말가루를 제거하고, 분말가루 제거용 붓으로 제거되지 않는 모서리 부분의 분말가루는 에어건을 이용하여 제거할 수 있다. 이때에는 3D프린터 세척실의 에어건으로 출력물 표면의 분말가루를 모두 제거한다.

㉣ 모든 작업이 종료되면 에어건의 전원을 꺼 준다.

3-1. 분말방식 3D프린터의 출력물 회수 시 주의점이 아닌 것은?

① 작업이 마무리되면 출력물을 꺼내 분말가루를 완전히 제거한 후 건조한다.
② 출력물 표면에 남아 있는 분말가루는 붓이나 에어건을 이용하여 제거한다.
③ 플랫폼에 남아 있는 분말가루는 회수하여 재사용한다.
④ 3D프린터가 동작을 멈춘 것을 확인한 후 3D프린터의 문을 연다.

3-2. 분말방식 3D프린터 출력물 회수 순서는?

> ㄱ. 보호장구 착용
> ㄴ. 출력물 건조
> ㄷ. 플랫폼에서 출력물 회수
> ㄹ. 남은 분말가루 제거

① ㄱ → ㄷ → ㄹ → ㄴ
② ㄱ → ㄴ → ㄷ → ㄹ
③ ㄱ → ㄷ → ㄴ → ㄹ
④ ㄷ → ㄱ → ㄹ → ㄴ

|해설|

3-1
출력물을 건조하지 않고 바로 3D프린터에서 제품을 꺼내게 되면 출력물이 부서질 위험이 있기 때문에 작업이 마무리되면 출력물을 꺼내지 않고 3D프린터 내부에 둔 상태로 건조한다.

3-2
출력물 회수 순서
• 보호장구 착용
• 3D프린터의 작동이 멈춘 것을 확인
• 출력물을 꺼내지 않고 3D프린터 내부에 둔 상태로 건조
• 3D프린터 문을 열어 출력물 회수
• 플랫폼 위에 남아 있는 분말가루를 제거
• 회수된 출력물에 묻어 있는 분말가루를 완전히 제거

정답 3-1 ① 3-2 ②

제8절 제품 검증

핵심이론 01 작업 지시서

① 작업 지시서

ㄱ 특정 작업을 요구하거나 필요한 물품의 구매 등을 요구하는 데 사용된다.

ㄴ 내용은 필요한 물품의 생산과 관련된 내용, 제품의 운송, 특정한 거래 및 기타 업무가 될 수 있다.

ㄷ 또한 작업을 지시한 부서나 기업의 명칭, 작업 후 요구되는 수량, 작업 완료일, 제품의 색상, 제품의 규격, 담당자의 이름 및 전화 번호, 작업 후 제품의 납품처 등이 기록되어야 한다.

ㄹ 작업 지시서의 내용은 해당 작업에 따라 내용이 달라질 수 있으며, 3D프린팅의 출력물과 관련된 작업 지시서는 생산 지시서나 검사 지시서 등이 있을 수 있다.

② 관련 작업 지시서

ㄱ 생산 지시서 : 생산 지시서는 필요한 제품이나 부품 등을 제작해 줄 것을 요구하기 위해 작성되며 제작하고자 하는 제품의 이름, 제품 번호, 주문자, 부품 입고 일자, 제품 출고 일자 등이 기록된다.

ㄴ 검사 지시서 : 제품에 대한 검사는 일정한 판정 기준에 따라 제품의 상태를 판정하는 것이다. 제품의 검사 결과는 합격 또는 불합격으로 판정하는 것이 일반적이다. 검사 지시서는 제품에 대한 검사를 요구하기 위해서 작성하며 검사해야 하는 항목, 검사 방법, 검사 결과 등을 기록한다. 검사 지시서에 작성되는 항목은 제품의 형식, 제품 번호, 도면 번호, 제품명, 검사 규격, 합격/불합격 여부 등이 있다.

1-1. 생산 지시서에 작성되는 항목이 아닌 것은?

① 주문자
② 제품 번호
③ 제품의 가격
④ 부품 입고 일자

1-2. 검사 지시서에 작성되는 항목이 아닌 것은?

① 제품명
② 제품 가격
③ 제품 번호
④ 제품의 형식

|해설|

1-1

생산 지시서는 필요한 제품이나 부품 등을 제작해 줄 것을 요구하기 위해 작성되며 제작하고자 하는 제품의 이름, 제품 번호, 주문자, 부품 입고 일자, 제품 출고 일자 등이 기록된다.

1-2

검사 지시서에 작성되는 항목은 제품의 형식, 제품 번호, 도면 번호, 제품명, 검사 규격, 합격/불합격 여부 등이 있다.

정답 1-1 ③ 1-2 ②

핵심이론 02 | 치수와 공차

① 치 수

　㉠ 부품이나 형상의 크기 또는 기하학적 특성을 나타내기 위해서 선, 부호, 주석 등을 이용해서 도면이나 문서에 적절한 단위로 나타낸 수치적인 값이다.

　㉡ 설계자는 도면이나 문서에 제작하고자 하는 제품의 치수나 공차를 표기하고, 이에 따라서 제품을 제작하게 된다.

② 치수 보조기호 : 치수의 의미를 명확하게 나타내기 위하여 치수 숫자와 함께 사용한다.

기 호	용 도
ϕ	지 름
R	반지름
Sϕ	구의 지름
SR	구의 반지름
□	정사각형의 한 변
t	판의 두께
⌒	원호의 길이
C	45° 모따기
▭	이론적으로 정확한 치수
( )	참고치수
___(밑줄)	비례치수가 아닌 치수 또는 척도가 다른 치수

③ 도면에서 공차의 표기

|양 쪽| |한 쪽| |한계 치수|

　㉠ 양쪽 공차 : 기준 치수에서 양과 음의 허용치를 수치로 표기해 주는 것이다.

　㉡ 한쪽 공차 : 기준 치수에서 양 또는 음의 방향으로만 허용되는 공차를 나타내는 것이다.

　㉢ 한계 치수 : 허용되는 공차의 최댓값 및 최솟값을 표기해 준다.

2-1. 다음 그림의 치수 기입에 대한 설명으로 틀린 것은?

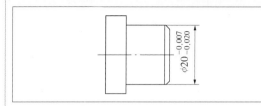

① 기준 치수는 지름 20이다.
② 공차는 0.013이다.
③ 최대 허용 치수는 19.93이다.
④ 최소 허용 치수는 19.98이다.

2-2. 도면에서 구멍의 치수가 $\phi 5^{+0.05}_{-0.02}$로 기입되어 있다면 치수 공차는?

① 0.02
② 0.03
③ 0.05
④ 0.07

2-3. 길이 치수의 허용 한계를 지시한 것 중 잘못 나타낸 것은?

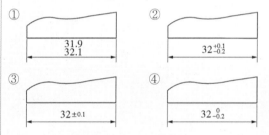

| 해설 |

2-1
최대 허용 치수는 20-0.007=19.993이다.

2-2
치수 공차는 0.05-(-0.02)=0.07이다.

2-3
치수 기입 시 위쪽에 큰 치수 값, 아래쪽에 작은 값을 기입한다.

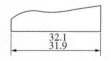

정답 2-1 ③ 2-2 ④ 2-3 ①

핵심이론 03 | 기하학적 속성(기하 공차)

기 호		명 칭	정 의
모양 공차	──	진직도	직선 형체의 기하학적으로 올바른 직선으로부터 벗어난 크기
	▱	평면도	이상적인 평면으로부터 벗어난 크기
	○	진원도	이상적인 원으로부터 벗어난 크기
	⌀	원통도	이상적인 원통 형상으로부터 벗어난 크기
	⌒	선의 윤곽도 공차	이론적으로 정확한 윤곽선 위에 중심을 두는 원이 만드는 두 개의 포물선 사이에 있는 영역
	⌓	면의 윤곽도 공차	이론적으로 정확한 윤곽면 위에 중심을 두는 원이 만드는 두 개의 면 사이에 있는 영역
자세 공차	⊥	직각도	기준 직선이나 평면에 대해서 직각을 이루고 있는 직선이나 평면으로부터 벗어난 크기
	∥	평행도	기준이 되는 직선이나 평면에 대해서 평행을 이루고 있는 직선이나 평면으로부터 벗어난 크기
	∠	각도 정도	기준이 되는 직선이나 평면에 대해서 정확한 각도를 가진 직선이나 평면으로부터 벗어난 크기
위치 공차	⊕	위치도 공차	점의 정확한 위치를 중심으로 하는 지름 안의 영역
	◎	동축도	두 개 이상의 형상이 동일한 중심축을 가지고 있어야 할 때, 각 형상의 축이 기준이 되는 축에서부터 벗어난 크기
	=	대칭도	데이텀 중심 평면에 대하여 대칭으로 배치되고, 서로 떨어진 두 개의 평면 사이에 있는 영역
흔들림 공차	↗	원주흔들림 공차	중심에서 떨어진 두 개의 동심원 사이의 영역
	↗↗	온흔들림 공차	중심에서 떨어진 두 개의 동축 원통 사이의 영역

3-1. 다음 기하 공차 중 모양 공차에 속하지 않는 것은?

① ▱　　　　② ○

③ ∠　　　　④ ◠

3-2. 기하 공차의 종류와 기호 설명이 잘못된 것은?

① ▱ : 평면도 공차

② ○ : 원통도 공차

③ ◎ : 동축도 공차

④ ⊥ : 직각도 공차

3-3. 도면에 기입된 공차 도시에 관한 설명으로 틀린 것은?

//	0.050	A
	0.011/200	

① 전체 길이는 200mm이다.
② 공차의 종류는 평행도를 나타낸다.
③ 지정 길이에 대한 허용값은 0.011이다.
④ 전체 길이에 대한 허용값은 0.050이다.

3-4. 다음과 같이 지시된 기하 공차의 해석이 맞는 것은?

○	0.05	
//	0.02/150	A

① 원통도 공차값 0.05mm, 축 선은 데이텀, 축 직선 A에 직각이고 지정 길이 150mm, 평행도 공차값 0.02mm
② 진원도 공차값 0.05mm, 축 선은 데이텀, 축 직선 A에 직각이고 전체 길이 150mm, 평행도 공차값 0.02mm
③ 진원도 공차값 0.05mm, 축 선은 데이텀, 축 직선 A에 평행하고 지정 길이 150mm, 평행도 공차값 0.02mm
④ 원통의 윤곽도 공차값 0.05mm, 축 선은 데이텀, 축 직선 A에 평행하고 전체 길이 150mm, 평행도 공차값 0.02mm

|해설|

3-1

∠ : 각도 정도

3-2

○ : 진원도 공차를 의미한다.

3-3

지정 길이는 200mm이다.

3-4

• ○ : 진원도 공차

• // : 평행도 공차

정답 3-1 ③　3-2 ②　3-3 ①　3-4 ③

핵심이론 04 | 표면 거칠기와 다듬질 정도

① 표면 거칠기 : 도면으로 표기된 공칭 표면에서 어긋난 미세한 표면의 편차이다. 이는 제품 제작에 사용되는 재료의 특성이나 가공에 사용된 공정에 따라서 달라진다.

② 표면 다듬질 정도 : 표면의 품질이나 매끄러운 정도를 나타내는 것으로서 주관적인 경우가 많다.

③ 대부분의 경우에는 표면 거칠기와 표면 다듬질 정도는 같은 것을 의미한다.
   ㉠ 표면 거칠기는 정해진 표면의 구간 내에서 측정된 표면의 높이가 기준이 되는 표면으로부터 떨어진 수직 편차의 평균값으로 정의한다.
   ㉡ 하지만 표면의 편차를 구간 내의 모든 점에서 측정하는 것은 불가능하기 때문에 대표적인 점에서 값들을 측정한다.

$$R_a = \sum_{i=1}^{n}\left(\frac{|y_i|}{n}\right)$$

여기서, R_a : 산술 평균 거칠기
y_i : 각 측정값에 대한 기준이 되는 표면으로부터의 수직 편차
n : 측정된 점의 수

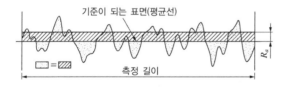

기준이 되는 표면(평균선)
□ = ▨
측정 길이
R_a

④ 차단 길이를 적용
제품의 복잡한 표면 형상을 표면 거칠기로만 평가하는 것은 문제가 있을 수 있다. 이는 제작 공정 때문에 발생하는 표면 무늬나 표면의 파형 등은 표면 거칠기로 표현이 되지 않을 수 있기 때문이다. 이런 문제점을 극복하기 위해서 차단 길이를 적용하기도 한다.

핵심이론 05 | 검사(Inspection)

제품이나 부품 등이 설계자가 정의한 규격에 맞게 만들어졌는지를 측정 등의 방법을 통해서 확인하는 과정으로 측정 장치를 이용하여 치수, 표면 거칠기 및 공차 등을 검사한다.

① 게이지 블록(Gauge Block)과 정반
  ㉠ 게이지 블록은 매우 높은 정밀도로 다듬질된 정사각형이나 직사각형 모양의 블록으로 경면 가공이 되어 있다.
  ㉡ 다듬질 정도에 따라서 등급이 다르며 등급이 높을수록 공차가 더 작다.
  ㉢ 좋은 측정 결과를 얻기 위해서는 정반 등과 같은 평평한 기준면 위에서 작업해야 한다. 정반은 윗면이 매우 평평한 면을 갖도록 가공되어 있으며 대부분 화강암으로 만들어진다. 이는 화강암이 녹슬지 않고 자성이 없으며 내마모성이 좋고 열에 대한 안정성이 좋기 때문이다.
  ㉣ 온도는 측정 결과에 영향을 줄 수 있다.
  ㉤ 통상 적용되는 표준 온도는 20℃이기 때문에 정밀한 측정 결과가 필요한 측정실은 이 온도가 항상 유지되도록 되어 있다.
  ㉥ 검사에 사용되는 게이지 블록들은 오래 사용하면 마모가 발생하므로 주기적으로 보정 작업이 필요하다.

② 직선 치수 측정
  ㉠ 가장 기본적인 직선 치수 측정 장치는 자(Rule)이다. 자는 눈금이 있으며 강철로 만들어지는 경우가 대부분이다.
  ㉡ 캘리퍼스는 힌지에 의해 고정되는 두 개의 다리로 구성되어 있다. 다리의 양쪽이 측정 면에 접촉하면서 치수를 측정한다.
  ㉢ 캘리퍼스에 의한 측정은 외측 및 내측 치수의 측정이 가능하다.

  ㉣ 눈금이 있는 캘리퍼스 중에서 가장 많이 사용되는 것은 버니어캘리퍼스이고, 다른 것은 마이크로미터가 있다.

③ 비교 측정
  두 개의 대상 사이의 치수를 비교하는 것이 비교 측정이다. 비교 측정은 절대적인 값을 측정할 수는 없지만 두 대상물 사이에 발생하는 편차의 크기와 방향을 측정하는 데 사용된다.
  ㉠ 기계적 게이지 : 편차를 기계적으로 확대해서 관찰할 수 있도록 해 주는 측정 장비이다. 대표적인 것으로는 다이얼 게이지가 있으며, 이는 측정점의 직선 운동을 확대해서 회전 운동으로 변환시켜 눈금으로 표시해 준다. 다이얼 게이지를 이용하면 직선도, 편평도, 평행도, 직각도, 진원도 및 흔들림 등의 측정이 가능하다.
  ㉡ 전자식 게이지 : 측정점의 직선 운동을 전기적 신호로 변환시켜서 측정 결과를 알려 준다. 전자식 게이지를 사용하면 좋은 민감도, 높은 정확도, 정밀도, 반복도 및 응답 속도를 얻을 수 있다. 사람이 직접 측정하고 눈으로 눈금을 읽는 것에 의해서 발생하는 오류를 줄일 수 있으며, 다양한 형식으로 데이터를 획득하는 것이 가능하다. 컴퓨터와의 연결을 통해서 획득된 데이터를 활용할 수 있는 범위도 넓다.

④ 각도 측정
  ㉠ 각도는 프로트렉터(Protractor) 또는 사인바(Sine Bar)를 이용해서 측정한다.
  ㉡ 프로트렉터 날을 측정하고자 하는 각도에 맞게 회전시킨 후 각도를 읽는다.

⑤ 표면 거칠기 측정
  표면 거칠기는 표준 시험 표면을 이용하거나 스타일러스 기기 혹은 광학 기술을 이용해서 측정한다.

ㄱ 표준 시험 표면

- 표준 시험 표면의 표면에는 이미 값을 알 수 있는 표준 표면 거칠기가 만들어져 있다.
- 측정하고자 하는 시편의 표면과 표준 시험 표면을 육안이나 손톱 끝 등으로 비교하면서 측정 표면과 가장 유사한 표준 시험 표면을 찾는다.
- 하지만 주관적인 판단이 필요하므로 객관적인 측정 결과를 얻기는 힘들다.

ㄴ 스타일러스 기기

- 전자 장비를 이용한 스타일러스 기기가 표면 거칠기의 측정에 사용되기도 한다.
- 스타일러스의 바늘 끝은 매우 작은 원뿔형 다이아몬드 팁이 부착되어 있다.
- 다이아몬드 팁은 일정한 속도로 측정면 위에 움직이면서 면의 형상에 따라서 수직으로 움직이게 된다.
- 팁의 수직 방향 움직임은 전기적인 신호로 변환되고 데이터의 처리를 거쳐서 측정면의 기하학적 형상을 표시한다.

ㄷ 광학적 방법

- 측정하고자 하는 면의 표면에서 빛의 반사, 산란 등을 측정하거나 혹은 레이저 기술을 이용해서 표면을 측정한다.
- 광학적인 방법은 스타일러스의 바늘이 직접 접촉하기에 적당하지 않은 표면의 측정에 적당하다.

자주 출제된 문제

5-1. 3D프린팅된 출력물의 검사 시 각도 측정에 사용되는 측정기는 무엇인가?

① 강철자　　　　　② 프로트렉터
③ 버니어캘리퍼스　④ 마이크로미터

5-2. 버니어캘리퍼스를 이용하여 측정할 수 있는 것이 아닌 것은?

① 외측 길이　　　　② 내측 길이
③ 깊 이　　　　　　④ 각도 측정

5-3. 다이얼 게이지를 이용하여 측정할 수 있는 것이 아닌 것은?

① 편평도　　　　　② 경사도
③ 평행도　　　　　④ 진원도

5-4. 두 대상물 사이에 발생하는 편차의 크기와 방향을 측정하는 것은?

① 각도 측정　　　　② 길이 측정
③ 비교 측정　　　　④ 치수 측정

5-5. 표면 거칠기를 측정하는 방법이 아닌 것은?

① 표준 시험 표면법
② 스타일러스 기기 이용법
③ 사인바 이용법
④ 광학적 방법

|해설|

5-1
각도는 프로트렉터(Protractor) 또는 사인바(Sine Bar)를 이용해서 측정한다.

5-2
버니어캘리퍼스

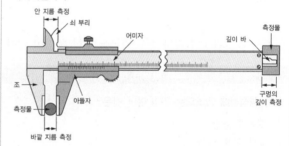

5-3
다이얼 게이지를 이용하면 직선도, 편평도, 평행도, 직각도, 진원도 및 흔들림 등의 측정이 가능하다.

5-4
비교 측정
두 개의 대상 사이의 치수를 비교하는 것으로 절대적인 값을 측정할 수는 없지만 두 대상물 사이에 발생하는 편차의 크기와 방향을 측정하는 데 사용된다.

5-5
표면 거칠기는 표준 시험 표면을 이용하거나 스타일러스 기기 혹은 광학 기술을 이용해서 측정한다.

정답 5-1 ②　5-2 ④　5-3 ②　5-4 ③　5-5 ③

핵심이론 01 | 검사 성적서

① 작업 지시서에 의하여 검사를 수행하고 그 결과를 검사 성적서에 기록해야 한다.

② 검사 성적서에는 검사를 한 제품의 품명, 제품 번호 및 도면 번호를 기록해야 한다.

③ 검사를 시행한 날짜와 시간 및 검사 담당자의 이름도 기록한다.

④ 세부 검사 항목은 작업 지시서에 의해서 달라질 수 있다.

⑤ 검사에 사용된 규격과 검사 장비의 목록도 함께 기재한다.

⑥ 검사자는 판정 결과와 검사 기록에 대한 책임이 있다.

자주 출제된 문제

검사 성적서에 기록되는 것이 아닌 것은?
① 제품의 품명
② 검사 시행 날짜
③ 검사 담당자
④ 검사 비용

|해설|
• 작업 지시서에 의하여 검사를 수행하고 그 결과를 검사 성적서에 기록해야 한다.
• 검사 성적서에는 검사를 한 제품의 품명, 제품 번호 및 도면 번호를 기록해야 한다. 또한 검사를 시행한 날짜와 시간 및 검사 담당자의 이름도 기록한다.

정답 ④

---

1. 표면 처리하기

핵심이론 01 | 출력물의 후가공

① 3D프린팅으로 만들어진 출력물의 후가공은 하도, 중도, 상도로 나눈다.

　㉠ 하 도
　　• 단순한 표면 처리 및 사포질 등으로 표면을 매끄럽게 하는 가공이다.
　　• 하도에서는 비교적 떼어 내기 쉬운 큰 서포트를 제거하기 위하여 롱노즈 플라이어, 니퍼가 필요하고, 표면 조도 향상을 위한 사포가 필요하다.

　㉡ 중 도
　　• 서피서, 퍼티 작업, 아세톤 등으로 표면을 매끄럽게 하는 가공이다.
　　• 퍼티 계통(핸디 코트, 퍼티, 서피서 스프레이 등) 또는 화학적인 연마를 위하여 아세톤 등을 준비한다. 이때 아세톤 증기의 배출을 위한 환기 시설이 필요하다.

　㉢ 상 도
　　• 도색 및 코팅 작업 등이 있다.
　　• 상도에서는 채색 및 출력물의 내구성을 향상시키기 위한 코팅이 이루어지기 때문에 도료, 채색 도구, 탈포기, 코팅제 등이 필요하다.

② 후가공 작업에서 피부의 오염을 막기 위하여 장갑(천, 고무, 라텍스 소재)과 분진 및 화학 물질로부터 보호하기 위하여 마스크를 착용해야 한다.

1-1. 출력물의 후가공에 해당하지 않는 것은?

① 초 도
② 하 도
③ 중 도
④ 상 도

1-2. 상도 작업 시 필요한 것이 아닌 것은?

① 롱노즈 플라이어
② 도 료
③ 탈포기
④ 코팅제

|해설|

1-1

3D프린팅으로 만들어진 출력물의 후가공은 하도, 중도, 상도로 나눈다.

1-2

상도 작업 시 도료, 채색 도구, 탈포기, 코팅제 등이 필요하다.

정답 1-1 ① 1-2 ①

핵심이론 02 | 지지대 제거

① 지지대

ㄱ 3D프린터의 출력 시에 출력된 제품이 아닌 부속물로서 바닥에 고정되어 있는 부분 외에 공중에 떠 있는 형태를 가진 부품의 출력 시 지지대가 필수적이다.

ㄴ 만일 지지대 없이 아래에 빈 공간이 있는 형상의 제품을 출력하면 재료가 적합한 위치에 출력되지 않거나 출력한 부분이 휘거나 탈락될 수 있다.

ㄷ 따라서 지지대는 이런 현상을 막기 위해서 바닥부터 여분의 소재를 쌓아 올린 부속물이다.

② 지지대 제거 방식

ㄱ 재료 압출 방식(FFF, FDM)

• 비수용성 지지대

– 니퍼, 커터 칼, 조각도, 아트 나이프 등 공구를 사용한다.

– 제거 시간이 오래 걸리며, 지지대를 제거한 후 출력물의 표면 상태도 좋지 않다.

• 수용성 지지대

– 물에 약 15분 정도 담가 두면 지지대가 빠르게 녹아서 제거된다.

– 폴리비닐알코올(PVA)은 저온 열가소성 수지로서 물에 용해되는 특성을 가지고 있어 단순한 물 세척만으로 쉽게 제거할 수 있으며, 독성이 없는 물질로 안전하게 사용할 수 있다.

ㄴ 재료 분사 방식(Polyjet)

• Polyjet 3D프린터

– 지지대는 연질의 폴리머나 왁스 등으로 이루어져 있어 제거하기 위해서는 지지대를 손으로 제거한 후 출력물의 표면에 남아 있는 지지대 재료를 워터젯 장치를 이용해서 물을 분사하여 제거한다.

- 대부분의 경우 출력물의 표면 품질이 우수하기 때문에 지지대를 제거한 후에는 별도의 후처리 공정이 필요하지 않다.
- MJM(Multi-Jet Modeling)
  - 지지대는 왁스로 이루어져 있기 때문에 고온에서 녹여 제거한다.
  - 정밀도는 좋지만 내구성이 낮은 편이고 지지대를 제거하는 데 오랜 시간이 소요되는 단점이 있다.
ⓒ 수조 광경화 방식(DLP, SLA)
- 지지대를 별도의 재료로 만들 수 없기 때문에 출력물과 동일한 재료가 사용된다. 지지대의 제거는 손 또는 공구를 이용하여 잘라준다.
- DLP 방식 : 광경화성 수지에 DLP를 이용하여 형상을 결정한 적절한 파장의 빛을 쪼여 경화하는 방식으로 층 단위로 빛을 쏘아 조형 작업이 이뤄지기 때문에 상대적으로 SLA 방식보다 출력 속도가 빠르다.
- 광경화성 수지의 특성 : 특정 파장의 빛을 받으면 액체에서 고체로 상변화가 이루어진다.
ⓓ 분말 융접 방식(SLS) : 분말을 주재료로 하는 3D 프린팅 기술은 따로 지지대를 사용하지 않기 때문에 남아 있는 분말만 털어 주면 출력물을 얻을 수 있다.

핵심이론 03 | 적층 조형과 표면 거칠기

① 적층 조형과 표면 거칠기

    ㉠ 3D프린팅은 적층 조형(Layered Manufacturing) 기술을 이용하여 각 단면을 만들며 각 단면이 적층되어 3차원 형상의 출력물이 만들어진다. 따라서 경사진 면을 성형할 때에는 계단의 모양과 유사한 단차가 발생하게 되며 이를 계단 현상(Stair Stepping Effect)이라 한다.

    ㉡ 계단 현상은 3D프린팅으로 출력된 제품의 표면 거칠기를 결정하는 가장 주된 요인이며, 계단 현상을 줄이는 것은 층의 두께를 줄임으로써 가능하다.

    ㉢ 그러나 층 두께가 반으로 줄면 단면을 두 배 더 성형해야 하므로 성형 시간은 두 배로 늘어나게 된다.

    ㉣ 또한 층 두께를 줄이려면 재료를 더 얇게 쌓을 수 있어야 하는데, 이를 위해서는 소재와 공정의 개선이 있어야 하지만 한계가 있다.

② 계단 현상을 줄이기 위한 방법

    ㉠ Meniscus Smoothing : 수조 광경화 기술에서 계단 형상의 오목한 부위에 소재를 추가적으로 더해서 경화시키는 방법이다.

    ㉡ 레이저를 조사하는 각도를 경사지게 함으로써 표면 거칠기를 저감한다.

    ㉢ STL 파일로 변환 시에 유발되는 오류와 함께 계단 현상으로 인한 거칠기를 특정한 수준에서 유지한다.

    ㉣ 단점 : 표면 거칠기는 향상되지만 성형 시간이 증가되거나 성형 공정의 안정성이 낮아진다.

① 표면 거칠기의 처리

    ㉠ 제품이 만들어진 후 Barrel Tumbling, Vibration Finishing 및 Sand Blasting 등 연삭적인 방법을 이용한 후처리 기술이 있으나 조형물의 형상을 훼손할 수 있고, 원하는 표면 정도를 얻기에는 많은 시간이 필요하다.

    ㉡ 또한 매우 부드러운 표면을 요구하는 경우 수작업을 통하여 후처리를 한다. 이러한 제품의 수작업 후처리에도 시간을 단축시키기 위하여 먼저 골을 매우기 위해 코팅을 한 후 다시 연삭하는 등 다양한 방법을 이용한다.

    ㉢ 다른 부품과 만나는 부분, 끼워 맞추는 부분, 상대 운동을 하여 서로 미끄러지는 부분 그리고 외부에서 보이므로 미관이 우수한 부분 등과 같이 출력물의 모든 표면의 표면 거칠기가 동일하지 않아도 되는 경우에 후가공이 필요한 면의 면적을 줄이는 방향으로 성형 방향을 선택하여 후가공 시간을 줄일 수 있다.

    ㉣ Polyjet, SLA, DLP 등 정밀한 형상의 출력이 가능한 3D프린터의 경우는 출력물의 표면 거칠기가 좋다. 따라서 이런 경우에는 따로 표면 처리가 필요하지 않은 경우가 많다. 하지만 적층 가공의 특성상 층 사이의 단차는 필수적으로 발생하며 이는 표면 처리를 통해서 해결해야 한다.

② 표면 거칠기 향상을 위한 방법

    ㉠ 사포를 통하여 돌출된 부분을 제거하는 방법이 있다.

    ㉡ 퍼티를 통하여 층과 층 사이의 들어간 부분을 채우는 방법이 있다.

    ㉢ 아세톤 등을 이용하여 돌출된 부분을 녹여 내는 화학적 방법이 있다.

4-1. 제품의 표면을 부드럽게 하기 위한 연삭적인 방법이 아닌 것은?

① Sand Blasting
② Barrel Tumbling
③ Vibration Finishing
④ Meniscus Smoothing

4-2. 표면 거칠기 향상을 위한 방법이 아닌 것은?

① 조각도를 이용하여 도장을 벗겨내는 방법
② 사포를 이용하여 돌출된 부분 제거하는 방법
③ 아세톤을 이용하여 돌출된 부분을 녹여 내는 화학적 방법
④ 퍼티를 이용하여 층과 층 사이의 들어간 부분을 채우는 방법

|해설|

4-1
연삭적인 후처리 방법에는 Barrel Tumbling, Vibration Finishing 및 Sand Blasting 등이 있다.

4-2
표면 거칠기 향상을 위한 방법
• 사포를 통하여 돌출된 부분을 제거하는 방법이 있다.
• 퍼티를 통하여 층과 층 사이의 들어간 부분을 채우는 방법이 있다.
• 아세톤 등을 이용하여 돌출된 부분을 녹여 내는 화학적 방법이 있다.

정답 4-1 ④ 4-2 ①

핵심이론 05 | 사포와 퍼티를 이용한 표면 거칠기의 개선

① 사포와 퍼티

　㉠ 사포를 이용하는 표면 거칠기의 개선에는 종이 사포, 천 사포, 스펀지 사포 등이 사용된다.

　㉡ 사포는 번호가 낮을수록 거칠고 높을수록 입자가 곱다. 사포를 사용해서 출력물의 표면 거칠기를 개선할 때에는 거친 사포로 시작해서 점차 고운 사포로 단계를 밟아 가야 한다.

② 종류별 개선

종 류		개선 사항
스펀지 사포		종이 사포에 비해 비싸지만 부드러운 곡면 다듬기에 유리하다.
천 사포와 종이 사포		200~1,000번 사이가 가장 많이 사용되는 종류이다. 천은 종이에 비해 질기고 오래 쓸 수 있으며, 종이는 구겨지고 접히는 특성을 활용해서 특수한 다듬기에 유리하다. 종이 사포는 접어서 깊숙한 곳을 칼처럼 다듬을 때나 봉처럼 말아서 둥근 면 안쪽을 줄처럼 갈아 내기 등 형태를 변형시켜서 사용이 가능하다.
표면 처리용 퍼티	표면 처리용 퍼티	퍼티는 더 나은 표면 거칠기를 확보하기 위해 사용하며, 거친 표면에 퍼티를 발라 틈을 메운 후 사포를 이용하여 표면을 정리한다.
	1액형 퍼티	경화제가 없는 형식의 퍼티로서 타미야 퍼티, 자동차용 퍼티, 3M 레드 퍼티가 많이 쓰인다. 경화제가 따로 없기 때문에 퍼티를 바른 후 경화 속도가 느리다. 따라서 큰 틈새보다는 작고 미세한 메움 작업에 적합하다. 흠집 등의 부분에 발라 주고 굳은 다음에 사포 작업을 한다.
	폴리에스터 퍼티	폴리에스터 수지를 원료로 한 퍼티로 주제와 경화제로 나뉘어져 있으며 건조 속도가 빨라 신속한 작업이 가능하다. 주로 메움 작업에 많이 사용하며 유독한 냄새로 인해 마스크와 환기는 필수적이다. 폴리에스터 퍼티는 전용 경화제가 사용되므로 1액형 퍼티에 비해 경화 속도가 빠르기 때문에 더 큰 범위에 사용이 가능하다.
	에폭시 퍼티	폴리에폭시 수지를 원료로 한 퍼티이며 찰흙 같은 형태로 주제와 경화제가 나뉘어 있어 사용할 때 반죽하듯이 섞어 준다. 경화된 후 강도가 강하고 밀도가 높아 중량감이 있다. 메움 작업과 조형 작업에 적합하다.
	우레탄 퍼티	폴리우레탄 수지를 원료로 한 퍼티이며, 찰흙 같은 형태의 주제와 경화제로 나뉘어 있으며 반죽하듯이 섞어 사용한다. 강도가 약하고 밀도가 낮아 가볍다. 메움 작업과 조형 작업에 적합하다.

자주 출제된 문제

5-1. 사포에 대한 설명으로 옳지 않은 것은?

① 번호가 낮을수록 입자가 곱다.
② 종이, 스펀지, 천 등의 사포가 있다.
③ 거친 사포로 시작해서 고운 사포로 마무리한다.
④ 종이 사포는 깊숙한 곳, 둥근 면 등 형태를 변형시켜서 사용이 가능하다.

5-2. 1액형 퍼티에 대한 설명이 아닌 것은?

① 전용 경화제가 사용된다.
② 경화되는 속도가 느리다.
③ 작고 미세한 메움 작업에 적합하다.
④ 타미야 퍼티, 자동차용 퍼티가 많이 사용된다.

5-3. 다음 설명에 가장 적합한 퍼티의 종류는?

- 건조 속도가 빠르다.
- 전용 경화제가 사용된다.
- 유독한 냄새가 많이 난다.

① 1액형 퍼티
② 폴리에스터 퍼티
③ 에폭시 퍼티
④ 우레탄 퍼티

| 해설 |

5-1
사포는 번호가 낮을수록 거칠고 높을수록 입자가 곱다. 사포를 사용해서 출력물의 표면 거칠기를 개선할 때에는 거친 사포로 시작해서 점차 고운 사포로 단계를 밟아 가야 한다.

5-2
경화제가 없는 형식의 퍼티로서 타미야 퍼티, 자동차용 퍼티, 3M 레드 퍼티가 많이 쓰인다. 경화제가 따로 없기 때문에 퍼티를 바른 후 경화 속도가 느리다. 따라서 큰 틈새보다는 작고 미세한 메움 작업에 적합하다. 흠집 등의 부분에 발라 주고 굳은 다음에 사포 작업을 한다.

5-3
건조 속도가 빨라 신속한 작업이 가능하다. 주로 메움 작업에 많이 사용하며 유독한 냄새로 인해 마스크와 환기는 필수적이다.

정답 5-1 ① 5-2 ① 5-3 ②

핵심이론 06 | 훈증기

① 밀폐된 용기에 출력물을 넣고 아세톤을 기화시켜 출력물의 거친 표면을 녹여 후처리하는 방법으로 매끈한 표면을 쉽게 얻을 수 있다.

② 훈증기의 단점 : 사용할 때 냄새가 많이 나고 출력물의 미세한 형상 등이 뭉개지는 경우가 있다는 것이다.

③ 재료 압출 방식으로 인해 발생한 층을 없애는 후가공 작업으로 훈증기가 유용하게 사용된다. 훈증기는 아세톤을 주재료로 이용하며 매끄러운 표면을 구현할 수 있다. 즉, 아세톤은 재료 압출 방식에 가장 많이 사용되는 재료인 ABS를 분해시키기 때문에 출력물에 아세톤이 닿게 되면 출력물이 녹는 현상이 발생하여 표면 거칠기를 좋게 한다.

④ 아세톤을 직접 붓을 이용해 바르기도 하고 실온에서 훈증하거나 중탕하는 방법이 있다. 붓을 이용하면 붓 자국이 남을 수도 있고 실온에서 훈증을 하면 시간이 많이 걸리며 부분 간 녹는 정도의 차이가 생긴다.

⑤ 따라서 녹는 정도의 차이가 없이 균등하게 도포시키기 위해서 아세톤 훈증 방식을 사용한다. 아세톤은 무색의 휘발성 액체로 밀폐된 공간에 부어 놓기만 하여도 증발되어 훈증 효과를 볼 수 있다.

⑥ 하지만 시간을 단축하기 위해서 열을 가하면 증발을 촉진시킨다.

⑦ 휘발성 액체와 뜨거운 열이 나는 장비를 이용한 작업이므로 반드시 환기가 되는 곳에서 작업하고 항상 주의하여야 한다.

6-1. 훈증기에 사용되는 아세톤에 대한 설명이 아닌 것은?

① 인체에 해롭다.
② 불이 붙기 쉽다.
③ 휘발성이 강하다.
④ 기체 상태의 재료이다.

6-2. 표면 처리 시 아세톤 훈증기를 이용한 방법에 대한 설명이 아닌 것은?

① 사용 시 냄새가 많이 난다.
② 미세하고 정밀한 형상을 나타내는 데 효과적이다.
③ 시간을 단축하기 위해서 열을 가하여 증발을 촉진시킨다.
④ 출력물이 녹는 현상이 발생하여 매끄러운 표면을 구현할 수 있다.

|해설|

6-1
아세톤은 액체 상태의 재료이다.

6-2
훈증기의 단점은 사용할 때 냄새가 많이 나고 출력물의 미세한 형상 등이 뭉개지는 경우가 있다는 것이다.

정답 6-1 ④ 6-2 ②

핵심이론 07 | 서피서(프라이머)

① 서피서는 흠집 메우기, 밑칠 효과, 채색 등의 용도로 사용된다.

② 사포 작업으로 생긴 미세한 흠집을 덮어 표면을 안정시키고, 도색 전 도료나 물감이 잘 안착되게 도와주는 용도로 서피서를 사용한다.

③ 서피서를 사용할 때에는 여러 방향으로 손을 빠르게 움직여서 칠해야 한다. 이렇게 하면 서피서가 보다 골고루 칠해진다.

④ 서피서는 번호가 높을수록 입자가 곱다.

자주 출제된 문제

7-1. 서피서(프라이머)의 용도에 대한 설명이 아닌 것은?

① 채색의 용도
② 밑칠의 용도
③ 광택의 용도
④ 흠집 메우기 용도

7-2. 서피서에 대한 설명이 아닌 것은?

① 번호가 높을수록 입자가 크다.
② 사포 작업으로 인한 흠집을 메운다.
③ 도색 전 도료나 물감이 잘 안착되게 돕는다.
④ 사용 시 여러 방향으로 빠르게 움직여서 칠한다.

|해설|

7-1
서피서는 흠집 메우기, 밑칠 효과, 채색 등의 용도로 사용된다.

7-2
서피서는 번호가 높을수록 입자가 곱다.

정답 1-1 ③ 1-2 ①

---

2. 도장처리

핵심이론 01 | 도장에 사용되는 도구

① **채색용 붓** : 붓을 이용한 도색은 도색 후 자국이 남는 경우가 많다. 따라서 붓을 이용한 도색 후에 자국이 남지 않도록 주의하여야 한다.

ㄱ 크기에 따른 구분 : 숫자가 크면 크기가 큰 붓이다.
  • 넓은 면을 한 번에 고르게 도장하고자 할 때에는 주로 10호 이상의 붓을 사용한다.
  • 좁은 영역이나 세밀한 부분을 도장하고자 할 때는 1~2호 정도의 붓을 사용한다.

ㄴ 붓의 모양에 따른 구분
  • 넓은 면적을 한 번에 도장하고자 할 때는 평붓을 사용한다.
  • 작은 영역이나 세밀한 도색이 필요할 때는 둥근 붓 중 되도록 작은 크기를 사용한다.

② **스프레이건** : 도색 후 면이 미려하게 만들어진다는 장점이 있다.

ㄱ 중력식 스프레이건
  • 도료 컵이 노즐 위쪽에 장착되고 적은 양의 도료를 사용하며 도장 후 처리가 용이하고 무게가 가볍다.
  • 하지만 도료가 담기는 컵의 용량이 적기 때문에 한 번에 많은 양의 도료가 필요한 넓은 면적의 도장에는 적절하지 않다.

ㄴ 흡상식 스프레이건
  • 도료가 담기는 용기가 노즐의 아래쪽에 위치하고 있어 압력 차에 의해서 도료를 용기에서 끌어올려 노즐을 통해 분사하는 방식이다.
  • 중력식에 비해 한 번에 용기에 담을 수 있는 도료의 양이 많아 넓은 면적을 한 번에 작업하기 적당하다.

ⓒ 캔 스프레이

- 도료가 캔에 담겨져 있으며 캔의 노즐을 통해서 도료가 분사된다.
- 캔 스프레이를 사용하는 경우 도료가 칠해지기 적당한 노즐과 도장면 사이의 거리는 30~40cm 이며, 이 거리에서 도료를 분사하였을 때 도료가 칠해지는 면적은 약 $12cm^2$ 정도가 된다.
- 하지만 노즐과 도장면 사이의 거리가 약 15cm 정도일 때 도료의 분출을 제어하기가 쉽다. 이때 에는 한 번에 약 6~7cm의 면적이 칠해진다.

1-1. 도장에 사용되는 붓에 대한 설명이 아닌 것은?

① 넓은 면을 한 번에 도장할 때는 10호 이상의 붓을 사용한다.
② 넓은 면적을 한 번에 도장할 때 둥근 붓 중 큰 것을 사용한다.
③ 좁은 영역이나 세밀한 부분을 도장할 때는 1~2호 붓을 사용한다.
④ 작은 영역이나 세밀한 부분을 도색할 때 둥근 붓 중 작은 것을 사용한다.

1-2. 도장에 사용되는 도구가 아닌 것은?

① 채색용 붓   ② 스프레이건
③ 캔 스프레이   ④ 스탬프 잉크

1-3. 중력식 스프레이건에 대한 설명을 옳은 것은?

① 도장 후 처리가 용이하고 무게가 가볍다.
② 한 번에 용기에 담을 수 있는 양이 많다.
③ 넓은 면적을 한 번에 작업하기 적당하다.
④ 도료가 담기는 용기가 아래쪽에 위치한다.

|해설|

1-1
채색용 붓
- 크기에 따른 구분 : 숫자가 큰 붓이 크기가 큰 붓이다.
  - 넓은 면을 한 번에 고르게 도장하고자 할 때에는 주로 10호 이상의 붓을 사용한다.
  - 좁은 영역이나 세밀한 부분을 도장하고자 할 때는 1~2호 정도의 붓을 사용한다.
- 붓의 모양에 따른 구분
  - 넓은 면적을 한 번에 도장하고자 할 때는 평 붓을 사용한다.
  - 작은 영역이나 세밀한 도색이 필요할 때는 둥근 붓 중 되도록 작은 크기를 사용한다.

1-2
도장에 사용되는 도구로는 채색용 붓, 스프레이건(중력식 스프레이건, 흡상식 스프레이건, 캔 스프레이) 등이 있다.

1-3
도료 컵이 노즐 위쪽에 장착되고 적은 양의 도료를 사용하며 도장 후 처리가 용이하고 무게가 가볍다. 하지만 도료가 담기는 컵의 용량이 적기 때문에 한 번에 많은 양의 도료가 필요한 넓은 면적의 도장에는 적절하지 않다.

정답 1-1 ② 1-2 ④ 1-3 ①

핵심이론 02 | 3D프린팅 출력물의 도장을 위한 전처리

① 재료 압출 방식 3D프린팅으로 제작한 출력물에 일반적인 도장 방법(스프레이 페인트)을 이용해서 도장 작업을 하게 되면 스프레이 페인트의 용제에 의하여 출력물이 손상되는 문제가 발생한다.

② 또한 도장면이 출력물 표면에 안착되는 부착력이 약하며, 부착력이 어느 정도되더라도 도장된 면이 매끄럽게 되도록 하는 것도 매우 어려운 작업이다.

③ 도장 작업 전에 표면 처리용 프라이머(Primer)나 서피서(Surfacer)를 사용한다.

④ 표면 처리용 프라이머나 서피서는 플라스틱 재질 표면에 부착력이 우수하고 손쉽게 표면 처리를 할 수 있다. 따라서 프라이머나 서피서가 도장된 위에는 다른 색상의 도료가 쉽게 입혀진다.

⑤ 또한 아크릴 프리서피서(Pri-Surfacer)를 이용하면 초벌 도장 후에 추가적인 사포 작업이 매우 수월하기 때문에 매끄러운 표면을 만들기에 적절하고, ABS 재료로 3D프린팅된 출력물에 양호하게 도장을 할 수 있다.

① 유광 도료와 무광 도료

　㉠ 유광 도료 : 도장 후 도료가 건조되었을 때 도장면 이 광택이 나는 도료이다.

　㉡ 무광 도료 : 도장 후 도장면의 광택이 없다. 어떤 경우에는 색상이 있는 도료로 도장을 한 후 마감 재를 도장해 주면 광택이 나게 된다. 이때는 색상 이 있는 도료는 무광 도료를 칠해 주는 것이 일반 적이다.

② 에나멜 도료

　㉠ 에나멜 도료는 유성 페인트와 성분이 유사하다. 하지만 인체에 해로운 납 성분이 상대적으로 적게 들어가 있으며, 색상을 내는 물감이 매우 고운 상 태로 되어 있다.

　㉡ 에나멜 도료는 전용 희석제(보통 에나멜 시너가 사용된다)에 희석해서 사용한다. 이때 에나멜 시 너는 휘발성이 매우 강하므로 사용에 주의하여야 한다.

③ 아크릴 도료

　㉠ 부착력이 강하여 대부분의 재료에 도장이 가능하 며, 도장 후 건조가 빨리 되기 때문에 여러 번 덧칠 하기에 유리하다.

　㉡ 물이 희석제로 사용될 수 있으므로 상대적으로 인 체에 덜 해롭다.

　㉢ 아크릴 도료는 도색 후 건조가 완료되면 수정하기 가 어렵다. 따라서 어떤 경우에는 건조 완화제인 리타더(Retarder)를 사용하여 도료의 건조 속도를 느리게 한다.

　㉣ 완전히 건조가 된 뒤에는 물에 녹지 않고 전용 시너 에만 녹는다.

　㉤ 에어브러시를 이용해서 도장 작업을 할 때에는 전 용 시너를 사용하는 것이 편리하다.

④ 래 커

　㉠ 도색에 사용되는 래커는 시너와 혼합하여 사용한다.

　㉡ 에어브러시를 이용하는 경우에는 래커 도료와 시 너의 비율을 1 : 1.5 정도로 사용한다.

자주 출제된 문제

3-1. 아크릴 도료에 대한 설명으로 옳은 것은?

① 부착력이 약하다.
② 도장 후 건조가 느리다.
③ 희석제로 물의 사용이 가능하다.
④ 건조를 촉진하기 위하여 리타더를 사용한다.

3-2. 아크릴 도료에 대한 설명으로 옳지 않은 것은?

① 건조가 완료된 뒤에도 수정이 간단하다.
② 건조가 빨라 여러 번 덧칠하기에 유리하다.
③ 에어브러시를 이용할 때는 전용 시너를 사용한다.
④ 부착력이 강해 대부분의 재료에 도장이 가능하다.

3-3. 에어브러시를 이용 시 래커와 시너의 혼합비는?

① 1 : 1
② 1 : 1.5
③ 1 : 2
④ 2 : 1

|해설|

3-1

부착력이 강하여 대부분의 재료에 도장이 가능하며, 도장 후 건조 가 빨리 되기 때문에 여러 번 덧칠하기에 유리하다. 물이 희석제로 사용될 수 있으므로 상대적으로 인체에 덜 해롭다. 아크릴 도료는 도색 후 건조가 완료되면 수정하기가 어렵다. 따라서 어떤 경우에 는 건조 완화제인 리타더(Retarder)를 사용하여 도료의 건조 속도 를 느리게 한다.

3-2

아크릴 도료는 도색 후 건조가 완료되면 수정하기가 어렵다. 따라 서 어떤 경우에는 건조 완화제인 리타더(Retarder)를 사용하여 도료의 건조 속도를 느리게 한다. 완전히 건조가 된 뒤에는 물에 녹지 않고 전용 시너에만 녹는다.

3-3

도색에 사용되는 래커는 시너와 혼합하여 사용한다. 에어브러시를 이용하는 경우에는 래커 도료와 시너의 비율을 1 : 1.5 정도로 사용한다.

정답 3-1 ③　3-2 ①　3-3 ②

핵심이론 04 | 마감 작업 및 도장에 필요한 설비

① 마감 작업
- ㉠ 도장이 된 피막을 보호하고 도막이 벗겨지는 것을 방지하기 위해서 마감재가 사용된다.
- ㉡ 마감재 역시 에어건 등을 이용해서 도장면에 도포한다. 마감재는 광택에 따라 유광, 무광 혹은 반광이 있다.

② 도장에 필요한 설비
- ㉠ 대형 출력물이나 전문적인 도장 작업이 필요한 경우에는 환기 시설 등이 갖추어진 청정실에서 작업하는 것이 좋다.
- ㉡ 청정실이 없는 경우에는 되도록 먼지나 이물질이 날리지 않는 작업 환경에서 도장을 해야 한다.
- ㉢ 반면, 소형 출력물이나 간단한 작업에는 플라스틱 모형의 도장 등에 사용되는 도장 부스에서 작업하기도 한다.
- ㉣ 도장 부스는 배기판, 에어브러시용 에어 펌프, 회전판 등으로 구성되어 있다.
- ㉤ 도장 작업은 인체에 유해한 환경이다. 따라서 피부를 보호할 수 있는 복장, 마스크, 보안경 및 장갑을 착용한 후에 도장 작업을 수행해야 한다.

3D프린팅 안전관리

제1절 안전수칙 확인

| 핵심이론 01 | 안전사고 개요

① 안전사고의 개념

안전사고는 관련 활동 중에 발생하는 사고로 부주의, 안전 인식 부족, 안전 규칙 위반 등이 원인이 되어 관련 재산이나 사람에게 피해를 주는 것을 의미한다.

② 안전사고의 원인

안전사고는 원인으로 과실, 숙련도 부족, 안전 인식 부족, 안전 장비 미사용 등 다양한 형태로 나타나고 있으며, 큰 사고가 발생하기 전에 비슷한 사고나 사전 징후가 반드시 발생한다는 하인리히의 법칙(Heinrich's Law)에서 찾아볼 수 있다. 일반적으로 1 : 29 : 300 법칙으로도 알려졌으며 1번의 큰 사고가 발생하기 전에 29번의 작은 사고가 발생하고, 그 전에 300번의 잠재적인 사고가 발생한다는 것을 의미한다.

※ 하인리히의 도미노 이론에 따르면 3단계 불안전한 상태와 행동을 제거하면 재해는 발생하지 않는다.

자주 출제된 문제

1-1. 안전사고의 원인에 해당하지 않는 것은?

① 과 실
② 숙련도 부족
③ 안전 인식 부족
④ 안전 장비 사용

1-2. 하인리히 도미노 이론에서 재해를 예방하는 방법은?

① 사회적 환경 제거
② 유전적 요소 제거
③ 불안전한 상태나 행동을 제거
④ 재해 발생을 제거

|해설|

1-1
안전장비(마스크, 장갑, 보안경 등)를 사용하지 않으면 사고로 이어질 수 있다.

1-2
3단계인 불안전한 상태와 불안전한 행동을 제거하여 재해를 예방한다(문헌에 따라 2단계를 제거하여 재해를 예방한다고도 설명한다).

정답 1-1 ④ 1-2 ③

사회적 환경 및 유전적 요소		개인적 결함		불안전한 상태와 불안전한 행동		사고 발생		재해 발생
1단계	→	2단계	→	3단계	→	4단계	→	5단계

[재해 발생 5단계의 도미노 이론]

안전에 관련된 사항들을 육안으로 식별이 가능한 경고나 위험물에 대한 표지를 하여 주의할 수 있도록 하는 방법도 효과적인 재해 예방 중의 하나이다. 국가에서 지정하여 시행되고 있는 표지판의 기준과 종류에 대하여 알아본다.

① 안전보건표지의 종류별 용도, 설치 · 부착 장소(산업안전보건법 시행규칙 별표 7)

분류	종류	용도 및 설치 · 부착 장소
금지 표지	출입금지	출입을 통제해야 할 장소
	보행금지	사람이 걸어 다녀서는 안 될 장소
	차량통행 금지	제반 운반기기 및 차량의 통행을 금지시켜야 할 장소
	사용금지	수리 또는 고장 등으로 만지거나 작동시키는 것을 금지해야 할 기계 · 기구 및 설비
	탑승금지	엘리베이터 등에 타는 것이나 어떤 장소에 올라가는 것을 금지
	금 연	담배를 피워서는 안 될 장소
	화기금지	화재가 발생할 염려가 있는 장소로서 화기 취급을 금지하는 장소
	물체이동 금지	정리 정돈 상태의 물체나 움직여서는 안 될 물체를 보존하기 위하여 필요한 장소
경고 표지	인화성 물질 경고	휘발유 등 화기의 취급을 극히 주의해야 하는 물질이 있는 장소
	산화성 물질 경고	가열 · 압축하거나 강산 · 알칼리 등을 첨가하면 강한 산화성을 띠는 물질이 있는 장소
	폭발성 물질 경고	폭발성 물질이 있는 장소
	급성독성 물질 경고	급성독성 물질이 있는 장소

분류	종류	용도 및 설치 · 부착 장소
경고 표지	부식성 물질 경고	신체나 물체를 부식시키는 물질이 있는 장소
	방사성 물질 경고	방사능 물질이 있는 장소
	고압전기 경고	발전소나 고전압이 흐르는 장소
	매달린 물체 경고	머리 위에 크레인 등과 같이 매달린 물체가 있는 장소
	낙하물체 경고	돌 및 블록 등 떨어질 우려가 있는 물체가 있는 장소
	고온 경고	고도의 열을 발하는 물체 또는 온도가 아주 높은 장소
	저온 경고	아주 차가운 물체 또는 온도가 아주 낮은 장소
	몸균형 상실 경고	미끄러운 장소 등 넘어지기 쉬운 장소
	레이저 광선 경고	레이저 광선에 노출될 우려가 있는 장소
	발암성 · 변이원성 · 생식독성 · 전신독성 · 호흡기 과민성 물질 경고	발암성 · 변이원성 · 생식독성 · 전신독성 · 호흡기 과민성 물질이 있는 장소
	위험장소 경고	그 밖에 위험한 물체 또는 그 물체가 있는 장소
지시 표지	보안경 착용	보안경을 착용해야만 작업 또는 출입을 할 수 있는 장소
	방독마스크 착용	방독마스크를 착용해야만 작업 또는 출입을 할 수 있는 장소
	방진마스크 착용	방진마스크를 착용해야만 작업 또는 출입을 할 수 있는 장소
	보안면 착용	보안면을 착용해야만 작업 또는 출입을 할 수 있는 장소
	안전모 착용	헬멧 등 안전모를 착용해야만 작업 또는 출입을 할 수 있는 장소
	귀마개 착용	소음 장소 등 귀마개를 착용해야만 작업 또는 출입을 할 수 있는 장소
	안전화 착용	안전화를 착용해야만 작업 또는 출입을 할 수 있는 장소
	안전장갑 착용	안전장갑을 착용해야 작업 또는 출입을 할 수 있는 장소
	안전복 착용	방열복 및 방한복 등의 안전복을 착용해야만 작업 또는 출입을 할 수 있는 장소
안내 표지	녹십자 표지	안전의식을 북돋우기 위하여 필요한 장소
	응급구호 표지	응급구호 설비가 있는 장소
	들 것	구호를 위한 들것이 있는 장소
	세안장치	세안장치가 있는 장소
	비상용 기구	비상용 기구가 있는 장소
	비상구	비상출입구
	좌측비상구	비상구가 좌측에 있음을 알려야 하는 장소
	우측비상구	비상구가 우측에 있음을 알려야 하는 장소

분류	종류	용도 및 설치 · 부착 장소
출입 금지 표지	허가대상유해 물질 취급	허가대상유해물질 제조, 사용 작업장
	석면 취급 및 해체 · 제거	석면 제조, 사용, 해체 · 제거 작업장
	금지유해물질 취급	금지유해물질 제조 · 사용설비가 설치된 장소

② 안전보건표지의 색도기준 및 용도(산업안전보건법 시행규칙 별표 8)

색 채	색도기준	용 도	사용 예
빨간색	7.5R 4/14	금 지	정지 신호, 소화설비 및 그 장소, 유해 행위의 금지
		경 고	화학 물질 취급 장소에서의 유해 · 위험 경고
노란색	5Y 8.5/12	경 고	화학 물질 취급 장소에서의 유해 · 위험 경고 이외의 위험 경고, 주의표지 또는 기계 방호물
파란색	2.5PB 4/10	지 시	특정 행위의 지시 및 사실의 고지
녹 색	2.5G 4/10	안 내	비상구 및 피난소, 사람 또는 차량의 통행 표지
흰 색	N9.5	–	파란색 또는 녹색에 대한 보조색
검은색	N0.5	–	문자 및 빨간색 또는 노란색에 대한 보조색

③ 안전보건표지의 종류와 형태(산업안전보건법 시행규칙 별표 6)

㉠ 금지표지 : 안전이나 사고 발생 방지를 위해 행위를 금지하는 표지이므로 지시하는 표지에 따라서 절대적으로 내용을 준수하여야 한다.

101 출입금지	102 보행금지	103 차량통행금지	104 사용금지
105 탑승금지	106 금 연	107 화기금지	108 물체이동금지

㉡ 경고표지 : 위험에 관련된 경고를 하기 위하여 표지를 나타낸다. 재해 방지를 위하여 위험 경고 표지를 숙지하여 재해를 예방하도록 한다.

201 인화성 물질 경고	202 산화성 물질 경고	203 폭발성 물질 경고	204 급성독성 물질 경고	205 부식성 물질 경고
206 방사성 물질 경고	207 고압전기 경고	208 매달린 물체 경고	209 낙하물 경고	210 고온 경고
211 저온 경고	212 몸균형 상실 경고	213 레이저 광선 경고	214 발암성 · 변 이원성 · 생 식독성 · 전 신독성 · 호 흡기 과민성 물질 경고	215 위험장소 경고

㉢ 지시표지 : 작업에 필요한 안전수칙 준수를 위한 지시에 관련된 표지를 활용한다.

301 보안경 착용	302 방독마스크 착용	303 방진마스크 착용	304 보안면 착용
305 안전모 착용	306 귀마개 착용	307 안전화 착용	308 안전장갑 착용	309 안전복 착용

ⓔ 안내표지 : 재해가 발생하였을 경우나 기타 행동에 대한 안내를 표지할 때에 사용된다.

401 녹십자표지	402 응급구호표지	403 들 것	404 세안장치
405 비상용기구	406 비상구	407 좌측비상구	408 우측비상구

ⓜ 관계자 외 출입금지

501 허가대상물질 작업장	502 석면취급/해체 작업장	503 금지대상물질의 취급 실험실 등
관계자 외 출입금지 (허가물질 명칭) 제조/사용/보관 중 보호구/보호복 착용 흡연 및 음식물 섭취금지	관계자 외 출입금지 석면 취급/해체 중 보호구/보호복 착용 흡연 및 음식물 섭취금지	관계자 외 출입금지 발암물질 취급 중 보호구/보호복 착용 흡연 및 음식물 섭취금지

※ 각각의 안전·보건표지(28종)는 산업표준화법에 따른 한국산업표준(KS S ISO 7010)의 안전표지로 대체할 수 있다.

2-1. 안전보건표지를 나타내는 색채 중 안내를 나타내는 것은?

① 빨간색
② 노란색
③ 파란색
④ 녹 색

2-2. '사람이 걸어 다녀서는 안 될 장소'를 의미하는 표지는?

① 출입금지
② 보행금지
③ 사용금지
④ 탑승금지

2-3. 지시 표시 중 방진마스크 착용을 나타내는 표시는?

①   ②

③   ④

2-4. 고도의 열을 발하는 물체 또는 온도가 아주 높은 장소를 나타내는 표시는?

①   ②

③   ④

2-1

• 빨간색 : 금지, 경고
  – 금지 : 정지 신호, 소화설비 및 그 장소, 유해 행위의 금지
  – 경고 : 화학물질 취급 장소에서의 유해·위험 경고
• 노란색 : 경고(화학물질 취급 장소에서의 유해·위험 경고 이외의 위험경고, 주의 표지 또는 기계 방호물)
• 파란색 : 지시(특정 행위의 지시 및 사실의 고지)

2-2

① 출입금지 : 출입을 통제해야 할 장소
③ 사용금지 : 수리 또는 고장 등으로 만지거나 작동시키는 것을 금지해야 할 기계·기구 및 설비
④ 탑승금지 : 엘리베이터 등에 타는 것이나 어떤 장소에 올라가는 것을 금지

2-3

301	302	304
보안경 착용	방독마스크 착용	보안면 착용

2-4

201	202	207
인화성 물질 경고	산화성 물질 경고	고압전기 경고

정답 2-1 ④   2-2 ②   2-3 ③   2-4 ③

핵심이론 03 | 3D프린팅 사용 단계별 안전 예방 교육

① 3D프린팅 사용 전 교육
  ㉠ 3D프린팅 작업장 환기시설을 확인하고 미리 환기시킨다.
  ㉡ 사용하려는 3D프린팅 장비와 보호구를 확인하고 사용 방법을 숙지한다.
  ㉢ 사용하려는 3D프린팅 소재와 도구의 상태를 확인한다.

② 3D프린팅 사용 중 교육
  ㉠ 필요한 안전 보호구를 착용하고 안전 도구를 활용한다.
  ㉡ 3D프린팅 사용 중에 작업이나 안전에 방해되는 행동을 하지 않는다.
  ㉢ 3D프린팅 작업장의 안전사항과 환기에 관해 지속적으로 확인한다.

③ 3D프린팅 사용 후 교육
  ㉠ 최종 결과물을 꺼낼 때는 필요한 안전 보호구를 착용하고 매뉴얼에 따라 실시한다.
  ㉡ 남은 잔여물이 있는지 꼼꼼하게 확인하고 안전지침에 따라 청소한다.
  ㉢ 관련 장비와 도구, 주변을 정리·정돈하고 작업장을 환기시킨다.

자주 출제된 문제

3D프린팅 단계별 안전교육 중 사용 전 교육 내용이 아닌 것은?

① 소재와 도구의 상태를 확인한다.
② 작업장 환기시설을 확인하고 미리 환기시킨다.
③ 장비와 보호구를 확인하고 사용 방법을 숙지한다.
④ 필요한 안전 보호구를 착용하고 안전 도구를 활용한다.

|해설|

안전 보호구 착용은 사용 중 교육에 해당한다.

정답 ④

① 3D프린터의 설치와 유지 보수
   ㉠ 가정용 3D프린터 : 제조업체의 지침에 따라 설치 및 유지 관리한다.
   ㉡ 산업용 3D프린터
      • 제조업체가 설치해야 한다.
      • 안전교육과 제조업체의 교육을 받은 기술자가 운영한다.
      • 유지 보수는 안전교육과 제조업체 또는 제조업체의 교육을 받은 엔지니어에게 받아야 한다.

② 3D프린팅의 위험 요소
   ㉠ 고온 부분 : 3D프린팅 헤드 블록 및 UV 램프, 레이저 주사부
   ㉡ 고전압부 : UV 램프, 레이저, 전자 빔 커넥터, 접지선
   ㉢ 자외선, 레이저 방사 : UV, 레이저 보안 유리
   ㉣ 움직이는 부분 : 3D프린팅 기계 조립 부분

③ 3D프린팅 공정 중의 일반 안전 수칙
   ㉠ 제조업체 지침을 따른다.
   ㉡ 비일상적 작업, 위험한 작업을 시작하기 전에 동료에게 알리고 시작한다.
   ㉢ 호흡기 질환을 예방하려면 장비와 소재를 사용하는 공간을 환기시킨다. 작업 공간의 공기량을 시간당 최소 4번 교체해야 한다.
   ㉣ 3D프린팅 작업이 시작된 후에는 덮개를 열지 말고, 인터로크 스위치를 해제하지 않는다.
   ㉤ 인터로크 안전 스위치가 고장이면 프린터를 사용하지 않는다.
   ㉥ 3D프린팅 후 후처리 공정에 들어갈 때는 비침투성, 열에 안전한 장갑과 먼지 마스크(P100)를 착용한다.

   ㉦ 광경화성 수지를 사용하는 경화되지 않은 3D프린팅 결과물은 위험하므로 취급 시 네오프렌(Neoprene) 또는 나이트릴(Nitrile) 장갑을 착용한다.
   ㉧ 메탈 프린팅 후 남아 있는 분말은 매우 위험하다. 흡입이 되거나 폭발할 수 있으므로 정전기 방지와 안전 슈트를 착용해야 한다.
   ㉨ 분말이나 액체 재료의 프린팅 시에는 안전 고글을 착용한다. 프린팅 소재의 카트리지에서 새거나 유출 시에는 재료에 맞는 흡수 패드를 사용하고 재료 유출이 되지 않도록 한다. 유해물질의 폐기물 처리 기준으로 처리한다.
   ㉩ 식음료의 저장소, 식당과의 거리를 장비와 소재와는 멀리 둔다.

④ 재료 형태에 따른 주의 사항

재료 형태	프린터 방식	주의 사항
액체 기반형	SLA, DLP	• 사용된 수지 및 수조에 남은 재료는 환경오염 가능성이 있으므로 폐기물 처리 전용 방식으로 처리한다. • 액체 또는 경화되지 않은 상태에서는 유해 가능성이 있으므로 나이트릴 장갑과 같은 특수 장갑을 사용한다. • 두통이나 메스꺼움을 유발하는 악취에 유의해야 하므로 가정 내 설치 및 사용은 권장하지 않는다. • 레이저 사출구에 대한 안전장치를 설치한다.
분말 기반형	SLS, SHS	• 분말 입자는 20~100μm이다. • 제작 시 방출되는 초미세 입자는 폐에 침투될 수 있으므로 흡입하면 안 된다. • 제품 해체 시 보호마스크의 착용은 필수이다.
고체 기반형	FDM	• ABS, PLA 등 필라멘트형 원료는 가열될 때 냄새가 심하고 독성물질 배출 위험성이 있으므로 실내 환기 또는 공기 정화 필터 등을 사용한다. • 후처리(가공) 작업 등에서 사용되는 아세톤 등 화학물질의 독성에 주의한다.
	LOM	• 적층 접착 시 사용되는 순간 접착제에 포함된 화학물질의 독성에 주의한다.

⑤ 퇴실할 때의 점검 사항

실습실 최종 퇴실자는 장비 및 전기장치의 전원 차단, 위험물질의 안전한 보관 등을 확인하고 주변 정리 정돈을 해야 한다.

㉠ 전기장치 전원 차단 : 작업장 내의 형광등 및 기타 전기기구의 전원을 차단하도록 한다.

㉡ 위험물질의 안전한 보관 : 작업에 사용했던 위험물질에 대해서 지정장소에 보관하여 관리하도록 한다.

㉢ 주변의 정리정돈 : 작업이 마무리되면 작업공간의 모든 공구나 공작물, 기타 물건에 대하여 정리정돈을 실시한다.

자주 출제된 문제

4-1. 산업용 3D프린터에 대한 설명으로 옳지 않은 것은?

① 제조업체가 설치해야 한다.
② 제조업체의 지침에 따라 사용자가 설치한다.
③ 제조업체의 교육을 받은 기술자가 운영한다.
④ 유지 보수는 안전교육을 받은 엔지니어에게 받아야 한다.

4-2. 3D프린팅의 위험 요소 중 고온 부분이 아닌 것은?

① 헤드 블록
② UV 램프
③ 전자 빔 커넥터
④ 레이저 주사부

4-3. 3D프린팅의 안전 수칙 중 옳지 않은 것은?

① 작업 공간은 자주 환기시킨다.
② 위험한 작업을 할 때는 혼자서 조용히 작업한다.
③ 인터로크 안전스위치가 고장인 경우 수리 후 사용한다.
④ 후처리 공정에 들어갈 때는 장갑과 먼지 마스크를 착용한다.

4-4. 액체 기반 3D프린팅을 사용할 때 주의점이 아닌 것은?

① 레이저 사출구에 안전장치를 설치한다.
② 수조에 남은 재료는 물과 희석하여 하수구에 버린다.
③ 악취에 유의해야 하므로 가정 내 사용은 가급적 피한다.
④ 경화되지 않은 상태의 재료를 만질 때는 나이트릴 장갑을 사용한다.

|해설|

4-1

산업용 3D프린터

• 제조업체가 설치해야 한다.
• 안전교육과 제조업체의 교육을 받은 기술자가 운영한다.
• 유지 보수는 안전교육과 제조업체 또는 제조업체의 교육을 받은 엔지니어에게 받아야 한다.

4-2

3D프린팅의 위험 요소(고온 부분)

3D프린팅 헤드 블록, UV 램프, 레이저 주사부

4-3

비일상적 작업, 위험한 작업을 시작하기 전에 동료에게 알리고 시작한다.

4-4

• 사용된 수지 및 수조에 남은 재료는 환경오염 가능성이 있으므로 폐기물 처리 전용 방식으로 처리한다.
• 경화되지 않은 상태에서는 유해 가능성이 있으므로 나이트릴 장갑과 같은 특수 장갑을 사용한다.
• 두통이나 메스꺼움을 유발하는 악취에 유의해야 하므로 가정 내 설치 및 사용은 권장하지 않는다.
• 레이저 사출구에 대한 안전장치를 설치한다.

정답 4-1 ② 4-2 ③ 4-3 ② 4-4 ②

핵심이론 01 | 안전교육의 원칙

① 일회성의 원칙

  ㉠ 단 한 번의 안전교육이라도 사람에게 회복할 수 없는 중대한 상해를 입히거나 재산상 막대한 손해를 끼치게 해서는 안 된다는 것이 안전교육의 가장 큰 원칙이다.

  ㉡ 사람은 흔히 시행착오를 통하여 많은 것을 배운다고 하지만, 사고를 통하여 위험에 관한 지식을 얻는다는 것은 무모한 일이며, 때때로 매우 큰 희생을 치르게 되므로 결코 바람직하지 못하다.

  ㉢ 우리는 안전교육의 심각성을 올바로 인식하여 단 한 번의 안전교육도 못 받고 재해를 입는 일이 결코 일어나지 않도록 지도와 계몽에 최선을 다하여야 한다.

  ㉣ 경험이 없는 어린이에게 가르치는 어버이와 같은 마음으로 새로 들어온 근로자의 불안전한 행동을 보고 느끼는 대로 "잠깐만!" 하고 부드럽게 불러서 안전의식을 일깨워 주는 것이 안전교육의 기본 정신이다.

② 자기통제의 원리

  안전교육의 궁극적 목적은 근로자 자신이 스스로를 지배 내지는 통제할 수 있는 능력을 개발하는 데 있다. 그러므로 안전교육을 통하여 인간이 얼마나 상해에 대하여 취약하며, 생존을 위하여 안전규칙을 지키는 것이 얼마나 소중한지를 이해시키는 것이 중요하다.

③ 지역의 특수성

  안전규칙은 어느 곳에서나 어느 때나 일률적으로 적용되지 않는다. 다시 말하면, 지역의 특수 여건은 시간의 흐름에 따라 변하며 그 지역의 특수성은 변화가 심하여 조건이나 상태를 오관으로 파악하기가 어려우므로 일률적으로 일정한 안전규칙을 아무 데나 적용할 수는 없으며, 결코 안전을 도모할 수 없다. 그러므로 그 지역의 위험 여건에 잘 맞는 안전규칙을 찾아내어 현실에 잘 맞도록 융통성 있는 안전교육을 실시해야 한다.

자주 출제된 문제

안전교육의 원칙에 해당하지 않는 것은?

① 반복의 원칙
② 지역의 특수성
③ 일회성의 원칙
④ 자기통제의 원리

|해설|

안전교육의 원칙 : 일회성의 원칙, 자기통제의 원리, 지역의 특수성

정답 ①

---

① 유해 물질 노출 경로

공기 중에 떠다니는 유해 물질에 의한 독성작용은 인체 내 노출 경로에 따라 다르다. 또한, 작용 부위에 도달한 유해 물질의 농도와 밀접한 관계가 있으며, 통상적으로 산업현장 유해 물질은 3가지 경로를 통해 인체로 들어온다.

㉠ 호흡기 : 유해 물질은 호흡기 계통으로 들어오는 경우가 가장 많고, 흡입된 먼지 입자는 5μm 이하만 폐포까지 도달하고, 이보다 큰 먼지는 상기도에서 대부분 걸러진다.

㉡ 피부 : 화학물질이 흡수될 수 있는 피부 면적은 폐포의 표면적보다 좁아 약 1.6m^2에 지나지 않으나 피부에서도 호흡작용이 늘 이루어지고 있고, 전 호흡량의 1.5%에 해당한다. 따라서 피부를 통해서도 유해 물질 흡수가 가능하다.

㉢ 소화기 : 입으로 들어가는 유해 물질의 양은 실제로 많지 않지만, 손가락에 묻어 있던 유해 물질이 간접적으로 담배 또는 음식물과 함께 입으로 들어가게 된다. 이렇게 들어간 유해 물질은 가래와 섞여 섬모운동에 의해 목까지 올라오고, 이를 삼키면 소화기로 들어가게 된다.

② 개인 보호구

실험 실습에 사용되는 운용 장비나 작업 등으로 인한 안전을 위협하는 위해 요소로부터 작업자의 신체 보호할 목적으로 착용 또는 휴대하기 위한 도구나 기기를 말한다.

㉠ 마스크 : 분진의 체내 축적을 최소화하기 위하여 방진·방독 보호구를 착용한다.

• 산소마스크 : 유해물질의 농도가 매우 높은 경우 또는 산소 결핍 시 사용한다.

• 송풍마스크 : 유해물질의 농도가 높은 경우에 사용한다.

• 방진마스크 : 분진 또는 흄 발생 작업에 사용한다.

  - 종류별 구조

    ⓐ 격리식 : 안면부, 여과재, 연결관, 흡기밸브, 배기밸브 및 머리끈으로 구성되며, 여과재에 의해 분진이 제거된 깨끗한 공기가 연결관을 통하여 흡기밸브로 흡입되고 체내의 공기는 외기 중으로 배출하게 되는 것으로 부품교환이 용이한 형태이다.

    ⓑ 직결식 : 안면부, 여과재, 흡기밸브, 배기밸브 및 머리끈으로 구성되며, 여과재에 의해 분진이 제거된 깨끗한 공기가 흡기밸브를 통하여 흡입되고 체내의 공기는 배기밸브를 통하여 외기 중으로 배출하게 되는 것으로 부품의 교환이 용이한 형태이다.

    ⓒ 안면부 여과재 : 여과재로 된 안면부와 머리끈으로 구성되며, 여과재인 안면부에 의해 분진을 여과한 깨끗한 공기가 흡입되고 체내의 공기는 여과재인 안면부를 통해 외기 중으로 배출되는 것으로(배기밸브가 있는 것은 배기밸브를 통하여 배출) 부품의 교환을 통해 재사용하는 것이 불가능하다.

• 방독마스크 : 작업장에 발생하는 유해가스, 증기 및 공기 중에 포함된 미세한 입자물질을 흡입해서 인체에 장해를 유발할 우려가 있는 경우에 사용하는 호흡보호구를 말한다. 일반적으로 흡수관, 직결관, 면체 등에 의해 구성되며, 흡수관 내의 약제에 의해 대상 가스를 흡수하고 청정한 공기를 착용자에게 흡입하도록 한다. 산소농도 18% 미만인 장소에서 사용을 금지한다.

  - 종류 : 사용범위에 따라 격리식, 직결식, 직결식 소형의 3가지가 있으며, 면체는 그 형상에 따라 전면형, 반면형, 1/4형으로 구분된다.

[방진마스크]

정화통　배기밸브　머리끈

[방독마스크(직결식 소형 반면형)]

※ 방진마스크의 선정 조건

- 흡기저항이 낮을 것
- 배기저항이 낮을 것
- 여과재 포집효율이 높을 것
- 착용 시 시야 확보가 용이할 것(하방 시야가 60°
  이상 되어야 함)
- 중량이 가벼워야 한다.
- 안면에서의 밀착성이 커야 한다.
- 침입률 1% 이하까지 정확히 평가 가능할 것
- 피부 접촉 부위가 부드러워야 한다.
- 사용 후 손질이 간단해야 한다.

[등급에 따른 사용장소]

특급	• 베릴륨 등과 같이 독성이 강한 물질을 함유한 분진 등의 발생장소 • 석면 취급장소 ※ 안면부여과식 특급은 석면 등 발암성 물질 취급 작업에 사용하지 않는다.
1급	• 특급마스크 착용장소를 제외한 분진 등 발생장소 • 금속 흄과 같이 열적으로 생기는 분진 등의 발생장소 • 기계적으로 분진 등이 발생하는 장소
2급	특급 및 1급 마스크 착용장소를 제외한 분진 등의 발생장소

ⓛ 고글 및 보안경

- 작업자의 안면부를 보호하기 위해 보안경을 착
  용해야 한다.
- 화학물질 보호용 안경과 보안면을 구비한다.
- 작업장 가까운 곳에 세안 설비와 비상 샤워시설
  을 설치한다.

ⓒ 장 갑

- 적합한 내화학성 장갑을 착용한다.
- 에폭시 혼합물, 아크릴레이트 및 우레탄 등 경화
  되지 않은 플라스틱 화학물질은 피부와 직접 닿
  지 않도록 하고, 해당 물질이 묻은 표면 또는 의
  복 등도 사용하지 않도록 한다.

ⓔ 작업복

작업장 내의 날카로운 물질로부터의 신체를 보호
해야 하며, 각종 오일을 사용하는 작업장 내에서
의 피부접촉으로 각종 알레르기가 발생될 수도 있
으므로 환경에 적합한 작업복을 착용해야 한다.

(a) 보안경 착용 표지　　(b) 안전화 착용 표지

(c) 작업복 착용 표지

출처 : 교육부, 생산환경관리(LM1503020407_14V2), 안전
보건 표지

ⓜ 안전화 : 작업장 내의 바닥은 작업 중에 오일 및
각종 금속 물질에 의해 작업자가 미끄러질 수도
있고, 예리한 물질에 충격을 받아 부상이 발생될
수 있으므로, 환경에 맞는 안전화를 착용하여 재해
발생을 방지할 수 있도록 해야 한다.

ⓗ 기타 : 작업의 특수성에 적합한 안전 보호구를 설
치 및 착용해야 한다.

2-1. 마스크의 종류에 해당하지 않는 것은?

① 산소마스크
② 방진마스크
③ 방독마스크
④ 자외선마스크

2-2. 유해물질의 농도가 매우 높을 때 사용하는 마스크는?

① 산소마스크
② 방진마스크
③ 방독마스크
④ 자외선마스크

2-3. 지시 표시 중 보안경 착용을 나타내는 표시는?

①   ②

③   ④

|해설|

2-1
마스크의 종류 : 산소마스크, 송풍마스크, 방진마스크, 방독마스크

2-2
마스크의 종류
• 산소마스크 : 유해물질의 농도가 매우 높은 경우 또는 산소 결핍 시 사용한다.
• 송풍마스크 : 유해물질의 농도가 높은 경우에 사용한다.
• 방진마스크 : 분진 또는 흄 발생 작업에 사용한다.
• 방독마스크 : 유해가스 발생 작업장에서 사용한다.

2-3

방독마스크 착용	안전화 착용 표지	작업복 착용 표지

정답 2-1 ④ 2-2 ① 2-3 ①

핵심이론 03 | 물질안전보건자료(MSDS) 관리

① 물질안전보건자료(MSDS ; Material Safety Data Sheet)

㉠ 물질안전보건자료는 화학물질을 안전하게 사용하고 관리하기 위해서 필요한 정보를 기재한 것이다.

㉡ 물질안전보건자료에는 해당 화학물질의 제조자, 제품명, 성분과 성질, 취급상의 주의사항, 적용된 법규, 사고가 발생했을 때 응급 처치 방법 등이 서술되어 있는 것이 일반적이다.

㉢ 물질안전보건자료는 1983년 미국 노동안전 위생국(OSHA ; Occupational Safety and Health Administration)이 화학물질이 작업장에서 일하는 근로자들에게 유해하다고 여겨 이들 물질의 유해 기준을 마련하고자 한 것에서 시작되었다.

㉣ 우리나라는 산업안전보건법 제41조(물질안전보건자료의 작성·비치 등)에 근거하여 화학물질로부터 근로자의 안전과 건강을 보호하기 위해서 1996년 7월 1일부터 시행되었다. 즉, 화학물질을 제조, 수입, 사용, 운반, 저장하고자 하는 사업주가 물질안전 보건자료를 비치하고, 화학물질이 담겨 있는 용기 또는 포장에 경고 표지를 부착하여 유해성을 알리며, 근로자에게 안전보건교육을 실시하도록 하는 제도이다.

㉤ MSDS 적용 대상 소재
• 물리적 위험 소재 : 폭발성, 산화성, 인화성·고인화성, 금수성 소재
• 건강 장해 소재 : 독성·고독성, 유해, 부식성, 자극성, 과민성, 발암성, 변이원성 소재
• 환경 유해 소재 : 생식독성 소재(환경 호르몬 유발)

㉥ MSDS 작성 항목
• 화학제품과 회사에 관한 정보
• 구성 성분의 명칭 및 함유량
• 위험성 및 유해성
• 응급조치 요령
• 폭발 혹은 화재 시 대처 방법

- 누출 사고 시 대처 방법
- 취급 및 저장 방법
- 노출 방지 및 개인 보호구
- 물리 화학적 특성
- 안정성 및 반응성
- 독성에 관한 정보
- 환경에 미치는 영향
- 폐기 시 주의 사항
- 운송에 필요한 정보
- 법적 규제 현황
- 기타 참고 사항

② 점검 포인트

근로자에게 자신이 취급하는 화학물질의 유해·위험성 등을 알려 줌으로써 근로자 스스로 자신을 보호하도록 하여 화학물질 취급 시 발생될 수 있는 산업재해나 직업병을 사전에 예방하고 불의의 사고에도 신속히 대응하도록 한다.

㉠ 사용 중인 유해화학물질에 대한 목록 작성 및 보유 여부

㉡ 화학물질의 성분·안전보건상 취급주의 사항 등에 관한 사항을 기재한 자료(물질안전보건자료, MSDS ; Material Safety Data Sheet)의 작성·비치 여부

㉢ 물질안전보건자료의 내용에 대해 해당 근로자가 숙지하고 있는지 여부

㉣ 기재사항의 누락 또는 정확성 여부

㉤ 화학물질 또는 화학물질을 함유한 제제의 경고 표시 부착 여부

③ 관리 포인트

㉠ 취급 화학물질 또는 화학물질을 함유한 제제에 대하여 MSDS를 비치 또는 게시하여야 한다.

㉡ 취급 화학물질에 대하여 MSDS 관리 규정에 따라 물질의 특성 및 위험내용, 비상시 응급조치 등이 적정하게 게시되어 있으며, MSDS의 내용에 대해 근로자 교육을 실시하고 그 기록을 보존하여야 한다.

④ 물질안전보건자료(MSDS)에 기재하여야 할 사항(산업안전보건법 제110조 제1항)

㉠ 제품명

㉡ 물질안전보건자료 대상물질을 구성하는 화학물질 중 제104조에 따른 분류기준에 해당하는 화학물질의 명칭 및 함유량

㉢ 안전 및 보건상의 취급주의 사항

㉣ 건강 및 환경에 대한 유해성, 물리적 위험성

㉤ 물리·화학적 특성 등 고용노동부령으로 정하는 사항

① 가정용 3D프린팅 공정

　㉠ 열가소성 플라스틱은 가열되고 노즐 압출된 다음 빌드 플레이트 표면 위에 적층이 되어 물체를 만든다. 이 공정의 부산물로서 나노 입자(1/10,000mm 이하의 초미립자)가 방출된다.

　　• 저온 PLA(Polylactic Acid) 공급 원료를 사용하는 3D프린터의 경우 분당 200억 개의 입자가 방출될 수 있다.

　　• 고온 ABS(Acrylonitrile Butadiene Styrene) 소재에서는 2,000억 개를 방출할 수 있다.

　㉡ 방출된 나노 입자는 매우 작고 표면이 넓으며 피부, 폐, 신경 및 뇌를 비롯한 신체의 시스템과 상호작용할 수 있기 때문에 우려의 대상이 된다. 고농도의 나노 입자에 대한 노출은 총호흡기 사망률, 뇌졸중 및 천식 증상을 비롯한 건강에 악영향을 미친다.

　㉢ PLA 공급 원료는 생체 적합성을 갖도록 설계되었지만, ABS 공급 원료의 열분해 생성물은 실험 결과, 설치류에 독성 영향을 미치는 것으로 나타났다.

　㉣ 가정용 대부분의 3D프린터에는 배기 환기 또는 여과 장치가 없으므로 프린터 배치와 재료 선택을 신중하게 고려해야 한다.

② 광경화성 수지

　인쇄 과정에서 UV 빛에 대한 노출을 이용하여 경화시킨다. 아크릴레이트와 같은 유해한 물질(Monomer)을 포함한다. 또한 자외선은 시력과 피부에 손상을 줄 수 있다.

③ 서포트 재료

　열가소성 아크릴폴리머에 포함된 페닐인산염과 같은 유해한 물질이 포함되어 있으므로 위험하다. 사용 및 폐기 시에는 주의를 해야 한다.

④ 금속 재료

　㉠ 금속 부품 제조에 사용되는 분말 금속은 반응성이 있고 불이 나거나 폭발성이 높다.

　　• 타이타늄과 알루미늄과 같이 미세하게 분쇄된 금속 분말은 폭발성이 있어서 스스로 발화되어 화재(발화성)를 일으킬 수 있으므로 화기 근처에 두지 말고 폭발 위험이 있는 곳에 분말 재료를 보관하면 안 된다.

　㉡ 소화기는 일반 소화기가 아닌 D급 금속 소화기가 필요하다.

　　• 일반적으로 제조업체의 지침을 따르며 전기 설비 및 배선작업에 적합한지 점검하여야 한다.

　　• 또한 이 과정은 레이저, 전자 빔 등 매우 높은 열을 사용하기 때문에 사용자가 열에 의한 부상을 입을 뿐만 아니라 중금속 분말 흡입 시에는 폐에 심각한 병을 유발할 수 있다.

　　• 이 유형의 3D프린터 작동에는 표준공정절차(SOP)가 필요하다.

⑤ 생물학적 물질

　㉠ 3D프린팅은 공학적 조직 생성을 위한 세포와 같은 생물학적 물질의 인쇄를 포함하도록 확대되었다.

　㉡ 에어로졸에 대한 노출로 인해 잠재적 오염과 적절한 공정 관리가 고려될 필요가 있다.

자주 출제된 문제

4-1. 열가소성 플라스틱을 이용한 3D프린팅 시 발생하는 사항에 대한 설명이 아닌 것은?

① 시력에 손상을 준다.
② 부산물로 나노 입자가 방출된다.
③ 고농도의 나노 입자에 노출 시 천식 증상을 유발한다.
④ 고온 ABS 소재에서는 2,000억 개를 방출할 수 있다.

4-2. 3D프린팅 시 사용되는 금속 분말에 대한 설명이 아닌 것은?

① 소화기는 일반 분말 소화기가 필요하다.
② 미세하게 분쇄된 금속 분말은 폭발성이 있다.
③ 스스로 발화되어 화재(발화성)를 일으킬 수 있다.
④ 중금속 분말 흡입 시에는 폐에 심각한 병을 유발할 수 있다.

|해설|

4-1
① 광경화 수지에 대한 설명으로, 광경화성 수지는 인쇄 과정에서 UV 빛에 대한 노출을 이용하여 경화시킨다. 아크릴레이트와 같은 유해한 물질(Monomer)을 포함한다. 또한 자외선은 시력과 피부에 손상을 줄 수 있다.

4-2
소화기는 일반 소화기가 아닌 D급 금속 소화기가 필요하다.

정답 4-1 ① 4-2 ①

핵심이론 05 | 사고 발생 시 대처 방법

① 눈에 들어간 경우
 ㉠ 녹은 소재가 안구에 접촉하는 경우 다량의 물로 최소 15분간 위, 아래 눈꺼풀을 들면서 씻어낸다.
 ㉡ 안구에 접촉된 모든 소재는 즉각 물로 씻어낸다.
 ㉢ 즉시 의사의 진료를 받는다.

② 피부에 접촉한 경우
 ㉠ 용융된 잔류물과 접촉 시 즉시 20분 이상 흐르는 물과 비누로 피부를 씻어내야 한다.
 ㉡ 고열의 상태로 피부에 닿았을 때는 녹은 소재를 물로 식혀야 하며, 억지로 뜯어내려 해서는 안 된다.
 ㉢ 상황에 따라 화상 제거 및 치료(열화상)를 위해 의학적 도움을 구한다.

③ 흡입한 경우
 ㉠ 녹은 필라멘트에서 누출된 가스를 흡입한 경우 신선한 공기가 있는 곳으로 이동시킨다.
 ㉡ 호흡하지 못하는 경우 인공 호흡을 실시한다.

④ 경구에 들어간 경우
 ㉠ 다량의 물을 마시게 한다.
 ㉡ 의식이 없는 경우 아무것도 먹여서는 안 된다.
 ㉢ 의학적 조언 없이 토하게 해서는 안 된다.
 ㉢ 즉시 의료진에게 보고 후 응급조치를 실시한다.

⑤ 기타 주의 사항 : 의료 인력은 해당 물질에 대해 인지하고 응급조치에 필요한 준비를 해 두어야 한다.

5-1. 3D프린팅 시 재료가 경구에 들어간 경우 응급조치에 해당하는 것은?

① 토하게 하여 배출시킨다.
② 다량의 물을 마시게 한다.
③ 신선한 공기가 있는 곳으로 이동시킨다.
④ 의식이 없는 경우 물을 천천히 주입한다.

5-2. 3D프린팅 시 재료가 피부에 접촉한 경우 응급조치에 해당하는 것이 아닌 것은?

① 억지로 뜯어내려 해서는 안 된다.
② 흐르는 물과 비누로 피부를 씻어낸다.
③ 신선한 공기가 있는 곳으로 이동시킨다.
④ 화상 제거 및 치료(열화상)를 위해 의학적 도움을 구한다.

|해설|

5-1
재료가 경구에 들어간 경우
• 다량의 물을 마시게 한다.
• 의식이 없는 경우 아무것도 먹여서는 안 된다.
• 의학적 조언 없이 토하게 해서는 안 된다.
• 즉시 의료진에게 보고 후 응급조치를 실시한다.

5-2
재료가 피부에 접촉한 경우
• 용융된 잔류물과 접촉 시 즉시 20분 이상 흐르는 물과 비누로 피부를 씻어내야 한다.
• 고열의 상태로 피부에 닿았을 때는 녹은 소재를 물로 식혀야 하며 억지로 뜯어내려 해서는 안 된다.
• 상황에 따라 화상 제거 및 치료(열화상)를 위해 의학적 도움을 구한다.

정답 5-1 ② 5-2 ③

핵심이론 06 | 전기 안전

① 인체의 전기적 특성

㉠ 감전에 의한 인체의 반응 및 사망의 한계에 대해서는 그 속성상 인체실험이 어렵다. 즉, 어떠한 실험 결과가 나와도 실제 검증이 어렵다는 것이다. 그러므로 인간의 다양성, 재해 당시의 상황변수 등을 감안하여 인체의 감전 시 위험도는 대체로 다음 4가지에 의해 결정된다.
• 통전전류의 크기   • 통전 시간
• 통전 경로   • 전원의 종류

㉡ 인체에 대한 감전의 영향은 크게 두 가지로 나눌 수 있다.
• 전기신호가 신경과 근육을 자극해서 정상적인 기능을 저해하며, 호흡정지 또는 심실세동을 일으키는 현상
• 전기에너지가 생체조직의 파괴, 손상 등의 구조적 손상을 일으킨 것

② 통전전류에 의한 영향

㉠ 최소감지 전류(Threshold of Perception)
개인이 감지할 수 있는 최소 전류로서, 전류를 손가락 끝으로 만졌을 때 찌릿하게 느끼는 전류치이며, 이는 사람마다 느끼는 정도가 다르기에 수치가 각각 다르지만 대략 2mA 이하이다.

㉡ 고통한계 전류
전류의 흐름에 따른 참을 수 있는 고통의 한계전류로, 성인남자의 경우 교류(상용주파수 60Hz)에서 약 7~8mA이다.

㉢ 자발탈출 전류(Let Go Current)
• 인체에 가해지는 전류가 증가될 때 자발적으로 접촉한 손을 뗄 수 있는 최대 전류치를 말한다.
• 약 10mA이며, 이 이상의 전류가 가해지면 전기쇼크로 근육이 수축하고 자유롭게 움직일 수 없다.

ⓐ 마비한계 전류
  • 교착전류 : 통전전류의 증가에 따라 통전경로의 근육경련이 심해지고 신경이 마비되어 운동이 자유롭지 않게 되는 한계의 전류
  • 이탈전류 : 운동의 자유를 잃지 않는 최대 한도의 전류
  • 전류값은 교류(상용주파수 60Hz)에서 이 값은 약 10~15mA이다.
ⓑ 심실세동 전류
  • 심실세동 : 일반적으로 심장의 맥동에 영향을 주어 혈액순환이 곤란하게 되고 끝내는 심장기능을 잃게 되는 현상
  • 심실세동을 일으킬 때 그대로 방치하면 수 분 이내에 사망하게 되므로 즉시 인공호흡을 실시하여야 한다.
  • 약 100mA의 전류가 계속해서 인체에 가해지면 일어난다.
ⓒ 매크로 쇼크(Macro Shock)
  • 신체의 말단(손, 발 등)에서 다시 신체의 말단까지를 흐르는 mA 수준의 큰 전류이다.
  • 전류가 손가락 등의 피부 표면에서 인체에 흘러들어 다리 등의 피부 표면으로 흘러 나가므로 심장에 직접적으로 가해지는 마이크로 쇼크에 비해 심실세동의 위험이 적다. 매크로 쇼크가 일어날 수 있는 전류값은 체중과 관계가 있으며 체중이 많이 나갈수록 매크로 쇼크를 일으킬 수 있는 전류치가 높다(성인보다는 어린아이나, 체중이 감소된 환자 등에게 더 많은 주의가 필요하다).
  • 전류의 주파수가 높으면 보다 강한 전류에도 상대적으로 안전하다.
ⓓ 마이크로 쇼크(Micro Shock)
  • 심장에 직접적으로 가해지는 아주 낮은 전류에 의한 전기적 충격으로, 심장에 바로 전기충격을 가하기에 심실세동의 위험이 크다.

• 심장 카테터법이나 페이스메이커 등 도전성 전극을 심장 내로 삽입할 때 전극을 통해 심장에 직접 누설전류가 가해질 때 발생하는 것이다.
• $100\mu A$의 아주 작은 전류로 일어나기 때문에 의료기기로 인해 심장에 흐르는 전류는 $10\mu A$ 이하로 제한한다.

전류값	인체반응
1mA 감지전류값	전류를 감지할 수 있다.
5mA 최대 감지전류	5mA 이상이 되면 견디기 어려우며 경련을 일으키며 전류감지의 최댓값이다.
10mA 자발탈출전류	인체에 가해지는 전류가 증가되었을 때 자발적으로 접촉한 손을 뗄 수 있는 최대 전류치로, 이 값 이상의 전류가 가해지면 전기 쇼크로 근육이 수축하고 자유롭게 움직일 수 없다.
10~15mA 교착전류, 이탈전류값	지속적인 근육수축이 발생해 전원으로부터 이탈이 불가능하며 강렬한 경련을 느낀다.
50mA 이상	통증, 혼절, 기절, 허탈, 피로감을 느낀다. 심장 호흡은 가능하다.
100mA~3A 심실세동 전류값	심실세동이 발생하고, 호흡곤란이 온다.
6A 이상	지속적으로 심장이 수축하고 호흡이 정지되며 3도 화상을 입는다.

③ 접촉전압의 허용한계
  ㉠ 접촉전압 : 인체를 통과하는 전류와 인체저항의 곱이 인체에 가해지는 전압으로서, 감전의 위험성은 이 접촉전압의 크기와 감전 시간과의 곱에 비례한다.
  ㉡ 위험한 장소에서의 안전전압의 한계를 말한다.
  ㉢ 일본의 경우 전압전로 지락보호지침에서는 접촉상태에 따라 다음과 같이 나눈다.

종 별	통전경로	허용접촉전압
제1종	인체의 대부분이 수중에 있는 상태	2.5V 이하
제2종	• 인체가 현저하게 젖어 있는 상태 • 금속성의 전기기계기구나 구조물에 인체의 일부가 상시 접촉되어 있는 상태	25V 이하
제3종	건조한 통상의 인체상태로서, 접촉전압이 가해지더라도 위험성이 낮은 상태	50V 이하
제4종	• 건조한 통상의 인체상태로서, 접촉전압이 가해지더라도 위험성이 낮은 상태 • 접촉전압이 가해질 우려가 없는 경우	제한없음

④ 감전에 의한 인체상해

　㉠ 감전에 의한 사망의 대부분은 감전사고 발생 직후
　　에 사망하는 것인데, 이는 충전부에 손이 접촉되어
　　흐르는 전류가 심장을 관통하여 생기는 경우가 많
　　으며 사인의 대부분은 심실세동에 의한 것이다.

　㉡ 감전이 되었을 경우 심장의 근육은 경련을 일으키
　　며 펌프작용을 정상적으로 하지 못하게 되어 혈액
　　순환이 정지되므로 호흡도 멈추게 되어 사망하게
　　되며, 심장과 호흡작용은 서로 밀접한 관계가 있으
　　므로 감전에 따른 의식불명 시 즉시 응급처치를
　　하여야 하며, 구급법으로서는 심장마사지와 인공
　　호흡법 등이 있다.

⑤ 전기화상 사고의 응급조치

　㉠ 소화용 담요, 물 등을 이용하여 불이 붙은 곳을
　　소화하거나, 급한 경우에는 피해자를 굴리면서 소
　　화한다.

　㉡ 상처에 달라붙지 않은 의복은 모두 벗긴다.

　㉢ 화상부위는 화상용 붕대를 감아 세균감염으로부
　　터 보호한다.

　㉣ 화상을 사지에만 입었을 경우 통증이 줄어들도록
　　약 10분간 화상 부위를 물에 담그거나 물을 뿌려
　　준다.

　㉤ 상처 부위에 파우더, 향유, 기름 등을 발라서는 안
　　된다.

　㉥ 진정, 진통제는 의사의 처방에 의하지 않고는 사용
　　하지 않는다.

　㉦ 의식을 잃은 환자에게는 물이나 차를 조금씩 먹이
　　되 알코올은 삼가고 구토증 환자에게는 물, 차 등
　　의 취식을 금해야 한다.

　㉧ 피해자를 담요 등으로 감싸되 상처 부위가 닿지
　　않도록 한다.

① 비상연락망 구축

    ㉠ 재해 발생 시 신속하게 대처할 수 있는 비상연락체계를 갖추고, 작업자는 사전 교육을 통하여 각종 재해 이후의 대처 방법을 숙지하고 있어야 한다.

    ㉡ 비상연락망은 재해 발생이나 기타 비상시에 담당자에게 신속한 연락을 취해 재해 발생의 확산을 막고, 재해 발생의 원인 파악과 사고방지를 위한 대책을 세울 수 있다.

    ㉢ 회사(교육기관 포함) 내의 부서 유선번호 연락을 제외한 개인 연락처의 문서공개 게시는 개인정보보호법상 금지되므로 핸드폰이나 기타 수첩에 기록하여 업무시간 이외에 발생되는 사고도 신속한 연락과 후속 조치를 취할 수 있도록 한다.

② **비상 행동요령 게시** : 재해 발생 시 담당자나 기타 작업자가 취할 수 있는 방법(행동)을 순서대로 수행할 수 있도록 게시하여 숙지하도록 한다(작업장의 게시판이나 출입구 부분에 잘 보이는 곳에 게시하도록 한다).

③ **비상구호품의 사용방법** : 재해 발생 시 구호에 필요한 물품 사용 방법을 사전에 숙지하도록 한다.

④ **재해발생지역의 통제** : 재해발생구역 및 지역의 추가적인 사고를 방지하기 위한 목적 및 사고 발생 원인 파악을 위해서도 통제가 있어야 한다.

⑤ **후속 조치** : 사고 복구 계획 및 시행과 사고 재발 방지책을 마련해야 한다.

재해 발생에 대비 하는 대처 방법이 아닌 것은?

① 비상구호품의 사용 방법을 숙지해 둔다.
② 재해 발생 지역은 위험하므로 통제하여서는 안 된다.
③ 비상 행동요령을 게시하여 순서대로 수행할 수 있도록 한다.
④ 재해 발생 시 신속하게 대처할 수 있는 비상연락체계를 구축한다.

| 해설 |

재해 발생 구역 및 지역의 추가적인 사고를 방지하기 위한 목적으로 통제가 이루어져야 하고, 사고 발생 원인 파악을 위해서도 통제가 있어야 한다.

정답 ②

응급처치란 위급한 상황으로부터 자기 자신을 지키고, 뜻하지 않은 사고가 발생했을 때 전문적인 의료서비스를 받기 전까지 적절한 처치와 보호를 해 주어 고통을 덜어주고 생명을 구할 수 있게 하는 처치를 말한다.

① 심폐소생술

심정지 환자의 생존율은 5분에 50%, 7분에 30%, 10분이 넘으면 10%, 12분에 2~5%로 감소한다.

㉠ 필요성

- 심정지의 발생은 예측이 어려우며, 예측되지 않은 심정지의 60~80%는 가정, 직장, 길거리 등 의료시설 이외의 장소에서 발생되므로 심정지의 첫 목격자는 가족, 동료, 행인 등 주로 일반인인 경우가 많다.
- 심정지가 발생된 후 4~5분이 경과되면 뇌가 비가역적 손상을 받기 때문에 심정지를 목격한 사람이 즉시 심폐소생술을 시작하여야 심정지가 발생한 사람을 정상 상태로 소생시킬 수 있다.

㉡ 기본소생술

- 심정지가 의심되는 의식이 없는 사람을 발견하였을 때, 구조를 요청하고 가슴압박을 시행하며 심장충격기를 적용하는 심폐소생술의 초기 단계를 말한다.
- 기본 소생술의 목적은 환자 발생 시 전문 소생술이 시행되기 전까지 가슴압박과 제세동 처치를 시행하여 환자의 심박동을 가능한 빨리 정상화시키는 것이다.

② 생존 사슬

심정지가 일단 발생되면 환자를 정상으로 회복시키는 것은 매우 어려우므로 심정지 발생 가능성이 높은 고위험 환자들은 사전에 의료기관의 진료를 받아 심정지 발생을 예방하는 노력을 우선적으로 시행해야 한다.

※ 심정지가 발생된 경우

- 목격자가 심정지 상태임을 신속하게 인지한다.
- 즉시 응급의료체계에 신고한다.
- 신고 후에 목격자는 즉시 심폐소생술을 시작한다.
- 심정지 발생을 연락 받은 응급의료체계는 신속히 환자 발생 현장에 도착하여 제세동을 포함한 전문소생술을 시행한다.
- 심정지 환자의 자발순환이 회복된 후에는 심정지 원인을 교정하고 통합적인 심정지 후 치료를 시행하여 환자의 생존율을 높인다.

심정지 환자를 소생시키기 위한 일련의 과정은 밀접하게 서로 연결되어 있으므로, 어느 하나라도 적절히 시행되지 않으면 심정지 환자의 소생이 어려워진다. 이러한 병원 밖에서의 심정지 발생 환자의 생존을 위하여 필수적인 과정이 서로 연결되어야 한다는 개념을 "생존사슬(Chain of Survival)"이라고 한다.

자주 출제된 문제

심폐소생술의 목적이 아닌 것은?

① 환자의 사망 방지
② 자발순환 회복
③ 뇌의 생리학적 사망시간 연장
④ 심혈관질환의 예방과 치유

|해설|

기본 소생술의 목적은 환자 발생 시 전문소생술이 시행되기 전까지 가슴압박과 제세동 처치를 시행하여 환자의 심박동을 가능한 빨리 정상화시키는 것이다.

정답 ④

핵심이론 01 | 안전점검의 종류

① 정기점검 : 일정기간마다 정기적으로 실시하는 계획적인 점검으로, 법적 기준이나 사내 안전보건 관련 규정에 따라 해당 책임자가 실시한다.

② 일상(수시)점검 : 매일 작업 전, 작업 중 또는 작업 후에 실시하는 일상적인 점검으로, 작업자, 작업책임자, 관리감독자가 실시한다. 외부에 위탁하여 안전전문기관이 주기적으로 실시하기도 한다.

③ 임시점검 : 기계·기구·설비의 이상을 발견할 경우 가동을 정지하고 임시로 실시하는 점검으로, 정기점검 이외에 긴급상황 발생 시 실시할 수 있다. 임시점검의 종류는 법률로 규제하는 것이 아니므로 사업장의 특성을 고려하여 자율적으로 정기점검, 수시점검, 임시점검으로 정할 수 있다.

④ 특별점검 : 기계·기구·설비의 신설, 변경 또는 고장·수리 등으로 비정기적인 특정점검을 하는 것으로, 해당 분야의 기술책임자가 주관하여 특별점검을 실시한 후 기계를 가동하기도 한다. 또한 회사가 안전보건 강조기간을 정해 특별점검을 실시하기도 한다.

1-1. 매일 작업 전, 작업 중, 작업 후에 하는 일상적인 점검은?

① 임시점검
② 정기점검
③ 수시점검
④ 특별점검

1-2. 기계·기구·설비의 신설, 변경 또는 고장·수리 등으로 비정기적인 점검은?

① 임시점검
② 정기점검
③ 수시점검
④ 특별점검

|해설|

1-1

수시점검 : 매일 작업 전, 작업 중 또는 작업 후에 실시하는 일상적인 점검을 말한다.

1-2

특별점검 : 기계·기구·설비의 신설, 변경 또는 고장·수리 등으로 비정기적인 특정점검을 하는 것을 말한다.

정답 1-1 ③ 1-2 ④

① 3D프린팅 관련 작업실은 관련 장비와 도구의 사용으로 인해 실내온도가 높아지거나 습도에 영향을 주어 작업실 내부의 공기 질에 영향을 미친다.
② 3D프린팅 관련 장비와 재료의 특성에 따라 정해진 적절한 온도와 습도를 유지해야 한다.
③ 난방기와 제습기, 냉방기와 가습기 등을 활용하여 3D프린팅 작업실의 환경을 안전하고 쾌적하게 유지한다.
④ 계절별로 3D프린팅에 적합한 작업실의 적절한 온도와 습도를 지속적으로 일정하게 유지하는 것이 중요하다.

계 절	적정온도(℃)	권장온도(℃)	적정습도(%)	권장습도(%)
봄	19~23	19	50	50
여 름	24~27	24	60	60
가 을	19~23	19	50	50
겨 울	18~21	18	40	40

㉠ 작업실 환경 관리
  • 내부 공기질 관리
  • 적절한 온도와 습도 유지
  • 안전한 환경 유지
  • 계절별 알맞은 환경 관리

자주 출제된 문제

작업실 환경 설정 시 겨울철 적절한 온도와 습도는?

온도   습도
① 20℃   40%
② 20℃   50%
③ 25℃   40%
④ 25℃   50%

|해설|
겨울 적정온도 : 18~21℃
겨울 적정습도 : 40%

정답 ①

① ABS : 상대적으로 열에 강해 구조용 부품으로 많이 쓰이며, 강도가 우수하여 출력 후 표면 처리가 비교적 용이하다.

② PC : 열가소성 플라스틱 소재로 전기 절연성, 치수 안정성이 좋으며 전기 부품 제작에 가장 많이 사용한다.

③ HIPS : 고충격성과 우수한 휨 강도와 함께 균형이 잡힌 기계적 성질을 가진다.

④ TPU : 유연성이 우수하고 내구성이 뛰어나 복원력이 좋다.

⑤ PLA : 출력 시 열 변형에 의한 수축이 작아 다른 소재보다 정밀한 출력이 가능하다.

⑥ Nylon : 내구성이 강하고 특유의 유연성과 질긴 소재의 특징 때문에 기계 부품 등 강도와 마모도가 높은 특성의 제품 제작 시 사용된다.

⑦ PVA : 물에 잘 녹기 때문에 서포터 소재로 사용이 용이하다.

자주 출제된 문제

유연성이 우수하고 내구성이 뛰어나 복원력이 좋은 재료는?

① ABS   ② PC
③ HIPS   ④ TPU

|해설|
• ABS : 상대적으로 열에 강하므로 구조용 부품으로 많이 사용한다.
• PC : 전기 절연성, 치수 안정성이 좋아서 전기 부품 제작에 많이 사용한다.

정답 ④

① SLA(Stereo Lithography Apparatus)

    ㉠ 액상 수지의 소재를 레이저 기반으로 경화하는 방식이다.

    ㉡ 주로 대형 장비나 특정 분야에서 사용한다.

    ㉢ 주로 아크릴 계열의 소재가 사용된다.

② FDM(Fused Deposition Modeling)

    ㉠ 필라멘트 타입의 소재를 사용하여 적층시키는 방식이다.

    ㉡ 3축으로 이동하면서 제품을 적층한다.

    ㉢ 일반적으로 개인용 3D프린터에 많이 사용된다.

    ㉣ 높은 강도와 내열성을 가지고 있다.

③ PolyJet

    ㉠ 아크릴 계열의 액상 재료를 활용하는 방식이다.

    ㉡ 다양한 소재를 만들어 낼 수 있다.

    ㉢ 표면의 조도가 우수하다.

    ㉣ 다양한 색상을 구현할 수 있어서 다양한 분야에 적용할 수 있다.

④ SLS(Selective Laser Sintering)

    ㉠ 분말 재료를 사용하여 제품을 제작하는 방식이다.

    ㉡ 금속 분말을 이용한 Direct Melting 방식을 활용한다.

    ㉢ 주로 다품종의 소량 생산에 사용한다.

    ㉣ 예열 작업과 냉각 과정을 거치는 단점이 있다.

⑤ DLP(Digital Lighting Process)

    ㉠ 광경화성 수지를 고형화하는 방식이다.

    ㉡ 미세한 형상을 구현할 수 있으나 치수 정밀도가 떨어진다.

    ㉢ 일반적으로 보석이나 치과용 보조재에 사용된다.

    ㉣ 보급형 장비로도 많이 활용된다.

자주 출제된 문제

필라멘트 타입의 소재를 적층시키는 방식으로 개인용 3D프린터에 많이 사용되는 방식은?

① SLA

② FDM

③ SLS

④ DLP

|해설|

• SLA : 액상 수지의 소재를 레이저 기반으로 경화하는 방식이다.

• SLS : 분말 재료를 사용하여 제품을 제작하는 방식이다.

• DLP : 광경화성 수지를 고형화하는 방식이다.

정답 ②

① 작업 시 3D프린터가 수평으로 놓여 있는지 확인한다.

② 3D프린터를 이용하여 출력을 시작할 때 바닥에 안착되어 있는지 확인한다.

③ 3D프린터를 작동할 때는 출력 중간에 작업자가 구동부에 손대거나 접촉하지 않는지 확인한다.

④ 3D프린터로 출력을 진행한 후 관련 노즐과 헤드 온도를 체크한다.

⑤ 3D프린터에 사용되는 액상이나 분말 등의 소재를 이용할 때는 사용 전에 관련 성분을 확인한다.

⑥ 3D프린터에 사용되는 후가공 관련 화학약품을 이용할 때는 성분이 올바른지 사전에 확인한다.

⑦ 3D프린터를 이용할 때는 환기 시설과 적절한 작업 환경이 조성되어 있는지 확인한다.

⑧ 3D프린터 관련 부품 및 후가공 도구를 지침에 따라 안전하게 관리되는지 체크한다.

⑨ 3D프린터로 출력을 완료하고 작업을 마무리할 때, 찌꺼기가 내부에 남아 있는지 확인한다.

자주 출제된 문제

다음 중 3D프린터 점검사항에 해당하지 않는 것은?

① 작업 시 수평으로 놓여 있는지 확인한다.
② 환기 시설과 적절한 작업 환경이 조성되어 있는지 확인한다.
③ 후가공 관련 화학약품을 이용 시 성분이 올바른지 확인한다.
④ 3D프린터에 사용되는 액상이나 분말은 사용 후에 성분을 체크한다.

|해설|

3D프린터에 사용되는 액상이나 분말 등의 소재를 이용할 때는 사용 전에 관련 성분을 체크한다.

정답 ④

① 3D프린터 작업을 하기 전에 작업실에 비치된 관련 장비와 도구의 상태를 확인한다.

② 3D프린터 작업실의 장비와 도구별로 온도, 습도 등 작업실 환경 상태를 점검한다.

③ 3D프린터 작업을 수행할 때는 작업별로 필요한 마스크, 장갑 등 안전 보호구 및 장비를 점검한다.

④ 3D프린터 장비를 사용하여 작업을 수행할 때는 가능한 한 작업실에 관련자 이외의 출입을 삼간다.

⑤ 3D프린터 작업실에는 장비별로 사용하는 소재의 물질안전보건자료(MSDS)를 적정한 위치에 비치한다.

⑥ 3D프린터 작업실에 장비를 사용하여 발행하는 폐기물을 수거하여 처리할 수 있는 공간과 도구를 확인한다.

⑦ 3D프린터 작업실에 인화성이 강한 물질은 별도로 격리된 장소에 분리하여 보관되어 있는지 확인한다.

⑧ 3D프린터 작업실에서 작업 시 관련 소재를 흡입하거나 접촉 상황이 발생하면 참고할 조치 방법을 비치한다.

⑨ 3D프린터 작업이 완료되면 사용한 장비와 그 주변을 깨끗하게 정리·정돈했는지 확인한다.

⑩ 3D프린터 작업실 통로 및 출입문에는 비상시 탈출에 방해되는 물건이나 물품이 적재되었는지 확인한다.

⑪ 3D프린터 작업이 완료되었을 때 관련 장비와 소재에 관한 점검 일지가 작성되었는지 확인한다.

⑫ 3D프린터 장비실이 안전하고 청결하게 유지되고 있는지 정기적으로 점검한다.

자주 출제된 문제

3D프린터 작업실 주요 점검사항에 해당하지 않는 것은?

① 작업을 수행할 때는 가능한 한 작업실에 관련자 이외의 출입을 삼간다.
② 장비별로 사용하는 소재의 물질안전보건자료(MSDS)를 적정한 위치에 비치한다.
③ 인화성이 강한 물질은 별도로 격리된 장소에 보관되어 있는지 확인한다.
④ 작업실이 비좁은 경우 통로 및 출입문 가까운 곳에 재료를 보관한다.

| 해설 |

3D프린터 작업실 통로 및 출입문에는 비상시 탈출에 방해되는 물건이나 물품이 적재되었는지 확인하여 다른 물건을 적재하지 않는다.

정답 ④

Win-

PART

02

적중모의고사

#기출유형 확인   #상세한 해설   #실전 대비

01 3D프린터에 사용되는 제조 기술은?

① 절삭 가공
② 적층 제조
③ 방전 가공
④ 3D Design

해설
3D 프린팅은 2차원상의 물질들을 층층이 쌓으면서 3차원 입체를 만들어 내는 적층 제조(Additive Manufacturing) 기술의 하나이다.

02 다음이 설명하는 스캔 데이터의 유형은?

> • 점들이 서로 연결된 형태의 데이터가 저장된다.
> • 점들 간의 위상 관계가 존재한다.
> • 파라메트릭 수식을 이용하여 곡면을 생성할 수 있다.

① 폴리라인
② 삼각형 메시
③ 자유 곡면
④ 3D 기본 도형

해설
폴리라인
• 점들이 서로 연결된 폴리라인 형태의 데이터가 저장된다.
• 하나의 폴리라인 안에서는 점들 간의 순서, 즉 위상 관계가 존재하게 된다.
• 점들로 구성되어 있기 때문에 점군의 일종이라고 볼 수 있다.
• 파라메트릭 수식을 이용하여 거의 오차가 없는 자유 곡면을 생성할 수도 있다.

03 3D 스캐너 중 측정 대상물이 투명하거나 유리와 같은 소재이며, 표면에 코팅을 할 수 없는 경우 사용 가능한 것은?

① 이동식 스캐너
② TOF 방식 스캐너
③ 접촉식 스캐너
④ CT

해설
• 비접촉식 스캐너 : 측정 대상물이 쉽게 변형이 갈 경우와 표면 코팅이 가능할 경우 사용한다.
• TOF 방식의 스캐너 : 원거리의 대상을 측정할 경우 사용한다.
• 이동식 스캐너 : 측정 대상물이 크지만 일부를 스캔해야 하는 경우 사용한다.
• CT(Computed Tomography) : 측정 대상물의 내부 측정이 필요할 경우 사용한다.

04 IGES 포맷 방식에 대한 설명에 해당하지 않는 것은?

① 최초의 표준 포맷이다.
② 가장 단순한 포맷이다.
③ 형상 데이터를 나타내는 엔터티(Entity)로 이루어져 있다.
④ CAD/CAM 소프트웨어에서 3차원 모델의 거의 모든 정보를 포함할 수 있다.

해설
IGES(Initial Graphics Exchanges Specification)
• 최초의 표준 포맷이다.
• 형상 데이터를 나타내는 엔터티(Entity)로 이루어져 있다.
• 점, 선, 원, 자유 곡선, 자유 곡면, 트림 곡면, 색상, 글자 등 CAD/CAM 소프트웨어에서 3차원 모델의 거의 모든 정보를 포함할 수 있다.

05 다음이 설명하는 SLA 방식 3D프린터의 주사 방식은?

> • 광경화성 수지의 높이 제어가 어렵다.
> • 노출된 광경화성 수지의 표면에 빛을 주사하는 방식이다.
> • 스위퍼 등의 장치를 이용하여 광경화성 수지를 고르게 퍼지게 해 주어야 한다.

① 자유 액면 방식
② 규제 액면 방식
③ 솔리드 액면 방식
④ 오토 액면 방식

해설
자유 액면 방식 : 노출된 광경화성 수지의 표면에 빛을 주사하는 방식이다. 따라서 구조물 성형이 규제 액면 방식에 비해서 상대적으로 용이하다. 그러나 광경화성 수지의 높이 제어가 어렵다. 또한 층 높이가 매우 얇은 경우 광경화성 수지의 점성에 의해서 이전 층 위에 덮인 광경화성 수지가 고르게 퍼지는 데 시간이 많이 소요되기도 하기 때문에 스위퍼 등의 장치를 이용하여 광경화성 수지를 고르게 퍼지게 해 주어야 한다.

06 3D 스캐닝 시 데이터에 포함된 잡음 데이터(Noise Data)를 조정하는 기능은?

① 필터링
② 정 합
③ 병 합
④ 스무딩

해설
스캔 데이터는 기본적으로 많은 노이즈를 포함하고 있으며 측정, 정합 및 병합 후에 불필요한 데이터를 필터링해야 한다.
필터링 : 중첩된 점의 개수를 줄여 데이터 처리를 쉽게 하는 것이다.

07 다음 설명에 해당되는 3D 스캐너 타입은?

> • 특정 패턴을 물체에 투영하여 3D 정보를 얻어낸다.
> • 1차원 패턴은 선 형태의 패턴을 이용한다.
> • 2차원 패턴 방식은 그리드 또는 스트라이프 무늬의 패턴이 이용된다.

① 핸드헬드 스캐너
② 변조광 방식의 3D 스캐너
③ 백색광 방식의 3D 스캐너
④ 광 삼각법 3D 레이저 스캐너

해설
① 핸드헬드 스캐너 : 광 삼각법을 주로 이용하여 물체의 이미지를 얻으며, 점(Dot) 또는 선(Line) 타입의 레이저를 피사체에 투사하는 레이저 발송자와 반사된 빛을 받는 수신 장치(주로 CCD)와 내부 좌표계를 기준 좌표계와 연결하기 위한 시스템으로 구성되어 있다.
② 변조광 방식의 3D 스캐너 : 물체 표면에 지속적으로 주파수가 다른 빛을 쏘고 수신광부에서 이 빛을 받을 때 주파수의 차이를 검출해 거리 값을 구해내는 방식으로, 스캐너가 발송하는 레이저 소스 외에 주파수가 다른 빛의 배제가 가능해 간섭에 의한 노이즈를 감쇄시킬 수 있다.
④ 광 삼각법 3D 레이저 스캐너 : 능동형 스캐너로 분류되며, TOF 방식의 스캐너처럼 레이저를 이용한다. 삼각법을 이용하여 물체를 스캔하며 대부분의 경우는 단순히 하나의 레이저 점을 조사하는 것이 아니라 스캐닝 속도를 높이기 위해 라인 타입의 레이저가 주로 이용된다.

08 3D프린터의 방식 중 종이나 필름처럼 층으로 된 물질을 한 층씩 쌓아 만드는 것은?

① SLS   ② DMLS
③ EBM   ④ LOM

해설
① SLS(Selective Laser Sintering) : 레이저로 분말 형태의 재료를 가열하여 응고시키는 방식이다.
② DMLS(Direct Metal Laser Sintering) : 금속 분말을 레이저로 소결시켜 생산하며 강도가 높은 제품 제작에 주로 사용하는 방식이다.
③ EBM(Electron Beam Melting) : 전자 빔을 통해 금속 파우더를 용해하여 타이타늄 같은 고강도 부품을 제조하는 방식이다.

09 다음 설명에 해당되는 3D 차원 좌표계는?

> • X축은 가로축을 나타낸다.
> • Y축은 세로축을 나타낸다.
> • Z축은 바라보는 시점을 기준으로 앞쪽, 즉 시점 쪽이 양(+)의 방향이다.

① 왼손 좌표계
② 오른손 좌표계
③ 절대 좌표계
④ 원통 좌표계

해설
• 왼손 좌표계, 오른손 좌표계 모두 X축은 가로축, Y축은 세로축 이다.
• 왼손 좌표계는 시점에서 먼 쪽이 양(+)의 방향이다.
• 오른손 좌표계는 시점에서 가까운 쪽이 양(+)의 방향이다.

10 3D 모델링 방식 중 모델링의 무게 등을 측정할 수 있는 것은?

① 폴리곤 방식
② 프리핸드 방식
③ 솔리드 방식
④ 넙스 방식

해설
솔리드 방식 : 면이 모여 입체가 만들어지는 상태로 속이 꽉 찬 물체를 이용해 모델링하는 방식이다. 솔리드 방식으로 모델링할 경우 재질의 비중을 계산해 무게 등을 측정할 수 있다.

11 측정 대상물에 대한 개별 스캐닝 작업에서 얻어진 점 데이터들이 합쳐지는 과정은?

① 역설계
② 스캐닝 보정
③ 스캐닝 준비
④ 스캔 데이터 정합

해설
④ 스캔 데이터 정합 : 개별 스캐닝 작업에서 얻어진 점 데이터들이 합쳐지는 과정이다.
① 역설계 : 설계 데이터가 존재하지 않는 실물의 형상을 스캔하여 디지털화된 형상 정보를 획득하고, 이를 기반으로 CAD 데이터 를 만드는 작업이다.
② 스캐닝 보정 : 스캔 데이터가 포함하고 있는 불필요한 데이터를 필터링하는 과정이다.
③ 스캐닝 준비 : 측정 대상물에 대한 표면 처리 등의 준비, 스캐닝 가능 여부에 대한 대체 스캐너 선정 등의 작업을 수행하는 단계 이다.

12 액체 기반형 3D프린터 중 프린트 헤드의 노즐에서 액상의 컬러 잉크와 바인더라는 경화 물질을 분말 상태 재료에 분사하여 모델을 제작하는 방식은?

① FDM
② Polyjet
③ DLP
④ SLS

해설
① FDM(고체 기반형) : 열가소성 재료를 녹인 후 노즐을 거쳐 압출되는 재료를 적층해 가는 방식이다.
③ DLP(액체 기반형) : 레이저 빔이나 강한 자외선에 반응하는 광경화성 액상 수지를 경화시켜 제작하는 방식이다.
④ SLS(분말 기반형) : 분말 형태의 재료를 레이저를 이용하여 소결 또는 융해하여 형상을 제작하는 방식이다.

13 분말 기반 3D프린터에서 분말 재료를 적층하는 데 사용하는 에너지원이 아닌 것은?

① 접합제
② 레이저
③ 전자 빔
④ 가시광선

분말 기반 3D프린터는 분말 재료를 접합제, 레이저, 전자 빔 등의 다양한 에너지 소스들을 사용하여 접합, 소결, 용융 등의 형태로 적층하는 방식의 3D프린터이다.

14 3D 모델링 데이터의 가장 작은 부분의 크기가 0.2mm 정도일 때 해상도가 얼마인 프린터로 출력해야 하는가?

① 0.1mm
② 0.3mm
③ 0.5mm
④ 0.8mm

모델링 시 해상도보다 작은 부분은 해상도 이상으로 크기를 변경해야 한다.

15 DLP 방식을 지원하는 출력 소프트웨어가 아닌 것은?

① Cura
② Stick+
③ B9Creator
④ Meshmixer

DLP 방식을 지원하는 출력 소프트웨어 Meshmixer, B9Creator, Stick+ 등에서 자동 서포트를 지원하거나 직접 서포트를 설치할 수 있다.

16 도면에서 A4 제도용지의 크기는?

① 594 × 841
② 420 × 594
③ 297 × 420
④ 210 × 297

A4 용지의 크기는 210 × 297mm이다.

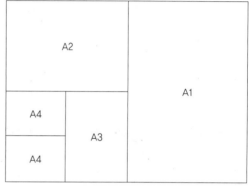

A0

17 구의 반지름을 나타내는 치수 보조 기호는?

① ∅
② S∅
③ SR
④ C

① ∅ : 지름
② S∅ : 구의 지름
④ C : 모따기

18 작업 지시서의 정보 도출 영역에서 하는 것이 아닌 것은?

① 전체 영역과 부분의 영역 설정

② 각 부분의 길이 정보 표시

③ 각 부분의 각도 정보 표시

④ 제작 시 주의사항 작성

해설
정보 도출 : 전체 영역과 부분의 영역, 각 부분의 길이, 두께, 각도에 대한 정보를 도출한다.

19 절단한 물체의 내부를 해칭 대신 얇게 칠을 하여 쉽게 물체의 단면을 알 수 있도록 하는 것은?

① 회 전   ② 스머징

③ 확 대   ④ 트리밍

해설
스머징은 절단한 물체의 내부를 해칭 대신 얇게 칠을 하여 쉽게 물체의 단면을 알 수 있도록 하는 방법이다.

20 생성된 3차원 객체의 면 일부분을 제거한 후, 남아 있는 면에 일정한 두께를 부여하여 속이 비어 있는 형상을 만드는 모델링은 무엇인가?

① 셸(Shell) 모델링

② 필렛(Fillet) 모델링

③ 스윕(Sweep) 모델링

④ 돌출(Extrude) 모델링

해설
② 필렛 모델링 : 모서리 부분을 둥글게 만드는 것이다.
③ 스윕 모델링 : 단면 곡선과 가이드 곡선이라는 2개의 스케치를 이용하여 3D 모델링을 한다.
④ 돌출 모델링 : 2D 단면에 높이 값을 주어 면을 돌출시키는 방식으로, 선택한 면에 높이 값을 주어 돌출시킨다.

21 다음 그림 기호에 해당하는 투상도법은?

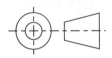

① 제1각법   ② 제2각법

③ 제3각법   ④ 제4각법

해설

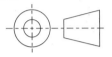   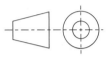

[제3각법 기호]   [제1각법 기호]

• 제1각법은 왼쪽에서 본 모양을 정면도의 오른쪽에 작성한다.
• 제3각법은 왼쪽에서 본 모양을 정면도의 왼쪽에 작성한다.

22 다음의 가공법 중 레이저를 사용하지 않는 3D프린터에 해당하는 것은?

① SLS   ② DMLS

③ SLA   ④ LOM

해설
① SLS(Selective Laser Sintering) : 레이저로 분말 형태의 재료를 가열하여 응고시키는 방식이다.
② DMLS(Direct Metal Laser Sintering) : 금속 분말을 레이저로 소결시켜 생산하며 강도가 높은 제품 제작에 주로 사용한다.
③ SLA(Stereo Lithography Apparatus) : 레이저 빛을 선택적으로 방출하여 제품을 제작하는 방식으로, 얇고 미세한 형상을 제작할 때 사용한다.
④ LOM(Laminated Object Manufacturing) : 종이나 필름처럼 층으로 된 물질을 한 층씩 쌓아 만드는 방식이다.

23 스케치를 위한 드로잉 도구가 아닌 것은?

① 호   ② ╱ 선

③ ⊘ 원   ④ 복 사

해설
복사는 스케치 편집 명령에 해당한다.

24 스케치 요소 중 그림의 선과 원에 적용할 수 없는 구속조건은?

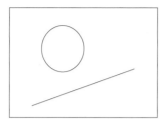

① 접 선   ② 일 치
③ 평 행   ④ 고 정

25 조립품에서 부품을 조립하면서 모델링하는 방식은?

① 상향식 방식
② 하향식 방식
③ 중립식 방식
④ 중력식 방식

26 조립품 생성 시 일치 제약 조건을 적용할 수 없는 것은?

① 면과 면
② 선과 선
③ 면과 선
④ 축과 축

27 3D 모델의 형상을 분석하여 출력하고자 할 때 Support를 만들지 않아도 되는 것은?

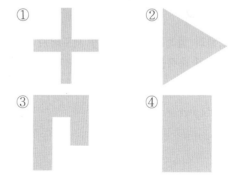

28 소재가 경화하면서 수축에 의해서 뒤틀림이 발생하는 현상은?

① Sagging ② Warping
③ Rolling ④ Slicing

> **해설**
> ① Sagging : 제작 중 하중으로 인해 아래로 처지는 현상이다.
> ② Warping : 소재가 경화하면서 수축에 의해서 뒤틀림이 발생하는 현상이다.

29 FDM 방식 3D프린터를 사용하여 지름이 30mm인 구 형상을 출력하기 위해 한 층의 높이 값을 0.2mm로 설정하여 슬라이싱하였다. 이때 생성된 건체 Layer의 총수는?

① 50개 ② 100개
③ 150개 ④ 200개

> **해설**
> 30 ÷ 0.2 = 150

30 출력물과 플레이트 사이에만 서포터가 생성되고 출력물과 출력물 사이에는 생성되지 않도록 하는 옵션은?

① Everywhere
② Touching Buildplate
③ Fill Density
④ Layer Height

> **해설**
> ① Everywhere : 서포터가 필요한 모든 곳에 서포트를 생성하는 옵션이다.
> ④ Layer Height : 3D프린터가 출력할 때 한 층의 높이를 설정하는 옵션이다. 사용할 3D프린터의 최대 높이와 최저 높이 사이의 값으로 설정하면 되고, 높이가 낮을수록 출력물의 품질이 좋아진다.

31 G코드에서 지령의 한 줄을 무엇이라 하는가?

① 블 록
② 워 드
③ 어드레스
④ 데이터

> **해설**

> G1 F 1200 X100 Y50 E20 → 블록
> 어드레스 데이터
> 워 드

32 조형을 하는 플랫폼의 온도를 설정하는 G코드는?

① M109
② M135
③ M104
④ M190

> **해설**
> ① M109 : 소재를 녹이는 열선의 온도를 지정하는 명령
> ② M135 : 헤드의 온도 조작을 위한 PID 제어의 온도 측정 및 출력 값 설정 시간 간격을 지정하는 명령
> ③ M104 : 헤드의 온도를 지정하는 명령
> ※ M190 : 플랫폼의 설정온도까지 가열(설정값에 도달할 때까지 기다리라는 의미)

33 충격 내구성이 강하고 특유의 유연성과 질긴 소재의 특징 때문에 휴대폰 케이스나 의류, 신발 등을 출력하는 데 이용되는 소재는?

① Nylon   ② ABS
③ PVA   ④ PLA

해설

② ABS 소재 : 강하고 오래가면서 열에도 상대적으로 강한 편이다. 가전제품, 자동차 부품, 파이프, 안전장치, 장난감 등 사용 범위가 넓다.
③ PVA 소재 : 고분자 화합물로 폴리아세트산비닐을 가수 분해하여 얻어지는 무색 가루이다. 물에는 녹고 일반 유기 용매에는 녹지 않는다.
④ PLA 소재 : 옥수수 전분을 이용해 만든 무독성 친환경적 재료이다. 열 변형에 의한 수축이 적어 정밀한 출력이 가능하다.

34 물에는 녹고 일반 유기 용매에는 녹지 않는 성질을 이용하여 주로 서포터에 이용하는 소재는?

① PC   ② ABS
③ PVA   ④ PLA

해설

① PC 소재 : 전기 부품 제작에 가장 많이 사용되는 재료이다. 일회성으로 강한 충격을 받는 제품에도 주로 쓰인다.
② ABS 소재 : 강하고 오래가면서 열에도 상대적으로 강한 편이다. 가전제품, 자동차 부품, 파이프, 안전장치, 장난감 등 사용 범위가 넓다.
④ PLA 소재 : 옥수수 전분을 이용해 만든 무독성 친환경적 재료이다. 열 변형에 의한 수축이 적어 정밀한 출력이 가능하다.

35 전사 방식에 대한 설명으로 옳은 것은?

① 가공 속도가 느리다.
② 가공성이 용이하다.
③ 빛을 한 점에 집광시켜 구동기가 움직인다.
④ 한 면을 광경화성 레진에 전사하여 구조물을 제작한다.

해설

주사 방식 : 일정한 빛을 한 점에 집광시켜 구동기가 움직이며 구조물을 제작하는 방식이다. 가공성이 용이하나 가공 속도가 느리다.

36 금속 분말에 대한 설명으로 옳은 것은?

① 실리카(SiO_2) 등이 많이 사용된다.
② 한 가지 금속 원소로 구성된 재료이다.
③ 염색성이 좋아서 다양한 색깔을 낼 수 있다.
④ 용융된 금속에서 빠르게 열을 분산시키기 위해 서포터가 필요하다.

해설

철, 알루미늄, 구리 등 하나 이상의 금속 원소로 구성된 재료이다. 소량의 비금속 원소(탄소, 질소) 등이 첨가되는 경우도 있다. 3D프린터에서는 주로 알루미늄, 타이타늄, 스테인리스 등이 사용되고 있다. 금속 분말은 자동차 부품과 같이 기계 부품 제작 등에 많이 사용된다.
금속 분말의 경우에는 소결되거나 용융된 금속에서 빠르게 열을 분산시키고 열에 의한 뒤틀림을 방지하기 위해서 서포터가 필요하다.

37 SLA 방식의 3D프린터에 사용되는 광경화성 수지를 보관하는 방법으로 틀린 것은?

① 빛을 차단하는 장치가 있는 곳에 보관한다.
② 광개시제와 혼합하여 보관하면 안 된다.
③ 온도의 영향이 작으므로 상온에서 보관한다.
④ 습한 곳에 보관하면 뭉침 현상이 발생할 수 있다.

해설
광경화성 재료를 보관할 때에는 빛을 차단하는 장치가 있거나 광개시제와 혼합하지 않고 보관하며, 온도에 영향을 받을 수 있으므로 온도 유지 장치에 보관하는 것이 좋다.

38 G코드에서 밀리미터(mm) 단위로 설정을 의미하는 것은?

① G17
② G20
③ G21
④ G28

해설
① G17 : X-Y 평면 설정
② G20 : 인치(inch) 단위로 설정
④ G28 : 원점으로 이동

39 M코드에서 프로그램 정지를 의미하는 것은?

① M0
② M1
③ M17
④ M102

해설
② M1 : 선택적 프로그램 정지
③ M17 : 스테핑 모터 사용
④ M102 : 압출기 전원 ON

40 STL 파일을 G코드 파일로 변환할 때 추가되어 업로드되는 것이 아닌 것은?

① 서포터 적용 유무 및 적용 유형
② 필라멘트 직경, 노즐 직경
③ 리플렉터 적용 유무 및 적용 범위
④ 출력물체의 분할

해설
• 3D프린터가 원료를 쌓기 위한 경로 및 속도, 적층 두께, 셀 두께, 내부 채움 비율
• 인쇄 속도, 압출 온도 및 히팅 베드 온도
• 서포터 적용 유무 및 적용 유형, 플랫폼 적용 유무 및 적용 유형
• 필라멘트 직경, 압출량 비율, 노즐 직경
• 리플렉터 적용 유무 및 적용 범위, 트레이블 속도, 쿨링팬 가동 유무

41 FDM 방식의 3D프린터에서 주위 온도가 낮은 경우 발생하는 것이 아닌 것은?

① 이전 층 위에 접착되지 않는다.
② 구조물에 잔류 응력이 생긴다.
③ 구조물에 변형이 발생한다.
④ 플랫폼에 고정이 잘된다.

해설
주위 온도가 너무 낮게 되면 굳는 속도가 빨라지게 되어 이전 층 위에 접착되지 않는 현상이 발생하기도 한다. 또한 낮은 온도에서 성형되면 노즐에서 토출된 재료가 급격히 냉각되기 때문에 만들어진 구조물은 잔류 응력을 가지게 되어 추후 변형이 발생할 수도 있다.

42 수용성 서포터를 제거하는 방법은?

① 물 세척을 한다.
② 리모넨 용액에 담가둔다.
③ 붓을 이용하여 털어낸다.
④ 니퍼, 조각도 등을 이용하여 제거한다.

해설
• 비수용성 서포터 : 니퍼, 커터 칼, 조각도, 아트 나이프 등 공구를 사용하여 떼어 낸다.
• 수용성 서포터 : 폴리비닐알코올이 물에 용해되는 특성을 이용하여 단순한 물 세척만으로 쉽게 제거할 수 있다.

43 구겨지고 접히는 특성 때문에 물체의 안쪽을 사포질할 때 유리한 사포는?

① 스펀지 사포
② 천 사포
③ 종이 사포
④ 금속 사포

해설
• 스펀지 사포 : 비싸지만 부드러운 곡면을 다듬는 데 주로 사용된다.
• 천 사포 : 질기기 때문에 오래 사용이 가능하다.
• 종이 사포 : 구겨지고 접히는 특성 때문에 물체의 안쪽을 사포질할 때 유리하다.

44 SLA 방식은 자외선 레이저를 사용하여 경화시키는 조형 방식이다. 거리가 먼 것은?

① 해상도가 높다.
② 파장이 짧아 지름을 작게 할 수 있다.
③ 경화되는 부피가 커서 큰 형상 제작에 적합하다.
④ 제품 제작에 시간이 많이 소요된다.

해설
레이저는 파장이 짧은 빛일수록 광학계를 이용하면 더 작은 지름을 갖는 빛으로 만들 수 있기 때문에 자외선 레이저가 주로 사용된다(정밀도, 해상도 증가). 하지만 경화되는 부피가 매우 작기 때문에 큰 형상을 제작하기에는 많은 시간이 소요된다.

45 3D프린팅 기술에 해당하지 않는 것은?

① Powder Bed Fusion
② Vat Photopolymerization
③ Material Extrusion
④ Electro-Discharge Machining

해설
Electro-Discharge Machining(방전 가공)
전극과 피가공물 사이에 짧은 주기로 반복되는 아크 방전에 의해 피가공물 표면의 일부를 제거하는 가공 방법이다.

46 베드 위에 분말을 고르게 펼쳐 주면서 일정한 높이를 갖도록 하는 SLS 방식 3D프린터의 부품은?

① 파우더 용기함   ② 스윕 암
③ 회전 롤러   ④ IR 히터

해설
① 파우더 용기함 : 파우더 베드에 들어가는 분말들을 보관하는 곳이다.
② 스윕 암 : 광경화성 수지를 평탄하게 해 준다.
④ IR 히터 : 다음 층을 형성하기 위해서 준비된 분말이 채워진 카트리지의 온도를 높이고 유지한다.

47 금속 분말 융접에서 다음이 설명하는 것은?

• 열에 의한 뒤틀림을 방지한다.
• 제품 성형 후 제거한다.
• 용융된 금속에서 열을 분산시키는 역할을 한다.

① 서포터   ② 브 림
③ 라프트   ④ 스커트

해설
빠르게 열을 분산시키고 열에 의한 뒤틀림을 방지하며, 일반적으로는 성형되는 제품과 동일한 금속 분말을 소결하거나 용융시켜 서포터를 만든다. 그리고 이렇게 만들어진 서포터는 성형 과정이 모두 끝난 후 별도의 기계 가공에 의해서 제거된다.

48 FDM 방식의 3D프린터에서 히팅 베드를 사용하지 않아도 되는 소재는?

① ABS   ② PLA

③ PC   ④ HIPS

해설

ABS 소재 같은 경우는 온도에 따른 출력물 변형이 있기 때문에 히팅 베드가 필수적이며, PLA, PVA 소재와 같이 온도 변화에 의해 출력물의 변형이 작은 경우는 히팅 베드가 굳이 필요 없다.

49 다음의 보기가 설명하는 포맷 방식은?

> • 3D프린팅의 표준 입력 파일 포맷으로 사용되고 있다.
> • 3차원 데이터의 Surface 모델을 삼각형 면에 근사시키는 방식이다.

① AMF   ② OBJ

③ 3MF   ④ STL

해설

STL 포맷은 3D프린팅 표준 포맷으로 단순하고 쉽게 사용할 수 있으며, 3차원 데이터의 Surface 모델을 삼각형 면에 근사시키는 방식이다.

50 STL에 비해 용량이 작고 곡면을 잘 표현할 수 있으며, 색상, 질감과 표면 윤곽에 대한 정보를 포함하는 포맷방식은?

① AMF   ② OBJ

③ 3MF   ④ PLY

해설

STL의 단점을 다소 보완한 파일 포맷이다. STL 포맷은 표면 메시에 대한 정보만을 포함하지만, AMF 포맷은 색상, 질감과 표면 윤곽이 반영된 면을 포함해 STL 포맷에 비해 곡면을 잘 표현할 수 있다. 색상 단계를 포함하여 각 재료 체적의 색과 메시의 각 삼각형의 색상을 지정할 수 있다. 3D CAD 모델링을 할 때 모델의 단위를 계산할 필요가 없고 같은 모델을 STL과 AMF로 변환했을 때 AMF의 용량이 매우 작다.

51 MeshLab 프로그램이 제공하는 도구가 아닌 것은?

① Cleaning   ② Rendering

③ Editing   ④ Slicing

해설

MeshLab : 구조화되지 않은 큰 메시를 관리 및 처리하는 것을 목적으로 Healing, Cleaning, Editing, Inspecting, Rendering 도구를 제공한다.

52 출력용 파일로 변환된 모델에서 메시 사이에 한 면이 비어 있는 형상을 하고 있는 것은?

① 반전 면

② 오픈 메시

③ 클로즈 메시

④ 비(非)매니폴드 형상

해설

③ 클로즈 메시 : 메시의 삼각형 면의 한 모서리가 2개의 면과 공유하는 것이다.
④ 비(非)매니폴드 형상 : 실제 존재할 수 없는 구조로 3D프린팅, 불 작업, 유체 분석 등에 오류가 생길 수 있다.

53 3D프린터에서 출력물의 출력 시간을 단축하는 방법이 아닌 것은?

① 출력할 모델의 비율을 줄여서 출력한다.

② 출력물의 내부 채우기를 조금만 한다.

③ 서포트를 없도록 하여 출력한다.

④ 출력물의 수축을 고려하여 크게 출력한다.

해설

출력물의 크기가 작으면 큰 출력물에 비해 출력 시간이 줄어든다. 또한 서포트가 적게 생성되도록 하는 것이 출력 시간을 최소화할 수 있다. 강도가 약해도 된다면 출력물 내부에 채우기를 조금만 해서 출력 시간을 줄이도록 한다.

54 문제점 리스트를 작성하고 오류 수정을 거쳐 출력용 데이터를 저장하는 과정이다. A, B에 들어갈 내용이 모두 옳은 것은?

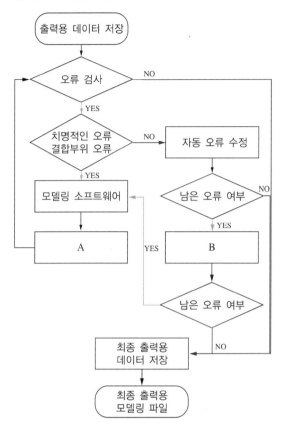

┌보기┐

ㄱ. 수동 오류 수정
ㄴ. 출력용 데이터 저장
ㄷ. 수정용 데이터 저장

① A : ㄱ, B : ㄴ
② A : ㄴ, B : ㄷ
③ A : ㄷ, B : ㄱ
④ A : ㄴ, B : ㄱ

문제점 리스트 작성을 위한 알고리즘은 다음과 같다.

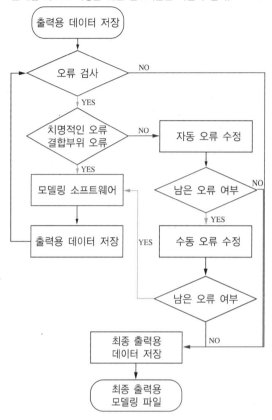

55 문제점 리스트 작성 시 제일 먼저 하는 것은?

① 모델의 오류 여부 확인
② 모델의 크기 확인
③ 모델의 서포트 확인
④ 모델의 공차 확인

문제점 리스트를 작성할 경우 제일 먼저 출력할 모델에 오류가 있는지를 확인해야 한다. 오류가 있는지 없는지도 모르는 상태에서 크기, 서포트, 공차, 채우기 등을 먼저 설정했다가 나중에 오류가 발견된다면 오류를 제거하고 다시 설정을 해야 하는 경우가 생기기 때문이다.

56 모델링 파일을 출력용 파일로 다시 저장한 이후에도 해결되지 않는 오류를 수정하는 방법은?

① 메시 수정 소프트웨어에서 수정한다.
② 모델링을 다시 한다.
③ 자동 오류 수정으로 수정한다.
④ 수동 오류 수정으로 수정한다.

해설
일반적인 오류 : 자동 오류 수정에서 수정하고 일부 오류가 수정 불가이기 때문에 수동 오류 수정을 통해 수정이 되는지 파악하고, 수정이 불가능하면 모델링 소프트웨어에서 수정해야만 한다. 모델링 소프트웨어에서 모델링 파일을 만들어 출력용 모델링 파일로 저장하는 경우에 소프트웨어상에서 오류가 생기는 일이 많다. 이런 경우 모델링 파일을 출력용 모델링 파일로 다시 저장하면 대부분 해결되지만, 그래도 해결되지 않는다면 모델링을 다시 해야 한다.

57 다음 기하공차의 기호 중 원통도 공차를 나타내는 것은?

① ⌀   ② ◎
③ //   ④ ○

해설
② ◎ : 동축도(두 개 이상의 형상이 동일한 중심축을 가지고 있어야 할 때, 각 형상의 축이 기준이 되는 축에서부터 벗어난 크기)
③ // : 평행도(기준이 되는 직선이나 평면에 대해서 평행을 이루고 있는 직선이나 평면으로부터 벗어난 크기)
④ ○ : 진원도(이상적인 원으로부터 벗어난 크기)

58 3D프린팅 시 경사진 면을 성형할 때 계단의 모양과 유사한 단차가 발생하는 현상을 무엇이라 하는가?

① 계단 현상   ② 굴절 현상
③ 꺾임 현상   ④ 빛샘 현상

해설
계단 현상 : 3D프린팅 시 경사진 면을 성형할 때 계단의 모양과 유사한 단차가 발생하는 현상
④ 빛샘 현상 : 광경화성 수지가 어느 정도의 투명도를 가지고 있을 때 경화를 시키고자 하는 레이어 면 뒤의 광경화성 수지가 이 새어나온 빛에 함께 경화되어 출력물이 지저분해지는 현상을 말한다.

59 3D프린팅 시 재료가 눈에 들어간 경우 응급조치에 해당하는 것은?

① 인공 호흡을 실시한다.
② 다량의 물을 마시게 한다.
③ 신선한 공기가 있는 곳으로 이동시킨다.
④ 다량의 물로 최소 15분간 위, 아래 눈꺼풀을 들면서 씻어낸다.

해설
눈에 들어간 경우
• 녹은 소재가 안구에 접촉하는 경우 다량의 물로 최소 15분간 위, 아래 눈꺼풀을 들면서 씻어낸다.
• 안구에 접촉된 모든 소재는 즉각 물로 씻어낸다.
• 즉시 의사의 진료를 받는다.

60 3D프린팅의 위험 요소 중 고온 부분이 아닌 것은?

① 헤드 블록
② UV 램프
③ 전자 빔 커넥터
④ 레이저 주사부

해설
• 고온 부분 : 3D프린팅 헤드 블록, UV 램프, 레이저 주사부
• 고전압부 : UV 램프, 레이저, 전자 빔 커넥터, 접지선

01 3D프린팅에 대한 설명으로 옳지 않은 것은?

① 제품의 대량 생산 시대를 가져왔다.

② 컴퓨터로 제어되기 때문에 제작할 수 있는 형태가 다양하다.

③ 2차원상의 물질들을 층층이 쌓으면서 입체를 만드는 적층 제조 기술의 하나이다.

④ 수요자의 설계를 바탕으로 구조체를 만들어 맞춤형 제품을 빠르게 만들 수 있다.

> **해설**
> 대량 생산 시대를 가져온 1, 2차 산업혁명과 달리 3D프린팅 기술은 아이디어 기반의 맞춤형 제품을 생산한다는 점에서 3차 산업혁명을 이끌 기술로 주목받고 있다.

02 3D 스캐너 중 한꺼번에 넓은 영역을 빠르게 측정할 수 있고 휴대용으로 개발하기가 용이한 것은?

① CMM 방식 3D 스캐너

② TOF 방식 레이저 3D 스캐너

③ 레이저 기반 삼각 측량 3차원 스캐너

④ 패턴 이미지 기반 삼각 측량 3차원 스캐너

> **해설**
> 패턴 이미지 기반 삼각 측량 3차원 스캐너 : 광 패턴(Structured Light)을 바꾸면서 초점 심도를 조절할 수 있고 한꺼번에 넓은 영역을 빠르게 측정할 수 있고 휴대용으로 개발하기가 용이하다.

03 라인 레이저 방식의 3D 스캐닝 시 측정이 어려운 경우가 아닌 것은?

① 표면이 투명할 경우

② 거울과 같이 전반사가 일어날 경우

③ 표면에서 난반사가 일어나는 경우

④ 표면에 레이저 스폿이 맺힌 경우

> **해설**
> • 표면이 투명할 경우 : 레이저 빔이 투과를 해서 표면에 레이저 스폿이 생성되지 않기 때문에 표면 측정이 이루어지지 않는다.
> • 전반사 또는 난반사가 일어날 경우 : 정확한 레이저 스폿의 측정이 어렵다.

04 3D 스캐닝 시 스캐너의 보정에 대한 설명으로 옳은 것만을 묶은 것은?

> ㄱ. 스캐닝을 마친 이후 보정을 수행해야 한다.
> ㄴ. 주변 조도에 따라 카메라를 보정한다.
> ㄷ. 이송 장치의 원점 설정이 이에 해당된다.

① ㄱ

② ㄱ, ㄴ

③ ㄴ, ㄷ

④ ㄱ, ㄴ, ㄷ

> **해설**
> 스캐너는 스캐닝을 시작하기 이전에 보정을 수행해야 한다. 주변 조도에 따른 카메라 보정, 이송 장치의 원점 설정 등이 있다.

05 스캐너를 이용하여 측정된 데이터가 저장되는 표준 포맷의 종류로 올바르게 나열된 것은?

① XYZ, IGES, STEP
② XYZ, STL, JPG
③ STL, AMF, OBJ
④ STL, JPG, MPEG

해설
모든 스캔 소프트웨어 혹은 데이터 처리 소프트웨어에서 사용이 가능한 포맷으로 가장 많이 사용되는 포맷은 XYZ, IGES와 STEP가 있다.

06 스캔 데이터 보정 시 측정 오류로 주변 점들에 비해서 불규칙적으로 형성된 점들에 대한 수정은 무엇인가?

① 필터링   ② 정 합
③ 페어링   ④ 스무딩

해설
① 필터링 : 중첩된 점의 개수를 줄여 데이터 처리를 쉽게 하는 것
④ 스무딩(Smoothing) : 측정 오류로 주변 점들에 비해서 불규칙적으로 형성된 점들에 대한 수정

07 절삭 가공에 비해 3D프린팅에 사용되는 적층 제조 기술의 특징이 아닌 것은?

① 재료 손실이 적다.
② 맞춤형 생산이 가능하다.
③ 다품종 소량 생산 형태이다.
④ 제작 가능한 형상에 한계가 있다.

해설
• 절삭 가공
 – 재료의 손실이 많다.
 – 소품종 대량 생산 형태이다.
 – 제작 가능한 형상에 한계가 있다.
• 적층 가공
 – 재료의 손실이 적다.
 – 다품종 소량 생산 형태이다.
 – 맞춤형 생산이 가능하다.
 – 제작 가능 형상에 제한이 거의 없다.

08 다음이 설명하는 3차원 프린터의 재료 형태는?

• 조형 속도가 가장 느리다.
• 가격이 저렴하여 일반 개인용 3D프린터로 널리 사용된다.

① 기 체
② 액 체
③ 분 말
④ 고 체

해설
• 고체 형태
 – 장점 : 가격이 저렴하여 일반 개인용 3D프린터로 널리 사용되는 추세이다.
 – 단점 : 조형 속도는 가장 느리다.
• 분말 형태
 – 장점 : 내구성이 견고하고 조형 속도는 가장 빠르다.
 – 단점 : 가격대가 비싸다.
• 액체 형태
 – 장점 : 조형 속도가 가장 빠르다.
 – 단점 : 내구성이 견고하다.

09 3D 모델링 방식의 종류 중 넙스(Nurbs) 방식에 대한 설명으로 옳지 않은 것은?

① 수학 함수를 이용하여 곡면의 형태를 만든다.
② 폴리곤 방식에 비해 많은 계산이 필요하다.
③ 재질의 비중을 계산해서 모델링의 무게 등을 측정할 수 있다.
④ 자동차나 비행기의 표면과 같은 부드러운 곡면을 설계할 때 효과적이다.

해설
넙스 방식
• 수학 함수를 이용하여 곡면의 형태를 만든다.
• 폴리곤 방식에 비해 많은 계산이 필요하지만 부드러운 곡선을 이용한 모델링에 많이 사용된다.
• 폴리곤 방식보다 정확한 모델링이 가능하다.
• 자동차나 비행기의 표면과 같은 부드러운 곡면을 설계할 때 효과적이다.

10 3D 소프트웨어에서 제공하는 3D 기본 도형에 해당하는 것은?

① 텍스트

② 사각형

③ 구

④ 타 원

3D 소프트웨어에서 제공하는 3D 기본 도형에는 Box, Cone, Sphere, Cylinder, Tube, Pyramid 등이 있다.

11 CSG(Constructive Solid Geometry) 방식의 3D 모델링에서 피연산자의 순서가 변경되면 다른 객체가 만들어지는 것은?

① 합치기(합집합)

② 교차하기(교집합)

③ 빼기(차집합)

④ 생성하기(신규 생성)

합집합과 교집합은 피연산자의 순서가 변경되어도 동일한 결과를 나타내지만, 차집합의 경우는 피연산자의 순서가 변경되면 다른 객체가 만들어진다.

12 3D프린터에서 고체 기반형이고 열가소성 재료를 녹인후 노즐을 거쳐 압출되는 재료를 적층해 가는 방식은?

① FDM ② LOM

③ DLP ④ SLS

② LOM(고체 기반형) : 종이판이나 플라스틱 등의 시트를 CO_2 레이저나 칼로 커팅 후 열을 가하여 접착하면서 모델을 제작하는 방식이다.

③ DLP(액체 기반형) : 레이저 빔이나 강한 자외선에 반응하는 광경화성 액상 수지를 경화시켜 제작하는 방식이다.

④ SLS(분말 기반형) : 분말 형태의 재료를 레이저를 이용하여 소결 또는 융해하여 형상을 제작하는 방식이다.

13 다음이 설명하는 3D프린터의 재료 형태는?

- 출력 속도와 정밀도가 우수하다.
- 소재가 다양하다.
- 액세서리 및 치기공 등 정밀한 형상을 제작할 때 사용한다.

① 고 체 ② 액 체

③ 분 말 ④ 기 체

액체 기반 3D프린터는 다양한 색상과 특성을 가지는 소재들이 개발되어 있고, 출력 속도와 정밀도가 우수하다. 속도와 품질이 우수하고 소재가 다양하기 때문에, 가격이 조정된다면 앞으로 가장 많이 사용될 것으로 전망한다. 광경화성 3D프린터는 액체 상태의 플라스틱을 광원을 이용하여 고체로 굳혀 조형물을 만드는 방식이다.

14 출력물의 채움 방식에 대한 설명으로 옳지 않은 것은?

① 출력물의 내부를 채울 때 밀도를 설정한다.

② ABS는 밀도가 높을수록 재료 수축률이 낮다.

③ 재료 수축률이 높으면 갈라짐 현상이 발생할 수 있다.

④ 밀도 수치가 높을수록 내부에 재료를 꽉 채운다.

해설
ABS : 밀도가 높을수록 재료 수축률이 높아져 갈라짐 현상이 발생할 수 있다.

15 슬라이서 프로그램에서 호환이 가능한 파일을 나열한 것은?

① .stl, .hwp

② .obj, .pdf

③ .stl, .obj

④ .pdf, .xlsx

해설
슬라이서 프로그램에서 호환 가능한 파일은 *.stl, *.obj이다.

16 도면의 용지에 대한 설명으로 옳은 것은?

① 제도용지의 비는 $1 : \frac{2}{3}$이다.

② A1 용지의 넓이는 $1m^2$이다.

③ 도면을 접을 때는 A4 용지의 크기로 접는다.

④ 도면의 보호를 위해 표제란은 안쪽으로 접는다.

해설
① 제도용지의 비는 $1 : \sqrt{2}$이다.
② A0 용지의 넓이는 $1m^2$이다.
④ 표제란이 바깥으로 나오도록 접는다.

17 다음이 설명하는 모델링 방식에 해당하는 것은?

• 주로 와인잔, 병 등을 만들 때 사용된다.
• 축을 기준으로 2D 라인을 회전하여 3D 객체를 만드는 방식이다.

① 돌출 모델링

② 스윕 모델링

③ 회전 모델링

④ 로프트 모델링

해설
① 돌출 모델링 : 2D 단면에 높이 값을 주어 면을 돌출시키는 방식이다. 선택한 면에 높이 값을 주어 돌출시킨다.
② 스윕 모델링 : 경로를 따라 2D 단면을 돌출시키는 방식이다. 스윕 모델링을 하기 위해서 경로와 2D 단면이 있어야 한다.
④ 로프트 모델링 : 2개 이상의 라인을 사용하여 3D 객체를 만드는 방식이다. 사용되는 라인 중 하나는 경로(Path)로 사용되며, 다른 하나는 표면(Shape)을 만들게 된다. 2개 이상의 라인을 적용하여 다양한 형태를 만들 수 있고, 복잡한 형태의 객체도 만들 수 있다.

18 다음의 내용은 작업 지시서에서 무엇에 해당하는가?

• 모델링 방법에 대한 자세한 설명 표기
• 제작 시 주의 사항과 요구 사항 작성
• 출력할 3D프린터의 스펙 및 출력 가능 범위 체크

① 제작 개요

② 디자인 요구 사항

③ 정보 도출

④ 도면그리기

해설
디자인 요구 사항
• 모델링 방법 : 모델링 방법에 대한 자세한 설명을 표기한다.
• 제작 시 주의 사항과 요구 사항을 작성한다.
• 출력할 3D프린터의 스펙 및 출력 가능 범위를 정확히 체크하고 그에 맞는 모델링을 수행한다.

19 치수 기입에 대한 설명 중 틀린 것은?

① 제작에 필요한 치수를 도면에 기입한다.

② 잘 알 수 있도록 중복하여 기입한다.

③ 가능한 한 주요 투상도에 집중하여 기입한다.

④ 가능한 한 계산하여 구할 필요가 없도록 기입한다.

해설

치수 기입 원칙

• 물체의 크기, 위치 등이 가장 명확하게 나타난 부분에 치수를
  기입한다.

• 중복하여 기입하지 않는다.

• 관련된 치수는 가급적 한곳에 모아서 보기 쉽게 기입한다.

• 서로 비교하기 쉬운 위치에 기입한다.

20 제3각법으로 투상한 물체의 투상도를 배열한 것이
다. (가), (나)에 들어갈 투상도로 옳은 것은?

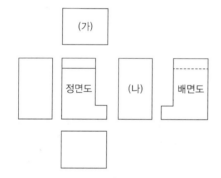

① (가) : 평면도   (나) : 우측면도

② (가) : 평면도   (나) : 좌측면도

③ (가) : 저면도   (나) : 우측면도

④ (가) : 저면도   (나) : 좌측면도

해설

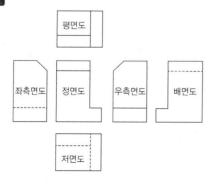

21 다음 중 물체를 제1면각에 놓고 투상을 할 때 투상
순서로 맞는 것은?

① 눈 → 투상면 → 물체

② 눈 → 물체 → 투상면

③ 투상면 → 물체 → 눈

④ 물체 → 눈 → 투상면

해설

제1각법의 순서는 '눈 → 물체 → 투상면'의 순이며, 제3각법의
순서는 '눈 → 투상면 → 물체'의 순이다.

22 다음 중 일본의 표준 기호는?

① BS   ② DIN

③ ANSI   ④ JIS

해설

① BS : 영국

② DIN : 독일

③ ANSI : 미국

23 측정 대상물을 스캔한 데이터가 포함하고 있는 불필
요한 데이터를 필터링하는 과정을 무엇이라 하는가?

① 스캐닝 속도   ② 스캐닝 보정

③ 스캔 데이터 보정   ④ 스캔 데이터 정합

해설

스캔 데이터 보정

데이터 클리닝이 끝나고 정합 전후로 다양한 보정과정(필터링,
스무딩)을 거치게 된다.

• 필터링 : 중첩된 점의 개수를 줄려 데이터 처리를 쉽게 하는 보정

• 스무딩(Smoothing) : 측정 오류로 주변 점들에 비해서 불규칙적
  으로 형성된 점들에 대한 보정

① 스캐닝 속도 : 스캐닝 점의 개수를 줄임으로써 조절하며, 이는
  스캐너에 따라서 옵션사항이다. 측정 대상물의 외관의 복잡도
  에 따라서 속도를 상대적으로 설정할 수 있다.

② 스캐너 보정 : 스캐너는 스캐닝을 시작하기 이전에 보정을 수행
  해야 한다. 이는 주변 조도에 따른 카메라 보정, 이송장치의
  원점 설정 등을 포함하고 있다. 보통의 스캐너는 자동보정기능
  이 있으며 이는 스캐닝 방식마다 다르다.

④ 스캔 데이터 정합 : 개별 스캐닝을 통해 얻어진 데이터를 정합용
  마커 혹은 고정구를 통해 매칭시켜 하나로 합치는 과정이다.

24 기하 곡면을 처리하는 기법으로 형상의 표면 데이터만 존재하는 모델링 기법은?

① 서피스 모델링(Surface Modeling)
② 솔리드 모델링(Solid Modeling)
③ 시스템 모델링(System Modeling)
④ 와이어 프레임 모델링(Wire Frame Modeling)

해설
곡면(서피스) 모델링 : 3차원 형상을 표현하는 데 있어서 솔리드 모델링으로 표현하기 힘든 기하 곡면을 처리하는 기법으로, 솔리드 모델링과는 다르게 형상의 표면 데이터만 존재하는 모델링 기법이다.

26 도면에서 구멍의 치수가 다음과 같이 기입되어 있다면 치수 공차는?

$$\phi 70^{+\,0.03}_{-\,0.02}$$

① 0.01 ② 0.02
③ 0.03 ④ 0.05

해설
70.03 - 69.98 = 0.05

25 그림 (가)의 선을 그림 (나)와 같이 만들기 위해 필요한 구속 조건이 아닌 것은?

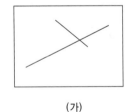 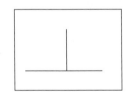

(가) (나)

① 수 평
② 수 직
③ 직 각
④ 평 행

해설

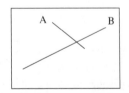

A는 수직 구속 조건, B는 수평 구속 조건을 각각 적용하거나 직각 구속 조건을 적용한다.

27 3D프린팅은 3D 모델의 형상을 분석하여 모델의 이상 유무와 형상을 고려하여 배치한다. 다음 그림과 같은 형태로 출력할 때 출력 시간이 가장 짧은 것은?(단, 아랫면이 베드에 부착되는 면이다)

①  ②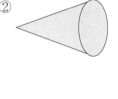

③   ④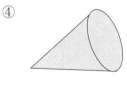

해설
같은 모양이므로 제품의 출력에 걸리는 시간은 동일하다고 한다면 서포터의 유무에 따라 출력시간이 증가하거나 감소할 수 있다.

28 지지대를 사용하지 않아도 되는 방식은?

① FDM 방식　　　② SLS 방식
③ SLA 방식　　　④ MJM 방식

해설
3DP 방식이나 SLS 방식의 경우 적층 기술은 따로 지지대를 사용하지 않기 때문에 파우더만 털어주면 출력물을 얻을 수 있다.

29 FDM 방식의 3D프린팅에서 출력물이 베드에 잘 부착되도록 하는 역할을 하는 것이 아닌 것은?

① 루 프
② 브 림
③ 라프트
④ 스커트

해설
FDM 방식은 고온에서 용융된 재료가 상온에서 급하게 굳어지면서 미세한 수축이 발생하고, 이로 인해 베드 부분에 안착된 첫 레이어가 뜨는 현상이 발생한다. 따라서 베드 고정에는 스커트(Skirt), 브림(Brim), 라프트(Raft)를 이용한다.

30 어드레스 중 보조 기능에 해당하는 어드레스는?

① G　　　② M
③ X　　　④ F

해설
• 준비 기능 : G
• 보조 기능 : M
• 기타 기능 : F, S, T
• 좌표어 : X, Y, Z, I, J, K, A, B, C, D, E, R, P

31 G코드에서 같은 그룹의 명령이 다시 실행되지 않는 한 지속적으로 유효한 명령이 아닌 것은?

① G00　　　② G01
③ G02　　　④ G04

해설
• 원샷(One-shot) 명령 : 한 번만 유효하며 이후의 코드에 전혀 영향을 미치지 않는 것으로 좌표계의 설정이나 기계 원점으로의 복귀 등 주로 기계 장치의 초기 설정에 관한 것이다.
• 모달(Modal) 명령 : 같은 그룹의 명령이 다시 실행되지 않는 한 지속적으로 유효하다.

32 좌표 지령 방법 중 증분 지령을 나타내는 코드는?

① G90　　　② G91
③ G92　　　④ G53

해설
① G90 : 절대 지령
③ G92 : 공작물 좌표계 설정
④ G53 : 기계 좌표계 설정

33 헤드의 온도를 지정하는 G코드는?

① M109　　　② M135
③ M104　　　④ M190

해설
① M109 : ME 방식의 헤드에서 소재를 녹이는 열선의 온도를 지정하고 해당 조건에 도달할 때까지 가열 혹은 냉각을 하면서 대기하는 명령
② M135 : 헤드의 온도 조작을 위한 PID 제어의 온도 측정 및 출력값 설정 시간 간격을 지정하는 명령
④ M190 : 조형을 하는 플랫폼을 가열하는 기능

34 3D프린터의 종류와 사용 소재의 연결이 옳은 것은?

① FDM → 열경화성 수지(고체)

② SLA → 광경화성 수지(액상)

③ SLS → 열가소성 수지(고체)

④ DLP → 열경화성 수지(분말)

> **해설**
> ① FDM 방식 : 재료를 압출기에 넣어 고온에서 노즐을 통해 필라멘트 재료를 용융 압출하여 제품을 만들기 때문에 열가소성 수지가 필라멘트 형태로 압출된다.
> ③ SLS 방식 : 고체 분말을 재료로 출력물을 제작하는 방식으로 작은 입자의 분말들을 레이저로 녹여 한 층씩 적층시켜 조형하는 방식이다.
> ④ DLP 방식 : 출력물 재료로 액체 상태의 광경화성 수지를 빛으로 경화시켜 출력물을 만든다.

36 UV 레진에 대한 설명으로 옳지 않은 것은?

① 강도가 낮다.

② 정밀도가 높다.

③ 시제품 생산에 주로 사용된다.

④ 실내의 빛에 노출되면 경화된다.

> **해설**
> UV 레진 : 구조물을 제작할 때 실내의 빛에 노출된다 하여도 경화가 되지 않는다. SLA 방식의 재료 중에선 가격이 싼 편이며 정밀도가 높은 편이다. 하지만 강도가 낮은 편이라 시제품을 생산하는 데 주로 사용된다.

35 다음 설명에 해당하는 소재는?

> • ABS와 PLA의 중간 정도의 강도를 지닌다.
> • 리모넨(Limonene)이라는 용액에 녹기 때문에 서포터 용도로 많이 쓰인다.

① PC

② HIPS

③ Nylon

④ TPU

> **해설**
> ① PC 소재 : 전기 부품 제작에 가장 많이 사용되는 재료이다. 일회성으로 강한 충격을 받는 제품에도 주로 쓰인다.
> ③ Nylon : 충격 내구성이 강하고 특유의 유연성과 질긴 소재의 특징 때문에 휴대폰 케이스나 의류, 신발 등을 출력하는 데 이용된다.
> ④ TPU 소재 : 열가소성 폴리우레탄 탄성체 수지로 탄성이 뛰어나 휘어짐이 필요한 부품 제작에 주로 사용한다.

37 다음 설명에 해당하는 금속 가공 방법은?

> 압축된 금속 분말에 적절한 열에너지를 가해 입자들의 표면을 녹이고, 녹은 표면을 가진 금속 입자들을 서로 접합시켜 금속 구조물의 강도와 경도를 높이는 공정이다.

① 단 조

② 주 조

③ 소 결

④ 압 연

> **해설**
> ① 단조 : 용융점 이하의 온도에서 힘을 가하여 가공
> ② 주조 : 용융점 이상의 온도에서 금속을 녹여 원하는 형태를 얻음
> ④ 압연 : 롤러를 이용하여 얇고 평평한 제품을 얻음

38 다음의 그림과 같이 재료가 나오게 되는 이유는?

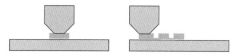

① 노즐이 히팅 베드에 너무 붙어 있을 때
② 노즐의 수평이 히팅 베드와 맞지 않을 때
③ 노즐이 히팅 베드에 너무 떨어져 있을 때
④ 스테핑 모터의 힘이 부족하여 필라멘트 공급이
   줄어들 때

해설
노즐과 베드의 간격이 너무 붙었을 때 뚝뚝 끊긴 형태로 나온다.

39 경화 부분이 타거나 열을 받아 열 변형을 일으켜서
출력물이 뒤틀리는 현상은?

① 빛샘 현상
② 과경화 현상
③ 뭉침 현상
④ 에너지 침착

해설
① 빛샘 현상 : 광경화성 수지가 어느 정도의 투명도를 가지고 있을
   때 경화시키고자 하는 레이어 면 뒤의 광경화성 수지가 새어나온
   빛에 함께 경화되어 출력물이 지저분해지는 현상이다.
② 과경화 현상 : 빛의 경화가 너무 지나치면 경화 부분이 타거나
   열을 받아 열 변형을 일으켜서 출력물에 뒤틀림 현상이 일어난다.

40 G코드에서 다음 설명에 해당하는 것은?

• 기계에 대한 직접적인 명령은 없고 사용자가 코드
  를 읽기 쉽도록 해석해 주는 문장이다.
• ';'과 '( )'가 사용된다.

① 블록   ② 데이터
③ 워드   ④ 주석

해설
블록(Block) : G-Code에서 지령의 한 줄을 말한다.

41 3D프린터에 장착된 LCD 화면을 이용하여 제어하
는 것이 아닌 것은?

① SD 카드 불러오기
② 모델링의 수정
③ 노즐과 히팅 베드 온도 조절
④ 히팅 베드 영점 조절

해설
G코드 파일 정상적인 업로드를 확인하며, SD 카드 불러오기, 필라
멘트 교체에 대한 기능, 히팅 베드 영점 조절, 노즐과 히팅 베드
온도 조절 등 3D프린팅 출력에 대한 다양한 기능들을 LCD 화면으
로 제어한다.

42 FDM 방식의 3D프린터에서 구조물에 잔류 응력이 있을 경우 해결방안은?

① 출력 속도를 빠르게 한다.
② 히팅 베드를 노즐 가까이 한다.
③ 토출되는 재료를 급격히 냉각시킨다.
④ 제품이 제작되는 내부를 적정한 온도로 유지한다.

해설
낮은 온도에서 성형되면 노즐에서 토출된 재료가 급격히 냉각되기 때문에 만들어진 구조물은 잔류 응력을 가지게 되어 추후 변형이 발생할 수도 있기 때문에 히팅 베드를 가열시켜 온도를 유지하거나 제품이 제작되는 내부 자체를 적정한 온도로 유지하여 성형한다.

43 후가공 시 사용하는 사포에 대한 설명으로 옳지 않은 것은?

① 출력물의 표면을 다듬기 위해 사용한다.
② 번호가 낮을수록 사포 표면이 곱다.
③ 사용되는 사포는 스펀지, 천, 종이 사포가 있다.
④ 거친 사포 사용을 시작해서 고운 사포로 넘어간다.

해설
사 포
• 출력물의 표면을 다듬기 위해 사포도 사용된다.
• 사포의 거칠기마다 번호가 있는데 번호가 낮을수록 사포 표면이 거칠고 높을수록 사포 표면이 곱다.
• 번호가 낮은 사포인 거친 사포로 사용을 시작해서 번호가 높은 고운 사포로 점차 단계를 넘어가야 한다.
• 사용되는 사포로는 스펀지 사포, 천 사포, 종이 사포가 있다.

44 아세톤을 이용하여 후처리 하는 방법에 대한 설명 중 틀린 것은?

① 냄새가 많이 난다.
② 훈증을 하면 부분 간 편차가 생긴다.
③ 붓을 이용하면 시간이 많이 걸린다.
④ 붓을 이용해 직접 출력물에 바르면 붓 자국이 남을 수 있다.

해설
아세톤 훈증
• 붓을 이용해 직접 출력물에 바르면 붓 자국이 남을 수도 있고 실온은 시간이 많이 걸리며 부분 간 편차가 생긴다.
• 아세톤 훈증 방식 : 편차 없이 균등하게 도포되어 출력물의 표면을 녹여 준다.

45 SLA 방식 3D프린터에 사용되는 광경화성 수지의 구성 성분이 아닌 것은?

① 광개시제   ② 단량체
③ 중간체   ④ 광촉매제

해설
SLA 방식에서 사용되는 광경화성 수지는 광개시제(Photoinitiator), 단량체(Monomer), 중간체(Oligomer), 광억제제(Light Absorber) 및 기타 첨가제로 구성된다.

42 ④ 43 ② 44 ② 45 ④ **정답**

46 다음이 설명하는 SLA 방식 3D프린터의 부품은?

> • 광경화성 수지를 평탄하게 해 준다.
> • 새로운 층을 위한 액체 광경화성 수지의 코팅을 한다.
> • 매우 날카로운 칼날 형태를 갖고 있다.

① 엘리베이터 ② 스윕 암
③ 레이저 ④ 반사 거울

해설
① 엘리베이터 : 플랫폼을 위아래로 이송한다.
④ 반사 거울 : 반사된 레이저 빛이 광경화성 수지 위에 주사되어 단면을 성형한다.

47 SLS 방식의 3D프린터에 대한 설명으로 옳지 않은 것은?

① CO_2 레이저가 많이 사용된다.
② 금속 분말은 서포터가 필요하지 않다.
③ 다양한 형태의 분말 재료의 사용이 가능하다.
④ 레이저가 분말을 융접해 가면서 제품을 제작한다.

해설
SLS 방식 : 융접되지 않은 주변 분말들이 제품의 제작 시 자연스럽게 서포터 역할을 하기 때문에 서포터가 필요하지 않게 된다. 다만, 금속 분말은 융접할 때 수축 등의 변형이 일어날 수 있으므로 별도의 서포터가 필요하다.

48 금속 분말 융접에 사용되는 재료가 아닌 것은?

① 인코넬 합금 ② 세라믹
③ 공구강 ④ 코발트 크롬

해설
SLS 방식에서 사용할 수 있는 금속은 타이타늄 합금, 인코넬 합금, 코발트 크롬, 알루미늄 합금, 스테인리스 스틸, 공구강 등이 있다.

49 SLS 방식을 이용한 금속의 후처리에 해당하지 않는 것은?

① 숏피닝 ② 절삭 가공
③ 열처리 ④ 용접 가공

해설
서포터가 제거된 후에는 금속의 기계적 물성을 높이거나 표면 거칠기를 개선하기 위해서 숏피닝(Shot Peening), 연마, 절삭 가공 또는 열처리 등의 후처리가 필요한 경우가 많다.

50 FDM 방식의 3D프린터 노즐 청소에 필요한 공구가 아닌 것은?

① 롱노즈 ② 청소 바늘
③ 토 치 ④ 망 치

해설
• 노즐 바깥부분에 찌꺼기들이 묻었을 경우
  – Preheat 기능으로 노즐의 온도를 올린 뒤 롱노즈 같은 도구로 떼어낸다. 억지로 떼려고 하면 노즐에 흠집이 생길 수 있다.
• 노즐 내부가 막혔을 경우
  – 노즐의 온도를 올려 노즐 청소 바늘 같은 걸로 노즐 구멍을 찌르면 막혔던 노즐이 뚫린다.
  – 노즐을 분해하여 토치로 노즐을 가열한 뒤 공업용 알코올에 담가 놓으면 노즐 안의 불순물들이 빠지기도 한다.

51 3D프린팅 포맷 방식 중 색상, 재질, 재료, 메시 등의 정보를 한 파일에 담을 수 있고, 매우 유연한 형식으로 필요한 데이터를 추가할 수 있는 것은?

① PLY
② OBJ
③ 3MF
④ STL

해설
① PLY : OBJ 포맷의 부족한 확장성으로 인한 성질과 요소에 개념을 종합하기 위해 고안되었으며, 스탠포드 삼각형 형식 또는 다각형 파일 형식으로, 주로 3D 스캐너를 이용해 물건이나 인물 등을 3D 스캔한 스캔 데이터를 저장하기 위해 설계되었다.
② OBJ : 모든 3D 프로그램 간의 호환이 잘되어 있으며 기하학적 정점, 텍스처 좌표, 정점 법선과 다각형 면들을 포함한다.
④ STL : 3D 프린팅 표준 포맷으로 단순하고 쉽게 사용할 수 있으며, 3차원 데이터의 Surface 모델을 삼각형 면에 근사시키는 방식이다.

52 다음의 보기가 설명하는 방식은?

• 문자열을 사용하여 형상을 표현한다.
• End Loop와 End Facet문으로 끝낸다.
• 삼각형 꼭짓점 각각을 나타내는 3개의 Vertex 문자열에 표기한다.

① 아스키 코드
② 바이너리 코드
③ Color
④ VRML

해설
아스키(ASCII) 코드 형식 : 문자열을 사용하여 형상을 표현하고, Solid는 다수의 Facet을 포함하여 각각의 Facet은 Facet Normal로 나타내는 Normal Vector로 시작해 Outer Loop 이후에 삼각형 꼭짓점 각각을 나타내는 3개의 Vertex 문자열에 표기하고 End Loop와 End Facet문으로 끝낸다.
② 바이너리(Binary) 코드 형식 : 80Byte의 Head Information과 4Byte의 전체 면들(Facets)의 개수에 각 삼각형 Facet을 3개의 Float형으로 정의한 Normal Vector 좌표와 9개의 Float형으로 정의한 Vertex 좌표 정보로 표현된다.

53 다음의 보기가 설명하는 프로그램은?

• 원본 파일과 수정된 메시를 비교할 수 있다.
• 자동 복구 도구를 이용해 결함을 제거할 수 있다.
• 메시 단순화를 통하여 메시의 수를 줄여 파일의 크기가 작아진다.

① MeshLab
② Netfabb
③ Meshmixer
④ Inventor

해설
① MeshLab : 구조화되지 않은 큰 메시를 관리 및 처리하는 것을 목적으로 Healing, Cleaning, Editing, Inspecting, Rendering 도구를 제공하는 3D 메시 수정 소프트웨어이다. 오토매틱 메시 클리닝 필터는 중복 제거, 참조되지 않은 정점, 아무 가치 없는 면, 다양하지 않은 모서리 등을 걸러 준다.
③ Meshmixer : 메시를 부드럽게 하고 구멍이나 브리지, 일그러진 경계면 등의 오류를 어느 부분에 어떤 오류가 있는지 알려주고 자동 복구시켜 준다. 물론 수동으로도 가능하고 메시를 단순화시키거나 감소시킬 수 있는 툴도 제공한다.

54 모델의 크기가 3D프린터의 플랫폼의 크기를 넘는 경우 출력하는 방법은?

① 비율을 원하는 크기로 키워서 출력한다.
② 모델을 분할시켜 출력한다.
③ 서포트를 추가하여 출력한다.
④ 출력물 내부를 많이 채우지 않고 출력한다.

해설
모델의 크기가 3D프린터의 플랫폼의 크기를 넘어 버린다면 출력이 될 수 없기 때문에, 출력할 모델의 비율을 줄여서 만들어 출력하든지 3D 프로그램과 오류 검출 프로그램을 이용해 분할시켜 출력한다.

55 MSDS에 기재하여야 할 사항이 아닌 것은?

① 화학물질의 가격
② 인체 및 환경에 미치는 영향
③ 안전 및 보건상의 취급주의 사항
④ 화학물질의 명칭 및 함유량

해설
물질안전보건자료(MSDS)에 기재하여야 할 사항(산업안전보건법
제110조)
• 제품명
• 물질안전보건자료 대상물질을 구성하는 화학물질 중 제104조에
따른 분류기준에 해당하는 화학물질의 명칭 및 함유량
• 안전 및 보건상의 취급주의 사항
• 건강 및 환경에 대한 유해성, 물리적 위험성
• 물리·화학적 특성 등 고용노동부령으로 정하는 사항

56 Open Part 경계 부분과 모델을 합성 시 결합 부분
을 넓혀 좀 더 부드럽게 합성하는 기능은?

① Offset
② Size
③ SmoothR
④ DScale

해설
① Offset : 파트와 모델 사이의 거리를 늘리는 기능이다.
② Size : 합성할 파트의 크기를 키우는 기능이다.
④ DScale : 모델과 결합된 메시의 크기 변화 없이 나머지 부분의
크기를 키운다.

57 기계 제도 도면에서 치수 앞에 표시하여 치수의 의
미를 정확하게 나타내는 데 사용하는 기호가 아닌
것은?

① t   ② C
③ □   ④ ◇

해설
① t : 두께
② C : 45° 모따기
③ □ : 정사각형

58 3D프린터 고유의 기준점으로 3D프린터가 처음 구
동되거나 초기화될 때 헤드가 복귀하게 되는 기준
점을 원점으로 사용하는 좌표계는?

① 기계 좌표계
② 공작물 좌표계
③ 로컬 좌표계
④ 직교 좌표계

해설
② 공작물 좌표계 : 3D프린터의 제품이 만들어지는 공간 안에
임의의 점을 새로운 원점으로 설정하는 것이다.
③ 로컬 좌표계 : 필요에 의해서 공작물 좌표계 내부에 또 다른
국부적인 좌표계가 요구될 때 사용된다.
④ 직교 좌표계 : X, Y, Z축이 서로 90°의 각을 이루고 있는 좌표계
이다.

59 다음 3D프린터 프로그램에 대한 설명으로 틀린 것은?

> G01 X30 Y40 E10 F1800

① 이송은 직선 이송을 나타낸다.
② 현재 위치에서 X=30, Y=40으로 이동한다.
③ 필라멘트는 10초 동안 압출한다.
④ 이송 속도는 1,800mm/min이다.

해설
E10은 압출하는 필라멘트의 길이(mm)를 나타낸다.

60 지시 표시 중 보안경 착용을 나타내는 표시는?

①

②

③

④

해설

302	303	304
방독마스크 착용	방진마스크 착용	보안면 착용

01 다음의 보기가 설명하는 가공 기술은?

> - 컴퓨터로 제어되기 때문에 만들 수 있는 형태가 다양하다.
> - 재료를 연속적으로 한층, 한층 쌓으면서 3차원 물체를 만들어 내는 제조 기술이다.
> - 기존 잉크젯 프린터에서 쓰이는 것과 유사한 적층 방식으로 입체물을 제작하는 방식도 있다.

① 3D프린팅   ② 3D Design
③ 5축 다면 가공   ④ 컴퓨터 응용 밀링 가공

해설
① 3D프린팅은 2차원상의 물질들을 층층이 쌓으면서 3차원 입체를 만들어 내는 적층 제조(Additive Manufacturing) 기술의 하나이다.
② 3D Design은 설계 방법이다.
③ 5축 다면 가공은 절삭 가공 방법이다.
④ 컴퓨터 응용 밀링 가공은 컴퓨터(G코드)를 이용한 절삭 가공 방법이다.

02 다음이 설명하는 3차원 프린터의 재료 형태는?

> - 물체의 정밀도가 높으나 내구성이 떨어진다.
> - 대표적인 방식으로는 수조 광경화(Vat Photopoly-merization) 방식이 있다.

① 기 체   ② 액 체
③ 분 말   ④ 고 체

해설
③ 분말 형태
- 장점 : 내구성이 견고하고 조형 속도는 가장 빠르다.
- 단점 : 가격대가 비싸다.
④ 고체 형태
- 장점 : 가격이 저렴하여 일반 개인용 3D프린터로 널리 사용되는 추세이다.
- 단점 : 조형 속도는 가장 느리다.

03 측정 카메라가 측정물과 이루는 각도가 30°이며, 대상물과의 거리가 4m일 때 레이저와 측정물과의 거리는 얼마인가?

① 2m   ② 3m
③ 4m   ④ 8m

해설
$$거리 = 4 \times \sin 30° = 4 \times \frac{1}{2} = 2m$$

04 3D 스캐너 중 의료 분야에서 많이 사용되는 3차원 스캐너의 일종이며, 의료 영상을 3차원 복원하는 데 많이 사용되는 것은?

① 이동식 스캐너
② TOF 방식 스캐너
③ 접촉식 스캐너
④ Computed Tomography

해설
- 비접촉식 : 측정 대상물이 쉽게 변형이 갈 경우와 표면 코팅이 가능할 경우에 사용한다.
- TOF 방식의 스캐너 : 원거리의 대상을 측정할 경우에 사용한다.
- 이동식 스캐너 : 측정 대상물이 크지만 일부를 스캔해야 하는 경우에 사용한다.
- CT(Computed Tomography) : 측정 대상물의 내부 측정이 필요할 경우에 사용한다.

05 다음이 설명하는 스캔 데이터 보정 과정은?

> • 형상을 부드럽게 하는 작업이다.
> • 삼각형의 크기를 균일하게 한다.
> • 삼각형의 면의 방향으로 바로잡는 작업이다.

① 노이징　　　　② 필터링
③ 스무딩　　　　④ 페어링

해설
페어링 작업
• 형상을 부드럽게 하는 작업
• 삼각형의 크기를 균일하게 하는 작업
• 삼각형의 면의 방향으로 바로잡는 작업
• 큰 삼각형에 노드를 추가해서 작은 삼각형으로 만드는 작업

06 3D 객체를 모델링 하는 작업 공간에서 원근 투영 방법으로 나타내는 화면은?

① Top View
② Left View
③ Front View
④ Perspective View

해설
• 평행 투영 : 거리에 관계없이 객체를 구성하는 각 요소들 간의 상대적인 크기가 보존되어 나타난다. Top View, Left View, Front View가 있다.
• 원근 투영 : 거리에 따라 크기가 다른 원근감이 나타난다. Perspective View가 있다.

07 3D 모델링 방식 중 삼각형을 기본 단위로 하여 모델링을 하며, 삼각형의 꼭짓점을 연결해 3D 객체를 얻는 것은?

① 폴리곤 방식
② 프리핸드 방식
③ 솔리드 방식
④ 넙스 방식

해설
폴리곤 방식 : 삼각형을 기본 단위로 하여 모델링을 하는 방식으로 삼각형의 꼭짓점을 연결해 3D 객체를 생성한다. 기본 삼각형은 평면이며 삼각형의 개수가 많을수록 형상이 부드럽게 표현된다. 크기가 작은 다각형을 많이 사용하여 객체를 구성하면 부드러운 표면을 표현할 수 있으나 랜더링 속도는 떨어진다. 다각형의 수가 적으면 빠른 속도로 랜더링할 수 있으나 객체 표면이 거칠게 표현된다.

08 작업 지시서의 제작 개요에 포함될 내용이 아닌 것은?

① 제작 방법　　　　② 제작자 성명
③ 제작 수량　　　　④ 제작 기간

해설
제작 개요
• 제작 물품명 : 제작할 물품명을 표기한다.
• 제작 방법 : 제작 방법에 대한 설명이다.
• 제작 기간 : 제작 기간을 표기한다.
• 제작 수량 : 제작 수량을 표기한다.

09 3D 디자인 소프트웨어의 수정 방법 중 기본 도구를 이용하여 수정하는 것이 아닌 것은?

① 크기 수정
② 위치 이동
③ 각도 수정
④ 돌출 정도 수정

해설
• 기본 도구를 이용 : 크기나 두께, 위치 이동, 각도의 수정
• 폴리곤 편집을 이용 : 돌출 모델링의 돌출의 정도 수정

10 3D프린터의 재료에서 액체 기반형 재료에 해당하는 것은?

① SLS

② FDM

③ SLA

④ LOM

해설
- 고체 기반형 : FDM, LOM
- 액체 기반형 : DLP, SLA, Polyjet/MJM
- 분말 기반형 : 3DP, SLS/DMLS, EBM

11 다음이 설명하는 3D프린터 재료의 형태는?

- 친환경적 소재 PLA를 사용할 수 있다.
- 3D프린터와 재료의 가격이 다른 3D프린터 방식에 비해 저렴하다.
- 다른 3D프린터 방식에 비해 출력의 품질이 떨어진다.
- 미세 분진과 가열된 플라스틱 냄새가 발생한다.

① 고체 기반 재료

② 액체 기반 재료

③ 기체 기반 재료

④ 분말 기반 재료

해설
고체 기반 3D프린터
- 장 점
  - 친숙한 소재 ABS, 친환경적 소재 PLA를 사용할 수 있다.
  - 3D프린터와 재료의 가격이 다른 3D프린터 방식에 비해 저렴하다.
  - 작동 원리가 간단하고 사용 가능한 오픈 소스가 많아 활용하기 좋고, 가장 보편적인 방식으로 접근성이 좋다.
- 단 점
  - 다른 3D프린터 방식에 비해 출력의 품질이 떨어진다.
  - 미세 분진과 가열된 플라스틱 냄새가 발생한다.
  - 정교한 작업이 어렵다.

12 슬라이서 프로그램에서 설정하는 것이 아닌 것은?

① 삼각형 메시의 크기를 지정한다.

② 출력물의 벽 두께를 지정한다.

③ 출력 시 적층의 높이를 지정한다.

④ 노즐과 베드판의 온도를 설정한다.

해설
슬라이서 프로그램
- 출력물의 정밀도 설정 : 적층의 높이, 벽 두께
- 출력물의 채움 방식
- 출력 속도, 노즐과 베드판의 온도 설정
- 프린팅할 재료의 직경, 압출량을 설정

13 구멍 치수와 축 치수가 다음과 같을 때 최대 틈새는?

구멍 치수 : $\varnothing 50 ^{+0.005}_{0}$

축 치수 : $\varnothing 50 ^{0}_{-0.004}$

① 0

② 0.004

③ 0.005

④ 0.009

해설
최대 틈새는 $0.005 - (-0.004) = 0.009$이다.

14 3D 형상 데이터를 분할하는 경우가 아닌 것은?

① 프린터의 최대 출력 사이즈를 넘어서는 경우

② 서포트를 최소화할 수 있는 경우

③ 분할 출력하는 것이 효율적인 경우

④ 슬라이싱 간격이 큰 경우

해설
- 슬라이싱 간격은 출력물의 정밀도와 관련이 있다.
- 슬라이싱 간격값이 낮을수록 출력물의 품질은 좋아지지만 프린팅 속도는 늦어진다.

15 슬라이서 프로그램에 대한 설명으로 틀린 것은?

① G코드를 생성하는 프로그램이다.

② 형태를 유지하기 위해 필요한 서포트의 설치를 지원한다.

③ 슬라이서 프로그램에서 호환 가능한 파일은 *.hwp, *.pdf이다.

④ STL 파일의 레이어 분할 및 출력 환경을 설정할 수 있다.

해설
슬라이서 프로그램이 인식할 수 있는 프로그램은 STL, OBJ, AMF 등의 파일 포맷이다.

16 다음과 같은 입체도에서 화살표 방향이 정면도 방향일 경우 올바르게 투상된 평면도는?

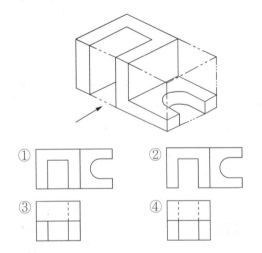

해설
투상 시 제3각법을 기준으로 하며, 평면도는 위에서 바라본 형태이다.

17 3D프린팅 시 이용하는 출력 보조물에 대한 설명이다. 다음이 설명하는 것은?

• 첫 번째 레이어를 확장시켜 플레이트에 베드면을 깔아주는 옵션이다.
• 출력 시 플레이트와 출력물이 잘 붙지 않을 때 사용한다.

① 서포터　　　　② 브 림
③ 라프트　　　　④ 스커트

해설
• 브림(Brim) : 출력물의 첫 번째 레이어에 바로 붙어서 내가 설정한 값만큼 더 넓게 바닥을 만들어 주는 것이다. 출력 후 커터나 니퍼 같은 도구를 이용해 제거해 줘야 하며, 떼어낸 후에는 후가공을 해 줘야 한다(스커트에서 출력물과의 간격을 0mm로 놓으면 브림과 똑같다).
• 스커트(Skirt) : 출력물 주변에 일정 간격을 두고 출력물의 범위를 그려 주는 역할을 한다. 최초 압출 불량이 남아 있는 상태에서 스커트를 그리게 되면 스커트를 그리는 동안 정상적으로 필라멘트가 압출되어 불량을 방지한다. 위로 몇 겹을 쌓을 것인가, 출력물에서 몇 mm 떨어트려서 쌓을 것인가, 옆으로 몇 줄을 쌓을 것인가를 설정한다.
• 라프트(Raft) : 바닥에 설정한 만큼 일정 두께를 쌓은 후 그 위에 출력물을 안착시키는 방식이다. 라프트를 하는 가장 큰 이유는 필라멘트를 깔아 놓고 그 위쪽에 작업을 하기 때문에 바닥부분이 휘어지는 등의 변형이 전혀 없으며, 필라멘트 간의 접착력으로 인해 탈착도 거의 없다. 또한, 출력이 끝난 후 라프트 부분은 손으로 잡고 뜯어도 제거가 될만큼 쉽게 제거가 가능하여 깨끗한 결과물을 얻을 수 있다.
• None : 베드 부착을 하지 않는다.

18 KS의 부문별 분류 기호의 연결이 올바르지 않은 것은?

① KS A : 기본　　② KS B : 기계
③ KS C : 전자　　④ KS M : 화학

해설
③ KS C : 전기전자

19 서피스(Surface) 모델링에서 곡면을 절단하였을 때 나타나는 요소는?

① 곡 선   ② 곡 면

③ 점   ④ 면

그림과 같은 면을 절단하면 절단 부위는 곡선으로 나타난다. 곡선을 절단하면 절단 부위는 점으로 나타난다.

20 파이프 관이나 철도 레일과 같이 동일한 단면이 경로를 따라가는 형상을 모델링하는 방법은?

① 셸(Shell) 모델링

② 스윕(Sweep) 모델링

③ 모깎기(Fillet) 모델링

④ 회전(Revolve) 모델링

② 돌출이나 회전으로 작성하기 힘든 자유 곡선이나 하나 이상의 스케치 경로를 따라가는 형상을 모델링한다. 스윕은 경로 스케치와 별도로 단면 스케치를 각각 작성하여 형상을 완성한다.

21 공차에 대한 설명으로 틀린 것은?

① 부품과 부품이 조립되는 부분에 적용한다.

② 프로그램의 모델링에서 공차가 크게 발생한다.

③ 조립 부품은 두 부품 중 하나의 부품에만 공차를 적용한다.

④ 부품 간 유격이 발생한 경우 출력 공차 내에 들어오는 조립 부품에 공차를 적용한다.

프로그램에서의 모델링은 기본적으로 공차가 발생하지 않지만, 실제 가공에서는 가공 공차를 부여하여, 제품을 제작하는 사람이 부여된 공차를 토대로 가공하여 제품을 만드는 것이 일반적이다.

22 3D프린팅 시 출력이 되지 않는 경우가 아닌 것은?

① 구조물이 출력 범위를 벗어나는 경우

② 3차원 모델의 면과 면 사이가 뚫려 있는 경우

③ 3차원 구조물의 면 두께가 노즐보다 얇은 경우

④ 동시에 여러 출력물을 출력 시 출력물 간 간격을 10mm로 설정한 경우

3D프린터를 이용하여 한 개 이상의 출력물을 한 번에 출력할 때에는 구조물 간의 간격 조정은 필수적이다. 출력물이 접촉되어 있는 경우 구조물을 제작하기 어려워진다. 또한, 모서리 부분이나 한쪽 면이 접촉이 되어 있을 경우 하나의 구조물로 제작이 되므로 한 개 이상의 출력물을 출력하고자 할 때에는 모델 사이에 0.1mm 이상의 공간을 두어야 한다.

23 슬라이싱 소프트웨어를 통해 미리 출력될 모델을 볼 때 확인할 수 있는 것이 아닌 것은?

① 출력물의 경로
② 서포터의 종류
③ 지지대의 제거 방법
④ 출력물과 플랫폼 사이의 브림의 모양

해설

3D프린터에서 실제로 재료를 적층하기 전에 슬라이싱 소프트웨어를 통해 출력될 모델을 볼 수 있다. 가상 적층을 통해 서포터 종류에 따라 어떻게 생기는지 출력물과 플랫폼 사이에 브림이나 라프트 등의 모양을 미리 알 수 있다. 때문에 실제로 출력 후 원하는 대로 모델이 나오지 않아서 재출력할 일이 줄어든다.

24 슬라이싱 프로그램 옵션 설정 중 출력 시간을 증가시키는 것이 아닌 것은?

① Layer Height를 크게 한다.
② Shell Thickness를 크게 한다.
③ Fill Density를 크게 한다.
④ Support Type을 Everywhere로 설정한다.

해설

① Layer Height : 출력 시 한 층의 높이로, 높이가 높을수록 출력물의 품질은 저하되고 시간은 단축된다.
② Shell Thickness : 출력물의 두께를 설정하는 것으로, 높아질수록 두께가 두꺼워지며 출력 시간은 증가한다.
③ Fill Density : 출력물 속을 채우는 기능으로, 증가할수록 시간이 많이 걸린다.
④ Support Type을 Everywhere로 설정 : 서포터가 필요한 모든 곳에 생성하는 옵션으로 시간이 증가한다.

25 다음 중 CNC 프로그램에서 워드(Word)의 구성으로 옳은 것은?

① 데이터(Data) + 데이터(Data)
② 블록(Block) + 어드레스(Address)
③ 어드레스(Address) + 데이터(Data)
④ 어드레스(Address) + 어드레스(Address)

해설

G1 (F)(1200) X100 Y50 E20 → 블록
어드레스   데이터
워 드

26 CNC 프로그램에서 EOB의 뜻은?

① 프로그램의 종료 ② 블록의 종료
③ 보조 기능의 정지 ④ 주축의 정지

해설

EOB는 세미콜론(;)을 의미하는 것으로 블록의 마지막에 사용하며, 해당 블록에서 이 기호 이후의 모든 문자가 주석임을 뜻한다.

27 가전제품, 자동차 부품, 파이프, 안전장치, 장난감 등에 사용하며, 열에도 상대적으로 강한 재료는?

① ABS   ② PLA
③ PC   ④ HIPS

해설

ABS
• 장 점
  – 강하고 오래가면서 열에도 상대적으로 강한 편이다.
  – 가전제품, 자동차 부품, 파이프, 안전장치, 장난감 등 사용 범위가 넓다.
  – 가격이 PLA에 비해 저렴하다.
• 단 점
  – 출력 시 휨 현상이 있으므로 설계 시에는 유의하여 사용한다.
  – 가열할 때 냄새가 나기 때문에 출력 시 환기가 필요하다.

28 SLS 방식 3D프린터에서 사용 가능한 재료가 아닌 것은?

① 세라믹 분말　　② 플라스틱 분말
③ 금속 분말　　　④ Wood 소재

해설
SLS(Selective Laser Sintering) : 레이저로 분말 형태의 재료를 가열하여 응고시키는 방식으로 플라스틱, 세라믹, 금속 분말 재료는 사용 가능하다.

29 슬라이싱된 2차원 단면 데이터에 대한 설명으로 옳지 않은 것은?

① 대부분 일정한 두께로 슬라이싱한다.
② 생성된 폐루프끼리는 교차하지 않아야 한다.
③ 절단된 윤곽의 경계 데이터가 폐루프를 이루어야 한다.
④ 층 두께 사이의 평평한 면에 대한 보정은 출력 이후에 한다.

해설
절단된 윤곽의 경계 데이터가 정확히 연결된 폐루프를 이루도록 하여야 하며, 생성된 폐루프끼리 교차되지 않아야 한다. 또한 층 두께 사이에 놓이는 평평한 면에 대한 보정도 함께 이루어져야 한다. 층 두께에 따라 가공 속도, 형상 보정량 등의 공정 인자가 달라져야 하므로 대부분의 경우에 일정한 두께로 슬라이싱한다.

30 SLA 방식처럼 광경화성 수지를 이용하며, 파트 제작에 쓰이는 재료와 서포터에 쓰이는 재료를 설치하는 곳이 다른 3D프린팅 방식은?

① FDM 방식　　　② SLS 방식
③ MJ 방식　　　　④ LOM 방식

해설
① FDM(Fused Deposition Modeling) : 열가소성 재료를 녹인 후 노즐을 거쳐 압출되는 재료를 적층해 가는 방식이다.
② SLS(Selective Laser Sintering) : 레이저로 분말 형태의 재료를 가열하여 응고시키는 방식이다.
④ LOM(Laminated Object Manufacturing) : 종이판이나 플라스틱 등의 시트를 CO_2 레이저나 칼로 커팅 후 열을 가하여 접착하면서 모델을 제작하는 방식이다.

31 G코드에서 프로그램의 마지막에 작성하는 코드는?

① M0　　　　　　② M1
③ G28　　　　　④ G00

해설
② M1 : 선택적 프로그램 정지
③ G28 : 원점으로 이동
④ G00 : 빠른 이동

32 아세톤 훈증 방식에 대한 설명으로 옳지 않은 것은?

① 실내에서 작업 시 환기 시설이 있는 공간에서 작업한다.
② 아세톤의 증발을 촉진시키면 시간을 단축할 수 있다.
③ 편차 없이 균등하게 도포되어 출력물의 표면을 녹여 준다.
④ 무색의 휘발성 액체로 인체에 무해한 액체이다.

해설
아세톤을 공기로 흡입할 경우 코와 목 안의 점막을 자극하여 염증, 두통, 현기증, 구토 등을 일으키며, 심할 경우 마취 작용에 의해 의식을 잃을 수도 있다.

33 그림에서 기하 공차 기호로 기입할 수 없는 것은?

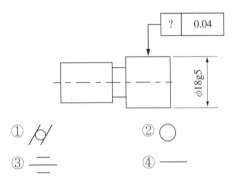

① 〆   ② ○

③ ＝   ④ ——

해설
③ 대칭도를 의미하는 것으로, 화살표가 대칭인 두 개의 면을 지시하여야 한다.

34 3D프린터의 출력 시 주의 점이 아닌 것은?

① 출력 전에 노즐의 청결 유무를 확인한다.
② 소재별로 온도 설정이 다르다.
③ 출력 전에 3D프린터의 내외부를 청소한다.
④ 출력 상태 확인을 위해 3D프린터는 문을 열어 놓고 출력한다.

해설
3D프린터 동작 중 3D프린터 문이 열려 있거나 위에 덮여 있는 뚜껑이 열려 있는 경우 출력 중인 3D프린터 내부로 이물질이 들어가서 스테핑 모터 쪽에 낀다면 출력하는 데 큰 방해가 되고 모터가 망가질 수 있다. 또한 베드에 출력물 외의 다른 출력물이나 찌꺼기가 있다면 출력에 방해가 되기 때문에 출력 중에는 문을 반드시 닫아야 한다.

35 3D 모델 데이터의 한 형식으로 기하학적 정점, 텍스처 좌표, 정점 법선과 다각형 면들을 포함하는 파일의 형태는?

① AMF
② OBJ
③ 3MF
④ STL

해설
① AMF : STL에 비해 용량이 작고 곡면을 잘 표현할 수 있으며, 색상, 질감과 표면 윤곽에 대한 정보를 포함하는 포맷 방식이다.
③ 3MF : 색상, 재질, 재료, 메시 등의 정보를 한 파일에 담을 수 있고, 매우 유연한 형식으로 필요한 데이터를 추가할 수 있는 포맷 방식이다.
④ STL : 3D프린팅 표준 포맷으로 단순하고 쉽게 사용할 수 있으며, 3차원 데이터의 Surface 모델을 삼각형 면에 근사시키는 방식이다.

36 다음의 도형에서 삼각형의 꼭짓점의 수와 모서리의 수는 몇 개인가?

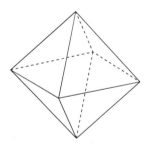

	꼭짓점 수	모서리 수
①	6	8
②	6	12
③	8	8
④	8	12

해설
• 꼭짓점 수 : $(8 / 2) + 2 = 6$
• 모서리 수 : $(6 \times 3) - 6 = 12$

37 STL 포맷 방식에 대한 설명으로 옳지 않은 것은?

① 파일의 크기가 매우 크다.

② 기하학적 위상 정보가 부족하다.

③ 최소 3번의 중복된 꼭짓점의 좌표 정의가 필요하다.

④ 곡면을 삼각형으로 표현하므로 쉽게 표현이 가능하다.

해설

STL은 최소 3번의 중복된 꼭짓점의 좌표 정의가 필요하고 기하학적 위상 정보가 부족하며, 곡면으로 구성된 모델의 경우 곡면을 삼각형만으로 표현하기 위해 아주 많은 삼각형을 필요로 한다. 동일한 Vertex가 반복된 법칙으로 인해 파일의 크기가 매우 커지게 되어 전송 시간이 길고 저장 공간을 많이 차지한다.

38 MeshLab 프로그램에서 오토매틱 메시 클리닝 필터를 통해 걸러지는 것이 아닌 것은?

① 중복 제거

② 아무 가치 없는 면

③ 다양한 모서리

④ 참조되지 않은 정점

해설

오토매틱 메시 클리닝 필터는 중복 제거, 참조되지 않은 정점, 아무 가치 없는 면, 다양하지 않은 모서리 등을 걸러 준다.

39 Meshmixer의 자동 오류 수정에서 모델의 곡면을 따라서 부드럽게 메시로 채워 주는 것은?

① Minimal Fill   ② Flat Fill

③ Smooth Fill   ④ Small Fill

해설

③ Smooth Fill : 모델의 곡면을 따라서 부드럽게 메시로 채워 준다.
① Minimal Fill : 최소한의 메시로 구멍을 채워 준다.
② Flat Fill : 많은 삼각형으로 채우지만, 구멍을 평평하게 채워 준다.

40 3D프린팅 시 문제점 해결 방법이 아닌 것은?

① 3D프린터의 플랫폼의 크기를 넘을 시 출력할 모델의 비율을 줄여 출력한다.

② 서포트가 필요한 모델은 출력 시 서포트가 가장 많이 생성되도록 방향을 수정한다.

③ 출력물이 다른 부품과 결합 또는 조립될 경우 공차를 고려한다.

④ 출력물의 강도가 강해야 할 경우 내부를 많이 채운다.

해설

서포트가 필요한 모델이라면 출력할 때 가장 서포트가 적게 생성되도록 모델의 방향을 수정하여 출력해야 시간을 최소화시킬 수 있다. 물론 서포트가 없도록 하는 경우가 가장 좋다.

41 오른손 법칙에 의해 생긴 Normal Vector가 시계 방향으로 입력되어 생기는 면을 무엇이라 하는가?

① 오픈 메시   ② 클로즈 메시

③ 반전 면   ④ 매니폴드 형상

해설

오른손 법칙에 의해 생긴 Normal Vector가 시계 방향으로 입력되어 인접된 면과 Normal Vector의 방향이 반대 방향일 경우 반전 면이 생기게 된다. 반전 면은 시각화 및 렌더링 문제뿐만 아니라 3D프린팅을 하는 경우에 문제가 발생할 수 있다.

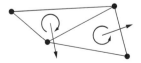

42 3D프린팅 방식 중 지지대가 없어도 되는 방식이 아닌 것은?

① 재료 압출

② 분말 융접

③ 접착제 분사

④ 방향성 에너지 침착

해설
② 분말 융접(Powder Bed Fusion) : 성형되지 않은 분말이 지지대 역할을 하게 되므로 별도의 지지대를 만들어 줄 필요가 없다.
③ 접착제 분사(Binder Jetting) : 성형되지 않은 분말이 지지대 역할을 하게 되므로 별도의 지지대를 만들어 줄 필요가 없다.
④ 방향성 에너지 침착(Directed Energy Deposition) : 방향성 에너지 침착에서는 대부분의 경우 지지대가 필요하지 않다.

43 3D프린팅 방식 중 플랫폼의 이송 방향에 따라 출력물이 성형되는 방향이 달라지는 방식은?

① 재료 압출

② 수조 광경화

③ 접착제 분사

④ 방향성 에너지 침착

해설
수조 광경화 : 빛은 위 또는 아래에서 주사될 수 있으며, 빛이 주사되는 방향으로 플랫폼이 이송되며 층이 성형된다. 플랫폼의 이송 방향에 따라서 출력물이 성형되는 방향은 위쪽 또는 아래쪽이 된다.

44 NC 공작 기계 중 G코드의 명령에 따라 제어되는 것이 아닌 것은?

① 공구의 이송   ② 주축의 회전

③ 공구 선택   ④ 전원 공급

해설
NC 공작 기계를 구성하는 공구의 이송, 주축의 회전, 공구 선택, 직선 및 회전축의 동작 등이 G코드의 명령에 따라서 제어된다.

45 3D프린터에서 노즐의 이송 속도를 나타내는 단위는?

① m/h   ② m/min

③ mm/mim   ④ mm/s

해설
Fnnn은 이송 속도를 의미한다. 이때 nnn은 이송 속도(mm/min)이다.

46 다음이 설명하는 측정 방법은?

- 두 개의 대상 사이의 치수를 비교한다.
- 절대적인 값은 측정이 불가능하다.
- 두 대상물 사이에 발생하는 편차의 크기와 방향을 측정한다.

① 정밀 측정   ② 비교 측정

③ 직선 치수 측정   ④ 온도 측정

해설
비교 측정 : 두 개의 대상 사이의 치수를 비교하는 것이 비교 측정이다. 비교 측정은 절대적인 값을 측정할 수는 없지만 두 대상물 사이에 발생하는 편차의 크기와 방향을 측정하는 데 사용된다.

47 3D프린팅 공정 중 안전 수칙에 대한 설명으로 옳지 않은 것은?

① 위험한 작업 시 동료에게 알리고 시작한다.

② 메탈 프린팅 후 남아 있는 분말 취급 시 정전기 방지와 안전슈트를 착용한다.

③ 분말이나 액체 재료의 프린팅 시에는 안전고글을 착용한다.

④ 프린팅 작업이 시작된 후에는 덮개를 열어 프린팅 과정을 확인한다.

해설
3D프린팅 작업이 시작된 후에는 덮개를 열지 말고, 인터로크 스위치를 해제하지 않는다.

48 다음의 블록이 의미하는 것은?

> M300 S200 P300 ;

① 300Hz 주파수를 갖는 소리를 200밀리초 동안 재생한다.

② 200Hz 주파수를 갖는 소리를 300밀리초 동안 재생한다.

③ 프린터 플랫폼의 온도를 200℃ 압출기의 온도를 300℃로 설정한다.

④ 프린팅 플랫폼의 온도를 300℃ 압출기의 온도를 200℃로 설정한다.

해설
M300 : 소리 재생 – 출력이 종료되는 것을 알려 주는 등의 용도로 '삐' 소리를 재생한다. Snnn으로 지정된 주파수(Hz)와 Pnnn으로 지정된 지속 시간(msec) 동안 소리가 재생된다.

49 다음의 G코드 블록이 의미하는 것이 아닌 것은?

> G92 Y20 E100 ;

① 3D프린터는 동작하지 않는다.

② 현재 Y값을 20mm로 설정한다.

③ 3D프린터가 상대 좌표 Y20의 위치로 이동한다.

④ 압출 필라멘트의 현재 길이를 100mm로 설정한다.

해설
G92 : 좌표계 설정으로 G92에 의해서 지정된 값이 현재값이 된다. 3D프린터의 현재 Y값을 20mm로, 압출 필라멘트의 현재 길이를 100mm로 설정하며, 3D프린터는 동작하지는 않는다.

50 Netfabb가 지원하는 포맷이 아닌 것은?

① OBJ

② PLY

③ WRL

④ VRML

해설
• Netfabb : 3MF, STL, STL(ASCII), Color, GTS, AMF, X3D, X3D8, 3DS, Compressed Mesh, OBJ, PLY, VRML, Slice
• Meshmixer : OBJ, DEA, PLY, STL(Binary), STL(ASCII), AMF, WRL, Smesh

51 수정 기능 중 서로 떨어져 있는 메시를 선택 시 연결시켜 주는 기능은?

① Join

② Tube Handle

③ Separate

④ Remesh

해설
① Join : 단절된 메시를 다른 메시와 연결시켜 주는 기능을 한다.
③ Separate : 선택된 메시를 다른 오브젝트로 만들어 주는 기능을 한다.
④ Remesh : 선택한 메시를 재배치시켜 주는 기능을 한다.

52 출력물의 성형 시 액체 재료를 미세한 방울로 만들고 이를 선택적으로 도포하는 방법은?

① 재료 압출　　　　② 수조 광경화
③ 재료 분사　　　　④ 접착제 분사

해설
① 재료 압출 : 출력물 및 지지대 재료가 노즐이나 오리피스 등을 통해서 압출되고, 이를 적층하여 3차원 형상의 출력물을 만든다.
② 수조 광경화 : 용기 안에 담긴 액체 상태의 광경화성 수지 (Photopolymer)에 빛을 주사하여 선택적으로 경화시키는 것이다.
④ 접착제 분사 : 접착제를 분말에 선택적으로 분사하여 분말들을 결합시켜 단면을 성형하고 이를 반복하여 3차원 형상을 만든다.

53 지지대를 출력물과 다른 재료를 사용할 수 있는 출력 방법은?

① 분말 융접　　　　② 수조 광경화
③ 재료 분사　　　　④ 접착제 분사

해설
• 분말 융접, 접착제 분사 : 성형되지 않은 분말이 지지대 역할을 하게 되므로 별도의 지지대를 만들어 줄 필요가 없다.
• 수조 광경화 : 지지대는 출력물과 동일한 재료이며, 제거가 용이하도록 가늘게 만들어진다.

54 다음의 보기가 설명하는 좌표계는?

> • 공작물 좌표계 내부에 또 다른 국부적인 좌표계가 요구될 때 사용된다.
> • 공작물 좌표계를 기준으로 설정한다.

① 기계 좌표계　　　　② 공작물 좌표계
③ 로컬 좌표계　　　　④ 직교 좌표계

해설
① 기계 좌표계 : 3D프린터 고유의 기준점으로 3D프린터가 처음 구동되거나 초기화될 때 헤드가 복귀하게 되는 기준점을 원점으로 사용하는 좌표계이다.
② 공작물 좌표계 : 3D프린터의 제품이 만들어지는 공간 안에 임의의 점을 새로운 원점으로 설정한다.
④ 직교 좌표계 : X, Y, Z축이 서로 90°의 각을 이루고 있는 좌표계이다.

55 3D프린터 출력 시 처음부터 재료가 압출되지 않는 경우가 아닌 것은?

① 압출 노즐이 막혀 있을 때
② 압출기 내부에 재료가 채워져 있지 않을 때
③ 필라멘트 재료가 얇아졌을 때
④ 압출기 노즐과 플랫폼 사이의 거리가 멀 때

해설
처음부터 재료가 압출되지 않는 경우
• 압출기 내부에 재료가 채워져 있지 않을 때
• 압출기 노즐과 플랫폼 사이의 거리가 너무 가까울 때
• 필라멘트 재료가 얇아졌을 때
• 압출 노즐이 막혀 있을 때

56 출력물 도중에 단면이 밀려서 성형되는 경우가 아닌 것은?

① 헤드가 너무 빨리 움직일 때
② 3D프린터의 기계 혹은 전자 시스템에 문제가 발생할 때
③ 타이밍 풀리가 스테핑 모터의 회전축에 느슨하게 고정되는 경우
④ 플랫폼의 상하 방향 움직임이 일시적으로 멈추는 경우

해설
일부 층이 만들어지지 않는 경우
• 출력 도중 일부 단면의 성형 시 일시적으로 3D프린터의 압출 헤드에서 충분한 양의 재료가 공급되지 않는 경우
• 플랫폼의 상하 방향 움직임이 일시적으로 멈추는 경우

52 ③　53 ③　54 ③　55 ④　56 ④　**정답**

57 제품에서 바닥이 말려 올라가는 현상이 나타나는 경우는?

① 상대적으로 크기가 큰 형상일 때
② 설정 온도가 너무 낮은 경우
③ 플랫폼의 수평이 맞지 않을 때
④ 압출 헤드의 모터가 과열되었을 때

해설
바닥이 말려 올라가는 경우
• 고온에서 사용되는 ABS와 같은 재료를 이용할 경우
• 상대적으로 크기가 크거나 긴 형상을 가질 때 발생

58 그림의 b부분에 들어갈 기하 공차 기호로 가장 옳은 것은?

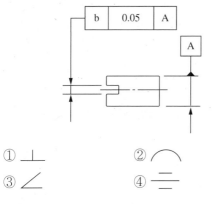

해설
원통 형태의 제품으로 중심선을 중심으로 대칭이다.

59 각도를 측정하는 기기가 아닌 것은?

① 사인바
② 분도기
③ 각도 게이지
④ 하이트 게이지

해설
하이트 게이지 : 높이를 측정하는 측정 기구이다.

60 안전보건표지를 나타내는 색채 중 지시를 나타내는 것은?

① 빨간색
② 노란색
③ 파란색
④ 녹 색

해설
① 빨간색 : 금지, 경고
   • 금지 : 정지 신호, 소화설비 및 그 장소, 유해행위의 금지
   • 경고 : 화학물질 취급 장소에서의 유해·위험 경고
② 노란색 : 경고(화학물질 취급 장소에서의 유해·위험 경고 이외의 위험 경고, 주의표지 또는 기계 방호물)
④ 녹색 : 안내(비상구 및 피난소, 사람 또는 차량의 통행 표지)

PART 03

과년도+최근
기출복원문제

#기출유형 확인   #상세한 해설   #최종점검 테스트

01 여러 부분을 나누어 스캔할 때 스캔 데이터를 정합하기 위해 사용되는 도구는?

① 정합용 마커
② 정합용 스캐너
③ 정합용 광원
④ 정합용 레이저

해설

여러 번의 측정으로 얻어진 데이터를 하나로 합치는 과정을 정합이라고 하며, 서로 합쳐야 할 점 데이터에서 동일한 정합용 볼들의 중심을 서로 매칭시킴으로써 데이터들이 하나로 합쳐지게 된다. 이때 사용되는 정합용 볼을 마커라고 한다.

02 3D프린터의 개념 및 특징에 관한 내용으로 옳지 않은 것은?

① 컴퓨터로 제어되기 때문에 만들 수 있는 형태가 다양하다.
② 제작 속도가 매우 빠르며, 절삭 가공하므로 표면이 매끄럽다.
③ 재료를 연속적으로 한층, 한층 쌓으면서 3차원 물체를 만들어 내는 제조 기술이다.
④ 기존 잉크젯 프린터에서 쓰이는 것과 유사한 적층 방식으로 입체물을 제작하는 방식도 있다.

해설

3D프린팅은 2차원상의 물질들을 층층이 쌓으면서 3차원 입체를 만들어 내는 적층 제조를 한다.

03 다음 설명에 해당되는 3D 스캐너 타입은?

물체 표면에 지속적으로 주파수가 다른 빛을 쏘고 수신광부에서 이 빛을 받을 때 주파수의 차이를 검출해 거리값을 구해내는 방식

① 핸드헬드 스캐너
② 변조광 방식의 3D 스캐너
③ 백색광 방식의 3D 스캐너
④ 광 삼각법 3D 레이저 스캐너

해설

① 핸드헬드 스캐너 : 광 삼각법을 주로 이용하여 물체의 이미지를 얻으며, 점(Dot) 또는 선(Line) 타입의 레이저를 피사체에 투사하는 레이저 발송자와 반사된 빛을 받는 수신 장치(주로 CCD)와 내부 좌표계를 기준 좌표계와 연결하기 위한 시스템으로 구성되어 있다.
③ 백색광 방식 스캐너 : 특정 패턴을 물체에 투영하고 그 패턴의 변형 형태를 파악해 3D 정보를 얻어낸다. 사용되는 패턴은 1차원 패턴 방식인 선(Line) 형태의 패턴을 LCD 프로젝트나 움직이는 레이저(Sweeping Laser)를 이용해 물체에 프로젝션 시킨다. 2차원 패턴 방식은 그리드(Grid) 또는 스트라이프 무늬의 패턴이 이용된다.
※ 백색광 방식의 최대 장점
  한 번에 한 점씩 스캔하는 것이 아니라, 전체 촬상영역(FOV ; Field of View) 전반에 걸려 있는 모든 피사체의 3D 좌표를 한 번에 얻어낼 수 있다. 그래서 모션 장치에 의한 진동으로부터 오는 측정 정확도의 손실을 획기적으로 줄일 수 있으며 어떤 시스템들은 움직이는 물체를 거의 실시간으로 스캔해 낼 수도 있다.
④ 광 삼각법 3D 레이저 스캐너 : 능동형 스캐너로 분류되며, TOF 방식의 스캐너처럼 레이저를 이용한다. 삼각법을 이용하여 물체를 스캔하며 대부분의 경우는 단순히 하나의 레이저 점을 조사하는 게 아니라 스캐닝 속도를 높이기 위해 라인 타입의 레이저가 주로 이용된다.

04 다음 설명에 해당되는 데이터 포맷은?

> • 최초의 3D 호환 표준 포맷
> • 형상 데이터를 나타내는 엔터티(Entity)로 이루어져 있다.
> • 점, 선, 원, 자유 곡선, 자유 곡면 등 3차원 모델의 거의 모든 정보를 포함한다.

① XYZ
② IGES
③ STEP
④ STL

해설

IGES(Initial Graphics Exchanges Specification)
• 최초의 표준 포맷이다.
• 형상 데이터를 나타내는 엔터티(Entity)로 이루어져 있다.
• 점, 선, 원, 자유 곡선, 자유 곡면, 트림 곡면, 색상, 글자 등 CAD/CAM 소프트웨어에서 3차원 모델의 거의 모든 정보를 포함할 수 있다.

05 측정 대상물에 대한 표면 처리 등의 준비, 스캐닝 가능 여부에 대한 대체 스캐너 선정 등의 작업을 수행하는 단계는?

① 역설계
② 스캐닝 보정
③ 스캐닝 준비
④ 스캔 데이터 정합

해설

① 역설계 : 설계 데이터가 존재하지 않는 실물의 형상을 스캔하여 디지털화된 형상 정보를 획득하고, 이를 기반으로 CAD 데이터를 만드는 작업이다.
② 스캐닝 보정 : 스캔 데이터가 포함하고 있는 불필요한 데이터를 필터링하는 과정이다.
④ 스캔 데이터 정합 : 개별 스캐닝 작업에서 얻어진 점 데이터들이 합쳐지는 과정이다.

06 3D 모델링 방식의 종류 중 넙스(Nurbs) 방식에 대한 설명으로 옳은 것은?

① 삼각형을 기본 단위로 하여 모델링을 할 수 있는 방식이다.
② 폴리곤 방식에 비해 많은 계산이 필요하다.
③ 폴리곤 방식보다는 비교적 모델링 형상이 명확하지 않다.
④ 도형의 외곽선을 와이어 프레임만으로 나타낸 형상이다.

해설

넙스 방식
• 수학 함수를 이용하여 곡면의 형태를 만든다.
• 폴리곤 방식에 비해 많은 계산이 필요하지만 부드러운 곡선을 이용한 모델링에 많이 사용된다.
• 폴리곤 방식보다 정확한 모델링이 가능하다.
• 자동차나 비행기의 표면과 같은 부드러운 곡면을 설계할 때 효과적이다.

07 치수 보조 기호를 나타내는 의미와 치수 보조 기호가 잘못된 것은?

① 지름 : ∅10
② 참고치수 : (30)
③ 구의 지름 : S∅40
④ 판의 두께 : □4

해설

④ 판의 두께는 t이며 □4는 한 변의 길이가 4인 정사각형을 의미한다.

08 다음 중 3D프린팅 작업을 위해 3D 모델링에서 고려해야 할 항목으로 가장 거리가 먼 것은?

① 1회 적층 높이
② 서포터 유무
③ 출력 프린터 제작 크기
④ 출력 소재 및 수축률

해설
3D프린터의 출력 공차, 부품 요소의 크기, 노즐에 따른 두께 등을 고려하여 도면을 수정한다. 또한 형상을 제대로 출력하기 위해 서포트(지지대)를 생성하는데, 이를 제대로 제거할 수 없는 형상의 경우 파트를 분할하여 출력한다.

09 FDM 방식 3D프린팅 작업을 위해 3D 형상 데이터를 분할하는 경우 고려해야 할 항목으로 가장 거리가 먼 것은?

① 3D프린터 출력 범위 ② 서포터의 생성 유무
③ 출력물의 품질   ④ 익스트루더의 크기

해설
익스트루더(Extruder) : 필라멘트를 노즐로 끌어 주는 역할을 하는 것으로서 안에 톱니바퀴가 맞물려 돌아간다.

10 다음 도면의 치수 중 A 위치에 기입될 치수의 표현으로 가장 정확한 것은?(단, 도면 전체에 치수 편차 ±0.1을 적용한다)

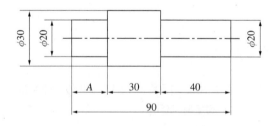

① □20   ② (20)
③ 20   ④ SR20

해설
A + 30 + 40 = 90이므로 A에 20을 기입하면 치수 중복이 된다. 따라서 A에는 (20)으로 참고 치수를 기입한다.
① □20 : 한 변의 길이가 20인 정사각형을 의미한다.
④ SR20 : 구의 반지름을 의미한다.

11 그림의 구속 조건 중 도형의 평행(Parallel) 조건을 부여하는 것은?

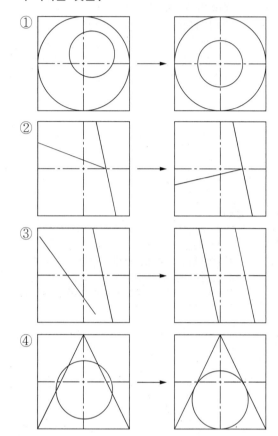

해설
① 동심 : 두 개의 원을 동일 중심점에 구속시킨다.
② 직각 : 선택한 두 개의 직선이 서로 직각으로 구속시킨다.
④ 접선 : 스플라인의 끝을 포함하는 곡선을 다른 (곡)선에 접하도록 구속시킨다.

12 3D프린터의 출력 공차를 고려한 파트 수정에 대한 설명으로 옳은 것은?

① 조립되는 부분은 출력 공차를 고려하여 부품 형상을 모델링하거나 필요한 경우에는 수정해야 한다.

② 조립 부품을 수정할 때에는 반드시 두 개의 부품을 모두 수정해야 한다.

③ 출력 공차를 고려할 시 출력 노즐의 크기는 고려할 필요가 없다.

④ 공차를 고려할 사항으로는 소재 수축률, 기계 공차, 도료 색상 등이 있다.

해설
② 조립 부품 중에서 두 부품 중 하나의 부품에만 공차를 적용한다.
③ 노즐의 크기도 고려하여야 한다.
④ 도료의 색상과 공차는 연관이 없다.

13 물체의 보이지 않는 안쪽 모양을 명확하게 나타낼 때 사용되며 일반적으로 45°의 가는 실선을 단면부 면적에 일정한 간격의 경사선으로 나타내어 절단되었다는 것을 표시해 주는 것은?

① 해 칭   ② 스머징
③ 커 팅   ④ 트리밍

해설
① 인접한 부분의 해칭은 서로 다른 방향으로 하거나 간격 및 각도를 달리한다.
② 스머징은 절단한 물체의 내부를 해칭 대신 얇게 칠을 하여 쉽게 물체의 단면을 알 수 있도록 하는 방법이다.

14 2D 도면 작성 시 가는 실선이 적용되는 것이 아닌 것은?

① 치수선   ② 외형선
③ 해칭선   ④ 치수 보조선

해설
가는 실선이 사용되는 것은 치수선, 치수 보조선, 해칭선 등이며, 외형선은 굵은 실선이 사용된다.

15 기존에 생성된 솔리드 모델에서 프로파일 모양으로 홈을 파거나 뚫을 때 사용하는 기능으로서 돌출 명령어의 진행 과정과 옵션은 동일하나 돌출 형상으로 제거하는 명령어를 뜻하는 것은?

① 합치기(합집합)
② 교차하기(교집합)
③ 빼기(차집합)
④ 생성하기(신규 생성)

해설
• 합집합 : 두 객체를 합쳐서 하나의 객체로 만드는 것이다.
• 교집합 : 두 객체의 겹치는 부분만 남기는 것이다.
• 차집합 : 한 객체에서 다른 한 객체의 부분을 빼는 것이다.

16 모델을 생성하는 데 있어서 단면 곡선과 가이드 곡선이라는 2개의 스케치가 필요한 모델링은?

① 돌출(Extrude) 모델링
② 필렛(Fillet) 모델링
③ 셸(Shell) 모델링
④ 스윕(Sweep) 모델링

해설
① 돌출 모델링 : 2D 단면에 높이 값을 주어 면을 돌출시키는 방식이다. 선택한 면에 높이 값을 주어 돌출시킨다.
② 필렛 모델링 : 모서리 부분을 둥글게 만드는 것이다.
③ 셸 모델링 : 생성된 3차원 객체의 면 일부분을 제거한 후, 남아 있는 면에 일정한 두께를 부여하여 속이 비어 있는 형상을 만드는 모델링이다.

17 다음 그림 기호에 해당하는 투상도법은?

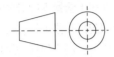

① 제1각법 ② 제2각법
③ 제3각법 ④ 제4각법

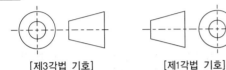

[제3각법 기호]   [제1각법 기호]

제1각법은 왼쪽에서 본 모양을 정면도의 오른쪽에 작성한다.

18 3D프린터 출력용 모델링 데이터를 수정해야 하는 이유로 거리가 먼 것은?

① 모델링 데이터 상에 출력할 3D프린터의 해상도 보다 작은 크기의 형상이 있다.
② 모델링 데이터의 전체 사이즈가 3D프린터의 최대 출력 사이즈보다 작다.
③ 제품의 조립성을 위하여 각 부품을 분할 출력하기 위해 모델링 데이터를 분할한다.
④ 3D프린터 과정에서 서포터를 최소한으로 생성시키기 위해 모델링 데이터를 분할 및 수정한다.

해설
전체 사이즈가 3D프린터의 최대 출력 사이즈보다 클 경우 분할하여 출력하거나 크기를 축소하여 출력한다. 작은 경우 그대로 출력한다.

19 엔지니어링 모델링에서 사용되는 상향식(Bottom-up) 방식에 대한 설명으로 옳지 않은 것은?

① 파트를 모델링해 놓은 상태에서 조립품을 구성하는 것이다.
② 기존에 생성된 단품을 불러오거나 배치할 수 있다.
③ 자동차나 로봇 모형(프라모델) 분야에서 사용되며 기존 데이터를 참고하여 작업하는 방식이다.
④ 제품의 조립 관계를 고려하여 배치 및 조립을 한다.

해설
• 상향식 방식 : 파트를 모델링해 놓은 상태에서 조립품을 구성하는 것으로 상향식 방식으로 조립하기 위해서는 우선 모델링된 부품을 현재 조립품 상태로 배치를 해야 한다.
• 하향식 방식 : 조립품에서 부품을 조립하면서 모델링하는 방식이다.

20 스케치 요소 중 두 개의 원에 적용할 수 없는 구속 조건은?

① 동 심   ② 동 일
③ 평 행   ④ 탄젠트

해설
① 동심 : 두 개의 원의 중심점을 일치시킨다.
② 동일 : 두 개의 원의 크기를 일치시킨다.
④ 탄젠트 : 구속 조건 중 접선과 같은 의미로서 스플라인의 끝을 포함하는 곡선을 다른 (곡)선에 접하도록 구속시킨다.

21 3D프린터의 종류와 사용 소재의 연결이 옳지 않은 것은?

① FDM – 열가소성 수지(고체)

② SLA – 광경화성 수지(액상)

③ SLS – 열가소성 수지(분말)

④ DLP – 열경화성 수지(분말)

해설

① FDM 방식 : 재료를 압출기에 넣어 고온에서 노즐을 통해 필라멘트 재료를 용융 압출하여 제품을 만들기 때문에 열가소성 수지가 필라멘트 형태로 압출된다.

② SLA 방식 : 출력물 재료로 액체 상태의 광경화성 수지를 빛으로 경화시켜 출력물을 만든다.

③ SLS 방식 : 고체 분말을 재료로 출력물을 제작하는 방식으로 작은 입자의 분말들을 레이저로 녹여 한 층씩 적층시켜 조형하는 방식이다.

22 슬라이서 소프트웨어 설정 중 내부 채우기의 정도를 뜻하는 것으로 0~100%까지 채우기가 가능하며 채우기 정도가 높아질수록 출력 시간이 오래 걸리는 단점이 있는 것은?

① Infill ② Raft

③ Support ④ Resolution

해설

② Raft : 출력물 아래에 베드 면을 깔아주는 것을 의미한다.

③ Support : 지지대를 의미하며 전체 서포터, 부분 서포터, 서포터 없음으로 설정한다.

23 다음 설명에 해당되는 코드는?

• 기계를 제어 및 조정해 주는 코드
• 보조 기능의 코드
• 프로그램을 제어하거나 기계의 보조 장치들을 ON/OFF 해 주는 역할

① G코드 ② M코드

③ C코드 ④ QR코드

해설

• M코드 : 보조 기능으로 헤드 이외의 장치의 제어에 관련한 기능

• G코드 : 헤드의 움직임과 관련된 명령

24 노즐에서 재료를 토출하면서 가로 100mm, 세로 200mm 위치로 이동하라는 G코드 명령어에 해당하는 것은?

① G1 X100 Y200

② G0 X100 Y200

③ G1 A100 B200

④ G2 X100 Y200

해설

② G0 X100 Y200은 재료 토출 없이 최대 속도로 가로 100, 세로 200 위치로 이동한다.

③ 좌표값을 나타낼 때는 X, Y 또는 U, V를 이용하여 나타낸다.

④ G2는 원호를 그리는 이송 명령이다.

25 FDM 방식 3D프린터 출력 전 생성된 G코드에 직접적으로 포함되지 않는 정보는?

① 헤드 이송 속도

② 헤드 동작 시간

③ 헤드 온도

④ 헤드 좌표

해설

• 생성된 G코드에서 헤드 이송 속도는 F 어드레스로 설정한다.

• M109는 헤드에서 소재를 녹이는 열선의 온도를 지정하며, S는 열선의 최소 온도, R은 최대 온도를 나타낸다.

• G90(절대 명령), G91(증분 명령)을 이용하여 헤드의 좌표를 나타낸다.

26 분말을 용융하는 분말 융접(Powder Bed Fusion) 방식의 3D프린터에서 고형화를 위해 주로 사용되는 것은?

① 레이저　　　　② 황 산
③ 산 소　　　　④ 글 루

해설
분말 융접 방식은 분말 융접을 위해 레이저를 쏘여 분말을 융접해 가면서 제품을 제작하는 방식이다. 레이저에서 나온 빛이 스캐닝 미러에 반사되어 파우더 베드의 분말들을 융접시키면서 한 층씩 성형한다.

28 FDM 델타 방식 프린터에서 높이가 258mm일 때 원점 좌표로 옳은 것은?

① (258, 0, 0)
② (0, 258, 0)
③ (0, 0, 258)
④ (0, 0, 0)

해설
델타 방식의 프린터에서 원점의 위치가 X=0, Y=0, Z=지정된 높이 이므로 Z=258이다.

27 3D프린팅은 3D 모델의 형상을 분석하여 모델의 이상 유무와 형상을 고려하여 배치한다. 다음 그림과 같은 형태로 출력할 때 출력 시간이 가장 긴 것은? (단, 아랫면이 베드에 부착되는 면이다)

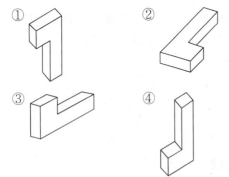

해설
같은 모양이므로 제품의 출력에 걸리는 시간은 동일하다고 한다면 서포터의 유무에 따라 출력시간이 증가하거나 감소할 수 있다.
① 외팔보의 형태로 돌출부 아래에는 지지대를 생성하여야 한다.

29 내마모성이 우수하고, 고무와 플라스틱의 특징을 가지고 있어 휴대폰 케이스의 말랑한 소재나 장난 감, 타이어 등으로 프린팅해서 바로 사용이 가능한 소재는?

① TPU
② ABS
③ PVA
④ PLA

해설
① TPU 소재 : 열가소성 폴리우레탄 탄성체 수지로 탄성이 뛰어나 휘어짐이 필요한 부품 제작에 주로 사용한다.
② ABS 소재 : 강하고 오래가면서 열에도 상대적으로 강한 편이다. 가전제품, 자동차 부품, 파이프, 안전장치, 장난감 등 사용 범위가 넓다.
③ PVA 소재 : 고분자 화합물로 폴리아세트산비닐을 가수 분해하여 얻어지는 무색 가루이다. 물에는 녹고 일반 유기 용매에는 녹지 않는다.
④ PLA 소재 : 옥수수 전분을 이용해 만든 무독성 친환경적 재료이다. 열 변형에 의한 수축이 적어 정밀한 출력이 가능하다.

30 FDM 방식 3D프린터로 출력하기 위해 확인해야 할 점검사항으로 볼 수 없는 것은?

① 장비 매뉴얼을 숙지한다.
② 테스트용 형상을 출력하여 프린터 성능을 점검한다.
③ 프린터의 베드(Bed) 레벨링 상태를 확인 및 조정한다.
④ 진동·충격을 방지하기 위해 프린터가 연질 매트 위에 설치되었는지 확인한다.

해설
3D프린터는 수평한 곳에 균형을 맞춰 설치해야 한다.

31 다음 중 3D프린터 출력물의 외형 강도에 가장 크게 영향을 미치는 설정값은?

① Raft
② Brim
③ Speed
④ Number of Shells

해설
① Raft : 출력물 아래에 베드 면을 깔아주는 옵션으로 출력 후 떼어낼 수 있게 되어 있다.
② Brim : 첫 번째 레이어를 확장시켜 플레이트에 베드 면을 깔아주는 옵션이다. 출력할 때 플레이트와 출력물이 잘 붙지 않을 때 사용한다.
③ Speed : 속도를 조절하는 옵션으로 빠를수록 품질이 저하된다.

32 라프트(Raft) 값 설정과 관련이 없는 것은?

① Base Line Width는 라프트의 맨 아래층 라인의 폭을 설정하는 옵션이다.
② Line Spacing은 라프트의 맨 아래층 라인의 간격을 설정하는 옵션이다.
③ Surface Layer는 라프트의 맨 위층의 적층 횟수를 설정하는 옵션이다.
④ Infill Speed는 내부 채움 시 속도를 별도로 지정하는 옵션이다.

해설
④ Infill Speed는 '내부 채우기 속도'로서 라프트 값과는 상관이 없다.

33 FDM 방식 3D프린터를 사용하여 한 변의 길이가 50mm인 정육면체 형상을 출력하기 위해 한 층의 높이 값을 0.25mm로 설정하여 슬라이싱하였다. 이때 생성된 전체 Layer의 총수는?

① 40개   ② 80개
③ 120개   ④ 200개

해설
$50 \div 0.25 = 200$

34 다음 설명에 해당하는 소재는?

> • 전기 절연성, 치수 안정성이 좋고 내충격성도 뛰어난 편이라 전기 부품 제작에 가장 많이 사용되는 재료이다.
> • 연속적인 힘이 가해지는 부품에 부적당하지만 일회성으로 강한 충격을 받는 제품에 주로 쓰인다.

① ABS   ② PLA
③ Nylon   ④ PC

[해설]
④ PC 소재 : 전기 부품 제작에 가장 많이 사용되는 재료이다. 일회성으로 강한 충격을 받는 제품에도 주로 쓰인다.
① ABS 소재 : 강하고 오래가면서 열에도 상대적으로 강한 편이다. 가전제품, 자동차 부품, 파이프, 안전장치, 장난감 등 사용 범위가 넓다.
② PLA 소재 : 옥수수 전분을 이용해 만든 무독성 친환경적 재료이다. 열 변형에 의한 수축이 적어 정밀한 출력이 가능하다.
③ Nylon 소재 : 기계 부품이나 RC 부품 등 강도와 마모도가 높은 특성의 제품을 제작할 때 주로 사용된다. 충격 내구성이 강하고 특유의 유연성과 질긴 소재의 특징 때문에 휴대폰 케이스나 의류, 신발 등을 출력하는 데 유용한 소재이다.

35 3D 모델링을 다음 그림과 같이 배치하여 출력할 때 안정적인 출력을 위해 가장 기본적으로 필요한 것은?(단, FDM 방식 3D프린터에서 출력한다고 가정한다)

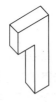

① 서포터   ② 브 림
③ 루 프   ④ 스커트

[해설]
FDM 방식의 경우 조형물이 완성되어서 분리시킬 때까지 조형물의 고정, 파손, 지붕형상과 돌출 부분에서의 처짐을 방지하기 위해서 지지대가 필요하다.

36 3D프린터의 출력 방식에 대한 설명으로 옳지 않은 것은?

① DLP 방식은 선택적 레이저 소결 방식으로 소재에 레이저를 주사하여 가공하는 방식이다.
② SLS 방식은 재료 위에 레이저를 스캐닝하여 융접하는 방식이다.
③ FDM 방식은 가열된 노즐에 필라멘트를 투입하여 가압 토출하는 방식이다.
④ SLA 방식은 용기 안에 담긴 재료에 적절한 파장의 빛을 주사하여 선택적으로 경화시키는 방식이다.

[해설]
• DLP(Digital Light Processing) : 레이저 빔이나 강한 자외선에 반응하는 광경화성 액상 수지를 강화시켜 제작하는 방식이다.
• SLS(Selective Laser Sintering, 선택적 레이저 소결 조형) : 레이저로 분말 형태의 재료를 가열하여 응고시키는 방식으로 제품을 제작하며 정밀도가 높다.
• FDM(Fused Deposition Modeling, 압출 적층 조형) : 고체 수지 재료를 열로 녹여 쌓아 제품을 제작하는 방식으로 정밀도가 낮으나 가격이 저렴하다.
• SLA(Stereo Lithography Apparatus, 광경화 수지 조형) : 레이저 빛을 선택적으로 방출하여 제품을 제작하는 방식으로 얇고 미세한 형상을 제작한다.

37 G코드 중에서 홈(원점)으로 이동하는 명령어는?

① G28
② G92
③ M106
④ M113

[해설]
① G28 : 원점으로 복귀를 위한 명령
② G92 : 설정 위치 – 지정된 좌표로 현재의 위치를 설정
③ M106 : 냉각팬 ON – 냉각팬의 전원을 ON시켜 동작
④ M113 : Z축 중간 OT 무시 OFF

38 3D프린팅에 적합하지 않은 3D 데이터 포맷은?

① STL
② OBJ
③ MPEG
④ AMF

해설
출력용 파일은 STL, AMF, OBJ, 3MF, PLY 등이 있다.

40 FDM 방식 3D프린팅을 위한 설정값 중 레이어
(Layer) 두께에 대한 설명으로 틀린 것은?

① 레이어 두께는 프린팅 품질을 좌우하는 핵심적인
치수이다.
② 일반적으로 레이어 두께를 절반으로 줄이면 프린
팅 시간은 2배로 늘어난다.
③ 레이어가 얇을수록 측면의 품질뿐만 아니라 사선
부의 표면이나 둥근 부분의 품질도 좋아진다.
④ 맨 처음 적층되는 레이어는 베드에 잘 부착이
되도록 가능한 얇게 설정하는 것이 좋다.

해설
출력물과 플랫폼 사이의 부착 면적이 작으면 성형 도중에 플랫폼에
서 떨어지는 경우가 발생한다. 옵션에서 Brim을 설정하여 첫 번째
레이어를 확장시켜 플레이트와 출력물이 잘 붙도록 한다.

39 출력 보조물인 지지대(Support)에 대한 효과로 볼
수 없는 것은?

① 출력 오차를 줄일 수 있다.
② 지지대를 많이 사용할 시 후가공 시간이 단축된다.
③ 지지대는 출력물의 수축에 의한 뒤틀림이나 변형
을 방지할 수 있다.
④ 진동이나 충격이 가해졌을 때 출력물의 이동이나
붕괴를 방지할 수 있다.

해설
지지대를 넉넉히 생성하는 것은 조형물이 튼튼히 조형될 수 있게
한다. 그러나 과도하게 형성할 경우 조형물과의 충돌로 인하여
제품 품질이 하락하고 후공정에 있어서 작업 과정을 복잡하고
어렵게 만든다.

41 3D프린터 제품 출력 시 제품 고정 상태와 서포터에
관한 설명으로 옳지 않은 것은?

① 허공에 떠 있는 부분은 서포터 생성을 설정해
준다.
② 출력물이 베드에 닿는 면적이 작은 경우 라프트
(Raft)와 서포터를 별도로 설정한다.
③ 3D프린팅의 공정에 따라 제품이 성형되는 바닥
면의 위치와 서포터의 형태는 같다.
④ 각 3D프린팅 공정에 따라 출력물이 성형되는 방
향과 서포터는 프린터의 종류에 따라 다르다.

해설
3D프린팅은 재료를 성형하는 방법인 공정에 따라 제품이 성형되
는 바닥 면의 위치와 지지대의 형태가 달라진다.

42 문제점 리스트를 작성하고 오류 수정을 거쳐 출력용 데이터를 저장하는 과정이다. A, B, C에 들어갈 내용이 모두 옳은 것은?

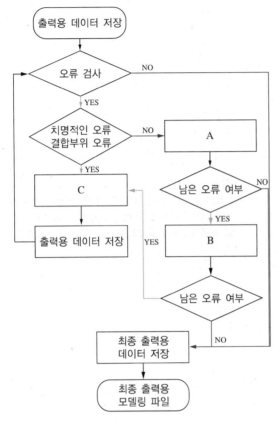

┤보기├
ㄱ. 수동 오류 수정
ㄴ. 자동 오류 수정
ㄷ. 모델링 소프트웨어 수정

① A : ㄱ, B : ㄴ, C : ㄷ
② A : ㄴ, B : ㄱ, C : ㄷ
③ A : ㄴ, B : ㄷ, C : ㄱ
④ A : ㄷ, B : ㄴ, C : ㄱ

해설
문제점 리스트 작성을 위한 알고리즘은 다음과 같다.

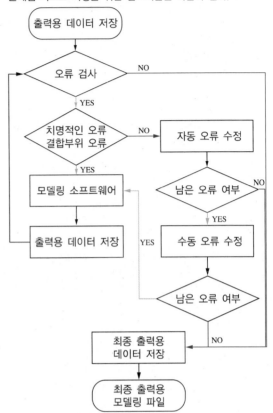

• A : 자동 오류 수정
• B : 수동 오류 수정
• C : 모델링 소프트웨어 수정

43 FDM 방식 3D프린터에서 재료를 교체하는 방법으로 옳은 것은?

① 프린터가 작동중인 상태에서 교체한다.

② 재료가 모두 소진되었을 때만 교체한다.

③ 프린터가 정지한 후 익스트루더가 완전히 식은 상태에서 교체한다.

④ 프린터가 정지한 상태에서 익스트루더의 온도를 소재별 적정 온도로 유지한 후 교체한다.

FDM 방식의 프린터에서 재료 교체는 작동이 멈춘 상태에서 익스트루더(3D프린터 안에서 모양을 만드는 압출기)가 적정 온도에 있을 때 교체한다. 익스트루더가 완전히 식었을 경우 내부에 있는 소재가 딱딱하게 굳어서 교체에 어려움이 있다.

44 3D프린터 출력물에 용융된 재료가 흘러나와 얇은 선이 생겼을 경우 이러한 출력 오류를 해결하는 방법으로 옳지 않은 것은?

① 온도 설정을 변경한다.

② 리트랙션(Retraction) 거리를 조절한다.

③ 리트랙션(Retraction) 속도를 조절한다.

④ 압출 헤드가 긴 거리를 이송하도록 조정한다.

리트랙션은 기어 이빨이 필라멘트 재료를 뒤로 빼주는 기능으로, 고체의 필라멘트가 노즐 내부에서 용융되어 내부 압력이 증가하는 것을 막아 불필요한 필라멘트가 흘러내려 출력물에 흔적을 남기는 현상을 개선하는 것이다.

45 3D프린터 출력 오류 중 처음부터 재료가 압출되지 않는 경우의 원인으로 거리가 먼 것은?

① 압출기 내부에 재료가 채워져 있지 않을 때

② 회전하는 기어 톱니가 필라멘트를 밀어내지 못할 경우

③ 가열된 플라스틱 재료가 노즐 내부와 너무 오래 접촉하여 굳어 있는 경우

④ 재료를 절약하기 위해 출력물 내부에 빈공간을 너무 많이 설정할 경우

④ 재료를 절약하기 위해서 단면의 빈 공간을 너무 많이 주는 경우 윗부분에 구멍이 생길 수 있다.
처음부터 재료가 압출되지 않는 경우
• 압출기 내부에 재료가 채워져 있지 않을 때
• 압출기 노즐과 플랫폼 사이의 거리가 너무 가까울 때
• 필라멘트 재료가 얇아졌을 때
• 압출 노즐이 막혀 있을 때

46 3D프린터에서 출력물 회수 시 전용 공구를 이용하여 출력물을 회수하고 표면을 세척제로 세척 후 출력물을 경화기로 경화시키는 방식은?

① FDM

② SLA

③ SLS

④ LOM

SLA : 액체 상태의 광경화성 수지를 이용하여 빛으로 경화시켜 출력물을 만드는 방식의 경우 출력물 회수 시 아이소프로필알코올 이나 에틸알코올 등이 담긴 용기에 10분 정도 담가두거나 출력물에 뿌려주어 세척한다. 또한 내부에 경화되지 않은 수지가 존재하므로 자외선 경화기에 넣어 출력물 내부에 존재하는 경화되지 않은 수지가 모두 굳도록 한다.

47 3D프린터용 슬라이서 프로그램이 인식할 수 있는 파일의 종류로 올바르게 나열된 것은?

① STL, OBJ, IGES

② DWG, STL, AMF

③ STL, OBJ, AMF

④ DWG, IGES, STL

해설

슬라이서 프로그램이 인식할 수 있는 프로그램은 STL, OBJ, AMF 등의 파일 포맷이다.

48 3D프린터로 제품을 출력할 때 재료가 베드(Bed)에 잘 부착되지 않는 이유로 볼 수 없는 것은?

① 온도 설정이 맞지 않는 경우

② 플랫폼 표면에 문제가 있는 경우

③ 첫 번째 층의 출력 속도가 너무 빠른 경우

④ 출력물 아랫부분의 부착 면적이 넓은 경우

해설

• 플랫폼의 수평이 맞지 않을 때
• 노즐과 플랫폼 사이의 간격이 너무 클 때
• 첫 번째 층이 너무 빠르게 성형될 때
• 온도 설정이 맞지 않은 경우
• 플랫폼 표면의 문제가 있는 경우
• 출력물과 플랫폼 사이의 부착 면적이 작은 경우

49 3D프린터로 한 변의 길이가 25mm인 정육면체를 출력하였더니 X축 방향 길이가 26.9mm가 되었다. 이때 X축 모터 구동을 위한 G코드 중 M92(Steps Per Unit) 명령상 설정된 스텝 수가 85라면 치수를 보정하기 위해 설정해야 할 스텝 값은?(단, 소수점은 반올림 한다)

① 79   ② 91

③ 113   ④ 162

해설

M92(Steps Per Unit)는 모터 스텝 설정으로 26.9mm일 때 스텝이 85이면 25mm로 출력하기 위한 스텝을 x라 한다.

$26.9 : 85 = 25 : x$

$x = 78.99$

$\therefore$ x는 79스텝이다.

50 출력용 파일의 오류 종류 중 실제 존재할 수 없는 구조로 3D프린팅, 불 작업, 유체 분석 등에 오류가 생길 수 있는 것은?

① 반전 면   ② 오픈 메시

③ 클로즈 메시   ④ 비(非)매니폴드 형상

해설

② 오픈 메시 : 메시의 삼각형 면의 한 모서리가 한 면에만 포함되는 경우를 말한다.
③ 클로즈 메시 : 메시의 삼각형 면의 한 모서리가 2개의 면과 공유하는 것이다.

51 3D프린터 출력을 하기 위한 오브젝트의 수정 및 오류검출에 관한 설명으로 옳지 않은 것은?

① 출력용 STL 파일의 사이즈는 슬라이서 프로그램에서 조정이 가능하다.

② 오브젝트의 위상을 바꾸어 출력하기 위해서는 반드시 모델링 프로그램에서 수정할 필요는 없다.

③ 같은 모양의 오브젝트를 멀티로 출력할 때는 반드시 모델링 프로그램에서 수량을 늘려 주어야 한다.

④ 오브젝트의 위치를 바꾸기 위한 반전 및 회전은 슬라이서 프로그램에서 조정 가능하다.

해설
데이터 수정 시 오류(구멍, 단절된 메시, 비매니폴드 형상) 및 다른 요소(모델의 크기, 서포트, 결합부 등의 공차, 채우기) 등을 수정하며 멀티 출력은 프린터 자체 프로그램을 이용하여 설정이 가능하다.

52 3D프린터의 정밀도를 확인 후 장비를 교정하려 한다. 출력물 내부 폭을 2mm로 지정하여 10개의 출력물을 뽑아서 내부 폭의 측정값을 토대로 구한 평균값(A)과 오차 평균값(B)으로 옳은 것은?

출력회차	1	2	3	4	5
측정값	1.58	1.72	1.63	1.66	1.62
출력회차	6	7	8	9	10
측정값	1.65	1.72	1.78	1.80	1.65

① A : 1.665, B : −0.335
② A : 1.672, B : −0.328
③ A : 1.678, B : −0.322
④ A : 1.681, B : −0.319

해설
• A : (1.58 + 1.72 + 1.63 + 1.66 + 1.62 + 1.65 + 1.72 + 1.78 + 1.80 + 1.65) ÷ 10 = 1.681
• B : 1.681 − 2 = −0.319

53 FDM 방식 3D프린터 출력 시 첫 번째 레이어의 바닥 안착이 중요하다. 바닥에 출력물이 잘 고정되게 하기 위한 방법으로 적절하지 않은 것은?

① Skirt 라인을 1줄로 설정하여 오브젝트를 출력한다.

② 열 수축 현상이 많은 재료로 출력을 하거나 출력물의 바닥이 평평하지 않을 때 Raft를 설정하여 출력한다.

③ 출력물이 플랫폼과 잘 붙도록 출력물의 바닥 주변에 Brim을 설정한다.

④ 소재에 따라 Bed를 적절한 온도로 가열하여 출력물의 바닥이 수축되지 않도록 한다.

해설
FDM 방식은 고온에서 용융된 재료가 상온에서 급하게 굳어지면서 미세한 수축이 발생하고, 이로 인해 베드 부분에 안착된 첫 레이어가 뜨는 현상이 발생한다. 따라서 베드 고정에는 스커트(Skirt), 브림(Brim), 라프트(Raft)를 이용한다.
• 스커트 : 출력물 주변에 일정 간격을 두고 출력물의 범위를 그려주는 역할을 한다. 최초 작동을 했을 경우 압출 불량 현상이 빈번하게 발생하며 스커트를 그리는 동안 정상적으로 필라멘트가 압출하게 되며 옆으로 2~3줄 정도 쌓는다.
• 브림 : 출력물의 첫 번째 레이어에 바로 붙어서 내가 설정한 값만큼 더 넓게 바닥을 만들어 주는 것을 말한다(스커트에서 출력물과의 간격을 0mm로 놓으면 브림과 같다).
• 라프트 : 바닥에 설정한 만큼 일정 두께를 쌓은 후 그 위에 출력물을 안착시키는 방식이다. 이렇게 하는 이유는 완벽하게 출력물을 붙이기 위함이며, 출력물 제거 시 바닥 부분이 손상되는 것도 방지할 수 있다.

54 3D프린터 출력 시 성형되지 않은 재료가 지지대 (Support) 역할을 하는 프린팅 방식은?

① 재료 분사(Material Jetting)

② 재료 압출(Material Extrusion)

③ 분말 적층 용융(Powder Bed Fusion)

④ 광중합(Vat Photopolymerization)

해설
분말 융접 방식 : 분말을 주재료로 하는 3D프린팅 기술은 따로 지지대를 사용하지 않기 때문에 남아 있는 분말만 털어 주면 출력물을 얻을 수 있다.

55 3D프린터 출력 시 STL 파일을 불러와서 슬라이서 프로그램에서 출력 조건을 설정 후 출력을 진행할 때 생성되는 코드는?

① Z코드

② D코드

③ G코드

④ C코드

해설
3D프린터에서의 출력은 3D프린터가 인식할 수 있는 G코드라는 파일로 변환해서 3D프린터로 전송해야 출력이 되므로, 슬라이싱 프로그램을 이용해서 G코드를 생성한다.

56 SLA 방식 3D프린터 운용 시 주의해야 할 사항으로 옳지 않은 것은?

① UV 레이저를 조사하는 방식이므로 보안경을 착용하여 운용한다.

② 레진은 보관이 까다롭고 악취가 심하기 때문에 환기가 잘되는 곳에서 운용한다.

③ 레진은 어두운 장소에서 경화반응을 일으키므로 햇빛이 잘 드는 곳에서 보관, 운용한다.

④ 출력물 표면에 남은 레진은 유해성분이 있기에 방독 마스크와 나이트릴 보호 장갑을 착용해야 한다.

해설
레진은 UV광선에 경화되는 UV 레진과 가시광선(일상생활에 노출되는 광)에 경화되는 가시광선 레진이 있으며, 가시광선 레진의 경우 구조물을 제작할 때 별도의 암막이나 빛 차단 장치를 해 주어야 한다.

57 다음과 같은 구조를 가지는 방진마스크의 종류는?

여과제 → 연결관 → 흡기밸브 → 마스크 → 배기밸브

① 격리식   ② 직결식

③ 혼합식   ④ 병렬식

해설
방진마스크의 종류

방 식	특 징
격리식	정화통, 연결관, 흡기밸브, 안면부, 배기밸브 및 머리끈으로 구성되고, 정화통에 의해 가스 또는 증기를 여과한 청정공기를 연결관을 통하여 흡입하고 배기는 배기밸브를 통하여 외기 중으로 배출하는 것으로서 가스 또는 증기의 농도가 2%(암모니아에 있어서는 3%) 이하의 대기 중에서 사용하는 것이다.
직결식	정화통, 흡기밸브, 안면부, 배기밸브 및 머리끈으로 구성되고, 정화통에 의해 가스 또는 증기를 여과한 청정공기를 흡기밸브를 통하여 흡입하고 배기는 배기밸브를 통하여 외기 중으로 배출하는 것으로서 가스 또는 증기의 농도가 1%(암모니아에 있어서는 1.5%) 이하의 대기 중에서 사용하는 것이다.
직결식 소형	정화통, 흡기밸브, 안면부, 배기밸브 및 머리끈으로 구성되고, 정화통에 의해 가스 또는 증기를 여과한 청정공기를 흡기밸브를 통하여 흡입하고 배기는 배기밸브를 통하여 외기 중으로 배출하는 것으로서 가스 또는 증기의 농도가 0.1% 이하의 대기 중에서 사용하는 것으로서 긴급용이 아닌 것이다.

58 ABS 소재의 필라멘트를 사용하여 장시간 작업할 경우 주의해야 할 사항은?

① 융점이 기타 재질에 비해 매우 높으므로 냉방기를 가동하여 작업한다.

② 옥수수 전분 기반 생분해성 재질이므로 특별히 주의해야 할 사항은 없다.

③ 작업 시 냄새가 심하므로 작업장의 환기를 적절히 실시한다.

④ 물에 용해되는 재질이므로 수분이 닿지 않도록 주의해야 한다.

해설
ABS 소재 플라스틱 : 유독 가스를 제거한 석유 추출물을 이용해 만든 재료이다.
• 장점 : 강하고 오래가면서 열에도 상대적으로 강한 편이다. 가전 제품, 자동차 부품, 파이프, 안전장치, 장난감 등 사용 범위가 넓다. 그리고 가격이 PLA에 비해 저렴하다.
• 단점 : 출력 시 휨 현상이 있으므로 설계 시에는 유의하여 사용한다. 가열할 때 냄새가 나기 때문에 출력 시 환기가 필요하다.

59 FDM 방식 3D프린터 가동 중 필라멘트 공급 장치가 작동을 멈췄을 때 정비에 필요한 도구로 거리가 먼 것은?

① 망 치
② 롱노즈
③ 육각 렌치
④ +, − 드라이버

해설
필라멘트 공급 장치 내부에 익스트루더 모터 및 기어 등이 있어서 망치 등을 이용하여 힘을 가하게 되면 고장의 위험이 있다.

60 오픈 소스 기반 FDM 방식의 보급형 3D프린터가 초등학교까지 보급되는 상황에서 학생들의 호기심을 자극하고 있다. 이러한 상황에서 안전을 고려한 3D프린터의 운영으로 가장 거리가 먼 것은?

① 필터를 장착한 장비를 권장하고 필터의 교체 주기를 확인하여 관리한다.

② 장비의 내부 동작을 볼 수 있고, 직접 만져볼 수 있는 오픈형 장비의 운영을 고려한다.

③ 베드는 노히팅 방식을 권장하고 스크래퍼를 사용하지 않는 플렉시블 베드를 지원하는 장비의 운영을 고려한다.

④ 소재는 ABS보다 비교적 인체에 유해성이 작은 PLA를 사용한다.

해설
오픈형 사용 시 ABS 수지는 수축이 심해서 출력이 어려우며, 공급 장치 등을 만지거나 힘을 가하는 경우 스테핑 모터 등의 고장 원인이 될 수 있다. 또한 인쇄 중 인쇄물을 보호할 수 있는 커버가 있는 제품이 좋다.

01 패턴 이미지 기반의 삼각 측량 3차원 스캐너에 대한 설명으로 옳지 않는 것은?

① 가장 많이 사용하는 방식이다.

② 휴대용으로 개발하기가 용이하다.

③ 한꺼번에 넓은 영역을 빠르게 측정할 수 있다.

④ 광 패턴을 바꾸면서 초점 심도 조절이 가능하다.

해설

레이저 기반 삼각 측량 3차원 스캐너 : 가장 많이 사용되는 방식으로, 라인 형태의 레이저를 측정 대상물에 주사하여 반사된 광이 수광부의 특정 셀(Cell)에서 측정되는 방식이다.

02 개별 스캐닝 작업에서 얻어진 데이터를 합치는 과정인 정합에서 사용하는 값은?

① 병합 데이터

② 측정 데이터

③ 최종 데이터

④ 점군 데이터

해설

• 정합 : 개별 스캐닝 작업에서 얻어진 점 데이터들이 합쳐지는 과정이다.

• 병합 : 중복되는 부분을 서로 합치는 과정이다.

03 3D프린터에 대한 설명으로 옳지 않은 것은?

① 대량생산에 적합한 기술이다.

② 3차원 형상을 2차원상으로 분해하여 적층 제작한다.

③ 수요자의 설계를 바탕으로 맞춤형 제품을 빠르게 만들 수 있다.

④ 설계도나 디지털 이미지 정보로부터 직접 3차원 입체를 제작할 수 있다.

해설

다품종 소량생산에 적합한 기술이다.

04 이동 시 스캐너를 사용하는 경우가 아닌 것은?

① 측정 대상물이 클 경우에 사용

② 특정 부위만 측정하는 경우에 사용

③ 정밀하게 측정해야 하는 곳에 사용

④ 스캐너를 설치하기 힘든 경우에 사용

해설

정밀도는 고정식에 미치지 못한다.

1 ① 2 ④ 3 ① 4 ③ 정답

05 도면에 사용되는 레이어, 치수 스타일, 회사로고, 단위 유형, 도면이름 등을 미리 정해 놓고 필요할 때 불러서 사용하는 도면 양식은 무엇인가?

① 스케치

② 매개변수

③ 템플릿

④ 스타일

해설
- 스케치 : 3D 모델링을 하기 전에 작성하는 2D 도면으로 그리기 (선, 원, 호, 사각형, 타원 등)와 편집명령(이동, 복사, 회전, 자르기, 축척 등)이 있다.
- 매개변수 : CAD에서 사용되는 단축명령어를 확인 및 설정해 주는 것
- 스타일
  - 문자 스타일 관리 : 문자 폰트, 문자의 높이, 폭 계수, 경사각도 등을 설정 관리하는 기능
  - 치수 스타일 관리 : 치수선, 치수보조선의 설정, 화살표의 종류와 치수, 치수 값의 치수, 단위의 표시형식, 치수 값의 허용자 표시와 형식 등을 설정, 관리하는 기능

06 3각법 도면에서 정면도 아래쪽에 위치하는 도면은?

① 평면도

② 저면도

③ 배면도

④ 좌측면도

해설
제3각법의 투상도 배치

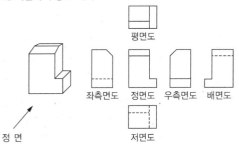

평면도
좌측면도 정면도 우측면도 배면도
저면도
정면

07 50mm 높이의 모델링을 0.2mm 레이어로 출력할 때 전체 적층 수는?

① 10

② 25

③ 100

④ 250

해설
$50 \div 0.2 = 250$

08 출력물이 도중에 단면이 밀려서 성형되는 경우에 해당하는 것은?

① 헤드가 느리게 움직일 때

② 상대적으로 크기가 크거나 긴 형상을 가질 때

③ 플랫폼의 상하 방향 움직임이 일시적으로 멈추는 경우

④ 타이밍풀리가 스테핑 모터의 회전축에 느슨하게 고정되는 경우

해설
출력물 도중에 단면이 밀려서 성형되는 경우
- 헤드가 너무 빨리 움직일 때
- 3D프린터의 기계 혹은 전자 시스템에 문제가 발생할 때
- 타이밍풀리가 스테핑 모터의 회전축에 느슨하게 고정되는 경우
- ② 상대적으로 크기가 크거나 긴 형상을 가질 때 발생 → 바닥이 말려 올라감
- ③ 플랫폼의 상하 방향 움직임이 일시적으로 멈추는 경우 → 일부 층이 만들어지지 않음

09 3D프린터로 출력 시 하중으로 인해 아래로 처지는 현상은?

① Sagging

② Warping

③ Healing

④ Cleaning

해설
- Sagging : 제작 중 하중으로 인해 아래로 처지는 현상
- Warping : 소재가 경화화면서 수축에 의해서 뒤틀림이 발생하는 현상

10 스케치에서 돌출로 만들 수 없는 형상은?

①

②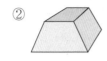

③

④

①은 ◺ 도형을 길이 방향으로 돌출시킨 것이다.

②는 ⬠ 도형을 길이 방향으로 돌출시킨 것이다.

③는 ⬭ 도형을 위쪽으로 돌출시킨 것이다.

④는 ○│ 그림의 원을 축을 중심으로 회전시켰을 때 생성되는
　　축
도형이다.

해설

원뿔과 사각뿔

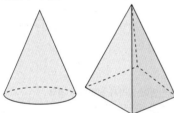

원뿔은 (가)와 같이 삼각형을 축을 중심으로 회전시켜서 작도할
수 있으나 (나)와 같이 돌출 시 각도를 입력하여 원뿔형태의 도형을
작도할 수 있다. 사각뿔도 돌출로 만들며 돌출 시 각도를 부여하여
작도한다.

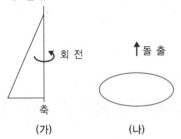

11 3D 모델링을 2차원 유한 요소인 삼각형으로 분할
한 후 각각의 삼각형의 데이터를 기준으로 근사시
켜 가면 쉽게 STL 파일로 생성할 수 있다. 이때
꼭짓점의 개수가 220개일 때 모서리의 개수는?

① 436

② 654

③ 660

④ 666

해설

모서리의 개수 = (220 × 3) − 6 = 654

12 3D프린터 출력물의 회수에 대한 설명으로 틀린 것은?

① 전용 공구를 사용하여 플랫폼에서 출력물을 분리
한다.

② 분말 방식 프린터는 작업이 끝나면 바로 꺼내어
건조한다.

③ 플랫폼에 남은 분말 가루는 진공 흡입기를 이용
하여 제거한다.

④ 액체 방식 프린터는 에틸알코올 등을 뿌려 표면
에 남아 있는 광경화성 수지를 제거한다.

해설

② 출력물을 건조하지 않고 바로 3D프린터에서 제품을 꺼내게
되면 출력물이 부서질 위험이 있기 때문에 작업이 마무리되면
출력물을 꺼내지 않고 3D프린터 내부에 둔 상태로 건조한다.

13 기계가공 도면에 사용되는 가는 1점 쇄선의 용도가 아닌 것은?

① 중심선　　　　② 기준선
③ 피치선　　　　④ 해칭선

해설
해칭선 : 가는 실선

14 G코드에서 밀리미터(mm) 단위로 설정하는 것은?

① G00
② G20
③ G21
④ G28

해설
① G00 : 급속 이송
② G20 : 인치(inch) 단위로 설정
④ G28 : 원점으로 이동

15 G01 X50 Y100 E50에 대한 G코드 설명으로 옳은 것은?

① 헤드를 X50, Y100으로, 이송속도를 50mm/min 로 이송
② 헤드를 X50, Y100으로, 노즐온도를 50℃로 설정
③ 헤드를 X50, Y100으로, 플랫폼 온도를 50℃로 설정
④ 헤드를 X50, Y100으로, 필라멘트를 50mm까지 압출하면서 이송

해설
현재 위치에서 X = 50, Y = 100으로 필라멘트를 50mm까지 압출 하면서 이동한다.
• 이송속도는 F를 쓴다.
• 노즐온도는 M104를 쓴다.
• 플랫폼 온도는 M140을 쓴다.

16 한 번 지령 후 계속 유효한 기능과 1회 유효한 기능으로 나누어진다. 다음 중 계속 유효한 모달(Modal) G코드가 아닌 것은?

① G01　　　　② G28
③ G90　　　　④ G91

해설
• 원샷 명령(0번으로 분류된 명령으로 한 번만 유효하다)
  – G28 : 자동원점복귀로 기계원점으로 복귀한다.
• 모달 명령(같은 그룹의 명령이 다시 실행되지 않는 한 지속적으로 유효하다)
  – G01 : 01그룹으로 직선가공을 한다.
  – G90 : 03그룹으로 절대 좌표 값으로 인식한다.
  – G91 : 03그룹으로 상대 좌표 값으로 인식한다.

17 스케치에서 2D 객체를 구성하는 선에 대한 수정을 할 수 없는 것은?

① 생 성
② 분 할
③ 연 결
④ 연 장

해설
선에 대한 수정 기능은 삽입(생성), 삭제, 분할, 연결 등이 있다.

18 다음의 도면은 물체의 기본 중심선을 기준으로 전체를 2개로 절단하여 그린 투상도이다. 무엇이라 하는가?

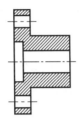

① 전(온)단면도
② 한쪽단면도
③ 부분단면도
④ 회전단면도

 해설

	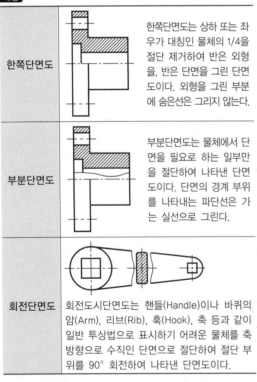	
한쪽단면도		한쪽단면도는 상하 또는 좌우가 대칭인 물체의 1/4을 절단 제거하여 반은 외형을, 반은 단면을 그린 단면도이다. 외형을 그린 부분에 숨은선은 그리지 않는다.
부분단면도		부분단면도는 물체에서 단면을 필요로 하는 일부만을 절단하여 나타낸 단면도이다. 단면의 경계 부위를 나타내는 파단선은 가는 실선으로 그린다.
회전단면도		회전도시단면도는 핸들(Handle)이나 바퀴의 암(Arm), 리브(Rib), 훅(Hook), 축 등과 같이 일반 투상법으로 표시하기 어려운 물체를 축 방향으로 수직인 단면으로 절단하여 절단 부위를 90° 회전하여 나타낸 단면도이다.

19 다음의 보조기능에서 헤드의 온도를 지정하는 명령에 해당하는 것은?

① M109
② M190
③ M104
④ M126

해설
① M109 : ME 방식의 헤드에서 소재를 녹이는 열선의 온도를 지정
② M190 : 조형을 하는 플랫폼을 가열하는 기능
④ M126 : 헤드에 부착된 냉각팬을 켜는 기능

20 다음의 장치에서 입력장치에 해당하는 것은?

① 스캐너
② 프린터
③ CPU
④ 모니터

해설
• 입력장치 : 스캐너, 키보드, 마우스
• 출력장치 : 프린터, 모니터

21 다음 중 3D프린터의 버퍼에 남아 있는 모든 움직임을 마치고 시스템을 종료시키는 명령어로 모든 모터 및 히터가 꺼지는 것은?

① M01
② M18
③ M107
④ M127

해설
② M18 : 모든 스테핑 모터의 전원 차단
③ M107 : 팬 전원 끄기
④ M127 : 헤드에 부착된 냉각팬 끄기

22 제1각법에 대한 설명 중 틀린 것은?

① 물체를 제 1면각 공간에 놓고 투상하는 방법이다.

② 눈 → 물체 → 투상면의 순서로 투상도를 얻는다.

③ 정면도의 우측에는 우측면도가 위치한다.

④ 도면에 ⊏─◉ 으로 표기가 가능하다.

> **해설**
> ③ 정면도의 우측에는 좌측면도, 좌측에는 우측면도가 위치한다.

23 다음의 KS A ISO 128-30 규격이 의미하는 것이 아닌 것은?

① 한국산업표준에 해당한다.

② 투상법에 대한 규격을 나타낸다.

③ KS 부문은 전기부문에 해당한다.

④ 3D 엔지니어링 프로그램을 작성 시 위의 규격에 따른다.

> **해설**
> KS A는 기본을 나타내고, KS C는 전기전자를 나타낸다.

24 FDM 방식의 3D프린터에서 ABS수지를 재료로 사용할 경우 노즐의 온도는?

① 80℃

② 110℃

③ 200℃

④ 230℃

> **해설**
> FDM 방식의 3D프린터에서 ABS 소재의 경우 노즐의 온도는 220∼250℃ 정도로 한다.

25 FDM 3D프린터에서 필라멘트 재료를 선택할 때 고려할 사항이 아닌 것은?

① 표면 거칠기

② 강도와 내구성

③ 용융 온도

④ 열 수축성

> **해설**
> • 용융 온도 : 소재별로 녹는점이 다르기 때문에 적정온도를 지키지 않고 노즐 온도를 설정할 땐 노즐 막힘 현상, 필라멘트 끊김 현상이 일어날 수 있으니, 출력 시 노즐 온도 설정을 소재에 맞게 적정 온도로 설정하여야 한다.
> • 표면 거칠기는 출력조건을 조절하거나 레이어의 높이를 조절하여 제품을 얻으며, 후가공을 통하여 원하는 표면 거칠기를 얻을 수 있다.

26 FDM 3D프린터 방식에서 필라멘트 재료를 노즐로부터 뒤로 빼주는 기능은?

① Support

② Retraction

③ Slicing

④ Backup

> **해설**
> **리트렉션** : 출력물에 머리카락같이 얇은 선이 생기는 오류를 해결하기 위하여 노즐 내부에 남아 있는 용융된 플라스틱 재료가 흘러내리지 않게 노즐 내부의 재료를 뒤로 이동시키는 기능이다.

27 FDM 방식의 3D프린터에서 노즐 크기가 0.4mm일 때 아래 그림에서 출력 작업이 원활하지 않는 부분은?

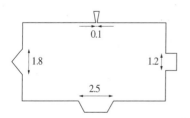

① 0.1mm

② 1.2mm

③ 1.8mm

④ 2.5mm

> **해설**
> 노즐의 크기보다 작은 크기는 출력이 원활하지 않다.

28 FDM 방식의 3D프린터에서 출력물의 표면 품질에 미치는 직접적인 원인으로 옳지 않은 것은?

① 압출량 설정이 적절하지 않은 경우
② 타이밍 벨트의 장력이 높은 경우
③ 노즐 설정 온도가 너무 낮은 경우
④ 첫 번째 층이 너무 빠르게 성형될 경우

해설
④ 첫 번째 층이 너무 빠르게 성형될 경우, 플라스틱 재료들이 플랫폼 위에 부착될 충분한 시간을 갖지 못하게 되어 플랫폼에 부착여부에 관계된다.

29 FDM 방식의 3D프린터에서 필라멘트 재료로 ABS 수지를 사용할 경우 베드의 온도는?

① 10℃　　　　② 30℃
③ 50℃　　　　④ 110℃

해설
ABS 소재의 경우 온도에 따른 출력물 변형이 있기 때문에 히팅베드가 필수적이며 베드의 온도는 110℃ 정도로 한다.

30 압축된 금속분말에 열에너지를 가해 입자들의 표면을 녹이고 금속입자를 접합시켜 금속구조물의 강도와 경도를 높이는 공정은?

① 분말 용접　　　② 경 화
③ 소 결　　　　　④ 합 금

해설
• 분말 용접 : 용융 온도가 서로 다른 분말들이 혼합된 분말에 압력을 가한 후 열에너지를 가해서 상대적으로 용융 온도가 낮은 분말을 녹여 결합시키는 방법
• 경화 : 재료를 단단하게 만드는 것
• 합금 : 두 개 이상의 금속원소에 의해 구성된 물질

31 조립품 구성 방식 중 모델링된 부품을 현재 조립품 상태로 배치한 상태로 배치하는 방식은?

① 상향식 방식
② 하향식 방식
③ 삽입식 방식
④ 어셈블리 방식

해설
• 상향식 방식 : 파트를 모델링해 놓은 상태에서 조립품을 구성하는 방식
• 하향식 방식 : 조립품에서 부품을 조립하면서 모델링하는 방식

32 다음의 출력용 파일 포맷 방법 중 표준 입력 파일 포맷으로 3차원 데이터의 Surface모델을 삼각형 면에 근사시키는 방식으로 포맷하는 것은?

① STL　　　　　② AMF
③ OBJ　　　　　④ DWG

해설
• STL 포맷 : 3차원 데이터의 Surface모델을 삼각형 면에 근사시키는 방식이다.
• AMF 포맷 : 색상, 질감과 표면 윤곽이 반영된 면을 포함해 STL 포맷에 비해 곡면을 잘 표현할 수 있다.
　- 색상 단계를 포함하여 각 재료 체적의 색과 메시의 각 삼각형의 색상을 지정할 수 있다.
　- 3D CAD모델링을 할 때 모델의 단위를 계산할 필요가 없고 같은 모델을 STL과 AMF로 변환했을 때 AMF의 용량이 매우 작다.

33 솔리드 모델링으로 표현하기 힘든 기하 곡면을 모델링하고 형상의 표면 데이터만 존재하는 모델링은?

① 파라메트릭 모델링

② 서피스 모델링

③ 파트 모델링

④ 형상 모델링

• 서피스 모델링 : 3D 엔지니어링 소프트웨어에서 3차원 형상을 표현하는 데 있어서 솔리드 모델링으로 표현하기 힘든 기하 곡면을 처리하는 기법으로 솔리드 모델링과 다르게 형상의 표면 데이터만 존재하는 모델링 기법이다. 주로 산업 디자인에 많이 사용되고 있으며, 곡면 모델링 기법으로 3차원 형상을 표현하고, 3D 엔지니어링 소프트웨어에서 제공하는 기능으로 차후, 솔리드 형상으로 변경하여 완성한다.
• 파라메트릭 모델링 : 형상을 구성하는 요소들을 매개 변수(Parameter)화하여 3D 모델링하는 방법으로 매개변수의 값이 변경되면 3D 모델링이 자동으로 변경될 수 있는 모델링 방법이다.

34 3D엔지니어링 소프트웨어를 이용하여 하나의 부품형상을 모델링하는 곳은?

① 파 트   ② 도 면

③ 어셈블리   ④ 파라메트릭

파트 : 3D엔지니어링 소프트웨어에서 하나의 부품 형상을 모델링하는 곳으로, 형상을 표현하는 가장 중요한 요소이다.

35 다음 기하 공차에 기입 틀에서 좌측 맨 앞의 기호가 의미하는 것은?

⊕	φ0.02Ⓜ	C

① 진원도   ② 동축도

③ 진직도   ④ 위치도

기하 공차

기 호		명 칭	정 의
모양 공차	──	진직도	직선 형체의 기하학적으로 올바른 직선으로부터 벗어난 크기
	▱	평면도	이상적인 평면으로부터 벗어난 크기
	○	진원도	이상적인 원으로부터 벗어난 크기
	⌀	원통도	이상적인 원통 형상으로부터 벗어난 크기
	⌒	선의 윤곽도 공차	이론적으로 정확한 윤곽선 위에 중심을 두는 원이 만드는 두 개의 포물선 사이에 있는 영역
	⌓	면의 윤곽도 공차	이론적으로 정확한 윤곽면 위에 중심을 두는 원이 만드는 두 개의 면 사이에 있는 영역
자세 공차	⊥	직각도	기준 직선이나 평면에 대해서 직각을 이루고 있는 직선이나 평면으로부터 벗어난 크기
	∥	평행도	기준이 되는 직선이나 평면에 대해서 평행을 이루고 있는 직선이나 평면으로부터 벗어난 크기
	∠	각도 정도	기준이 되는 직선이나 평면에 대해서 정확한 각도를 가진 직선이나 평면으로부터 벗어난 크기
위치 공차	⊕	위치도 공차	점의 정확한 위치를 중심으로 하는 지름 안의 영역
	◎	동축도	두 개 이상의 형상이 동일한 중심 축을 가지고 있어야 할 때, 각 형상의 축이 기준이 되는 축에서부터 벗어난 크기
	═	대칭도	데이텀 중심 평면에 대하여 대칭으로 배치되고, 서로 떨어진 두 개의 평면 사이에 있는 영역
흔들림 공차	↗	원주흔들림 공차	중심에서 떨어진 두 개의 동심원 사이의 영역
	↗↗	온흔들림 공차	중심에서 떨어진 두 개의 동축 원통 사이의 영역

36 도면에서 가는 실선을 사용하는 곳이 아닌 것은?

① 치수선 ② 지시선
③ 파단선 ④ 가상선

해설

• 가는 실선
  – 치수선(치수보조선) : 치수를 기입하는 데 쓰인다.
  – 지시선 : 기술, 기호 등을 표시하기 위하여 끌어내는 데 쓰인다.
  – 파단선 : 불규칙한 파형의 가는 실선으로 대상물 일부를 파단한 경계 또는 일부를 떼어낸 경계를 표시하는 데 쓰인다.
  – 해칭선 : 도형의 한정된 특정 부분을 다른 부분과 구별하는데, 예를 들면 단면도의 절단된 부분을 표시하는 데 쓰인다.
• 가상선 : 가는 2점 쇄선
  – 인접한 부분을 참고로 표시하는 데 쓰인다.
  – 공구, 지그 등의 위치를 참고로 표시하는 데 쓰인다.
  – 가공 전후의 모양을 표시하는 데 쓰인다.
  – 가공 부분을 이동 중의 특정한 위치 또는 이동 한계의 위치로 표시하는 데 쓰인다.
• 절단선 : 가는 1점 쇄선(끝부분, 꺾이는 부분은 굵게 한 선)
  – 단면도를 그릴 경우 절단 위치에 대응하는 그림을 표시하는 데 쓰인다.

37 2D 스케치 환경에서 원을 호로 수정할 때 필요한 명령어는?

① 자르기 ② 연 장
③ 늘이기 ④ 간격띄우기

해설

자르기 : 원을 지나는 다른 선을 이용하여 원을 잘라내어 호로 만든다.
이외에 끊기(Break) 명령을 이용하여 호로 수정이 가능하다.

38 지름 30mm 구멍에 결합되는 축의 지름이 30±0.2mm일 때, 축과 구멍의 결합이 억지끼워맞춤이 되는 축의 지름은?

① 29.8 ② 30
③ 30.2 ④ 30.8

해설

억지끼워맞춤은 구멍보다 축의 지름이 큰 경우이다. 축의 지름은 29.8~30.2mm 사이에 있으며 가장 큰 치수는 30.2mm이다.

39 CAD시스템을 이용하여 그림을 수정할 때 필요 없는 명령어는?

① Chamfer ② Arc
③ Circle ④ Trim

해설

Chamfer : 모따기를 하는 명령어로 모서리부를 반듯하게 수정할 때 사용한다.

40 그림과 같은 입체도를 제3각법으로 나타낼 때 화살표 방향을 정면으로 할 경우 평면도로 옳은 것은?

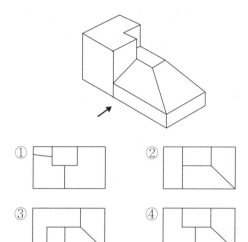

① ② ③ ④

해설
평면도는 위에서 봤을 때의 모양으로 보기 ④와 같다.

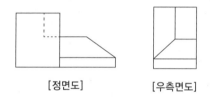

[정면도]　　　[우측면도]

41 출력물의 형상을 확대, 축소, 회전, 이동을 통하여 지지대 없이 성형되기 어려운 부분을 찾는 방법은?

① 형상 배치　　　② 형상 분석
③ 형상 설계　　　④ 형상 출력

해설
• 형상 설계 : 3D설계 프로그램을 이용하여 3차원 형상물을 설계하는 것이다.
• 형상 분석 : 제품의 품질을 향상시키기 위해서 형상물을 분석하여 재배치하는 것으로 형상을 확대, 축소, 회전, 이동을 통하여 지지대 사용 없이 성형되기 어려운 부분을 찾는 역할을 한다.

42 3D프린터 출력 시에 분할하여 출력하는 경우가 아닌 것은?

① 모델의 내부를 많이 채울 때
② 지지대를 최소한으로 줄일 수 있을 때
③ 모델의 크기가 플랫폼의 크기를 넘을 때
④ 지지대를 제대로 제거할 수 없는 형상일 때

해설
모델의 내부를 채우는 정도는 제품의 강도와 관련이 있다.

43 SWOT 분석에 대한 설명으로 옳지 않은 것은?

① 약점을 보완하여 기회를 포착한다.
② 강점, 약점, 기회, 위협의 요인이 있다.
③ 기업의 내, 외부 환경 변화를 동시에 파악할 수 있다.
④ 내부 환경으로는 경쟁, 고객, 거시적 환경이 있다.

해설
SWOT 분석
기업의 내부 환경과 외부 환경을 분석하여 강점(Strength), 약점(Weakness), 기회(Opportunity), 위협(Threat) 요인을 규정하고 이를 토대로 경영전략을 수립하는 기법으로 외부로부터의 기회는 최대한 살리고 위협은 회피하는 방향으로 자신의 강점은 최대한 활용하고 약점은 보완한다는 논리에 기초를 두고 있다. SWOT 분석에 의한 경영전략은 다음과 같이 정리할 수 있다.
• SO전략(강점-기회 전략) : 강점을 살려 기회를 포착
• ST전략(강점-위협 전략) : 강점을 살려 위협을 회피
• WO전략(약점-기회 전략) : 약점을 보완하여 기회를 포착
• WT전략(약점-위협 전략) : 약점을 보완하여 위협을 회피
④ 내부 환경은 자사의 경영자원, 외부 환경으로는 경쟁, 고객, 거시적 환경 등이 있다.

44 PVA(폴리비닐알코올) 지지대에 대한 설명으로 옳지 않은 것은?

① 독성이 없는 물질이다.

② 저온 열가소성 수지이다.

③ 물에 용해되는 성질을 가지고 있다.

④ 니퍼, 커터 칼 등을 이용하여 제거한다.

해설
저온 열가소성 수지로서 물에 용해되는 성질을 가지고 있어 단순한 물 세척만으로 쉽게 제거할 수 있으며, 독성이 없는 물질로 안전하게 사용할 수 있다.

45 CAD환경에서 일반적으로 사용하는 좌표계가 아닌 것은?

① 직교 좌표계　　② 극 좌표계

③ 구면 좌표계　　④ 원근 좌표계

해설
• 직교 좌표계 : 3차원 공간에서 좌표계를 X, Y, Z축을 이용하여 정의한다. 세 축은 서로 90°의 각을 이루고 있다.
• 극 좌표계 : 평면 위의 위치를 각도와 거리를 이용하여 나타내는 2차원 좌표계이다.
• 구면 좌표계 : 3차원 공간상의 점들을 나타내는 좌표계로 보통 (γ, θ, ϕ)로 나타낸다.

46 액체기반 3D프린터의 사용 용도와 거리가 가장 먼 것은?

① 액세서리나 피규어 제작에 활용된다.

② 산업 전반에 걸쳐 폭넓게 활용될 수 있다.

③ 3D프린터를 처음 접하는 사람이나 가정용으로 적당하다.

④ 의료, 치기공, 전자제품 등 정밀한 형상을 제작할 때 사용한다.

해설
③ 액체기반 3D프린터의 경우 제품 출력 시 광원으로 자외선을 사용하며, 재료로 광경화성 수지를 사용하므로 프린터를 처음 접하는 사람이나 가정용으로 적합하지 않다. 액체기반 프린터의 사용 시 보안경을 착용하여 자외선 빛을 직접 보지 않도록 하며, 광경화성 수지가 피부에 닿지 않도록 주의하며, 피부에 닿았을 때에는 즉시 비누 등으로 씻어 주어야 한다.

47 3D프린터에 따른 형상 설계오류에 관한 설명으로 거리가 먼 것은?

① 3D프린터로 제품을 제작할 때 3D프린터에 따른 형상 설계오류를 고려해야 한다.

② SLA, DLP 방식의 3D프린터는 최대 $10\sim15\mu m$로 매우 좋은 정밀도를 가진다.

③ 광경화 조형 방식에서 광경화성 수지의 성질을 이해하지 못하면 제품 출력 시 뒤틀림 오차 등이 발생한다.

④ FDM 방식으로 설계 시 정밀도보다 작은 치수 표현은 불가능하다.

해설
• 3D프린터로 제품을 제작하고자 할 때 3D프린터에 따른 형상 설계오류를 고려해야 한다. 이는 3D프린터 방식에 따른 특징이 모두 다르기 때문이다.
• FDM 방식의 프린터는 최대 정밀도가 0.1mm 정도로 정밀도가 좋지 않다. 설계에 정밀도보다 작은 치수를 표현하려면 이는 불가능하다.
• SLA 방식은 정밀도가 최대 $1\sim5\mu m$로 아주 좋은 정밀도를 가진다. 제품 정밀도는 좋지만 광경화성 수지의 특징 및 성질을 이해하지 않고 제품의 형상 설계를 하면 제품의 뒤틀림 오차 등이 생길 수 있다.

48 3D프린팅 작업 종료 후 초기점으로 복귀를 의미하는 코드는?

① G00　　　　　② G28

③ G90　　　　　④ G98

해설
① G00 : 급속 이송
② G28 : 기계 원점으로 복귀
③ G90 : 절대 지령 선택

49 FDM 방식의 출력물에서 화학적 표면 거칠기 향상법은?

① 프라이머 도장을 한다.
② 아세톤을 이용하여 훈증한다.
③ 사포를 이용하여 돌출부분을 제거한다.
④ 퍼티를 통하여 층과 층 사이의 들어간 부분을 채운다.

해설
• 물리적 방법 : 도장, 사포, 퍼티를 이용한 방법
• 화학적 방법 : FDM 방식에서 가장 많이 사용되는 재료인 ABS를 분해시켜서 녹인다.

50 PLA 소재 플라스틱에 대한 설명으로 옳지 않은 것은?

① 무독성 친환경 재료이다.
② 열 변형에 의한 수축이 적다.
③ 히팅 베드 없이 출력이 가능하다.
④ 서포터 발생 시 제거가 쉽고 표면이 매끄럽다.

해설
PLA 소재는 서포터 발생 시 서포터 제거가 어렵고 표면이 거칠다는 단점이 있다.

51 광경화수지의 특징에 해당하는 것은?

① 정밀도가 높다.
② 가격이 저렴하다.
③ 관리가 편리하다.
④ 폐기 및 처리가 편리하다.

해설
빛을 이용하기 때문에 정밀도가 높으나 가격이 FDM 방식 재료에 비해 비싼 편이며, 빛에 굳는 물질이기 때문에 관리상 주의가 필요하다. 폐기 시 별도의 절차를 거쳐야 된다.

52 다음 도면에 대한 설명으로 잘못된 것은?

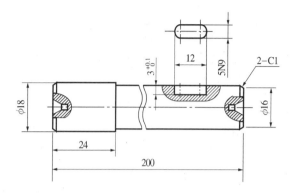

① 긴 축은 중간을 파단하여 짧게 그렸고, 치수는 실제치수를 기입하였다.
② 평행키 홈의 깊이 부분을 회전도시단면도로 나타내었다.
③ 평행키 홈의 폭 부분을 국부투상도로 나타내었다.
④ 축의 양끝을 1×45°로 모따기 하도록 지시하였다.

해설
평행키 홈의 깊이 부분은 부분단면도로 나타내었다.

53 컴퓨터에 의한 통합 가공시스템(CIMS)으로 생산관리 시스템을 자동화할 경우의 이점이 아닌 것은?

① 짧은 제품 수명주기와 시장 수요에 즉시 대응할 수 있다.
② 더 좋은 공정 제어를 통하여 품질의 균일성을 향상시킬 수 있다.
③ 재료, 기계, 인원 등의 효율적인 관리로 재고량을 증가시킬 수 있다.
④ 생산과 경영관리를 잘할 수 있으므로 제품 비용을 낮출 수 있다.

해설
컴퓨터 통합 가공시스템(CIMS)은 컴퓨터로 설계, 제조, 생산, 관리 등을 통합하여 운영하는 시스템으로 생산과 경영관리를 효율적으로 하고 재고를 줄일 수 있다.

54 작동 중 이상이 생겼을 때 취할 행동과 거리가 먼 것은?

① 프로그램에 문제가 없는가 점검한다.

② 비상정지 버튼을 누른다.

③ 주변상태(온도, 습도, 먼지, 노이즈)를 점검한다.

④ 일단 파라미터를 지운다.

해설
④ 파라미터를 확인하여 프로그램상의 문제점을 확인하여야 한다.

55 보호(안전)장갑의 설명 중 틀린 것은?

① 내전압용 절연장갑은 00등급에서 4등급까지 있다.

② 내전압용 절연장갑은 숫자가 클수록 두꺼워 절연성이 높다.

③ 화학물질용 안전장갑은 1~6의 성능 수준이 있다.

④ 화학물질용 안전장갑은 숫자가 작을수록 보호 시간이 길고 성능이 우수하다.

해설
④ 내전압용 절연장갑의 등급은 (00, 0, 1, 2, 3, 4) 6등급이 있으며 숫자가 커질수록 두꺼워서 높은 전압에서 작업이 가능하다. 안전장갑은 숫자가 클수록 보호 시간이 길고 성능이 우수하다.

56 방진, 방독 마스크 선택 시 설명으로 틀린 것은?

① 시야가 넓어야 한다.

② 여과 효율이 좋아야 한다.

③ 흡배기 저항이 높아야 한다.

④ 분진의 체내 축적을 최소화하여야 한다.

해설
③ 마스크의 흡배기 저항은 낮아야 한다.

57 프린터 출력 중 파워 서플라이(SMPS) 고장으로 전원이 나갈 경우에 가장 먼저 취해야 하는 조치로 옳은 것은?

① 전원 스위치를 끈다.

② 배전반을 먼저 점검한다.

③ 출력 중인 출력물을 회수한다.

④ 전원 공급장치를 먼저 수리한다.

해설
가장 먼저 전원 스위치를 꺼서 전원을 차단한다.

58 3D프린터 사용 중에 A씨가 호흡곤란 심정지 증상을 보이며 쓰러졌다. 4분 뒤 직장동료 B씨가 쓰러진 A씨를 발견하여 심폐소생술을 실시하였다. A씨가 살아남을 확률은 얼마인가?

① 5%

② 50%

③ 75%

④ 95%

해설
• 3분 이내 심폐소생술 실시할 경우 75% 이상
• 4분 이내 심폐소생술 실시할 경우 소생률 50% 이상
• 1분 경과 시 소생률 10% 감소

54 ④ 55 ④ 56 ③ 57 ① 58 ② **정답**

59 작업 지시서에 대한 설명으로 옳지 않은 것은?

① 물품의 판매를 요구한다.

② 특정 작업에 대한 요구를 한다.

③ 생산 지시서, 검사 지시서가 있다.

④ 작업완료일, 제품의 규격, 담당자 등이 기록되어 있다.

해설

① 특정 작업을 요구하거나 필요한 물품의 구매 등을 요구하는 데 사용된다.

60 화재에 대한 설명으로 옳지 않은 것은?

① 발생원인은 실화와 방화로 나뉜다.

② 합선, 누전, 단락으로 인한 전기화재가 있다.

③ B형 화재인 유류화재 시에는 물을 뿌려 진화한다.

④ 배터리가 폭발하여 발화하는 경우는 금속화재에 해당한다.

해설

③ 유류화재 시 산소를 차단하는 폼이나 이산화탄소 등으로 진화를 해야 한다.

01 삼각 측량에서 사용되는 법칙은 무엇인가?

① 사인 법칙
② 코사인 법칙
③ 탄젠트 법칙
④ 위상간섭 법칙

해설
삼각 함수의 사인 법칙
$$\frac{\sin\alpha}{\overline{BC}} = \frac{\sin\beta}{\overline{AC}} = \frac{\sin\gamma}{\overline{AB}}$$

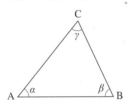

02 넙스 모델링 특징이 아닌 것은?

① 재질의 비중을 계산해서 무게를 측정할 수 있다.
② 치수정밀도가 높다.
③ 수정 시 원본으로 되돌릴 수 있다.
④ 부드러운 곡면을 설계할 때 효과적이다.

해설
솔리드 방식 : 속이 꽉 찬 물체를 이용해 모델링하는 방식이며, 재질의 비중을 계산하여 무게 등을 측정할 수 있다.

03 다음 중 축척을 나타내는 것은?

① 1 : 1   ② 2 : 1
③ 5 : 1   ④ 1 : 10

해설
축척 : 실제 크기보다 도면에 작게 축소해서 그린 것

1 : 10 에서
└ ┬ ┐ 실제 크기
└────── 도면에서의 크기

실제보다 도면에 1/10로 축소하여 나타낸 것이다.

04 CAD환경에서 일반적으로 사용하는 좌표계가 아닌 것은?

① 직교 좌표계
② 극 좌표계
③ 구면 좌표계
④ 원근 좌표계

해설
• 직교 좌표계 : 3차원 공간에서 좌표계를 X, Y, Z축을 이용하여 정의한다. 세 축은 서로 90°의 각을 이루고 있다.
• 극 좌표계 : 평면 위의 위치를 각도와 거리를 이용하여 나타내는 2차원 좌표계이다.
• 구면 좌표계 : 3차원 공간상의 점들을 나타내는 좌표계로 보통 (γ, θ, ϕ)로 나타낸다.

05 3D모델을 삼각형으로 분할하였을 때, 꼭짓점 개수를 구하는 공식으로 옳은 것은?

① (총 삼각형의 수/2) + 2

② (총 삼각형의 수 × 3) − 6

③ (모서리의 수/2) + 2

④ (모서리의 수 × 3) + 2

해설
· 꼭짓점 수 = (총 삼각형의 수/2) + 2
· 모서리 수 = (꼭짓점 수 × 3) − 6

07 모델링 시 스케치 두 개가 있어야 가능한 3D모델링은?

① 돌 출　　② 회 전

③ 스 윕　　④ 구 멍

해설
스윕 : 돌출이나 회전으로 작성하기 힘든 자유 곡선이나 하나 이상의 스케치 경로를 따라가는 형상을 모델링할 때 사용하며, 경로 스케치와 별도로 단면 스케치를 각각 작성하여 형상을 완성한다.

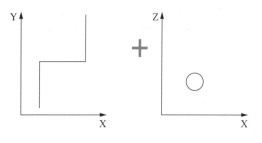

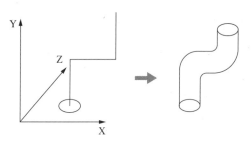

06 CAD 프로그램을 이용하여 변경 전의 도형을 변경 후의 모양으로 바꿀 수 있는 기능은?

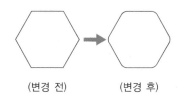

(변경 전)　　(변경 후)

① Trim

② Offset

③ Chamfer

④ Fillet

해설
뾰족한 모서리를 반지름 값으로 라운딩하는 기능은 모깎기 기능이다.
① Trim : 자르기
② Offset : 간격 띄우기
③ Chamfer : 모따기
④ Fillet : 모깎기

08 3D프린터 프로그래밍에서 G04(DWELL) 기능에 대한 설명으로 틀린 것은?

① 0.5초간 정지할 경우 G04 P500;으로 나타낸다.

② 기계가 특정 시간 동안 아무 변화 없이 대기해야 할 경우 사용한다.

③ 자동 원점 복귀를 하기 위한 프로그램 정지 기능이다.

④ 주소는 기종에 따라 X, P를 사용한다.

해설
① P는 소수점을 사용하지 않으며 1초는 P1000으로 나타낸다. X로 나타내는 경우는 X 1.로 나타낸다.
③ 자동 원점 복귀는 G28이며, 이때 기계 원점으로 복귀한다.

09 PLA 필라멘트를 사용하여 제품을 만들 때, 노즐 온도는 얼마인가?

① 50~70℃ ② 180~230℃

③ 240~260℃ ④ 250~300℃

해설
PLA 필라멘트를 이용하는 경우 노즐의 온도는 180~230℃이며, 히팅 베드가 필요 없으나 사용하는 경우 50℃ 이하로 설정한다.
노즐의 온도
• 240~260℃ : 나일론
• 250~300℃ : PC(Polycarbonate)

11 선택한 면과 면, 선과 선 사이에 일정한 간격을 주는 제약 조건은 무엇인가?

① 일치 제약 조건

② 접촉 제약 조건

③ 오프셋 제약 조건

④ 각도 제약 조건

해설
• 일치 제약 조건 : 면과 면, 선과 선, 축과 축 등을 선택하면 일치시켜주는 제약 조건이다.
• 접촉 제약 조건 : 선택한 선과 선, 면과 면을 접촉하도록 하는 제약 조건이다.
• 각도 제약 조건 : 면과 면, 선과 선을 선택해 각도로 제약을 주는 조건이다.
• 고정 컴포넌트 : 선택한 파트를 고정시켜 주는 기능을 한다.

10 SLS 출력방식의 3D프린터에 대한 설명으로 옳지 않은 것은?

① 분말을 용융시켜서 융접하는 방식이다.

② 금속 분말을 사용하는 경우 서포터가 불필요하다.

③ CO_2 레이저가 많이 사용된다.

④ 3D프린터의 내부는 녹는점보다 낮은 온도로 유지된다.

해설
SLS 방식은 융접되지 않은 주변 분말들이 자연스럽게 서포터 역할을 하기 때문에 서포터가 필요하지 않으나 금속 분말의 경우 수축 등의 변형이 일어날 수 있으므로 서포터가 필요하다. 또한 플랫폼 안의 분말은 고온 성형에 따른 불균일한 열팽창에 의한 뒤틀림을 방지하기 위해 녹는점이나 유리 전이보다 약간 낮은 온도의 고온으로 유지된다.

12 다음이 설명하는 3차원 모델링 방식은?

• 간섭체크를 할 수 있다.
• 제품 내부 정보를 포함하고 있다.

① 와이어 프레임 모델링

② 서피스 모델링

③ 솔리드 모델링

④ DATA 모델링

해설
3차원 모델링 방식에는 와이어 프레임 모델링, 서피스 모델링, 솔리드 모델링이 있다.
• 서피스(곡면) 모델링 : 3차원 형상을 표현하는 데 있어 솔리드 모델링으로 표현하기 어려운 곡면을 처리하는 기법으로 형상의 표면 데이터만 존재한다.
• 와이어 프레임 모델링 : 3차원 형상을 표현할 때 직선과 곡선으로 표현하여 정보가 적다.

13 슬라이서 프로그램에서 할 수 없는 작업은?

① 제품의 모델링
② 레이어의 높이 설정
③ 노즐의 온도를 결정
④ 서포터의 생성 유무

해설
슬라이서 프로그램 옵션
• Quality : 레이어의 높이 및 출력물의 두께 설정
• Fill : 출력물의 속을 채우는 정도
• Speed & Temperature : 프린팅 속도 및 노즐과 히팅 베드의 온도
• Support : 서포터의 유무
• Machine : 노즐의 사이즈

15 도형의 구속 조건 중 다음의 그림과 같이 한 중심선에 원기둥을 일치시키는 구속 조건은?

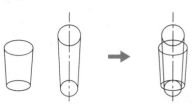

① 동 심   ② 접 선
③ 평 행   ④ 직 각

해설
• 동심 : 두 개의 원을 동일 중심선에 구속시킨다.
• 접선 : 곡선을 다른 (곡)선에 접하도록 구속시킨다.
• 평행 : 두 직선이나 평면이 같은 거리만큼 떨어져 서로 만나지 않도록 구속시킨다.

14 3D 모델링을 다음의 그림과 같이 배치하여 출력할 때, 안정적인 출력을 위해 가장 기본적으로 필요한 것은?(단, FDM 방식 3D프린터에서 출력한다고 가정한다)

① 서포터   ② 브 림
③ 루 프   ④ 스커트

해설
• 서포터 : 제품 출력 시 적층 바닥과 제품이 떨어져 있을 경우 보조해 주는 지지대
• 브림 : 출력물의 첫 번째 레이어에 바로 붙어서 설정한 값만큼 더 넓게 바닥을 만들어 주는 것
• 스커트 : 출력물 주변에 일정 간격을 두고 출력물의 범위를 그려 주는 역할

16 다음의 ㄷ자 모양의 도형을 출력할 때 가장 출력이 잘되는 경우는?

①   ②

③   ④

해설
①, ③의 경우 출력 시 서포터가 생성되어 후처리 등이 필요하다.
②의 경우 서포터는 생성되지 않으나 A, B를 생성 시 연속적으로 생성이 불가능하여 얇은 선 등이 발생할 수 있다.

17 SLS 방식의 프린터 출력물 회수 순서는?

① 출력 → 출력물 회수 → 건조
② 출력 → 분말제거 → 출력물 회수 → 건조
③ 출력 → 건조 → 분말제거 → 출력물 회수
④ 출력 → 분말제거 → 건조 → 출력물 회수

> **해설**
> 작업이 마무리되면 출력물을 꺼내지 않고 3D프린터 내부에 둔 상태로 건조해야 한다. 이는 출력물을 건조하지 않고 바로 3D프린터에서 제품을 꺼내게 되면 출력물이 부서질 위험이 있기 때문이다. 출력물을 건조시킨 후 주위의 분말을 청소기를 이용하여 제거한 후 출력물을 회수한다.

18 제품 출력 중에 출력물이 한쪽으로 밀려서 나오는 경우 조치 방법은?

① 압출 노즐의 온도를 높인다.
② 플랫폼과 노즐의 간격을 줄인다.
③ 타이밍 벨트의 장력을 조정한다.
④ 투입되는 필라멘트의 지름을 크게 한다.

> **해설**
> 헤드가 너무 빨리 움직일 때, 타이밍 벨트의 장력이 맞지 않은 경우 단면이 밀려서 성형된다.

19 PLA 소재에 대한 설명으로 맞는 것은?

① 옥수수 전분을 이용해 만들었다.
② 출력 시 히팅 베드가 필요하다.
③ 서포터 발생 시 서포터 제거가 쉽다.
④ 열 변형에 의한 수축이 크다.

> **해설**
> **PLA 소재**
> • 옥수수 전분을 이용해 만든 재료로서 무독성 친환경적 재료이며, 표면에 광택이 있다.
> • 열 변형에 의한 수축이 적어 정밀한 출력이 가능하다.
> • 히팅 베드 없이 출력이 가능하며 출력 시 유해 물질 발생이 적다.
> • 서포터 발생 시 서포터 제거가 어렵고 표면이 거칠다.

20 서포터에 대한 설명으로 옳지 않은 것은?

① 비수용성 서포터는 니퍼, 커터 칼, 조각도 등을 이용하여 떼어낸다.
② 서포터가 많을수록 후가공 시간이 절약된다.
③ HIPS 소재는 리모넨 용액을 이용하여 용해시킨다.
④ 수용성 서포터는 물 세척으로 제거가 가능하다.

> **해설**
> 서포터가 많을수록 후가공에 많은 시간이 소요된다.

21 작업 중 전기 감전 사고자 발견 시 조치 방법으로 옳지 않은 것은?

① 환자에게 바로 접근하여 환자의 상태를 살핀다.
② 전원을 차단하는 등 환자 주변의 위험물질을 없앤다.
③ 환자를 안전한 장소 또는 병원으로 옮긴다.
④ 환자가 숨을 쉬지 않고 심장이 뛰지 않을 때는 심폐소생술을 시행한다.

> **해설**
> **감전 사고 발생 시**
> • 환자에게 바로 접근하지 않고 전원을 차단하는 등 환자 주변의 위험물질을 없애야 한다.
> • 전원을 차단할 수 없을 때는 전기가 통하지 않는 막대나 고무장갑 등으로 위험 물질을 환자 주변에서 치운다.
> • 구조자가 감전되지 않도록 주위의 환경, 안전에 신경 쓴다.
> • 환자가 위험에서 벗어나면 119에 신고하여 구조 요청하고 환자를 살핀다.
> • 환자를 안전한 장소로 옮겨서 의식, 호흡, 맥박을 확인하고 즉시 병원으로 옮긴다.
> • 환자가 숨을 쉬지 않고 심장이 뛰지 않는다면 심폐소생술을 시행한다(감전쇼크에 의해 호흡이 정지되었을 때 혈액 중의 산소함유량이 약 1분 내에 감소하기 시작하여 산소결핍현상이 나타나므로 단시간 내의 인공호흡 등 응급조치에 의해 감전 사망자의 95% 이상을 소생시킬 수 있다).

22 가상 적층에 대한 설명으로 옳지 않은 것은?

① 가상 적층을 볼 때, 경로만 확인이 가능하다.
② 가상 적층 확인 시 슬라이싱 상태로 확인할 수 있다.
③ 모양을 미리 알 수 있기 때문에 재료를 절약할 수 있다.
④ 슬라이싱 소프트웨어를 통해 출력될 모델을 미리 보는 것이다.

해설
가상 적층을 통해 경로 외에 서포터의 종류와 모양, 출력물과 플랫폼 사이의 브림이나 라프트 등의 모양을 미리 알 수 있다.

24 수조광경화방식의 특징은?

① 출력 속도와 정밀도가 우수하다.
② 소재가 다양하지 못해 사용에 한계가 있다.
③ 재료의 가격이 저렴하다.
④ 사용 및 취급이 간편하다.

해설
② 소재의 종류가 500종 이상으로 다양하다.
③ 재료의 가격이 비싸다.
④ 사용 및 취급 시 세심한 주의가 필요하다.

23 AMF 파일의 특징이 아닌 것은?

① STL에 비해 용량이 매우 작다.
② 색상, 질감, 표면 윤곽이 반영된 면을 포함한다.
③ STL에 비해 곡면을 잘 표현할 수 있다.
④ 스탠포드 삼각형 형식 또는 다각형 파일 형식이다.

해설
AMF 포맷
• XML에 기반하여 STL의 단점을 보완한 파일 포맷이다.
• STL 포맷은 표면 메시에 대한 정보만을 포함하지만 AMF 포맷은 색상, 질감, 표면 윤곽이 반영된 면을 포함한다.
• 곡면을 잘 표현할 수 있다.
• 동일 3D모델을 변환할 때 STL 포맷보다 용량이 매우 적다.
PLY 포맷
• 스탠포드 삼각형 형식 또는 다각형 파일 형식으로, 주로 3D 스캐너를 이용해 물건이나 인물 등을 스캔한 데이터를 저장하기 위해 설계되었다.

25 헤드 또는 플랫폼의 현재 위치를 기준으로 지정하는 좌표 방식은?

① 절대 좌표   ② 공작물 좌표
③ 기계 좌표   ④ 증분 좌표

해설
• 위치 결정 방식 : 절대 좌표 방식, 증분 좌표 방식
  - 절대 좌표 : 움직이고자 하는 좌표를 지정해 주면 설정된 좌표계의 원점을 기준으로 움직인다.
• G코드 판독 좌표계 : 기계 좌표계, 공작물 좌표계, 로컬 좌표계
  - 기계 좌표계 : 3D프린터 고유의 기준점으로 프린터가 처음 구동되거나 초기화될 때 헤드가 복귀하는 기준점이다.
  - 공작물 좌표계 : 3D프린터의 제품이 만들어지는 공간 안에 임의의 점을 새로운 원점으로 설정하는 것이다. 여러 개의 제품을 동시에 만들 때 여러 개의 좌표계를 설정할 수 있다.
  - 로컬 좌표계 : 필요에 의해서 공작물 좌표계 내부에 또 다른 국부적인 좌표계가 요구될 때 사용한다.

26 다음 서포터 중 바닥면이 너무 좁아 불안정할 때, 성형 도중 자중에 의하여 스스로 붕괴되는 경우를 방지하기 위한 지지대는?

①
[Overhang]

②
[Ceiling]

③
[Unstable]

④
[Island]

해설
- Overhang : 외팔보와 같이 새로 생성되는 층이 받쳐지지 않아 아래로 휘게 되는 경우를 방지하기 위한 지지대
- Ceiling : 양단이 지지되는 경우라도 기둥의 간격이 크면 가운데 부분에서 처지지 않도록 하기 위한 지지대
- Island : 이전에 단면과 연결되지 않는 단면이 새로 등장하는 경우 지지대가 받쳐주지 않으면 허공에 떠 있는 상태가 되어 성형되지 않는다.
- Base : 성형 중 진동이나 충격이 가해졌을 경우 성형품의 이동이나 붕괴를 방지하기 위한 지지대
- Raft : 성형 플랫폼에 처음으로 만들어지는 구조물로서 성형 중에는 플랫폼에 대한 강한 접착력을 제공하고, 성형 후에는 부품의 손상 없이 플랫폼에 분리하기 위한 지지대

27 다음이 설명하는 3D프린터 소재는?

- 폴리우레탄 소재이다.
- 열가소성 소재이다.
- 충격 흡수력이 뛰어나다.
- 휴대폰 케이스, 운동화 밑창, 축구공 등에 사용된다.

① ABS
② PLA
③ TPU
④ 나일론

해설
- ABS : 강하고 오래가면서 열에도 상대적으로 강한 편이다. 가전 제품, 자동차 부품, 파이프, 안전장치, 장난감 등 사용 범위가 넓다.
- PLA : 옥수수 전분을 이용해 만든 무독성 친환경적 재료이다. 열 변형에 의한 수축이 적어 정밀한 출력이 가능하다.

28 슬라이싱 프로그램에서 읽을 수 없는 파일은?

① *.stl
② *.hwp
③ *.obj
④ *.amf

해설
슬라이서 프로그램이 인식할 수 있는 프로그램은 stl, obj, amf이다.

29 SLA 방식의 3D프린터에서 특정한 파장의 빛을 받으면 반응하여 액체 상태의 광경화성 수지가 고체로 상변화를 일으키는 역할을 하는 것은?

① 광개시제
② 단량체
③ 중간체
④ 광억제제

해설
광개시제 : 특정한 파장의 빛을 받으면 반응하여 단량체와 중간체를 고분자로 변환시키는 역할을 하여, 액체 상태의 광경화성 수지가 고체로 상변화를 일으키게 된다.

30 정사면체의 모서리 개수는?

① 4
② 5
③ 6
④ 8

해설
모서리 수 = (꼭짓점 수 × 3) − 6 = (4 × 3) − 6 = 6

31 소재가 경화화면서 수축에 의해서 뒤틀림이 발생하는 현상은 무엇인가?

① Sagging　　② Warping

③ Slicing　　④ Printing

• Sagging : 제작 중 하중으로 인해 아래로 처지는 현상
• Warping : 소재가 경화화면서 수축에 의해서 뒤틀림이 발생하는 현상

32 끼워맞춤 공차에서 구멍보다 축의 지름이 큰 경우 공차는?

① 억지끼워맞춤　　② 중간끼워맞춤

③ 헐거운끼워맞춤　　④ 조립끼워맞춤

끼워맞춤 공차
• 축이 크고, 구멍이 작은 경우 : 억지끼워맞춤
• 축이 작고, 구멍이 큰 경우 : 헐거운끼워맞춤
• 축이 크고, 구멍이 작은 경우 + 축이 작고, 구멍이 큰 경우 : 중간끼워맞춤
※ 억지끼워맞춤의 경우 축과 구멍 사이 : 죔새, 헐거운끼워맞춤의 경우 축과 구멍 사이 : 틈새

33 FDM 방식 3D프린팅 작업을 위해 3D 형상 데이터를 분할하는 경우 고려해야 할 항목으로 가장 거리가 먼 것은?

① 3D프린터 출력 범위
② 서포터의 생성 유무
③ 출력물의 품질
④ 익스트루더의 크기

익스트루더는 압출기를 의미하며 ABS나 PLA 소재의 필라멘트를 스테핑 모터를 이용하여 히트블록과 노즐로 공급하고 녹여서 압출시키는 장치이다.

34 다음 설명에 해당되는 3D 스캐너 타입은?

> 물체 표면에 지속적으로 주파수가 다른 빛을 쏘고 수신광부에서 이 빛을 받을 때 주파수의 차이를 검출해 거리 값을 구해내는 방식

① 핸드헬드 스캐너
② 변조광 방식의 3D 스캐너
③ 백색광 방식의 3D 스캐너
④ 광 삼각법 3D 레이저 스캐너

• 핸드헬드 방식 : 레이저 광선을 물체에 조사하여 반사광을 인식하여 반사각과 도달 시간에 의해 계측하는 것으로 광삼각법의 원리를 이용한다.
• 백색광 방식 : 대상물에 특유의 패턴광을 투영하여 투영된 영역의 변형 형태를 파악해 데이터를 얻는 방법이다.

35 3D프린터에서 재료가 압출이 안 될 때 해결 방법이 아닌 것은?

① 노즐을 분해하여 청소한다.
② 노즐을 물에 담근다.
③ 압출기 노즐과 플랫폼 사이의 거리를 크게 한다.
④ 얇은 철사 등을 노즐 내부에 밀어 넣는다.

압출되지 않을 때
• 압출기 내부에 재료가 채워지지 않았을 때
• 압출기 노즐과 플랫폼 사이의 거리가 너무 가까울 때
• 압출 노즐이 막혀 있을 때
 – 노즐을 분해하여 청소
 – 얇은 철사 등을 노즐 내부에 밀어 넣어 막힌 것을 제거
② 노즐 내부를 청소할 때 올리브 오일을 이용하면 부드러운 출력이 가능하다.

36 입체도를 제3각법으로 투상할 때 정면도의 오른쪽에 배치하는 투상도는?

① 평면도 ② 좌측면도
③ 배면도 ④ 우측면도

해설

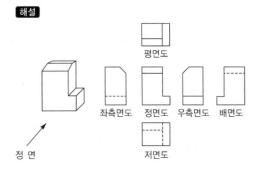

37 3D프린터 재료 중 가장 친환경적인 재료는?

① ABS
② PLA
③ PVA
④ PC

해설

PLA
• 옥수수 전분을 이용해 만든 재료로서 무독성 친환경적 재료이며, 표면에 광택이 있다.
• 열 변형에 의한 수축이 적어 정밀한 출력이 가능하다.
• 경도가 다른 플라스틱 소재에 비해 강한 편이며 쉽게 부서지지 않는다.
• 히팅 베드 없이 출력이 가능하며 출력 시 유해물질 발생이 적은 편이다.

38 다음 3D프린터 프로그램에 대한 설명으로 옳은 것은?

M140 S120

① 3D프린터 헤드의 이송 속도는 120mm/min이다.
② 3D프린터 압출 필라멘트의 길이는 120mm이다.
③ 3D프린터 압출기의 온도를 120℃로 설정한다.
④ 3D프린터 플랫폼의 온도를 120℃로 설정한다.

해설
④ M140 : 플랫폼의 온도 설정
① F120 : 이송 속도는 120mm/min이다.
② E120 : 압출 필라멘트의 길이는 120mm이다.
③ M104 : 압출기의 온도를 120℃로 설정한다.

39 3D프린팅은 3D 모델의 형상을 분석하여 모델의 이상유무와 형상을 고려하여 배치한다. 다음 그림과 같은 형태로 출력할 때 출력 시간이 가장 긴 것은? (단, 아랫면이 베드에 부착되는 면이다)

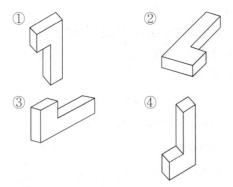

해설
같은 모양이므로 제품의 출력에 걸리는 시간은 동일하므로 서포터의 유무에 따라 출력 시간이 증가하거나 감소한다.
① 외팔보 형태로 돌출부 아래에는 지지대를 생성하여야 한다.

40 FDM 방식 3D프린터의 구성요소가 아닌 것은?

① 노 즐   ② 필라멘트

③ 히팅 베드   ④ 레이저

해설

FDM 방식 공정 원리 개략도

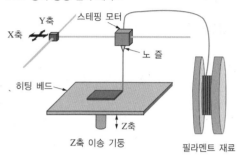

레이저 : SLA 방식 3D프린터의 구성요소이다.

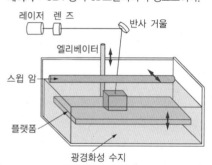

42 제3각법에 의한 그림과 같은 정투상도의 입체도로 가장 적합한 것은?

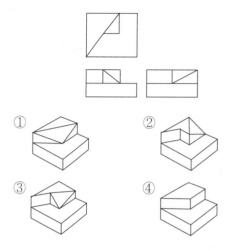

41 노즐의 굵기가 0.1mm일 때 출력이 안 되는 면의 두께는?

① 0.03mm   ② 0.2mm

③ 0.5mm   ④ 1mm

해설

노즐의 굵기보다 가는 부위는 출력이 불가능하다.

43 다음의 G코드에서 좌푯값의 단위를 mm로 지정하는 것은?

① G20   ② G21

③ G22   ④ G23

해설

• G20 : 좌푯값의 단위를 인치로 설정
• G22 : 안전을 위해 일정 영역 금지
• G23 : 일정 영역 금지 취소

44 라프트에 대한 설명으로 옳지 않은 것은?

① 성형 플랫폼에 가장 먼저 만들어지는 구조물이다.

② 성형 중 플랫폼에 대한 강한 접착력을 제공한다.

③ 성형 후 부품의 손상 없이 플랫폼에서 분리하는 역할을 한다.

④ 새로 생성되는 층이 받쳐지지 않아 아래로 휘는 경우를 방지한다.

해설
④는 서포터에 대한 설명이다.

45 정육면체, 실린더 등 기본적인 단순한 입체의 조합으로 복잡한 형상을 표현하는 방법?

① B-rep 모델링　　② CSG 모델링
③ Parametric 모델링　④ 분해 모델링

해설
CSG 방식 : 기본 객체들에 집합 연산을 적용하여 새로운 객체를 만드는 방법으로 합집합, 교집합, 차집합 연산이 있다.

46 60mm 높이의 모델링을 0.3mm 레이어로 출력할 때 전체 적층 수는?

① 20　　　　　　② 30
③ 200　　　　　　④ 300

해설
60 ÷ 0.3 = 200

47 다음의 G코드에 대한 설명으로 옳은 것은?

① G01 - 공구는 지정된 위치까지 급속 이송한다.

② G91 - 절대 좌푯값으로 좌표를 인식한다.

③ G98 - 작업 종료 후 초기점으로 복귀한다.

④ G99 - 기계 원점으로 복귀한다.

해설
① G01 : 직선 가공
② G91 : 증분지령 선택
④ G99 : 고정 사이클 종료 후 R점으로 복귀

48 그림의 b부분에 들어갈 기하 공차 기호로 가장 옳은 것은?

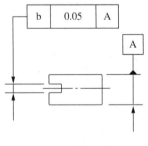

① ⊥　　　　　　② ⌒
③ ∠　　　　　　④ ＝

해설
기하 공차
④ ＝ : 대칭도
① ⊥ : 직각도
② ⌒ : 면의 윤곽도 공차
③ ∠ : 각도 정도

49 오류 수정에 대한 설명으로 옳지 않은 것은?

① 자동으로 오류를 수정할 수 있다.

② 모델 자체에 치명적인 오류가 있는 경우 자동으로 수정이 가능하다.

③ 자동으로 수정한 후 수정되지 않은 부분은 수동으로 수정한다.

④ 다른 출력물과 결합이 필요한 모델은 수정이 불가능하다.

해설
모델 자체에 치명적인 오류가 있는 경우 수정할 수 없으며, 모델링 프로그램에서 다시 수정하거나 모델링해야 한다.

50 얇은 외벽을 모델링할 때 보강해 주는 것은?

① 보 스
② 리 브
③ 커 버
④ 풀 리

해설
구조물 제작 시 넓이에 비해 얇은 물체를 보강하기 위해 리브를 설치한다.

[플랜지의 보강]　　[강판의 보강]

51 FDM 방식의 3D프린터를 이용한 출력물의 오차 생길 때 조치방법으로 옳은 것은?

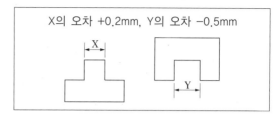

X의 오차 +0.2mm, Y의 오차 −0.5mm

① X의 치수는 크게, Y의 치수는 크게 수정한다.
② X의 치수는 작게, Y의 치수는 작게 수정한다.
③ X의 치수는 크게, Y의 치수는 작게 수정한다.
④ X의 치수는 작게, Y의 치수는 크게 수정한다.

해설
FDM 방식의 3D프린터는 다른 방식의 3D프린터에 비해 정밀도가 조금 떨어지기 때문에 조립 형태의 물체를 만들 경우 공차를 주어야 한다. FDM 방식은 노즐에서 필라멘트가 압출되어 재료가 토출되는 방식이다. FDM의 방식상 원하는 곳에 노즐이 재료를 토출하여도 노즐의 지름과 재료가 나와서 퍼짐의 정도에 따라 오차가 발생하게 된다.

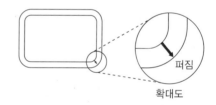

퍼짐

확대도

52 매니폴드 형상에 대한 설명으로 옳은 것은?

① 하나의 모서리를 2개의 면이 공유하고 있다.
② 하나의 모서리를 3개 이상의 면이 공유하고 있다.
③ 모서리를 공유하고 있지 않은 서로 다른 면에 의해 공유되는 정점을 나타낸다.
④ 실제로 존재할 수 없는 구조로 3D프린팅 시 오류가 생긴다.

해설
비매니폴드 형상 : 실제 존재할 수 없는 구조로 3D프린팅, 불 작업, 유체 분석 등에 오류가 생길 수 있다. 하나의 모서리를 3개 이상의 면이 공유하고 있는 경우와 모서리를 공유하고 있지 않은 서로 다른 면에 의해 공유되는 정점을 나타낸다.

53 SLS 방식 3D프린터에 대한 설명으로 틀린 것은?

① 금속 분말은 서포터가 필요하지 않은 가공 방법이다.

② 분말을 고온으로 유지하여 불균일한 열팽창에 의한 성형품의 뒤틀림을 방지할 수 있다.

③ 플랫폼 안의 분말은 녹는점이나 유리 전이보다 약간 낮은 온도 정도의 고온으로 유지한다.

④ 분말을 열에너지를 이용하여 용융시켜서 융접하는 방식이다.

해설
비금속 분말 융접 기술은 금속 융접과 다르게 열에 의한 변형을 크게 고려하지 않아도 되기 때문에 별도의 서포터가 만들어지지 않는다.

54 방진 마스크에 대한 설명으로 옳지 않은 것은?

① 특급, 1급, 2급으로 분류한다.

② 2급은 분진이 날리는 작업장, 냄새가 많이 나는 작업장에서 사용한다.

③ 분진 포집 효율이 낮고, 흡배기 저항이 높은 마스크를 사용한다.

④ 가볍고 시야를 가리지 않아야 한다.

해설
방진 마스크는 특급, 1급, 2급으로 분류한다.
• 2급 : 분진이 날리는 작업장, 냄새가 많이 나는 작업장 등에서 사용한다.
• 1급 : 열적/기계적으로 생기는 분진 발생 장소 등에서 사용한다.
• 특급 : 베릴륨 등 독성이 강한 물질을 함유한 분진이나 물질이 발생하는 작업 현장이나 석면 취급 현장에서 사용한다. 특히 산소 농도 18% 이상인 개방된 장소에서 착용한다.
방진마스크의 선정
• 가볍고 시야를 가리지 않을 것
• 분진 포집 효율이 높고 흡배기 저항이 낮을 것
• 얼굴에 밀착성이 좋아 기밀이 잘 유지될 것
• 얼굴 크기에 맞게 잘 조일 수 있을 것
• 호흡에 따른 습기를 잘 배출할 것
• 먼지나 때가 잘 타지 않을 것, 더러워지면 버릴 것
• 휴식 중, 사용 후 깨끗한 장소에 보관할 것
• 얼굴과 접촉되는 부분은 땀 흡수가 좋을 것
• 흡배기 밸브는 청결을 유지할 것
• 용접 흄, 미스트는 흄용 방진마스크를 선정할 것

55 그림과 같이 벨트 풀리의 암 부분을 투상한 단면 도법은?

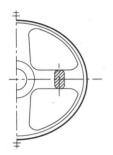

① 부분단면도　　② 국부단면도
③ 회전도시단면도　　④ 한쪽단면도

해설
회전도시단면도는 핸들이나 바퀴의 암, 리브, 훅, 축 등과 같이 일반 투상법으로 표시하기 어려운 물체를 축 방향으로 수직인 단면으로 절단하여 절단 부위를 90° 회전하여 나타낸 단면도이다.

56 메시의 삼각형 면의 한 모서리가 한 면에만 포함되는 경우는 무엇인가?

① 오픈 메시

② 클로즈 메시

③ 유한 요소

④ 노멀 벡터

해설
클로즈 메시는 메시의 삼각형 면의 한 모서리가 2개의 면과 공유하는 것이며, 출력했을 때 원래 모델링한 것과 같이 출력되지만, 오픈 메시는 메시의 삼각형 면의 한 모서리가 한 면에만 포함되는 경우를 말하며 출력 시 큰 오류가 생길 수 있다.

57 ABS 소재에 대한 설명으로 옳지 않은 것은?

① 유독가스를 제거한 석유 추출물을 이용해 만든 재료이다.

② 강하고 오래가면서 열에 상대적으로 강한 편이다.

③ 가열할 때 냄새가 나기 때문에 출력 시 환기가 필요하다.

④ 전기부품 제작에 가장 많이 사용된다.

해설

PC 소재
- 전기부품 제작에 가장 많이 사용된다.
- 장점 : 전기 절연성, 치수 안정성이 좋으며, 내충격성도 뛰어나다.
- 단점 : 연속적인 힘이 가해지는 부품에는 부적당하다.

58 다음이 설명하는 3D프린팅 방식은?

- 바인더라 불리는 접착제를 이용한다.
- 단면 조형 후 적층하고 바인더로 분말을 접착하여 형상을 제작한다.
- 서포트 제거 등의 작업이 필요하지 않다.

① 3DP　　　② FDM

③ LOM　　　④ SLA

해설
- FDM : 열가소성 재료를 녹인 후 노즐을 거쳐 압출되는 재료를 적층해 가는 방식이다.
- LOM : 종이판이나 플라스틱 등의 시트를 CO_2 레이저나 칼로 커팅 후 열을 가하여 접착하면서 모델링을 제작하는 방식이다.
- SLA : 빛에 민감한 반응을 하는 광경화성 수지가 들어 있는 수조에 자외선 레이저를 주사하여 모델을 제작하는 방식이다.

59 지름 2mm의 PLA 필라멘트를 1,000mm 사용하였을 때 출력물의 부피는 얼마인가?(단, 재료의 손실은 없다고 가정한다)

① 392.5mm^3

② 785mm^3

③ 1,570mm^3

④ 3,140mm^3

해설

$$부피 = 단면적 \times 길이$$
$$= \frac{\pi}{4}D^2 \times 길이$$
$$= \frac{\pi}{4}2^2 \times 1,000$$
$$= 3,140mm^3$$

여기서, D = 지름 또는 직경

60 다음 그림에 대한 설명으로 옳은 것은?

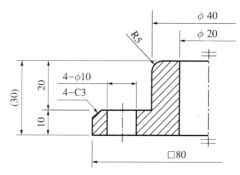

① 참고 치수로 기입한 곳이 2곳이 있다.

② 45° 모따기의 크기는 4mm이다.

③ 지름이 10mm인 구멍이 한 개 있다.

④ □80은 한 변의 길이가 80mm인 정사각형이다.

해설
① 참고 치수로 기입한 곳이 1곳이 있다.
② 45° 모따기의 크기는 3mm이다.
③ 지름이 10mm인 구멍이 4개 있다.

01 3D스캐닝기술 적용분야가 아닌 것은?

① 역설계　　　　② 문화재 복원
③ 의료분야　　　　④ 도 금

해설
④ 도금 : 금속이나 비금속의 표면에 금이나 은 따위의 금속을
　얇게 입히는 것으로 금속의 화학적 가공에 속한다.
① 역설계 : 설계 원본 자료가 없거나 부족할 때, 실제 제품을
　측정하여 치수와 재질 따위를 파악하는 것이다.
② 문화재 복원 : 스캐너를 활용하여 문화재를 복원하며, 3D스캐너
　를 이용한 직업으로는 디지털문화재복원전문가가 있다.
③ 의료분야 : CT(Computed Tomography)가 많이 사용되며 측정
　대상물의 내부를 측정하여 3차원 복원한다.

02 슬라이서 프로그램이 인식할 수 있는 파일 종류로
바르게 묶은 것은?

① STL, OBJ, AMF
② DWG, STL, AMF
③ STL, OBJ, IGES
④ DWG, IGES, STL

해설
슬라이서 프로그램이 인식할 수 있는 파일은 STL, OBJ, AMF 등의
파일이다.

03 프린터처럼 전기를 사용하는 장비사용 시 안전관
리사항으로 적절하지 않은 것은?

① 장비의 결함여부를 수시 체크한다.
② 사전점검을 실시한다.
③ 스위치 부근에 인화성, 가연성인 에탄올, 아세톤
　등 취급을 금지한다.
④ 접지형 플러그와 콘센트를 사용하고 콘센트는
　바닥에 방치하는 것을 지향한다.

해설
④ 접지형 플러그와 콘센트를 사용하고 콘센트는 바닥에 방치하
　는 것을 지양한다.
• 지향하다 : 어떤 목표로 뜻이 쏠리어 향하다.
• 지양하다 : 더 높은 단계로 오르기 위하여 어떠한 것을 하지
　아니하다.

04 노즐이 토출 없이 가로 30mm, 세로 25mm 이동할
때 G코드로 옳은 것은?

① G0 A30, B25　　② G0 X30, Y25
③ G1 A30, B25　　④ G1 X30, Y25

해설
• G0 : 토출 없이 이동
• G1 : 토출하며 이동
• 좌표입력 시 U, V 또는 X, Y를 이용하여 나타낸다.

05 자세공차가 아닌 것은?

① 경사도　　　　② 대칭도
③ 평행도　　　　④ 직각도

해설
• 자세공차 : 평행도 공차, 직각도 공차, 경사도 공차
• 위치공차 : 위치도 공차, 동축도 공차, 대칭도 공차

1 ④　2 ①　3 ④　4 ②　5 ②　**정답**

06 AMF 포맷에 대한 설명으로 옳지 않은 것은?

① 같은 모델일 때 STL에 비해 용량이 매우 크다.
② STL포맷의 단점을 보완하여 STL에 비해 곡면을 잘 표현한다.
③ 메시마다 각각의 색상지정이 가능하다.
④ Additive Manufacturing File의 약자이다.

07 출력용 STL파일 오류가 아닌 것은?

① 메시가 붙어 있는 경우
② 반전면
③ 오픈메시
④ 비매니폴드 형상

08 공작물 좌표계를 나타내는 G코드는?

① G28   ② G90
③ G91   ④ G92

09 CAD 프로그램을 이용하여 변경 전의 도형을 변경 후의 모양으로 바꿀 수 있는 기능은?

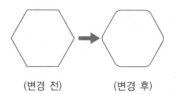

(변경 전)   (변경 후)

① Trim
② Offset
③ Chamfer
④ Fillet

10 분말방식 3D프린터 출력물 회수 순서는?

ㄱ. 보호장구 착용
ㄴ. 플랫폼에서 출력물 회수
ㄷ. 3D프린터의 작동이 멈춘 것을 확인
ㄹ. 출력물 및 플랫폼에 남아 있는 분말가루 제거

① ㄱ → ㄷ → ㄹ → ㄴ
② ㄱ → ㄴ → ㄷ → ㄹ
③ ㄱ → ㄷ → ㄴ → ㄹ
④ ㄷ → ㄱ → ㄹ → ㄴ

11 3D모델링에서 구멍기능의 설명으로 옳은 것은?

① 형상을 관통하는 경우만 사용

② 평면에만 사용 가능

③ 두께가 10mm 이상인 형상에만 사용

④ 2D스케치 작업 없이 생성된 3차원 형상에 직접 수행 가능

해설
- 규격에 따른 구멍 생성을 목적으로 하는 경우 구멍기능을 이용하여 작성한다.
- 별도의 스케치를 작성하지 않고 생성된 3차원 형상에 직접 작업을 수행한다.

12 FDM방식 품질개선 방법이 아닌 것은?

① 출력 전 노즐 막힘 방지를 위해 온도를 높여 노즐 내부에 굳어 있는 필라멘트를 제거 후 출력한다.

② 노즐높이 조절을 위해 틈새게이지를 사용하여 세팅한다.

③ 스타팅모터 고정이 느슨해지는 것을 방지하기 위해 고정나사로 조여 준다.

④ 노즐토출구멍의 직경과 관계없이 레이어 두께를 가능한 얇게 설정한다.

해설
노즐에서 출력되는 레이어의 두께에 따라 출력물의 품질 성능이 좌우된다. 출력되는 두께가 무조건적으로 얇다고 해서 좋은 것은 아니다. 노즐의 두께에 비해 출력되는 레이어 두께가 지나치게 얇으면 압출기에서 출력되는 필라멘트가 히팅베드에 잘 달라붙지 않고 층층이 쌓이게 되어 품질이 깔끔하지 않으며, 레이어의 두께가 두꺼우면 간혹 출력물에 구멍이 보이는 현상이 생겨 출력물의 표면이 깔끔하지 않다. 따라서 적절한 두께를 유지하는 것이 출력물의 품질 향상에 좋다.

13 FDM방식 3D프린터에서 압출기 전원 On기능 M코드는?

① M106   ② M101

③ M0   ④ M1

해설
- M0 : 일시정지(프로그램을 일시정지한다)
- M1 : 선택적 프로그램 정지(M01의 스위치가 On 상태일 때 프로그램이 일시적으로 정지한다)
- M106 : 냉각팬 전원을 켜기(On) - 지정된 값으로 쿨링팬의 회전속도를 설정한다.

14 FDM방식 3D프린터로 출력한 후 제품을 조립하여 동작시킬 때 확인사항이 아닌 것은?

① 출력속도   ② 소재 종류

③ 설정온도   ④ 레이저 광원

해설
레이저 광원을 이용하여 물체를 제작하는 형식은 수조 광경화방식, 분말융접방식, 방향성 에너지 침착방식 등에서 사용한다.

15 기계가 특정시간 동안 아무 변화 없이 대기할 경우 사용하는 G코드는?

① G00

② G28

③ G04

④ G92

해설
- ③ G04 : 멈춤(Dwell) - 지정된 시간만큼 멈춘다.
- ① G00 : 급속이송 - 지정된 좌푯값까지 빠르게 이송시킨다.
- ② G28 : 원점이송 - 3D프린터의 각축을 원점으로 이송시킨다.
- ④ G92 : 좌표계 설정 - 지정된 값이 현재값이 된다.

16 3D모델링 방법 중 축을 기준으로 2D라인을 회전하여 만드는 방식은?

① 회 전   ② 스 윕

③ 돌 출   ④ 로프트

해설
- 돌출 : 2D단면에 높이값을 주어 면을 돌출시키는 방식이다.
- 로프트 : 2개 이상의 라인을 이용하여 3D객체를 만드는 방식이다.

17 3D프린터용 데이터를 저장하기 위한 3D모델링 파일 형식은?

① DXF   ② GIF

③ PDF   ④ STL

해설
- stl 형식 : 주로 3D CAD 프로그램에서 제공된다.
- obj 형식 : 3D 그래픽 프로그램에서 많이 사용한다.

18 내경 ϕ30mm의 구멍과 결합하는 축을 3D프린터를 이용하여 가공할 때 축지름을 얼마로 설정해야 하는가?(출력물의 공차는 +0.2mm이다)

① 31.2mm

② 30.2mm

③ 30mm

④ 29.8mm

해설
출력물의 공차가 (+)공차이므로 공차치수보다 작게 가공하여야 한다.
30 - 0.2 = 29.8

19 증분명령에 해당하는 것은?

① G0   ② G28

③ G90   ④ G91

해설
① G0 : 급속 이송
② G28 : 자동 원점복귀
③ G90 : 절대 지령

20 다음 척도에 대한 설명은?

2 : 1

① 축 척   ② 배 척

③ NS   ④ 실 척

해설
척도는 A : B의 형식으로 표시하며 A는 도면에서의 크기, B는 물체의 실제 크기를 나타낸다. 문제에서 2 : 1은 실제 1의 크기를 도면에 2배 확대하여 나타낸 것으로 배척에 해당한다.

21 2D단면을 지정된 경로를 따라 입체화하여 3D모델링하는 방식은?

① 스 윕

② 로프트

③ 돌 출

④ 회 전

해설
② 로프트 : 2개 이상의 라인을 이용하여 3D객체를 만드는 방식이다.
③ 돌출 : 2D단면에 높이 값을 주어 면을 돌출시키는 방식이다.
④ 회전 : 축을 중심으로 2D라인을 회전하여 3D객체를 만드는 방식이다.

22 G코드 명령어에서 이동거리를 밀리미터(mm)로 변환하는 것은?

① G91

② G90

③ G20

④ G21

24 그림과 같이 중심을 기준으로 회전하면서 배열하는 명령어는?

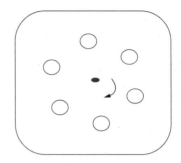

① Array

② Copy

③ Mirror

④ Move

23 옥수수 전분을 이용하여 만든 재료는?

① PLA

② ABS

③ HIPS

④ PVA

25 FDM방식 3D프린터에서 레이어 출력 후 이동 시 익스트루더 스텝모터의 역회전을 통해 필라멘트 토출을 방지하는 것은?

① Attraction

② Retraction

③ Infill

④ Chamber

26 3D모델링에서 작업내용을 순서 또는 항목별로 정렬하여 나타낼 수 있는 것은?

① 모델링
② 이력
③ 메뉴
④ 선택

3D모델링의 이력(History)에서 모델링에 사용한 작업내용을 확인할 수 있다.

27 출력물의 성형 시 처음부터 재료가 압출되지 않는 원인으로 옳지 않은 것은 무엇인가?

① 노즐이 막혔을 경우
② 필라멘트 재료가 얇아졌을 경우
③ 노즐의 온도가 너무 낮은 경우
④ 노즐과 플랫폼 사이의 거리가 너무 멀 경우

처음부터 재료가 압출되지 않는 경우
• 압출기 내부에 재료가 채워져 있지 않을 때
• 압출기 노즐과 플랫폼 사이의 거리가 너무 가까울 때
• 필라멘트 재료가 얇아졌을 때
• 압출 노즐이 막혀 있을 때

28 STL 포맷의 정사면체 꼭짓점을 구하는 공식은?

① (총삼각형의 수 / 2) − 2
② (총삼각형의 수 / 2) + 2
③ (총삼각형의 수 − 2) / 2
④ (총삼각형의 수 + 2) / 2

• 꼭짓점의 수 = (총삼각형의 수 / 2) + 2
• 모서리의 수 = (꼭짓점의 수 × 3) − 6

29 연속유효 G코드가 아닌 것은?

① G01
② G02
③ G03
④ G04

④ G04 : 원샷 명령으로 한번 만 유효하며 이후의 코드에 전혀 영향을 미치지 않는다.
※ ①, ②, ③ : 모달 명령으로 같은 그룹의 명령이 다시 실행되지 않는 한 지속적으로 유효하다.

30 비매니폴드에 대한 설명으로 옳은 것은?

① 실제 존재할 수 없는 구조이다.
② 하나의 모서리를 2개의 면이 공유한다.
③ 오픈 메시가 없는 클로즈 메시로 구성되어 있다.
④ 불 작업, 유체 분석 등을 했을 때 오류가 생기지 않는다.

비매니폴드 형상
실제 존재할 수 없는 구조로 3D프린팅, 불 작업, 유체 분석 등에 오류가 생길 수 있다. 하나의 모서리를 3개 이상의 면이 공유하고 있는 경우와 모서리를 공유하고 있지 않은 다른 면에 의해 공유되는 정점을 나타낸다.

31 노즐 내부가 막혔을 때 해결 방안으로 옳지 않은 것은?

① 노즐의 온도를 올려 청소 바늘로 구멍을 찔러 뚫는다.
② 노즐을 새로운 노즐로 교체한다.
③ 노즐의 온도를 사용 온도보다 높게 하여 막힌 물질을 녹인다.
④ 노즐을 분해하여 토치를 노즐을 가열하여 물에 담가 둔다.

노즐 핀이 막혔을 경우에 노즐을 해체하여 토치로 강하게 달궈 노즐 내부를 완전 연소 시킨 후 공업용 아세톤에 2시간가량 담가 두면 내부에 눌어붙은 필라멘트가 녹아 없어진다.

32 제품의 출력 도중 플랫폼에 부착되지 않는 원인으로 옳지 않은 것은 무엇인가?

① 플랫폼의 수평이 맞지 않을 경우

② 첫 번째 층이 너무 빠르게 성형될 경우

③ 온도 설정이 맞지 않을 경우

④ 출력물과 플랫폼 사이의 부착 면적이 큰 경우

해설
재료가 플랫폼에 부착되지 않는 경우
• 플랫폼의 수형이 맞지 않을 때
• 노즐과 플랫폼 사이의 간격이 너무 클 때
• 첫 번째 층이 너무 빠르게 성형될 때
• 온도 설정이 맞지 않은 경우
• 플랫폼 표면의 문제가 있는 경우
• 출력물과 플랫폼 사이의 부착 면적이 작은 경우

33 접촉식과 비교하여 비접촉식 스캐너 특징으로 옳은 것은?

① 거울과 같이 전반사가 일어나는 경우에 적합하다.

② 측정물이 투명한 경우에 적합하다.

③ 터치 프로브를 이용하여 좌표를 읽어낸다.

④ 먼 거리의 대형 구조물을 측정하는 데 용이하다.

해설
접촉식 스캐너
• 대상물과 직접 접촉하는 터치프로브를 이용하여 좌표를 읽어낸다.
• 측정 대상물이 투명하거나 거울과 같이 전반사, 난반사가 일어나는 경우에 측정이 가능하다.
비접촉식 스캐너
• 먼 거리의 대형 구조물을 측정하는 데 용이하다.
• 측정 정밀도가 낮아 작은 형상이면서 정밀한 측정이 필요한 경우에는 적합하지 않다.

34 분말재료 사용방식으로 서포트가 필요 없는 것은?

① CJP, SLA

② CJP, SLS

③ SLA, SLS

④ FDM, SLS

해설
• FDM : 재료를 녹여서 적층하는 방식
• CJP : 3차원 잉크젯 프린팅으로 분말재료에 접착제를 분사하는 방식
• SLS : 분말재료를 레이저로 소결하는 방식
• SLA : 액체상태의 플라스틱을 광원을 이용하여 고체로 굳혀 조형하는 방식

35 3D모델링에 대한 설명으로 옳지 않은 것은?

① 스케치를 끝내고 형상치수를 수정할 수 없다.

② 곡면모델링에서 평면이 없을 경우 가상평면을 형성하여 스케치면을 설정한다.

③ 내부구조를 확인하기 위하여 특정부분의 3D단면 확인이 가능하다.

④ 3D형상 간의 치수를 확인하여 설계의 점검이 가능하다.

해설
① 스케치를 끝낸 이후에도 치수수정은 가능하다.

36 다음 명령어 중 압출재료의 사용량이 가장 큰 것은 무엇인가?

① infill 0[%]

② infill 25[%]

③ infill 50[%]

④ infill 100[%]

해설
재료의 내부를 채우는 양이 많을 때 재료의 사용량이 많다.

37 제3각법에 대한 설명으로 옳지 않은 것은?

① 평면도는 정면도의 위쪽에 위치한다.

② 우측면도는 정면도의 좌측에 위치한다.

③ 저면도는 정면도의 아래쪽에 위치한다.

④ 배면도는 우측면도의 오른쪽에 위치한다.

해설

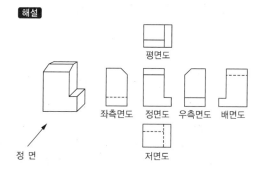

39 슬라이서 프로그램 최적 적층값을 얻기 위해 고려할 사항이 아닌 것은?

① Retraction의 Speed

② 모델의 재료 및 스케일

③ 모델면 Open 및 Close

④ Surface 출력 두께

해설
최적 적층값을 얻기 위해 고려할 사항
• 적층값 : 적층하는 두께
• Surface 출력 두께
• Model 면 Open 및 Close
• 모서리 : 출력물 한 개 이상 출력 시 구조물 간의 간격조정
• Model의 재료 및 스케일
• 3D프린터의 출력 범위
• 구조물의 안정성

38 FDM방식 3D프린터에서 수축을 고려한 공차값은?

① 0.2~0.5

② 0.001~0.005

③ 2~3

④ 1~1.5

해설
3D프린터 출력 공차는 3D프린터 장비들마다 다르게 적용되지만, 보통 0.05~0.4mm 사이에서 공차가 발생하고, 평균적으로, 0.2~0.3mm 정도의 출력 공차를 부여하는 것이 바람직하다.

40 3D모델링의 어셈블리기능이 아닌 것은?

① 단면보기를 하여 설계검증을 할 수 있다.

② 각 부품의 조립상태를 검증할 수 있다.

③ 파트를 수정할 수 없다.

④ 부품 간의 간섭을 확인할 수 있다.

해설
부품 하나를 직접 프로그램으로 열거나 파트 하나를 지정하여 조립상태에서도 수정이 가능하다.

41 출력방식에 따른 서포트 생성 설명이 아닌 것은?

① 소결방식 : 별도의 지지대가 필요없다.

② 압출방식 : 서포트와 출력물의 재료가 다를 수 있다.

③ 광경화 : 서포트 소재와 동일하여 서포트를 얇게 할 수 있다.

④ 재료분사 : 출력소재와 서포트 소재가 동일하다.

해설

- 방향성 에너지 침착 : 방향성 에너지 침착에서는 대부분의 경우 지지대가 필요하지 않다.
- 분말 융접 : 대부분의 경우 성형되지 않은 분말이 지지대 역할을 하게 되므로 별도의 지지대를 만들어 줄 필요가 없다.
- 재료 압출 : 재료 압출 방식에서는 지지대와 출력물이 같은 재료 인 경우와 서로 다른 재료인 경우의 두 가지 방식이 있다.
- 수조 광경화 : 지지대는 출력물과 동일한 재료이며, 제거가 용이 하도록 가늘게 만들어진다.
- 재료 분사 : 지지대는 출력물과 다른 재료가 사용된다. 대부분의 경우 지지대는 물에 녹거나 가열하면 녹는 재료로 되어 있기 때문에 손쉬운 제거가 가능하다.
- 판재 적층 : 판재 적층에서는 출력물 형상이 되지 않는 나머지 판재 부분이 지지대의 역할을 한다. 이때 지지대의 제거가 용이하 도록 나머지 부분을 격자 모양으로 잘라 준다.

42 3D프린터가 인식할 수 있는 G코드로 변환할 때 포함되지 않는 정보는?

① 내부 채움 비율　　② 서포트 형상

③ 분말재료의 종류　　④ 적층 두께

해설

슬라이서 프로그램 설정

- Quality
  - Layer Height : 적층의 두께
  - Shell Thickness : 출력물의 두께 설정
  - Enable Retraction : 모델과 모델 사이 떨어져 있는 부분 이동 시
- Fill
  - Top/Bottom Thickness : 출력물의 위아래 두께 조절
  - Fill Density : 출력물의 속을 채우는 기능
- Speed and Temperature
  - Print Speed : 프린트 속도
  - Printing Temperature : 노즐의 온도
  - Bed Temperature : 히팅 베드의 온도
- Support
  - Support Type : 서포트 설정
  - Platform Adhesion : Brim, Raft 설정
- Machine : 노즐사이즈 설정

43 설명과 같은 특징을 가지는 3D프린팅 소재는?

- 열가소성 수지재료로서 생분해성 고분자인 폴리락 토산이고 최종적으로 H_2O, CO_2로 분해된다.
- 3D프린팅 시 이산화탄소 발생량이 적고 출력물의 휨과 수축현상이 적고 점착성이 우수하고 기포발생이 적다.

① PLA　　　　　② HDPE

③ PP　　　　　④ ABS

해설

- HDPE : 고밀도 폴리에틸렌으로 에틸렌을 주원료로 하는 합성수 지이다. 변형성이 우수하여 쇼핑비닐백, 전선, 호스 맥주상자 등의 원료로 사용된다.
- PP : 폴리프로필렌으로 석유 분해가스 속에 포함되어 있으며, 폴리에틸렌의 중합과 같이 순수하게 만든 프로필렌 가스를 용제 속에서 유기금속의 촉매로 상온, 상압에서 중합하여 만든 수지이 다. 플라스틱 중 가장 가볍고 기계적 강도가 크며, 내열성이 우수 하다.
- ABS : 아크릴로나이트릴, 뷰타디엔, 스타이렌의 세 가지 성분으 로 되어 있으며, 내충격성, 내약품성, 내후성 등이 뛰어나고 가공 성이 우수하다.

44 FDM방식의 3D프린터에서 출력물이 한쪽으로 밀려서 성형되는 경우에 대한 설명이 틀린 것은?

① 한쪽으로 밀려서 성형되는 경우 자동으로 감지가 가능하다.
② 헤드가 너무 빨리 움직이는 경우 헤드 정렬이 틀어져 발생한다.
③ 타이밍벨트의 높은 장력이 모터의 원활한 회전을 방해하여 발생한다.
④ 타이밍 풀리가 스테핑모터의 회전축에 느슨하게 고정되는 경우 발생한다.

해설
- 대부분의 경우 스테핑 모터의 토크가 크기 때문에 헤드의 위치가 의도된 대로 정확히 제어되기 때문에 문제가 발생하면 이를 감지하기 어렵다.
- 헤드가 너무 빨리 움직일 때(고속으로 출력을 진행하면 3D프린터의 모터가 이를 따라가지 못하는 경우) 발생한다.
- 늘어난 벨트의 장력이 낮아지게 되어 타이밍벨트의 이빨이 타이밍 풀리의 이빨을 타고 넘는 현상의 발생으로 인해 발생한다.
- 타이밍벨트의 높은 장력이 베어링에 과도한 마찰을 발생시켜 모터의 원활한 회전을 방해하여 발생한다.
- 타이밍 풀리가 스테핑모터의 회전축에 느슨하게 고정되는 경우 회전 동력이 타이밍 풀리에 제대로 전달되지 않아 발생한다.
- 적절한 전류가 모터로 전달되지 않으면 동력이 약해져서 스테핑 모터의 축이 제대로 회전하지 않는 경우 발생한다.
- 모터 드라이버가 과열되면 다시 냉각될 때까지 모터의 회전이 멈추어 발생한다.

45 플라스틱 수지를 얇게 뽑거나 압출하여 사용하는 FDM방식 3D프린터의 재료를 통칭하는 것은?

① 필라멘트 　　② 파우더
③ 왁 스 　　④ 폴리머

해설
② 파우더 : 가루 형태의 파우더에 접착제를 분사하여 접착하는 방식으로, 강도는 약하지만 다양한 색상을 구현할 수 있는 것이 장점이다.
③ 왁스 : 치과, 보석, 의료 기기 분야에서 많이 사용하는 3D프린터 소재이다.
④ 폴리머 : 분자가 기본 단위의 반복으로 이루어진 화합물. 염화비닐, 나일론 등이 있다.

46 FDM방식에서 내부 채우기 정도를 나타내는 것은?

① Quality
② Fill
③ Support
④ Machine

해설
① Quality : 적층의 두께 및 출력물의 두께
③ Support : 지지대의 유무 및 바닥면 레이어 유무
④ Machine : 노즐 사이즈

47 3D프린터 소재 중 유해요소를 가장 적게 가지고 있는 것은?

① PLA
② ABS
③ TPU
④ HIPS

해설
PLA : 옥수수 전분을 이용해 만든 재료로서 무독성 친환경적 재료이다.

48 FDM 필라멘트 선별에 해당하지 않는 것은?

① 재질종류
② 표면거칠기
③ 녹는점
④ 소재직경

해설
① 재질종류 : 재료의 성질에 따라 사용가능 재료가 구분된다(열가소성 재료 사용).
③ 녹는점 : 재료의 녹는점을 바탕으로 노즐의 온도를 정한다.
④ 소재직경 : 성형물의 품질 및 성능과 연관이 있다.

49 다음 보기 중 ( ) 안에 들어갈 내용으로 옳은 것은?

> 개별 스캐닝 작업에서 얻어진 점 데이터들이 합쳐지
> 는 과정을 (㉠)이라고 한다. (㉠)의 과정을 통해
> 중첩되거나 불필요한 점의 개수를 줄여 데이터 사이
> 즈를 줄이는 것을 (㉡)이라고 한다.

① ㉠ 정합   ㉡ 클리닝
② ㉠ 병합   ㉡ 정합
③ ㉠ 정합   ㉡ 병합
④ ㉠ 클리닝   ㉡ 병합

해설
• 정합 : 개별스캐닝 작업에서 얻어진 점 데이터들이 합쳐지는
 과정이다.
• 병합 : 정합을 통해서 중복되는 부분을 서로 합치는 과정이다.

50 FDM 방식 3D프린팅 작업을 위해 3D 형상 데이터
를 분할하는 경우 고려해야 할 항목으로 가장 거리
가 먼 것은?

① 3D프린터 출력 범위
② 서포터의 생성 유무
③ 출력물의 품질
④ 익스트루더의 크기

해설
3D 프린터는 기기마다 최대 출력 사이즈가 정해져 있다. 최대
출력 크기보다 큰 모델링 데이터는 분할 출력의 과정을 거쳐야
한다.
• 출력물이 3D 프린터의 최대 출력 사이즈를 넘으면 분할 출력을
 한다.
• 출력물을 분할하여 출력하면 서포트의 생성을 줄일 수 있다.
• 출력된 형상의 표면을 최대한 깨끗하게 유지한 상태로 출력할
 수 있는 장점이 있기 때문에 파트를 분할하여 출력한다.
※ 분할 출력 : 하나의 3D 형상 데이터를 나누어 출력하는 것

51 3D프린터에서 모델을 분할하여 출력하는 경우에
대한 설명으로 옳지 않은 것은?

① 지지대를 최소한 줄일 수 있는 경우 분할한다.
② 모델의 분할은 모든 부품에 적용이 가능하다.
③ 지지대의 제거를 손쉽게 할 수 있는 경우 분할
 한다.
④ 모델링 내부 공간에 조립이나 동작이 이루어지는
 경우 분할하여 출력한다.

해설
부품의 크기가 커서 한 번에 출력이 어려운 경우에 파트를 분할하
여 출력하며 파트 분할은 출력될 모든 부품에 적용이 가능한 것은
아니다.

52 서포트 효과로 옳지 않은 것은?

① 형상의 처짐 등을 줄일 수 있다.
② 서포트가 많으면 제품의 오차가 커진다.
③ 서포트가 많으면 제품 출력시간이 길어진다.
④ 제품에 뒤틀림이 존재할 때 뒤틀림을 줄일 수
 있다.

해설
제품의 출력 시 바닥과 제품을 보다 견고하게 유지시켜 주며, 제품
의 아랫면이 크거나 뒤틀림이 존재할 때에 지지대를 이용하면
뒤틀림과 오차를 줄일 수 있다. 또한 형상의 처짐 등의 발생을
줄일 수 있다.

49 ③ 50 ④ 51 ② 52 ② **정답**

53 방진마스크 선정기준으로 옳지 않은 것은?

① 흡기저항이 낮아야 한다.
② 배기저항이 높아야 한다.
③ 여과재 포집효율이 높아야 한다.
④ 안면에서의 밀착성이 커야 한다.

방진마스크의 선정 조건
· 흡기저항이 낮을 것
· 배기저항이 낮을 것
· 여과재 포집효율이 높을 것
· 착용 시 시야 확보가 용이할 것(하방 시야가 60° 이상되어야 함)
· 중량이 가벼울 것
· 안면에서의 밀착성이 클 것
· 침입률 1% 이하까지 정확히 평가 가능할 것
· 피부접촉 부위가 부드러울 것
· 사용 후 손질이 간단할 것

54 2개 이상 동시에 출력할 경우 고려사항이 아닌 것은?

① 각 제품마다 각각의 좌표계를 설정한다.
② 기계좌표계를 기준으로 공작물 좌표계를 설정한다.
③ 모델 사이에 0.1mm 이상의 공간을 두어야 한다.
④ 플레이트에 Brim을 크게 깔아 주어야 한다.

Brim은 플레이트에 베드면을 깔아 주는 것으로 출력할 때 출력물이 플레이트에 잘 붙지 않는 경우에 사용한다.

55 FDM방식 3D프린터 출력 시 필라멘트가 제대로 용융되지 않을 경우 해결 방식으로 옳지 않은 것은?

① 사용하는 재료에 알맞은 온도를 설정하여 사용한다.
② 외부의 온도는 출력물이 잘 냉각되도록 낮은 온도를 유지한다.
③ 노즐 장치의 온도를 고온으로 유지시킬 수 있는 히터 및 제어기를 확인한다.
④ 노즐 헤드(핫 엔드)의 고장 유무를 확인한다.

· 노즐 장치의 온도를 고온으로 유지시킬 수 있는 히터 및 제어기를 확인한다.
· 출력 속도가 너무 높은지 확인한다.
※ 핫 엔드 : 고체 상태의 열가소성재료를 준 액상(Semi-liquid)으로 녹일 수 있는 노즐 헤드

56 3D프린터가 의류산업에서 사용되는 경우로 옳지 않은 것은?

① 장신구 제작
② 의류샘플 제작
③ 보청기 제작
④ 액세서리 제작

· 의료 분야 : 보청기, 틀니, 임플란트 등
· 건축 분야 : 빌딩, 시설, 건물의 모형 등

57 2D스케치 수정에서 가능한 것이 아닌 것은?

① 구속조건
② 추가 및 삭제
③ 두께 변경
④ 크기 변경

① 구속조건은 3D모델링에서 수행하는 기능이다.

58 레이저빔을 투사했을 때 스폿 표시가 안 되는 것은?

① 가죽의자
② 흰색 자동차
③ 썬팅하지 않은 유리창
④ 원목가구

해설
측정 대상물의 표면이 투명할 경우에는 레이저 빔이 투과를 해서 표면에 레이저 스폿이 생성이 되지 않기 때문에 표면 측정이 이루어지지 않는다. 또한 측정 대상물이 거울과 같이 전반사가 일어날 경우에도 정확한 레이저 스폿의 측정이 이루어지기 힘들다. 투명하거나 난반사·전반사가 일어날 경우에는 측정방식을 바꾸거나 측정 대상물의 표면 처리(파우더)를 통해서 원활한 측정이 이루어지도록 한다.

59 FDM 방식 3D프린터에서 축의 비틀어짐은 출력물에 매우 중요한 영향을 미치는데, 각 축이 유지해야 할 원칙은?

① 독립의 원칙
② 직교의 원칙
③ 수평의 원칙
④ 유연의 원칙

해설
직교의 원칙: 3D프린터의 3축인 X축, Y축, Z축은 각각 직각을 이루고 있어야 한다.

60 전기제품의 통전 시 인체의 심리적 반응 전류범위는?

• 전류를 감지하는 상태에서 자발적으로 이탈이 불가능하게 된 상태
• 심장박동 리듬과 신체계통 병행하지 않음

① Ⅰ(25mA 이하)
② Ⅱ(25~80mA)
③ Ⅲ(80~3,000mA)
④ Ⅳ(3,000mA)

해설
• 1mA : 전류를 감지할 수 있다.
• 5mA : 이 이상되면 견디기 어려우며 경련을 일으킨다. 전류감지의 최댓값이다.
• 10~20mA : 지속적인 근육수축이 발생해 전원으로부터 이탈이 불가하며 강렬한 경련을 느낀다.
• 50mA : 통증, 혼절 가능, 기절, 허탈, 피로감을 느낀다. 심장과 호흡은 기능한다.
• 100mA~3A : 심실세동이 발생하고, 호흡곤란이 온다.
• 6A 이상 : 지속적으로 심장이 수축하고 호흡이 정지되며 3도 화상을 입는다.

58 ③ 59 ② 60 ① **정답**

01 스캐닝 설정 단계에서 하는 작업이 아닌 것은?

① 속도 설정   ② 폴리곤 수정

③ 조도 조절   ④ 스캐너 보정

해설
스캐닝 설정 : 스캐너 보정, 조도 조절, 노출 설정, 측정 범위 설정, 측정 위치 선정, 스캐닝 간격 및 속도 설정 등
※ 조도 : 레이저 방식은 주변에 너무 밝은 빛이 있는 경우 투사된 레이저가 카메라에서 잘 측정되지 않는다. 너무 어두운 경우에도 카메라에 들어오는 빛의 양이 줄어들기 때문에 제대로 된 측정이 어렵다.

03 경화재가 없고, 작고 미세한 작업에 적합한 퍼티는?

① 우레탄   ② 1액형

③ 에폭시   ④ 폴리에스터

해설
- 1액형 : 경화제가 따로 없기 때문에 퍼티를 바른 후 경화가 느려서 큰 틈새보다는 작고 미세한 메움 작업에 적합하다.
- 우레탄 : 찰흙 같은 형태의 주제와 경화제로 나뉘어 있으며 반죽하듯이 섞어 사용한다. 강도가 약하고 밀도가 낮아 가볍다.
- 에폭시 : 찰흙 같은 형태로 주제와 경화제가 나뉘어 있어 사용할 때 반죽하듯이 섞어 준다. 경화된 후 강도가 강하고 밀도가 높아 중량감이 있다.
- 폴리에스터 : 건조 속도가 빨라 신속한 작업이 가능하며 메움 작업에 많이 사용한다. 유독한 냄새가 나므로 사용 시 마스크를 쓰고 반드시 환기를 해야 한다.

04 3D프린터를 이용하여 출력물 제작 시 가공시간이 가장 짧은 것은?

① 내부 채움 50%, 속도 50mm/s

② 내부 채움 50%, 속도 70mm/s

③ 내부 채움 100%, 속도 40mm/s

④ 내부 채움 100%, 속도 60mm/s

해설
내부 채움은 낮고, 속도가 높을 때 가공시간이 가장 짧다.

02 3D프린터로 작업할 형상을 파악하고 재배치하는 작업은?

① 형상 설계   ② 형상 스캐닝

③ 형상 분석   ④ 형상 가공

해설
- 형상 설계 : 3D 설계 프로그램을 이용하여 3차원 형상물을 설계하는 작업이다.
- 형상 분석 : 제품의 품질을 향상시키기 위해서 형상물을 분석하여 재배치하는 작업으로 형상을 확대, 축소, 회전, 이동시켜 지지대 사용 없이 성형되기 어려운 부분을 찾는다.

05 보기와 같은 구조인 마스크의 종류는?

┌ 보기 ┐
여과재 – 연결관 – 흡기변 – 마스크 – 배기변
└────┘

① 병렬식   ② 격리식

③ 직결식   ④ 혼합식

해설
마스크의 종류별 구조
- 격리식 : 여과재 – 연결관 – 흡기밸브 – 마스크 – 배기밸브
- 직결식 : 여과재 – 흡기밸브 – 마스크 – 배기밸브

06 틈새 또는 죔새가 생기는 끼워맞춤은?

① 억지 끼워맞춤　　② 헐거운 끼워맞춤

③ 중간 끼워맞춤　　④ 조립 끼워맞춤

해설

• 억지 끼워맞춤 : 축이 크고, 구멍이 작은 경우로 항상 죔새가
생긴다.

• 헐거운 끼워맞춤 : 축이 작고, 구멍이 큰 경우로 항상 틈새가
생긴다.

• 중간 끼워맞춤 : 공차에 의해 축이 크고 구멍이 작은 경우와
축이 작고 구멍이 큰 경우가 있다. 공차에 따라 틈새와 죔새
두 경우가 존재한다.

07 형상 구속에 대한 설명으로 틀린 것은?

① 동일 구속 : 두 개 이상 선택된 스케치 크기를
똑같이 구속

② 접선 구속 : 곡선 또는 직선을 곡선에 접하도록
구속

③ 수평 구속 : 떨어진 두 개의 선을 평행하게 구속

④ 일치 구속 : 2D 또는 3D스케치의 다른 형상에
점을 구속

해설

• 수평 구속 : 스케치 좌표계의 X축에 평행이 되도록 점과 선을
구속

• 평행 구속 : 떨어진 두 개의 선을 평행하게 구속

08 넙스 모델링 방식에 사용되지 않는 것은?

① 차집합　　　　② 합집합

③ 교집합　　　　④ 공집합

해설

① 차집합 : 한 객체에서 다른 한 객체의 부분을 빼는 것

② 합집합 : 두 객체를 합쳐서 하나의 객체로 만드는 것

③ 교집합 : 두 객체의 겹치는 부분만 남기는 것

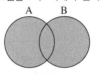

[합집합]　　　　　　　　[교집합]

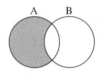

[차집합]

09 비접촉 스캔 방식에 해당하지 않는 것은?

① CT 방식　　　② 삼각측량 방식

③ TOF 방식　　　④ CMM 방식

해설

• 접촉식 : CMM(Coordinate Measuring Machine) 방식

• 비접촉식 : TOF(Time-Of-Flight) 방식, 삼각측량 방식,
CT(Computed Tomography) 방식, 위상 간섭 방식

10 3D 모델링에서 각진 모서리를 라운딩하는 명령어는?

① 오프셋 　　　② 필 렛
③ 모따기 　　　④ 회 전

해설
• 오프셋 : 간격을 띄워 복사한다.
• 모따기 : 모서리 부분을 직선으로 자른다.
• 회전 : 스케치 형상을 지정한 선을 기준으로 회전하여 입체 형상을 만든다.

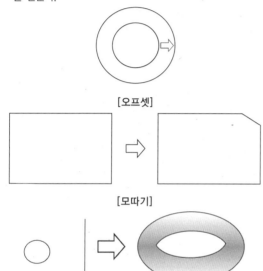

[오프셋]

[모따기]

[회 전]

11 FDM 3D 프린터 방식에서 필라멘트 재료를 노즐로부터 뒤로 빼 주는 기능은?

① Support
② Retraction
③ Slicing
④ Backup

해설
리트랙션(Retraction)
출력물에 머리카락 같이 얇은 선이 생기는 오류를 해결하기 위하여 노즐 내부에 남아 있는 용융된 플라스틱 재료가 흘러내리지 않게 노즐 내부의 재료를 뒤로 이동시키는 기능이다.

12 3D 모델링에서 스케치면을 선택할 수 없는 것은?

① 솔리드 곡면
② 가상면
③ 작업 평면
④ 솔리드 평면

해설
스케치 작업은 평면에서만 가능하다.

13 서포트를 생성할 수 있는 프로그램이 아닌 것은?

① SIMPLIFY3D
② Pronterface
③ KISSlicer
④ Cura

해설
슬라이서 프로그램의 종류 : 메이커봇, Cura, SIMPLIFY3D, KISSlicer 등
※ Pronterface : Printrun으로 알려진 G-code 전송기 또는 3D프린터 보정 및 기본 설정 수정 프로그램

14 SLA 방식에서 초기에 특정한 빛을 받아 반응을 하는 것은?

① 광억제제
② 단량체
③ 중간체
④ 광개시제

해설
광개시제
특정한 파장의 빛을 받으면 반응하여 단량체와 중간체를 고분자로 변환시키는 역할을 한다.

15 넙스 모델링 방식에 대한 설명으로 옳지 않은 것은?

① 부드러운 곡면에 유리하며 STEP 파일 등 설계 파일로 전환이 가능하다.

② 면의 기본 단위는 삼각형이며 삼각형을 연결해 3D 객체를 생성한다.

③ 폴리곤 모델링보다 치수적으로 정확하다.

④ 수학 함수를 이용하여 곡면의 형태를 생성한다.

해설
넙스 모델링은 계산값을 가지는 포인트와 선, 면을 이용해서 작업하므로 치수 정밀도가 높고, 원본으로 되돌리는 등의 수정이 용이하며 부드러운 곡선 생성이 가능하다. 삼각형을 기본 단위로 하여 모델링하는 것은 폴리곤 방식이다.

16 3D프린터 사전 준비에 대한 설명으로 옳은 것은?

① 노즐 속 잔여 소재는 예열 전 제거한다.

② SLA 방식은 FDM 방식에 비해 온도 유지가 중요하다.

③ 소재의 종류에 따라 노즐 온도를 조절해야 한다.

④ 장비 외부 온도에 따라 품질 변화가 없다.

해설
① 노즐 속 잔여 소재는 노즐의 온도를 올려 청소 바늘 같은 것으로 제거하거나 사용 온도보다 더 높여서 막힌 물질들을 녹여서 뺀다.
② SLA 방식은 레이저를 이용하여 제품을 제작하기 때문에 온도 조절의 필요성이 FDM 방식에 비해 덜하다. 하지만 광경화성 수지가 적정 온도를 유지해서 출력물의 품질이 좋아지기 때문에 수지를 보관하는 플랫폼의 용기를 일정 온도로 유지한다(약 30℃가량).
④ 장비 외부의 온도가 너무 낮거나 높으면 출력물이 출력되는 데 방해가 되므로 외부의 공기 흐름을 차단시키거나 적정 온도를 유지해야 한다.

17 출력 오류에 해당하지 않는 것은?

① 재료가 압출이 안 됨

② 서포트가 두껍게 형성됨

③ 바닥이 말려 올라감

④ 플랫폼에 부착되지 않음

해설
출력 오류의 유형
• 처음부터 재료가 압출되지 않음
• 출력 도중에 재료가 압출되지 않음
• 재료가 플랫폼에 부착되지 않음
• 재료의 압출량이 적음
• 재료가 과다하게 압출됨
• 바닥이 말려 올라감
• 출력 도중 단면이 밀려서 성형됨
• 일부 층이 만들어지지 않음
• 갈라짐
• 얇은 선이 생김
• 윗부분에 구멍이 생김

18 3D프린터 데이터를 수정해야 하는 경우가 아닌 것은?

① 조립성을 위해 분할 출력

② 서포트 최소분할

③ 해상도보다 작은 크기

④ 최대 출력 사이즈보다 작은 경우

해설
형상 데이터를 수정해야 하는 경우
• 모델링 데이터상에 출력할 3D프린터의 해상도보다 작은 크기의 형상이 있는 경우
• 모델링 데이터의 전체 사이즈가 3D프린터의 최대 출력 사이즈보다 클 경우
• 제품의 조립성을 위하여 각 부품을 분할 출력해야 하는 경우
• 3D프린팅 과정에서 서포터를 최소한으로 생성시키기 위한 경우

19 오류 검출 프로그램이 아닌 것은?

① Netfabb　　② Meshmixer

③ AMF　　④ MeshLab

오류 검출 프로그램으로는 Netfabb, Meshmixer, MeshLab 등이 있다. AMF(Additive Manufacturing File)는 STL의 단점을 다소 보완한 출력용 파일 포맷이다.

20 STL 파일 오류가 아닌 것은?

① 반전 면　　② 오픈 메시

③ 매니폴드　　④ 메시 떨어짐

출력용 파일의 오류 종류
• 오픈 메시 : 메시 사이에 한 면이 비어 있는 형상이다.
• 비매니폴드 : 실제 존재할 수 없는 구조로 하나의 모서리를 3개 이상의 면이 공유하는 형상이나 모서리를 공유하지 않은 서로 다른 면에 의해 공유되는 정점 등이 있다.
• 반전 면 : 인접하는 면이 서로 같은 방향이 아닌 반대 방향으로 입력되는 경우 나타난다.
• 메시가 떨어져 있는 경우

21 FDM 방식 재료를 노즐에 공급하는 모터의 힘이 부족할 때 발생하는 현상은?

① 공급되는 재료의 양이 많아진다.

② 노즐 온도가 급격히 올라간다.

③ 노즐과 베드 사이의 간격이 좁아진다.

④ 필라멘트 공급이 줄어들어 표면이 불량해진다.

모터의 힘이 부족할 경우 압출 노즐에서 충분한 양의 플라스틱 재료가 압출되지 않아서 출력된 면에 공간이 생긴다.

22 LOM 방식이라고 하며 Sheet Lamination 기술을 적용한 3D프린터에 대한 설명은?

① 가열된 노즐을 통해 흘러나오는 재료를 적층하는 방식

② 얇게 가공된 필름 소재를 주로 사용하는 방식

③ 금속 소재를 높은 에너지로 완전히 용융하는 방식

④ 액상의 광경화 수지를 고압으로 분사하고 경화하는 방식

LOM(Laminated Object Manufacturing) 방식
재료를 얇은 판의 형태로 자르고 이것을 서로 접착시켜 적층하여 형상을 만드는 방식으로 커팅부는 X, Y축으로 이동하며, 적층이 되는 베드는 Z축으로 내려가면서 프린팅하는 구조이다.

23 베드에 잘 밀착시키는 방법이 아닌 것은?

① 노즐과 베드의 간격을 노즐 직경 이상으로 조절

② 베드 온도를 적절하게 유지

③ 스프레이, 마스킹 테이프 사용

④ Raft를 사용

베드에 잘 밀착시키는 방법
• 압출 노즐에서 압출된 용융 플라스틱 재료는 압출 노즐의 끝단과 플랫폼 사이에서 눌려 옆으로 퍼지면서 플랫폼에 부착된다. 따라서 압출 노즐과 플랫폼 사이에서 재료가 적절히 눌려 옆으로 퍼지도록 노즐과 플랫폼 사이의 간격이 유지되어야 한다. 만약 플랫폼의 수평이 적절히 조절되어 있더라도 노즐과 플랫폼 사이의 간격이 너무 크면 압출되는 재료가 눌려서 퍼지지 않아 플랫폼에 부착되지 않는다.
• 플라스틱 재료는 압출기에서 압출된 후 냉각되면서 수축된다. 플랫폼의 온도가 많이 낮은 경우 재료가 고온으로 압출된 후 수축될 때 수축률의 차이에 의해서 층이 플랫폼에서 떨어지게 되는 경우가 있으므로, 플랫폼의 온도 및 프린터 내부의 온도를 적절하게 유지시켜 주어야 한다.
• 플랫폼 표면에 이물질이 있는 경우 물이나 아이소프로필알코올 등으로 닦아 주며, 플랫폼에 재료가 달라붙지 않으면 내열성이 좋은 캡톤 테이프나 마스킹 테이프를 붙인 후 출력한다.
• 래프트 바닥 보조물은 출력물과 플랫폼 사이에 지그재그 모양으로 된 별도의 구조물을 성형하고 출력물을 그 위에 성형하게 하는 것으로 출력물과 플랫폼 사이의 부착 면적이 작은 경우 적용한다.

24 재료가 압출되지 않는 원인이 아닌 것은?

① 노즐과 플랫폼 사이 간격이 클 때

② 스풀에 필라멘트가 없을 때

③ 압출기 내부에 재료가 채워지지 않았을 때

④ 압출 노즐이 막혔을 때

해설

노즐과 플랫폼 사이 간격이 클 때는 재료가 플랫폼에 부착되지 않을 수 있다.

재료가 압출되지 않는 원인별 예방 및 해결방법

• 스풀에 필라멘트가 없을 때는 필라멘트가 감겨 있는 새로운 스풀로 교체한다.

• 압출기 내부에 재료가 채워지지 않았을 때를 대비하여 출력물 주위의 플랫폼 위에 스커트(Skirt)를 출력하여 주면, 스커트 출력 후 실제 3차원 출력물을 성형하기 시작할 때에는 압출기 내부에 재료가 채워져 있다.

• 압출 노즐이 막혔을 경우 노즐을 분해하여 청소한다.

25 버프 가공 기호로 맞는 것은?

① D   ② GH

③ SH   ④ FB

해설

가공 방법 기호

가공 방법	기 호	가공 방법	기 호
드릴 가공	D	브로치 가공	BR
호닝 가공	GH	리머 가공	FR
셰이퍼 가공	SH	스크레이퍼 다듬질	FS
래 핑	GL	줄 다듬질	FF

26 베드와 출력물을 견고하게 접착시키는 지지대는?

① Overhang   ② Island

③ Raft   ④ Unstable

해설

서포트의 종류

종 류	설 명
[Overhang]	외팔보와 같이 새로 생성되는 층이 받쳐지지 않아 아래로 휘는 것을 방지한다.
[Island]	이전에 단면과는 연결되지 않는 단면이 새로 등장하는 경우로, 지지대가 받쳐주지 않으면 허공에 뜬 상태가 되어 제대로 성형되지 않는다.
[Raft]	성형 플랫폼에 처음으로 만들어지는 구조물로서 성형 중에는 플랫폼에 대한 강한 접착력을 제공하고, 성형 후에는 부품의 손상 없이 플랫폼에 분리하기 위한 지지대의 일종이다.
[Unstable]	특별히 지지대가 필요한 면은 없지만, 성형 도중에 자중에 의하여 스스로 붕괴하게 되는 것을 방지한다.

27 점 데이터를 합치는 과정은?

① 정 합   ② 병 합

③ 결 합   ④ 매 칭

해설

• 정합 : 스캔 데이터는 보통 여러 번의 측정에 따른 점군 데이터를 서로 합친 최종 데이터. 정합은 개별 스캐닝 작업에서 얻어진 점 데이터들이 합쳐지는(같은 좌표계로 통일하는) 과정이다.

• 병합 : 정합을 통해서 중복되는 부분을 서로 합치는(하나의 파일로 통합하는) 과정이다.

28 다음 중 오브젝트를 생성하거나 바꿀 수 없는 도구는?

① 복 사   ② 회 전

③ 이 동   ④ 대 칭

해설
이동 메뉴는 단순히 위치만 이동시키며, 오브젝트를 새로 생성하거나 바꿀 수는 없다.
• 복사 : 원하는 객체를 복사할 수 있는 메뉴이다.
• 회전 : 객체를 회전시키는 메뉴이다.
• 대칭 : 원하는 객체를 거울처럼 이동, 복사하는 메뉴이다.

29 오픈 메시에 대한 설명으로 옳은 것은?

① 메시 사이에 한 면이 비어 있는 형상이다.

② 인접한 면이 서로 반대 방향으로 입력되는 경우이다.

③ 하나의 모서리를 3개 이상의 면이 공유하는 경우이다.

④ 모서리를 공유하지 않은 서로 다른 면에 의해 공유되는 정점이 있는 경우이다.

해설
② 반전 면
③, ④ 비매니폴드

30 패턴 이미지 기반 스캐너에 대한 설명으로 틀린 것은?

① 휴대용으로 개발하기 용이하다.

② 삼각측량법으로 좌표를 계산한다.

③ 대상물의 외관이 투명할 때도 측정이 가능하다.

④ 광 패턴을 이용하기 때문에 한꺼번에 넓은 영역을 빠르게 측정이 가능하다.

해설
외관이 투명할 때는 표면에 코팅을 하거나 접촉식 스캐너를 이용한다.

31 상호 호환이 가능한 파일로 변환할 때 사용하는 확장자로 묶은 것은?

① igs(iges), stp(step)

② stp(step), psd

③ psd, igs(iges)

④ x_t, psd

해설
표준 포맷은 모든 스캔 소프트웨어 혹은 데이터 처리 소프트웨어에서 사용이 가능한 포맷으로 가장 많이 사용되는 포맷은 XYZ, IGES, STEP가 있다.
• XYZ 데이터 : 가장 단순하며, 각 점에 대한 좌푯값인 XYZ값을 포함하고 있다.
• IGES(Initial Graphics Exchanges Specification) : 최초의 표준 포맷이며, 형상 데이터를 나타내는 엔터티(Entity)로 이루어져 있다. IGES 파일은 점뿐만 아니라 선, 원, 자유 곡선, 자유 곡면, 트림 곡면, 색상, 글자 등 CAD/CAM 소프트웨어에서 3차원 모델의 거의 모든 정보를 포함할 수 있다.
• STEP(Standard for Exchange of Product Data) : IGES의 단점을 극복하고 제품 설계부터 생산에 이르는 모든 데이터를 포함하기 위해서 가장 최근에 개발된 표준이다. 대부분의 상용 CAD/CAM 소프트웨어에서 STEP 표준 파일을 지원한다.

32 다음의 문제점을 해결하는 방법은?

> 조립 시 수축과 팽창으로 치수가 달라질 수 있다.

① 채우기   ② 크 기

③ 서포트   ④ 공 차

해설
정확한 치수로 설계를 하더라도 가공 시 치수 변화를 고려하여 공차를 둔다. 도면에서 공차는 양쪽 공차, 한쪽 공차, 한계 치수 등으로 표기한다.

33 다음 중 모따기 기호는?

① R

② C

③ □

④ ϕ

- R : 반지름
- □ : 정사각형
- ϕ : 지름

36 다음 3D프린터 프로그램에 대한 설명으로 옳은 것은?

> G90 G1 X80.5 Y12.3 E12.5

① 현재 위치에서 X=80.5mm, Y=12.3mm만큼 이동한다.

② 이송은 급속이송을 나타낸다.

③ 필라멘트는 12.5mm 압출한다.

④ 좌표는 상대좌표를 나타낸다.

G90은 절대좌표를 의미하므로 원점에 대하여 X=80.5mm, Y=12.3mm의 위치로 필라멘트를 압출하며 직선 이동한다.

34 STL 포맷에서 꼭짓점의 개수가 220개일 때 모서리의 개수는?

① 104개

② 112개

③ 654개

④ 662개

모서리 수 = (꼭짓점 수 × 3) − 6 = (220 × 3) − 6 = 654개

35 2D 스케치에서 가능한 작업이 아닌 것은?

① 돌 출

② 원

③ 곡 선

④ 호

돌출은 2D 라인을 이용하여 3D 객체를 생성하는 방법이다.

37 2D 스케치에 높이를 지정하여 3차원 형태를 만드는 명령어는?

① 돌 출   ② 회 전

③ 이 동   ④ 스 윕

- 회전 : 작성된 스케치를 기준으로 회전 피처를 작성한다.
- 스윕 : 경로 스케치와 단면 스케치를 이용하여 경로를 따라가는 형상을 작성한다.

38 출력용 파일로 변환하는 과정에 대한 설명으로 틀린 것은?

① 2차원 단면 생성 시 윤곽 데이터의 폐루프끼리 교차하면 안 된다.

② 대부분 적층 두께를 일정하게 슬라이싱한다.

③ 3차원을 2차원으로 슬라이싱하여 분해한 뒤 적층하여 3차원 형상을 얻는다.

④ 2차원 단면 생성 시 윤곽의 경계 데이터가 연결되지 않는다.

> **해설**
> 3D 프린팅은 CAD 프로그램으로 모델링한 3차원적 형상물을 2차원적 단면으로 분해한 후 적층하여 다시 3차원적 형상물을 얻는 방식을 말한다. 따라서 원하는 3차원 제품을 제작하기 위해서는 슬라이싱에 의한 2차원 단면 데이터 생성 시 절단된 윤곽의 경계 데이터가 연결된 폐루프를 이루도록 한 후 생성된 폐루프끼리 교차되지 않아야 한다.

39 출력물이 베드에 견고하게 안착하는 것과 거리가 먼 것은?

① Bed Heating

② Brim

③ Skirt

④ Bed Leveling

> **해설**
> • Bed Heating : 제품이 출력되는 동안 히팅 패드의 온도를 적절히 고온으로 유지시켜 주면 냉각에 의한 수축을 방지할 수 있기 때문에 출력물이 플랫폼에서 분리되지 않는다.
> • 브림(Brim) 및 래프트(Raft) : 출력물과 플랫폼 사이의 부착 면적을 넓게 해 주기 위해서 출력물의 아래에 바닥 보조물을 출력물과 함께 성형해 준다.
> • Skirt : 출력을 시작하기 전에 압출 노즐 내부에 재료가 채워져 있지 않은 경우를 대비해서 출력물 주위의 플랫폼에 스커트를 출력하여 줌으로써, 스커트 출력 후 실제 3차원 출력물을 성형하기 시작할 때에는 압출기 내부에 재료가 채워지도록 한다.
> • Bed Leveling : 플랫폼의 수평이 맞지 않을 때 재료를 압출하는 노즐의 출구와 플랫폼 사이의 거리가 일정하지 않게 되어 플랫폼의 한쪽은 압출 노즐에 너무 가깝게 되고 다른 쪽은 압출 노즐에서 멀어지게 된다. 따라서 압출 노즐과 플랫폼 사이의 거리를 일정하게 하여 플랫폼의 수평을 유지한다.

40 액체 방식 3D프린터의 출력물 회수방법이 아닌 것은?

① 마스크, 장갑 및 보안경을 착용한다.

② 3D프린터가 출력을 종료한 후 동작을 완전히 멈춘 것을 확인한다.

③ 광경화성 수지가 피부에 닿았을 때는 즉시 비누로 씻어 준다.

④ 출력물의 후경화 없이 바로 사용이 가능하다.

> **해설**
> 자외선에 의해서 굳어진 광경화성 수지 내부에는 미세하게 경화되지 않은 광경화성 수지가 존재하며, 경화되지 않은 상태의 광경화성 수지는 서서히 경화되면서 출력물의 변형을 일으킨다. 따라서 서포트가 제거된 출력물을 자외선 경화기에 넣어 출력물 내부에 존재하는 경화되지 않은 광경화성 수지가 모두 굳어지도록 해 주어야 한다.

41 넙스 방식에 대한 설명이 아닌 것은?

① 다각형을 이용하여 곡면 형태를 만들 수 있다.

② 지오메트리 구현방식 중 하나다.

③ B-spline과 원추곡선을 표현할 수 있다.

④ 수학 함수를 이용하여 곡면의 형태를 만들 수 있다.

> **해설**
> ① 폴리곤 모델링에 대한 설명이다.
> ② 2차원인 면을 이용해 가상의 3차원(공간)에 물체를 표현하는 방식을 3D 모델링이라고 하며, 3D 모델링으로 생성된 오브젝트(Object)를 지오메트리(Geometry)라고 한다.
> ※ 넙스(Nurbs)
> 비정형 유리 B-스플라인(Non-uniform Rational B-spline)을 줄인 말로 일정한 점들을 연결한 직선에서 계산에 의한 곡선을 구하고, 그 곡선을 확장한 3차원의 곡면을 구하는 방식이다. 넙스는 폴리곤의 단점을 보완하기 위해 만들어진 기술이며, 넙스 모델링은 높은 품질의 곡면체를 만들 수 있는 장점이 있으므로 제품 디자인에 주로 쓰인다. 넙스 모델링은 먼저 선(Curve)을 이용하여 형태를 만든 뒤 선들을 LOFT시켜서 면(Surface)을 만든다. 그리고 컨트롤러로 작용하는 점(Control Vertex)을 이용해 형태를 수정하거나 접합하는 방식으로 모델링한다.

42 부품이 조립되는 부위에서 고려해야 하는 것은?

① 두 께

② 부 피

③ 공 차

④ 체 적

해설
FDM 프린터의 경우 필라멘트를 녹여 굳히는 방식을 사용하므로 굳히는 과정에서 수축 및 팽창 현상이 발생하게 된다. 이를 고려하여 공차를 주거나 사용하는 3D프린터의 특성을 고려하여 출력한다.

43 안전점검의 종류에서 기계와 기구 설비를 신설하거나 현장 고장 수리를 할 때 실시하는 비정기적 점검은?

① 특별점검   ② 정기점검

③ 일상점검   ④ 임시점검

해설
안전점검의 종류
• 일상점검
 – 작업 전, 작업 중 또는 작업 종료 후에 실시하는 점검
 – 주로 설치 위치, 부착상태, 오손상태, 전압·전류·압력 등의 판독, 접합 부분의 이상, 가열상태 등에 대해서 외관점검, 작동점검, 기능점검을 실시하여 이상의 유무를 확인
 – 담당 작업자 또는 안전담당자가 실시
• 정기점검
 – 1개월, 6개월, 1년 등 일정한 기간을 정해서 대상 기계 기구 및 설비를 점검
 – 주요 부분의 마모, 부식, 손상 등 상태 변화의 이상 유무를 기계를 정지시킨 상태에서 점검
 – 관리감독자나 안전관리자 등 일정한 자격요건을 갖춘 자가 실시
• 특별점검
 – 기계 기구 및 설비의 신설, 이동 교체 시 기계설비의 이상 유무 점검
 – 경험과 지식이 풍부한 일정한 자격을 갖춘 자가 실시
• 임시점검
 – 기계설비의 갑작스러운 이상 발견 시에 실시

44 사업주가 기계장치 등의 설비뿐만 아니라 직장의 옥내, 옥외를 불문하고 작업환경을 정비하도록 의무화된 사항과 거리가 먼 것은?

① 작업장 인근 외부 도로

② 통로, 바닥 면, 계단 등의 보전

③ 환기, 채광, 조명, 보온, 방습

④ 휴게시설

해설
작업환경 안전보건적 정비
사업주는 기계, 장치 등의 설비뿐만 아니라 직장의 옥내, 옥외를 불문하고 작업환경을 정비하도록 의무화되어 있다.
• 통로, 바닥 면, 계단 등의 보전
• 환기, 채광, 조명, 보온, 방습
• 휴양시설
• 피난시설
• 청 소
• 근로자의 건강, 풍기 및 생명 유지 등

45 3D프린터 운용 중 감전 시의 조치로 적절하지 않은 것은?

① 목격한 즉시 재해자를 관찰하기 위해 신체를 흔들어 의식을 확인한다.

② 전기위험을 제거한 후, 심폐소생술을 실시한다.

③ 전원을 차단하여 위험을 제거한다.

④ 응급구조기관에 연락한다.

해설
① 구조자 자신이 감전될 위험이 있으므로 전기위험을 제거한 후 응급조치를 한다.
감전 시의 조치방법
감전 사고가 일어나면 먼저 전원을 차단하고 환자를 전원으로부터 떼어내야 하는데, 이때 구조자 자신이 감전되지 않도록 주의해야 한다. 건조한 고무나 가죽으로 만든 장갑과 신발을 착용하고 바닥에는 담요를 깔아서 몸을 통해 전류가 흐르지 않도록 한다. 환자가 의식을 잃었을 때 중추신경이 마비되어 맥박이나 호흡이 없을 수도 있으나, 체온이 내려가거나 사후경직이 없는 한 심폐소생술을 하며 응급구조기관에 연락한다.

46 다음을 작업순서에 따라 나열한 것은?

> ㄱ. STL 포맷 변환
> ㄴ. 3D 모델링
> ㄷ. STL 파일 오류검사
> ㄹ. G코드 생성

① ㄱ - ㄴ - ㄷ - ㄹ ② ㄴ - ㄱ - ㄷ - ㄹ
③ ㄴ - ㄱ - ㄹ - ㄷ ④ ㄴ - ㄷ - ㄹ - ㄱ

해설
작업순서
1. 3D 모델링
2. STL, OBJ 등으로 포맷 변환
3. Netfabb와 Meshmixer 등을 이용하여 STL 파일 오류검사
4. 슬라이서 프로그램을 이용하여 형상 분석 및 슬라이싱
5. G코드 생성

47 필라멘트 선별 시 고려 사항이 아닌 것은?

① 소 재 ② 표면 거칠기
③ 녹는점 ④ 재질 종류

해설
필라멘트 재료의 성질에 따라 노즐의 온도와 재료의 투입 속도 등을 고려해 구조물을 제작한다.
② 표면 거칠기는 출력 시 층(Layer)의 두께에 따라 결정된다.

48 다음이 설명하는 3D 모델링 방식은?

> ( ) 모델링이란 3D프린터에서 3차원 형상을 표현하는데 기하곡면을 처리하는 기법으로 형상 표면 데이터만 존재하며 산업디자인 분야에서 사용한다.

① 폴리곤 모델링 ② 솔리드 모델링
③ 넙스 모델링 ④ 섭디비젼 모델링

해설
③ 넙스는 폴리곤의 단점을 보완하기 위해 만들어진 기술이며, 높은 품질의 곡면체를 만들 수 있는 장점이 있어 주로 제품 디자인에 쓰인다.
① 폴리곤 모델링은 다각형을 이용하여 곡면 형태를 만들고, 곡선에 대한 표현능력이 부족하므로 계단 현상이 발생한다는 단점이 있으며, 주로 게임 그래픽 제작에 사용된다.

49 주파수가 다른 빛을 비추고 반사되어 오는 빛의 주파수 차이를 이용한 스캐너 방식은?

① 백색광 방식 ② 핸드헬드 방식
③ 광 삼각법 방식 ④ 변조광 방식

해설
• 변조광 방식 : 물체 표면에 주파수가 다른 빛을 쏘고 수광부에서 주파수의 차이를 검출하여 거리값을 구하는 방식이다.
• 백색광 방식 : 특정 패턴(선, 그리드, 스트라이프 무늬)을 물체에 투영하고 그 패턴의 변형 형태를 파악하여 3D 정보를 얻어내는 방식으로 깊이 값은 광 삼각법을 이용하여 구한다.
• 광 삼각법 방식 : 발광부에서 점 또는 선 타입의 레이저를 물체에 투사하고 수광부에서 반사된 빛을 입력받아 삼각 도식에 따라 거리를 측정하는 방식이다. 일반적으로 핸드헬드(Hand-held) 스캐너가 이 방식을 취한다.

50 스캔 데이터를 보정하여 노이즈를 제거하는 것은?

① 노이즈 캔슬 ② 노이즈 클리닝
③ 데이터 캔슬 ④ 데이터 클리닝

해설
데이터 클리닝(Cleaning)
측정 환경, 측정 대상물의 표면 상태 및 스캐닝 설정 등에 따라서 스캔 데이터가 포함하고 있는 다양한 노이즈를 자동 필터링 혹은 수동으로 제거하는 것이다.

51 FDM 방식 3D프린터에 사용되는 재료의 형태는?

① 액 상
② 기 체
③ 파우더
④ 고 체

해설
FDM 방식 3D프린터의 재료는 고체 상태의 필라멘트다.

52 가상 적층 보기 기능에 대한 설명으로 틀린 것은?

① 서포터 종류를 확인할 수 없다.
② Brim이나 Raft의 모양을 확인할 수 있다.
③ 출력 실패를 줄여준다.
④ 헤드 경로를 알 수 있다.

해설
가상 적층 보기
3D 프린터에서 실제로 재료를 적층하기 전에 슬라이싱 소프트웨어를 통해 출력될 모델을 보는 것이다. 가상 적층을 통해 서포터 종류와 출력물과 플랫폼 사이에 브림이나 래프트 등의 모양이 어떻게 생기는지 미리 알 수 있으므로 실제로 출력 후 원하는 대로 모델이 나오지 않아서 재출력할 일이 줄어든다.

53 3D 모델링에 대한 설명으로 틀린 것은?

① 3D 형상 간 치수를 측정하여 설계 의도를 점검할 수 있다.
② 곡면 모델링에서 평면이 아닌 가상평면을 형성하여 스케치 면을 설정한다.
③ 3D 파트 모델링 시 내부 구조를 파악하기 위해 특정 부분에 대해 3D 단면을 확인한다.
④ 스케치를 끝내고 형상을 작업한 후에는 형상의 치수 변경이 불가능하다.

해설
형상 작업 이후에도 치수 변경은 가능하다.

54 패션 분야에서의 3D프린터 활용에 해당하는 것은?

① 3차원 텍스트뷰 제작 ② 캐릭터 제작
③ 샘플 의류   ④ 보청기

해설
3D프린팅 적용 분야 및 예시
• 의료 분야 : 인체모형, 보청기, 틀니, 임플란트 등
• 캐릭터 분야 : 인터넷 게임, 만화영화 등 주인공
• 토이 분야 : 아트 토이(수집하는 장난감), 스마트 토이(칩과 센서 등이 내장되어 여러 기능을 갖는 장난감), 하프 토이(반으로 나누어 내부를 볼 수 있도록 설계한 교육용 장난감)
• 건축 분야 : 빌딩, 시설, 건물의 모형

55 3D 모델링에서 부품 조립 후 육안으로 파악되지 않는 미세한 간섭을 검토하는 기능은?

① 간섭 분석   ② 공간 분석
③ 치수 분석   ④ 부품 분석

해설
간섭 분석을 통해 어떤 부품 사이에 간섭이 있었는지, 어떤 방향으로 얼마나 간섭이 일어나는지 알 수 있다.

56 FDM 노즐 막힘 현상 해결방법이 아닌 것은?

① 얇은 철사 등을 노즐 내부에 밀어 넣어 막힌 것을 제거한다.
② 노즐을 해체하여 토치로 강하게 달궈 노즐 내부를 완전 연소시킨다.
③ 토치로 노즐을 가열한 뒤 물에 담가 놓는다.
④ 노즐의 온도를 실제 사용 온도보다 좀 더 높여서 막힌 물질을 녹여낸다.

해설
FDM 노즐이 막힌 경우 노즐을 해체하여 토치로 강하게 달궈 노즐 내부를 완전 연소시킨다. 그 후 공업용 아세톤에 2시간가량 담가 두면 내부에 눌어붙은 필라멘트가 녹아 없어진다.

57 다음의 보조 기능 중 현재의 위치를 화면에 나타내는 명령어는?

① M107
② M109
③ M114
④ M104

• M107 : 냉각팬 OFF
• M109 : 압출기 온도 설정 후 대기
• M104 : 압출기 온도 설정

58 슬라이서 프로그램이 인식할 수 있는 파일 종류로 바르게 묶은 것은?

① STL, OBJ, AMF
② DWG, STL, AMF
③ STL, OBJ, IGES
④ DWG, IGES, STL

슬라이서 프로그램이 인식할 수 있는 파일은 STL, OBJ, AMF 등이다.

59 도면의 제도 방법에 관한 설명 중 옳지 않은 것은?

① 도형의 중심선은 가는 2점 쇄선이다.
② 물체의 보이지 않는 부분은 숨은선으로 나타낸다.
③ 물체에 대한 정보를 가장 많이 주는 투상도를 정면도로 사용한다.
④ 도면의 단위는 mm이며 도면에 단위는 표시하지 않는다.

도형의 중심선은 가는 1점 쇄선이다.

60 그림과 같은 형태의 도형을 FDM 방식의 3D프린터로 출력 시 옵션설정에 해당하지 않는 것은?

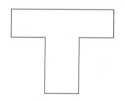

① 채우기
② 서포터 없음
③ 브 림
④ 부분 서포터

'T' 형태의 출력물 출력 시 서포트가 없는 경우 새로 생성되는 층이 받쳐지지 않아 아래로 휘게 된다.
① 채우기 : 출력물의 속을 채우는 기능이다.
③ 브림 : 첫 번째 레이어를 확장시켜 플레이트에 베드 면을 깔아 주는 옵션으로 출력물과 플레이트의 접촉면이 좁거나 플레이트와 출력물이 잘 붙지 않을 때 사용한다.
④ 부분 서포터(Touching Buildplate) : 출력물과 플레이트 사이에만 서포터가 생성되고 출력물과 출력물 사이에는 생성되지 않게 하는 옵션이다.

01 3D 모델링의 2D 스케치에 대한 설명으로 틀린 것은?

① 정투상도에 따라 XY, YZ, ZX 기준평면을 선택하여 작성한다.

② 2D 스케치로 작성된 도면을 이용하여 3D 형상을 만들 수 있다.

③ 완성된 3D에서 2D 스케치를 수정하면 3D 형상이 수정된다.

④ 완성된 형상의 곡면에서도 스케치 작업이 가능하다.

해설
스케치는 평면에서 작업한다.

02 가는 1점 쇄선의 용도가 아닌 것은?

① 특수 지정선
② 중심선
③ 피치선
④ 대칭선

해설
• 가는 1점 쇄선 : 중심선, 기준선, 피치선 등에 사용된다.
• 굵은 1점 쇄선 : 특수 지시선에 사용된다.

03 다음 G코드에 대한 설명으로 옳은 것은?

① G00은 급속 이송 명령이다.

② G02, G03은 필라멘트 회수 및 투입 명령이다.

③ G04는 새로운 좌표 지점으로 절대 좌푯값 수정 명령이다.

④ M109는 노즐 온도 설정 명령이다.

해설
② G02, G03은 원호를 그리는 이송 명령이다.
③ G04는 기계가 특정 시간 동안 아무 변화 없이 대기해야 할 경우 사용할 수 있는 대기(Dwell) 지령이다.
④ M109는 ME 방식의 헤드에서 소재를 녹이는 열선의 온도를 지정하고 해당 조건에 도달할 때까지 가열 혹은 냉각하면서 대기하는 명령이다.

04 SLA 방식 3D프린터의 재료로 사용되는 것은?

① 플라스틱 분말
② 금속 분말
③ UV 레진
④ 세라믹 분말

해설
SLA 방식은 출력물 재료로 액체 상태의 광경화성 수지를 사용한다.
①·②·④는 분말 재료로서 SLS 방식에 사용된다.

05 3D 엔지니어링 소프트웨어에서 가능한 작업이 아닌 것은?

① 도면 작성   ② G코드 작성
③ 조립품 작성   ④ 파트 작성

해설
G코드 작성은 슬라이서 프로그램에서 생성한다.

06 3D프린터 분말재료 보관함에 재료를 공급하여 선택적 소결 기술 방식으로 제품을 제작하는 방식은?

① MJ   ② FDM

③ SLA   ④ SLS

해설
① MJ : 액체 상태의 광경화성 수지를 잉크젯 프린터와 유사한 형태의 수백 개의 노즐을 통해 단면 형상으로 분사하고, 이를 자외선 램프로 동시에 경화시키며 형상을 제작한다.
② FDM : 압출 적층 조형으로 고체 수지 재료를 열로 녹여 쌓아 제품을 제작하는 방식이다.
③ SLA : 광경화 수지(액체) 조형으로 레이저 빛을 선택적으로 방출하여 제품을 제작하는 방식이다.

08 다음 도형의 구속 조건에 해당하는 것은?

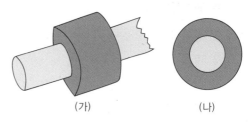

(가)   (나)

① 면과 면 각도, 축과 축 일치
② 면과 면 일치, 축과 축 각도
③ 면과 면 일치, 선과 선 각도
④ 면과 면 일치, 축과 축 일치

해설
• 면과 면 일치 : 두 물체가 축은 일치하지만 (가)처럼 떨어지는 경우가 발생하므로 면과 면의 일치 구속이 필요하다.
• 축과 축 일치 : 두 물체의 중심이 일치한다.

09 금속 분말 화합 레이저 주사 소결 방식에 해당하는 것은?

① FDM   ② LOM

③ SLS   ④ SLA

해설
① FDM : 압출 적층 조형으로 고체 수지 재료를 열로 녹여 쌓아 제품을 제작하는 방식이다.
② LOM : 적층물 제조 방식으로 종이나 필름처럼 층으로 된 물질을 한 층씩 쌓아 만드는 방식이다.
④ SLA : 광경화 수지(액체) 조형으로 레이저 빛을 선택적으로 방출하여 제품을 제작하는 방식이다.

07 안전점검의 종류에 해당하지 않는 것은?

① 임시점검
② 정기점검
③ 특별점검
④ 선택점검

해설
안전점검의 종류
• 정기점검 : 일정 기간마다 정기적으로 실시하는 계획적인 점검이다.
• 일상(수시)점검 : 매일 작업 전, 작업 중 또는 작업 후에 실시하는 일상적인 점검이다.
• 임시점검 : 기계·기구·설비의 이상을 발견할 경우 가동을 정지하고 임시로 실시하는 점검이다.
• 특별점검 : 기계·기구·설비의 신설, 변경 또는 고장, 수리 등으로 비정기적인 특정점검이다.

10 3D 스캐너를 통해 얻은 데이터의 형태는?

① 점 군   ② 스 윕
③ 서피스   ④ 솔리드

해설
스캐닝 : 측정 대상으로부터 특정 정보(문자, 모양, 크기, 위치 등)를 얻는 것으로, 3차원 스캐닝은 측정 대상으로부터 3차원 좌표, 즉 X, Y, Z값을 읽어 내는 일련의 과정이다. 즉, 점들의 값을 파악한다.

11 파트를 모델링해 놓은 상태에서 조립품을 구성하는 방식은?

① 상향식

② 파트 조립식

③ 하향식

④ 파트 배치식

해설

하향식 방식 : 조립품에서 부품을 조립하면서 모델링하는 방식이다.

12 개체수가 증가하는 편집 명령어는?

① 이 동

② 회 전

③ 배 열

④ 스케일

해설

• 원형 배열 : 선택한 객체를 중심점을 기준으로 원형 배열로 복사한다.

• 직사각형 배열 : 선택한 객체를 직사각형 배열로 복사한다.

13 작업 지시서에 대한 설명으로 옳지 않은 것은?

① 별도의 도면을 첨부하지 않는다.

② 디자인 요구 사항, 제작할 때 주의사항, 요구 사항을 작성한다.

③ 정보 도출에서 각 부분의 길이, 두께, 각도에 대한 정보를 도출한다.

④ 제작 개요에는 품명, 제작 방법, 제작 기간, 제작 수량 등을 기입한다.

해설

작업 지시서에는 도면을 첨부한다.

• Top View, Front View, Left View, Perspective View에 대한 도면을 그린다.

• 각 도면에 대한 정확한 영역과 길이, 두께, 각도 등에 대한 정보를 표기한다.

14 0.1mm는 몇 μm인가?

① 1

② 10

③ 100

④ 1,000

해설

$1m=10^3mm$, $1mm=10^3\mu m$이므로, $0.1mm=10^2\mu m=100\mu m$이다.

15 2D 스케치의 구속 조건이 아닌 것은?

① 평 면

② 수 직

③ 동 심

④ 평 행

해설

평면은 3차원에서 동일한 평면에 대한 구속에 해당한다.

②, ③, ④는 2차원에서 형상 구속이다.

16 다음 중 출력 보조물에 해당하지 않는 것은?

① 라프트

② 브 림

③ 서포터

④ 인 필

해설

인필(Infill) : 내부 채우기 정도를 뜻하는 것으로, 0~100%까지 채우기가 가능하다. 채우기 정도가 높아질수록 출력 시간이 오래 소모되고 출력물의 무게가 무거운 단점이 있다.

정답 11 ① 12 ③ 13 ① 14 ③ 15 ① 16 ④

17 3D프린터에서 0.4mm 직경의 노즐을 이용하여 갈라짐 없이 출력 가능한 적정 높이는?

① 0.3　　　　　② 0.4

③ 0.5　　　　　④ 0.6

해설
출력 높이가 노즐의 직경보다 높으면 갈라짐이 발생하며, 노즐의 직경과 같으면 사출된 이후 처짐으로 인해 갈라짐이 발생할 수 있다.

18 FDM 방식 3D프린터 소재의 베드 온도에 해당하는 것은?

	PLA	ABS
①	30	110
②	30	50
③	90	150
④	110	200

해설
• PLA : 히팅 베드가 필요 없으나 사용 시 50℃ 이하로 설정한다.
• ABS : 온도에 따른 출력물의 변형이 있기 때문에 히팅 베드가 필수적이며 80℃ 이상으로 설정한다.

19 다음 그림에서 2차원 평면을 3차원으로 생성하는 모델링 방법은?

① 스 윕　　　　② 패 스
③ 셸　　　　　④ 돌 출

해설
② 패스(Path) : 로프트 모델링에 사용되는 경로를 의미한다.
③ 셸(Shell) : 객체의 면 일부분을 제거한 후, 남아 있는 면에 일정한 두께를 부여하여 속이 비어 있는 형상을 만드는 방법이다.
④ 돌출(Extrude) : 2D 단면에 높이 값을 주어 면을 돌출시키는 방식으로, 선택한 면에 높이 값을 주어 돌출시킨다.

20 기계에 대한 명령은 없고, 사용자가 코드를 읽기 쉽도록 설명하는 것은?

① 블 록　　　　② 갭
③ 주 석　　　　④ 워 드

해설
① 블록(Block) : G코드에서 지령의 한 줄을 말한다.
④ 워드 : 어드레스와 데이터를 말한다.

21 고무와 플라스틱의 성질을 가지고 있지만, 고무보다 단단하고 플라스틱보다 말랑한 성질을 가진 재료는?

① HIPS
② ABS
③ TPE
④ PLA

해설
③ TPE(Thermoplastic Elastomer) : 고무와 플라스틱의 성질을 모두 가지고 있지만, 고무보다 단단하고 플라스틱보다 말랑거리고 부드럽다. 입에 닿는 부분에 많이 쓰이며, 미끄럼 방지를 위해 손잡이 부분에만 일부 적용된 제품도 있다.
① HIPS(High Impact Polystyrene) : ABS와 PLA의 중간 정도의 강도를 지닌다. 리모넨(Limonene)이라는 용액에 녹기 때문에 PVA 소재와 마찬가지로 서포터 용도로 많이 쓰인다.
② ABS 소재 플라스틱 : 유독 가스를 제거한 석유 추출물을 이용해 만든 재료이다. 강하고 오래가면서 열에도 상대적으로 강한 편이다.
④ PLA 소재 플라스틱 : 옥수수 전분을 이용해 만든 재료로서 표면에 광택이 있다.

22 수축을 고려하여 형상 크기를 수정하는 명령어는?

① 스케일
② 레이어
③ 이 동
④ 복 사

해설
스케일 : 선택한 스케치 형상의 크기를 비례하여 늘리거나 줄일 때 사용한다.

23 문제점 리스트 작성 시 가장 먼저 확인하는 것은?

① 출력 모델의 크기
② 모델의 오류
③ 모델의 공차
④ 모델의 채움 정도

해설
문제점 리스트 작성 시 출력할 모델에 오류가 있는지를 먼저 확인해야 한다.

24 서포트를 생성할 수 있는 프로그램이 아닌 것은?

① Cure
② Pronterface
③ KISSlicer
④ SIMPLIFY3D

해설
Pronterface : 3D프린터 보정 및 기본 설정 수정 프로그램이다.

25 FDM 방식의 출력 시 유해요소에 해당하는 것은?

① 액상 레진을 자외선 조사 경화시키는 방법으로, 레진으로 인한 알레르기성 피부염을 유발한다.
② 노즐을 통해 쌓아 가는 방식으로, ABS 수지 온도에 따라 나노물질의 기체 방출에 의한 염증성 반응을 유발한다.
③ 금속 분말을 레이저빔으로 쏘아 쌓아 올리는 방식으로, 세정 단계에서 분진 노출의 위험이 있다.
④ 금속 분말을 레이저빔으로 쏘아 쌓아 올리는 방식으로, 초미세 금속 분자가 순간적으로 가연성을 가져 화재의 위험이 있다.

해설
① SLA 방식
③ SLS 방식
④ SLS 방식

26 FDM 방식의 3D프린터 재료를 다음과 같이 사용하였을 때, 출력물의 출력 부피는?

소재 PLA, 직경 2mm, 길이 2m

① $628mm^3$
② $3,140mm^3$
③ $6,280mm^3$
④ $12,560mm^3$

해설
부피 = 단면적 × 길이

$$= \frac{\pi}{4} D^2 \times 길이$$

$$= \frac{\pi}{4} 2^2 \times 2,000$$

$$= 6,280mm^3$$

여기서, D = 지름 또는 직경

27 제1각법으로 그림의 물체를 투상하였을 때 (가)에 작도되는 도면은?

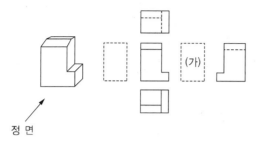

정 면

① 우측면도
② 좌측면도
③ 평면도
④ 배면도

해설
제1각법의 투상도 배치

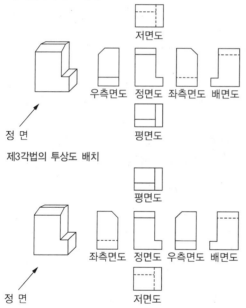

28 3D프린터 장비 개선을 위한 기술 개발이 어려운 상황에서 SWOT 분석의 S에 해당되지 않는 것은?

① 하나의 장비로 여러 제품을 생산한다.
② 복잡한 형상제작을 통한 재료비를 절감한다.
③ 제품 가공시간을 단축한다.
④ 큰 잠재력의 수요시장을 찾는다.

해설
SWOT 분석
• 강점(Strength) : 조직의 장점, 유리한 조건, 자원, 능력 등이 해당한다.
• 약점(Weakness) : 조직의 단점, 개선이 필요한 부분, 제약사항 등이 속한다.
• 기회(Opportunity) : 외부적으로 조직이 활용할 수 있는 유리한 조건, 시장의 트렌드, 새로운 시장 진출 기회 등이 해당한다.
• 위협(Threat) : 외부적인 요인으로 인해 조직에 위협을 가하는 상황들이 해당한다.

29 서포트 설정이 가능한 프로그램은?

① 랜더링 프로그램
② 그래픽 프로그램
③ 슬라이서 프로그램
④ 3D 스캐너 프로그램

해설
슬라이서 프로그램은 제품의 형상을 분석하여 지지대를 생성한다.

30 보조 기호에 대한 설명으로 옳지 않은 것은?

① M104 : 익스트루더 온도
② M109 : 익스트루더 온도까지 대기
③ M106 : 팬 속도 지정 회전
④ M140 : 베드의 설정 온도까지 대기

해설
M140 : 플랫폼 온도를 Snnn으로 지정된 값으로 설정한다.

31 다음 (A), (B)가 설명하는 포맷을 바르게 묶은 것은?

> (A) 색상, 재질, 재료, 메시 등의 정보를 한 파일에 담을 수 있다.
> (B) OBJ 포맷의 부족한 확장성으로 인한 성질과 요소에 개념을 종합하기 위해 고안했다.

① (A) PLY   (B) OBJ
② (A) 3MF   (B) STL
③ (A) 3MF   (B) PLY
④ (A) STL   (B) OBJ

해설
• 3MF 포맷 : 색상, 재질, 재료, 메시 등의 정보를 한 파일에 담을 수 있고, 매우 유연한 형식으로 필요한 데이터를 추가할 수 있다.
• PLY 포맷 : OBJ 포맷의 부족한 확장성으로 인한 성질과 요소에 개념을 종합하기 위해 고안되었다.
• OBJ 포맷 : 3D 모델 데이터의 한 형식으로 기하학적 정점, 텍스처 좌표, 정점 법선과 다각형 면들을 포함한다.
• AMF 포맷 : XML에 기반하여 STL의 단점을 다소 보완한 파일 포맷이다.
• STL 포맷 : 3차원 데이터의 Surface 모델을 삼각형 면에 근사시키는 방식이다.

32 FDM 방식 3D프린터의 출력 준비 단계에 해당하지 않는 것은?

① 서포트 제거
② 필라멘트 장착
③ 베드 및 노즐 가열
④ G코드 생성

해설
바닥면과 떨어져 있는 레이어는 갑자기 허공에 뜨게 되어 출력이 제대로 이루어지지 않으므로 바닥면과 모델 사이에 서포트를 이용하여 지지해 준다.

33 SLS 방식 3D프린터의 강도가 낮아지는 현상의 개선 방법은?

① 레이저 출력을 확인해 출력값을 조정한다.
② 서포트 형태를 두껍고 촘촘하게 한다.
③ 노즐을 청소한다.
④ 회수한 분말을 많이 사용한다.

해설
② 서포트는 제품의 강도와 관계가 없으며, SLS 방식은 서포트가 생성되지 않는 경우가 많다.
③ FDM 방식과 같이 노즐을 이용하여 재료를 사출하는 경우 청소한다.
④ 회수한 분말을 적게 사용한다.

34 선의 분류 중 모양에 따른 분류가 아닌 것은?

① 1점 쇄선   ② 점 선
③ 실 선   ④ 중심선

해설
선의 종류 : 실선, 파선(점선), 1점 쇄선, 2점 쇄선

35 방독마스크 안면부 형태에 따른 종류가 아닌 것은?

① 전면형
② 반면형
③ 1/2형
④ 1/4형

해설
방독마스크는 사용범위에 따라 격리식, 직결식, 직결식 소형의 3가지가 있으며, 면체는 그 형상에 따라 전면형, 반면형, 1/4형으로 구분된다.

31 ③   32 ①   33 ①   34 ④   35 ③   **정답**

36 M코드 중 동작 정지를 의미하는 코드는?

① M0
② M17
③ M101
④ M102

37 3D프린터에서 재료를 토출하며 가로 80mm, 세로 90mm 직선 이동하라는 명령어는?

① G1 X80, Y100
② G2 X80, Y100
③ G3 X80, Y100
④ G4 X80, Y100

38 FDM 방식 3D프린터의 화재 발생 원인이 아닌 것은?

① 배선의 연결이 잘못된 경우
② 히팅 베드를 사용하지 않는 경우
③ 기계에 무리가 되도록 작동하는 경우
④ 전기가 흐르는 곳에 전도성 물질이 닿는 경우

39 조형물의 지지면과 지지대가 단순히 접해 있는 것만으로는 조형물을 충분히 지지하기 어려워 지지대의 일부가 조형물 내부로 침투한다고 가정하여 정하는 것은?

① 접촉 각도
② 접촉 길이
③ 접촉 넓이
④ 접촉 크기

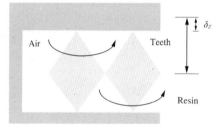

40 히팅 베드의 수평 조정 방법으로 옳은 것은?

① 플랫폼의 수평 조절 나사를 조절한다.
② 영점 조절 장치를 이용한다.
③ 필라멘트 유도 튜브를 조절한다.
④ 토출기의 수평을 조절한다.

41 3D 스캐닝 표면 상태에 대한 설명으로 틀린 것은?

① 표면 코팅제의 입자가 클수록 좋다.
② 광 삼각법을 사용할 때 표면에 난반사가 일어나면 정확하게 측정하기 어렵다.
③ 코팅제는 스프레이 방식으로 도포한다.
④ 광 삼각법을 사용할 때 표면이 투명하면 정확한 측정이 어렵다.

해설
표면 코팅제의 입자는 작을수록 좋다.

42 다음 그림과 같이 첫 번째 레이어를 확장시켜 플레이트에 베드 면을 깔아 주는 옵션은?

① 브림(Brim)　　② 스커트(Skirt)
③ 아이슬란드(Island)　　④ 라프트(Raft)

해설
• 라프트(Raft) : 출력물 아래에 베드 면을 깔아 주는 옵션으로 출력 후 떼어낼 수 있게 되어 있다.
• 스커트(Skirt) : 압출기 내부에 재료가 채워지지 않았을 때를 대비하여 출력물 주위의 플랫폼 위에 스커트를 출력해 주면, 스커트 출력 후 실제 3차원 출력물을 성형하기 시작할 때에는 압출기 내부에 재료가 채워져 있다.
• 아이슬란드(Island) : 이전 단면과 연결되지 않는 단면이 새로 등장하는 경우로 지지대가 받쳐 주지 않으면 허공에 떠 있는 상태가 되어 제대로 성형되지 않는다.

43 오픈 소스 기반 3D프린터 장비 선정 도입 시 고려 사항이 아닌 것은?

① 3D 모델링 소프트웨어
② 사용 재료
③ 장비 스펙
④ 장비 가격

해설
오픈 소스는 프로그램 소프트웨어가 모두에게 개방되어 있다.

44 제품 출력을 완료한 후, 출력 제품을 확인하는 공정은?

① 출 력　　② 설 계
③ 기 획　　④ 검 사

해설
• 기획 : 아이디어 구상 단계이다.
• 설계 : 요구를 반영하여 도면을 작성한다.
• 출력 : 제품 제작 단계이다.

45 가상 적층 기능에 대한 설명으로 옳은 것은?

① 2차원 모델링을 3차원으로 슬라이싱하는 기능
② G코드 실행 기능
③ 툴패스를 시각적으로 레이어 별로 보여 주는 기능
④ 출력 크기 변환 기능

해설
가상 적층 : 3D프린터에서 실제로 재료를 적층하기 전에 슬라이싱 소프트웨어를 통해 출력될 모델을 미리 볼 수 있다(3D프린터로 출력하기 전에 가상 적층을 슬라이싱 상태로 미리 확인할 수 있다). 가상 적층을 통해 서포터 종류와 서포터가 어떻게 생기는지, 출력물과 플랫폼 사이에 브림(Brim)이나 라프트(Raft) 등의 모양을 미리 알 수 있기 때문에 실제로 출력 후 원하는 대로 모델이 나오지 않아서 재출력할 일이 줄어든다.

46 수축률이 큰 소재는?

① PC   ② PP

③ ABS   ④ PMMA

> **해설**
> ② PP : 1.5%
> ① PC : 0.6%
> ③ ABS : 0.5%
> ④ PMMA : 0.4%

47 출력 시 변환 프로그램은?

① 슬라이서   ② 펌웨어 변환

③ 와이어링   ④ 아두이노

> **해설**
> 출력을 위해서는 파일의 포맷 방식을 STL과 AMF로 변환해야
> 한다.

48 베드에 플라스틱 수지를 고정하기 위한 개선 방법은?

① 베드와 노즐 캡을 적절히 설정한다.

② 레이어의 최소 두께를 줄인다.

③ 압출 온도를 올린다.

④ 노즐 출력 속도를 올린다.

> **해설**
> ② 노즐의 두께에 비해 출력되는 레이어 두께가 지나치게 얇으면
> 압출기에서 출력되는 필라멘트가 히팅 베드에 잘 달라붙지 않
> 고 층층이 쌓이게 된다.
> ③ 재료가 고온으로 압출되면 수축될 때 수축률의 차이에 의해서
> 층이 플랫폼에서 떨어지는 경우가 있다.
> ④ 첫 번째 층을 성형하는 재료가 너무 빠르게 토출되면 플라스틱
> 재료들이 플랫폼 위에 부착될 충분한 시간을 갖지 못한다.

49 장비 상태창에서 확인이 불가능한 것은?

① 노즐의 온도

② 서포트 타입

③ 출력 진행률

④ 베드 온도

> **해설**
> 3D프린터 상태창에서 확인 가능한 것
> • 압출 노즐의 온도
> • 플랫폼의 온도
> • 출력 체임버의 온도
> • 냉각팬의 회전 속도
> • 출력 진행 시간
> • 출력 진행률
> • 전체 출력에 소요되는 시간

50 FDM 면적이 작은 층 출력 시 울퉁불퉁하게 될 때 해결 방법은?

① 냉각팬 회전 속도를 낮춘다.

② 베드의 크기를 변경한다.

③ 필라멘트 재질을 변경한다.

④ 압출기의 이송 속도를 조절한다.

> **해설**
> 제품의 출력 도중에 재료가 과다하게 압출되어 출력물 형상이
> 매끈하지 않으면 3D프린터 프로그램의 설정 메뉴에서 압출량이
> 좀 더 적어지도록 압출기의 이송 속도를 조절한다.

51 안전보건표지의 종류와 형태 연결이 바른 것은?

① 화기금지 :

② 레이저 광선 경고 :

③ 고온 경고 :

④ 고압전기 경고 :

• : 인화성 물질 경고

• : 방사성 물질 경고

• : 출입금지

• : 고온 경고

• : 화기금지

• : 레이저 광선 경고

52 3D 모델링에서 작업내용의 순서를 확인하는 명령어는?

① 이력(History)　　② 저장(Save)
③ 편집(Edit)　　　④ 스케치(Sketch)

해설
이력 보기를 통해 작업내용 및 순서를 확인할 수 있다.

53 분말 방식 3D프린터 출력물 회수 순서는?

> ㄱ. 보호장구 착용
> ㄴ. 플랫폼에서 출력물 회수
> ㄷ. 3D프린터의 작동이 멈춘 것을 확인
> ㄹ. 출력물 및 플랫폼에 남아 있는 분말가루 제거

① ㄱ → ㄷ → ㄹ → ㄴ
② ㄱ → ㄴ → ㄷ → ㄹ
③ ㄱ → ㄷ → ㄴ → ㄹ
④ ㄷ → ㄱ → ㄹ → ㄴ

해설
3D프린터 출력물 회수 순서
• 보호장구를 착용한다.
• 3D프린터의 동작이 멈춘 것을 확인한다.
• 3D프린터의 문을 연다(문 열기 전 건조 과정 종료 확인).
• 출력물 주위의 성형되지 않은 분말가루를 제거한다.
• 플랫폼에서 출력물을 회수한다.
• 플랫폼 위에 남아 있는 분말가루를 제거한다.
• 회수된 출력물에 묻어 있는 분말가루를 완전히 제거한다.

54 3D프린터 출력 시 분할하여 출력하는 경우가 아닌 것은?

① 모델의 내부를 많이 채울 때
② 지지대를 최소한으로 줄일 수 있을 때
③ 모델의 크기가 플랫폼의 크기를 넘을 때
④ 지지대를 제대로 제거할 수 없는 형상일 때

해설
모델의 내부를 채우는 정도는 제품의 강도와 관련 있다.

55 필라멘트 형태의 플라스틱이나 왁스 원료를 녹여서 노즐로 분사시켜 한 층씩 쌓아 가며 물체를 제작하는 방식은?

① SLA
② FDM
③ MJ
④ SLS

① SLA 방식 : 레이저 빛을 선택적으로 방출하여 제품을 제작하는 방식으로, 얇고 미세한 형상을 제작한다.
③ MJ 방식 : 액체 상태의 광경화성 수지를 잉크젯 프린터와 유사한 형태의 노즐 수백 개를 통해 단면 형상으로 분사하고, 이를 자외선 램프로 동시에 경화시키며 형상을 제작한다.
④ SLS 방식 : 레이저로 분말 형태의 재료를 가열하여 응고시키는 방식으로 제품을 제작하며, 정밀도가 높다.

56 FDM 방식 3D프린터 조립 시 RAMPS 보드 결선의 방향성을 고려하지 않아도 되는 것은?

① Hot End
② Cooling Fan
③ Extruder 모터
④ 전원부

②, ③ 모터의 경우 전극이 바뀌면 역회전하거나 동작하지 않을 수 있다.
④ 회로 기판에 다이오드가 있어서 전원이 반대로 입력될 경우 작동이 안 된다.

57 3D프린팅을 고려한 3D 모델링 작업에 해당하는 것은?

① 서피스 폴리곤을 만든다.
② 오픈 메시를 만들지 않는다.
③ 베드와 물체 사이에 빈 공간을 두지 않는다.
④ 반드시 하나의 셀로 만들어야 한다.

① 돌출 등을 이용하여 두께를 주어야 한다.
③ 빈 공간을 두어 라프트, 브림 등으로 베드 면에 고정시킨다.
④ 제작의 편의를 고려해 분할하여 모델링할 수 있다.

58 스캐너 설정에 해당하지 않는 것은?

① 스캐너 보정
② 조도 조절
③ 스캐닝 속도 설정
④ 폴리곤 수정

폴리곤 수정은 스케치 수정에서 가능하다.

59 SLA 방식 3D프린터 재료 중 UV 레진에 대한 설명을 옳지 않은 것은?

① 실내의 빛에 노출되면 경화되어 어두운 곳에서 작업해야 한다.
② 강도가 낮은 편이라 주로 시제품을 생산하는 데 사용된다.
③ 355~365nm의 빛의 파장대에 경화되는 레진이다.
④ FDM 방식 출력물에 비해 정밀도가 높다.

UV 광경화성 레진은 355~365nm의 빛의 파장대에 경화되는 레진으로서 실내의 빛에 노출되어도 경화되지 않는다.

60 3D 모델링에서 다음 그림과 같이 큰 원의 중심을 기준으로 여러 개의 원을 같은 간격으로 그리는 명령어는?

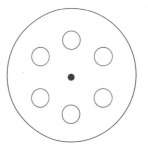

① 직사각형 배열
② 원형 배열
③ 간격띄우기
④ 대 칭

원형 배열 : 선택한 객체의 중심점을 기준으로 원형 배열한다.

01 디자인 요구 사항, 영역, 길이, 각도, 공차, 제작 수량에 대한 정보를 포함하고 있으며, 제품 제작 시 반영해야 할 정보를 정리한 문서는?

① 전개도
② 조립도
③ 분해도
④ 작업 지시서

해설
① 전개도 : 입체의 표면을 평면 위에 펼쳐 그린 도면이다.
② 조립도 : 제품의 전체적인 조립 상태나 구조를 나타낸 도면으로, 이 도면을 따라 부품을 제작할 수 있다.
③ 분해도 : 물체의 구조를 알려 주기 위한 도면으로, 각각 부품들의 위치 또는 상호관계 등을 표시하여 하나의 물체를 구성하는 부품과 물체의 관계를 표시한 도면이다.

02 전단면도에 대한 설명으로 옳은 것은?

① 필요한 부분만을 절단하여 단면으로 나타낸다.
② 핸들이나 바퀴의 암, 리브 등의 절단 부위을 90° 회전하여 나타낸다.
③ 계단 모양으로 절단하여 단면을 나타낸다.
④ 형상을 잘 표현할 수 있는 면을 중심선을 따라 절단하여 단면을 나타낸다.

해설
① 부분단면도

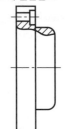

② 회전도시단면도

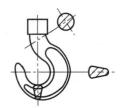

내부에 도시할 때　　　　외부에 도시할 때

③ 계단단면도

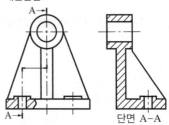

단면 A-A

03 다음 설명에 해당하는 투상법은?

물체의 표면(평면)으로부터 평행한 위치에서 물체를 바라보며 투상하는 방법으로 투상면에 투영된 모습을 도면으로 나타내는 것이다. 대표적으로 제1각법과 제3각법이 있다.

① 정투상법　　　　② 사투상법
③ 등각투상법　　　④ 전개투상법

해설
② 사투상법 : 정면도는 실제 모습과 같게 그리고 평면도와 측면도는 수평선과 경사지게 하여 입체적으로 그린 것으로 윗면과 옆면은 수평선과 30°, 45°, 60° 경사지게 그린다.
③ 등각투상법 : 물체의 밑면의 경사가 지면과 30°가 되도록 잡아 물체의 세 모서리가 120°의 등각을 이루면서 물체의 세 면이 동시에 보이도록 그린 것이며, 세 축의 길이 비율은 1 : 1 : 1로 한다.
④ 전개투상법 : 입체의 표면을 평면 위에 펼쳐 그린 그림으로 전개도라 한다.

04 넙스 모델링 방식에 대한 설명으로 옳지 않은 것은?

① 지오메트리 구현방식 중 하나이다.
② B-spline과 원추곡선을 표현할 수 있다.
③ 다각형을 이용하여 곡면 형태를 만들 수 있다.
④ 수학 함수를 이용하여 곡면 형태를 만들 수 있다.

해설
③ 폴리곤 모델링에 대한 설명이다.
① 2차원인 면을 이용해 가상의 3차원(공간)에 물체를 표현하는 방식을 3D 모델링이라고 하며, 3D 모델링으로 생성된 오브젝트(Object)를 지오메트리(Geometry)라고 한다.
※ 넙스(Nurbs)
비정형 유리 B-스플라인(Non-uniform Rational B-spline)을 줄인 말로 일정한 점들을 연결한 직선에서 계산에 의한 곡선을 구하고, 그 곡선을 확장한 3차원의 곡면을 구하는 방식이다. 넙스는 폴리곤의 단점을 보완하기 위해 만들어진 기술이며, 넙스 모델링은 높은 품질의 곡면체를 만들 수 있는 장점이 있으므로 제품 디자인에 주로 쓰인다. 넙스 모델링은 먼저 선(Curve)을 이용하여 형태를 만든 뒤 선들을 LOFT시켜서 면(Surface)을 만든다. 그리고 컨트롤러로 작용하는 점(Control Vertex)을 이용해 형태를 수정하거나 접합하는 방식으로 모델링한다.

05 다음 중 자세 공차에 해당하지 않은 것은?

① 직각도
② 평행도
③ 경사도
④ 대칭도

해설
기하 공차의 종류
• 모양 공차 : 진직도, 평면도, 진원도, 원통도, 선의 윤곽도 공차, 면의 윤곽도 공차
• 자세 공차 : 직각도, 평행도, 각도 정도(경사도)
• 위치 공차 : 위치도 공차, 동축도, 대칭도
• 흔들림 공차 : 원주흔들림 공차, 온흔들림 공차

06 도면 관리에 필요한 사항과 도면 내용에 관한 중요한 사항이 기입된 양식으로 도명이나 도면 번호, 척도, 투상도와 같은 정보가 있는 것은?

① 표제란
② 구역표시
③ 재단마크
④ 중심마크

해설
① 표제란 : 도면의 오른쪽 아래에 그리며, 도명(도면의 이름), 날짜, 척도, 투상법, 도번(도면의 번호) 등을 기입한다.
② 구역표시 : 도면에 작도한 특정 부분의 위치를 지시하는 데 편리하도록 표시한 것을 말한다.
　• 가로구역(숫자) : 1, 2, 3, … (짝수 개)
　• 세로구역(알파벳) : A, B, C, … (짝수 개)
③ 재단마크 : 복사한 도면을 재단할 때 편리하도록 재단할 위치를 도면의 네 구석에 표시한 것을 말한다.
④ 중심마크 : 도면을 촬영하거나 복사할 때 편의를 위해 상하좌우, 중앙에 윤곽선의 안과 바깥쪽으로 5mm씩 굵은 실선을 그린 것을 말한다.

07 FDM 방식 3D프린터의 소재 장착에 대한 설명으로 가장 적절한 것은?

① 필라멘트의 선을 튜브에 삽입하여 장착한다.
② 별도의 분말 저장 공간에 소재를 일정량 부어 사용한다.
③ 소재 용기를 직접 3D프린터에 꽂아서 사용한다.
④ 팩으로 포장된 액상 재료를 프린터에 삽입한다.

해설
② SLS 방식 3D프린터
③ MJ 방식 3D프린터
④ SLA 방식 3D프린터

09 데이터 슬라이싱을 위한 제품의 형상 분석에 대한 설명으로 옳지 않은 것은?

① Surface 두께가 너무 얇으면 출력이 되지 않을 수 있다.
② 형상의 크기가 3D프린터의 출력 범위를 벗어나지 않는지 확인한다.
③ 3차원 모델의 면과 면 사이가 전부 막혀 있지 않으면 출력이 되지 않을 수 있다.
④ 구조물 간의 간격이 다소 붙어 있더라도 슬라이서 프로그램에서 자동으로 간격을 조정해 주기 때문에 간격 조정은 필요 없다.

해설
④ 3D프린터를 이용하여 한 개 이상의 출력물을 한 번에 출력할 때에는 구조물 간의 간격조정은 필수적이다. 만약 모서리 부분이나 한쪽 면이 접촉되어 있다면 하나의 구조물로 제작이 되므로 모델 사이에 0.1mm 이상의 공간을 두어야 한다.

08 FDM 방식 출력물의 첫 번째 층이 베드에 부착되지 않는 원인으로 옳지 않은 것은?

① 베드의 수평이 맞지 않을 경우
② 첫 번째 층이 빠르게 출력된 경우
③ 노즐과 베드 사이의 간격이 너무 큰 경우
④ 출력물과 베드 사이의 부착 면적이 큰 경우

해설
재료가 플랫폼에 부착되지 않는 경우
• 플랫폼의 수평이 맞지 않을 때
• 노즐과 플랫폼 사이의 간격이 너무 클 때
• 첫 번째 층이 너무 빠르게 성형될 때
• 온도 설정이 맞지 않을 때
• 플랫폼 표면에 문제가 있을 때
• 출력물과 플랫폼 사이의 부착 면적이 작을 때

10 다음 중 측정 대상물에 대한 표면 처리 등의 준비, 스캐닝 가능 여부에 대한 대체 스캐너 선정 등의 작업을 수행하는 단계는?

① 역설계
② 스캐닝 보정
③ 스캐닝 준비
④ 스캔 데이터 정합

해설
① 역설계 : 설계 데이터가 존재하지 않는 실물의 형상을 스캔하여 디지털화된 형상 정보를 획득하고, 이를 기반으로 CAD 데이터를 만드는 작업이다.
② 스캐닝 보정 : 스캔 데이터가 포함하고 있는 불필요한 데이터를 필터링하는 과정이다
④ 스캔 데이터 정합 : 개별 스캐닝 작업에서 얻어진 점 데이터들이 합쳐지는 과정이다.

11 전기 감전 시 자발적으로 이탈이 불가능하고, 심장 박동 리듬과 신경계통에는 영향이 없는 상태인 경우 전류범위는?

① 약 5mA 이하
② 10~15mA
③ 100~3,000mA
④ 약 3A 이상

해설
• 1mA : 전류를 감지할 수 있다.
• 5mA : 이 이상 되면 견디기 어려우며 경련을 일으킨다. 전류감지의 최댓값이다.
• 10~15mA : 지속적인 근육수축이 발생해 전원으로부터 이탈이 불가하며 강렬한 경련을 느낀다.
• 50mA : 혼절, 기절이 가능하며, 통증, 허탈, 피로감을 느낀다. 심장과 호흡은 가능한다.
• 100mA~3A : 심실세동이 발생하고, 호흡곤란이 온다.
• 6A 이상 : 지속적으로 심장이 수축하고 호흡이 정지되며 3도 화상을 입는다.

12 3D프린팅 방식에 대한 설명으로 옳은 것은?

① 모든 방식은 서포트가 반드시 필요하다.
② 제품은 항상 베드의 위쪽 방향으로 출력된다.
③ 모든 서포트는 항상 제품과 동일한 소재로 만들어진다.
④ 재료를 각 단면 형상에 맞게 층층이 쌓아서 3차원 형상을 만드는 기술이다.

해설
① 분말 적층 용융 방식은 성형되지 않은 재료가 지지대 역할을 하여 지지대가 필요 없다.
② SLA 방식에서 규제 액면 방식은 제품이 베드 아래쪽 방향으로 출력된다.
③ FDM 방식에서는 지지대가 제품과 동일한 경우와 다른 경우가 있다(PVA는 물에 용해되는 특성이 있어 지지대로 많이 사용된다).

13 FDM 방식 3D프린터 출력 시 노즐에서 재료가 토출되지 않을 때의 점검사항이 아닌 것은?

① 히팅 베드의 작동이 원활한지 확인한다.
② 재료의 꼬임, 절단 등 상태를 확인한다.
③ 익스트루더 히팅 블록의 온도가 적절한지 확인한다.
④ 익스트루더 피더의 스프링 장력이 적절한지 확인한다.

해설
히팅 베드의 작동을 확인해야 하는 때
• 재료가 플랫폼에 부착되지 않는 경우
• 바닥이 말려 올라가는 경우

14 3D프린터 출력물에 용융된 재료가 흘러나와 얇은 선이 생겼을 경우 이러한 출력 오류를 해결하는 방법으로 옳지 않은 것은?

① 압출 헤드가 긴 거리를 이송하도록 조정한다.
② 리트랙션(Retraction) 속도를 조절한다.
③ 리트랙션(Retraction) 거리를 조절한다.
④ 온도 설정을 변경한다.

해설
얇은 선이 생길 때 해결 방법
• 압출 헤드가 긴 거리를 이송하지 않도록 해 준다.
• 리트랙션 거리를 조절해 준다.
• 리트랙션 속도를 조절해 준다.
• 온도 설정을 변경한다.
※ 리트랙션 : 3D프린터 압출 헤드에 재료를 공급해 주는 모터와 모터에 부착된 톱니의 회전 방향을 반대로 해 줌으로써 압출 노즐 내부에 들어가기 직전의 용융되지 않는 필라멘트가 뒤로 이송되면서 압출 노즐 내부의 압력을 낮게 하여 노즐 내부에 남아 있는 용융된 플라스틱 재료가 흘러내리지 않게 하는 것이다.

15 사업주가 기계, 장치 등의 설비뿐만 아니라 직장의 옥내, 옥외를 불문하고 작업환경을 정비하도록 의무화된 사항과 거리가 먼 것은?

① 휴양시설
② 작업장 인근 외부 도로
③ 환기, 채광, 조명, 보온, 방습
④ 통로, 바닥 면, 계단 등의 보전

작업환경 안전보건적 정비
사업주는 기계, 장치 등의 설비뿐만 아니라 직장의 옥내, 옥외를 불문하고 작업환경을 정비하도록 의무화되어 있다.
• 통로, 바닥 면, 계단 등의 보전
• 환기, 채광, 조명, 보온, 방습
• 휴양시설
• 피난시설
• 청 소
• 근로자의 건강, 풍기 및 생명 유지 등

16 투상 관계를 나타내기 위하여 다음 그림과 같이 중심선을 연결하여 작도한 투상도의 명칭은?

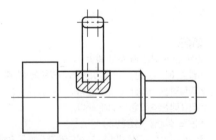

① 부분투상도
② 보조투상도
③ 국부투상도
④ 회전투상도

17 3D프린터 출력 시 성형되지 않은 재료가 지지대(Support) 역할을 하는 프린팅 방식은?

① 재료 압출 방식(Material Extrusion)
② 광중합 방식(Vat Photopolymerization)
③ 재료 분사 방식(Material Jetting)
④ 분말 적층 용융 방식(Powder Bed Fusion)

① 재료 압출 방식 : 지지대와 출력물이 같은 재료인 경우와 다른 재료인 경우가 있다.
② 광중합(수조 광경화) 방식 : 지지대는 출력물과 동일한 재료이며, 제거가 용이하도록 가늘게 만들어진다.
③ 재료 분사 방식 : 지지대는 출력물과 다른(물에 녹거나 가열하면 녹는) 재료가 사용된다.

18 FDM 방식 3D프린터 슬라이서 소프트웨어 운영 시 출력물 표면 품질에 영향을 주는 설정 옵션과 가장 거리가 먼 것은?

① Enable Retraction
② Layer Height(mm)
③ Fill Density(%)
④ Shell Thickness(mm)

③ Fill Density(%) : 출력물의 내부 채움은 출력물의 강도에 큰 영향을 준다.
① Enable Retraction : 리트랙션 기능을 켜서 얇은 필라멘트 선이 생기는 현상을 줄인다.
② Layer Height(mm) : 3D프린터가 출력할 때 한 층의 높이를 설정하는 옵션이다. 값을 낮추면 출력물의 품질은 좋지만, 시간이 많이 걸린다.
④ Shell Thickness(mm) : 출력물의 두께를 설정하는 옵션이다. 벽의 두께가 노즐보다 작은 경우 출력이 되지 않는 경우가 발생하며, 출력이 되더라도 신뢰할 수 없는 결과물이 나올 수 있다.

19 복잡한 형상을 만들기 위해 작은 부분 형상을 제작한 뒤 한 공간에 불러들여 하나의 형상으로 만들기 위한 것은?

① 객체 조립
② 객체 저장
③ 부분 형상 제작
④ 부분 형상 저장

해설
객체 조립 : 조립품을 생성하는 이유는 단품으로 모델링된 부품에 대한 설계의 정확도 확인 및 부품 간 문제점을 분석하여 실제 형상을 제작하였을 때 나타날 수 있는 오류들을 최대한 줄이기 위함이다.

20 다음 중 압출량 부족 현상이 나타나는 원인으로 옳지 않은 것은?

① 압출 노즐이 막혔을 때
② 필라멘트 재료가 얇아졌을 때
③ 압출 헤드의 모터가 과열되었을 때
④ 노즐과 플랫폼 사이의 간격이 너무 클 때

해설
④ 주로 재료가 플랫폼에 부착되지 않을 때의 원인이다.
출력 도중에 재료가 압출되지 않는 원인
• 스풀에 더 이상 필라멘트가 없을 때
• 필라멘트 재료가 얇아졌을 때
• 압출 노즐이 막혔을 때
• 압출 헤드의 모터가 과열되었을 때

21 축을 기준으로 2D 스케치를 회전시켜 3D 객체로 만드는 명령어는 무엇인가?

① 패턴(Pattern)
② 돌출(Extrude)
③ 회전(Revolve)
④ 복사(Copy)

해설
① 패턴 : 선택한 객체를 직사각형 또는 원형 배열한다.
② 돌출 : 작성된 스케치를 기준으로 돌출 피처를 지정하여 형상을 완성한다.
④ 복사 : 선택한 스케치 형상을 복사하고 스케치에 하나 이상의 복제를 배치한다.

22 SLA 방식 3D프린터 출력 시 광경화성 수지가 차오르는 것을 평탄화하는 장치는?

① 플랫폼
② 스윕 암
③ 반사거울
④ 엘리베이터

해설
① 플랫폼 : 출력물이 안착하는 판이다.
③ 반사 거울 : 반사 거울에 반사된 레이저 빛이 광경화성 수지 위에 주사되어 단면을 성형한다.
④ 엘리베이터 : 플랫폼을 위아래로 이송한다.

23 분말재료 사용방식으로 서포트가 필요 없는 것은?

① FDM, SLS

② SLA, SLS

③ CJP, SLS

④ CJP, SLA

> **해설**
> • CJP : 3차원 잉크젯 프린팅으로 분말재료에 접착제를 분사하는 방식
> • SLS : 분말재료를 레이저로 소결하는 방식
> • FDM : 고체 수지 재료를 녹여서 적층하는 방식
> • SLA : 액체상태의 플라스틱을 광원을 이용하여 고체로 굳혀 조형하는 방식

25 M 명령어 중 모든 스테핑 모터의 전원을 차단하는 명령어는?

① M01

② M107

③ M18

④ M17

> **해설**
> ① M01 : 휴면(버퍼에 남아 있는 모든 움직임을 마치고 시스템을 종료)
> ② M107 : 팬 전원 끄기(쿨링팬의 전원을 끔)
> ④ M17 : 모든 스테핑 모터에 전원 공급(3D프린터의 동작을 담당하는 모든 스테핑 모터에 전원이 공급됨)

24 3D 모델링의 데이터 오류를 수정하는 과정에 대한 설명으로 옳지 않은 것은?

① 오류가 완전히 없어질 때까지 수정 및 검사를 계속한다.

② 오류가 검출되지 않았으면 최종 출력용 데이터로 저장한다.

③ 치명적인 오류, 결합 부위 오류일 경우에는 모델링 소프트웨어를 통해 원본을 수정한다.

④ 오류 검사를 한 번 실시하여 수정한 후에 나온 데이터는 완전한 데이터이므로 저장 후 바로 출력한다.

> **해설**
> 자동으로 오류 검사 후 오류 수정을 한다. 이후 완벽하게 수정되지 않은 곳은 수동으로 오류 수정을 한다. 만약, 치명적인 오류가 있는 경우에는 모델링 소프트웨어를 사용해 수정하고, 출력용 데이터로 저장해 오류 검사를 다시 실시한다.

26 측정하려는 대상물의 크기가 3D 스캐너의 측정 범위보다 클 경우 해결 방법으로 옳은 것은?

① 대상물에 스프레이를 뿌린다.

② 3D 스캐너의 측정 위치를 변경한다.

③ 대상물 주변 빛의 밝기를 조절한다.

④ 여러 부분으로 나누어 측정한 후 병합한다.

> **해설**
> ① 측정 대상물이 투명하거나 전반사 또는 난반사가 일어나는 경우 사용한다.
> ② 전면적을 스캔할 때, 턴테이블이 없는 경우 사용한다.
> ③ 레이저 방식의 경우 너무 밝은 빛이 있으면 표면에 투사된 레이저가 카메라에 잘 측정되지 않고, 너무 어두운 경우 카메라에 들어오는 빛의 양이 줄어들어 제대로 된 측정이 어렵다.

27 화학물질을 안전하게 사용하기 위한 물질안전보건 자료의 약자는?

① MSDS
② TPM
③ OSHA
④ EMI

해설
MSDS(물질안전보건자료) : 근로자에게 자신이 취급하는 화학물질의 유해·위험성 등을 알려 줌으로써 근로자 스스로 자신을 보호하도록 하여 화학물질 취급 시 발생할 수 있는 산업재해나 직업병을 사전에 예방하고 불의의 사고에도 신속히 대응하도록 하기 위하여 작성하는 자료이다.

28 FDM 방식 3D프린터에서 필라멘트의 이상 출력 원인과 문제점의 설명으로 옳지 않은 것은?

① 노즐 청소를 하지 않으면 노즐 막힘이 발생한다.
② 노즐과 베드의 간격이 너무 넓으면 필라멘트가 공급되지 않는다.
③ 스테핑 모터 압력이 부족하면 필라멘트 공급이 줄어들어 출력물의 표면이 불량해진다.
④ 노즐과 베드의 간격이 너무 좁으면 필라멘트가 압출되어 나올 때 뚝뚝 끊긴 상태로 출력된다.

해설
② 노즐과 베드의 간격이 너무 넓으면 재료가 플랫폼에 부착되지 않는다.

29 다음 중 참고할 객체가 있어야만 사용할 수 있는 기능은?

① 원
② 타 원
③ 대 칭
④ 다각형

해설
③ 대칭 : 대칭이 되는 기준(객체)이 있어야 한다.

30 노즐을 통해 재료를 녹인 후 이를 적층하여 형상을 만드는 방식은?

① Powder Bed Fusion
② Binder Jetting
③ Sheet Lamination
④ Material Extrusion

해설
④ 재료 압출(Material Extrusion) : 출력물 및 지지대 재료가 노즐이나 오리피스 등을 통해서 압출되고, 이를 적층하여 3차원 형상의 출력물이 만들어진다.
① 분말 융접(Powder Bed Fusion) : 평평하게 놓인 분말 위에 열에너지를 선택적으로 가해서 분말을 국부적으로 용융시켜 접합하는 것이다.
② 접착제 분사(Binder Jetting) : 접착제를 분말에 선택적으로 분사하여 분말들을 결합시켜 단면을 성형하는 방법을 반복하여 물체를 제작하는 방식이다.
③ 판재 적층(Sheet Lamination) : 얇은 판 형태의 재료를 단면 형상으로 자른 후 서로 층층이 붙여 물체를 만드는 방식이다.

31 그림과 같이 두 개체의 중심을 동일하게 하는 구속 조건은 무엇인가?

① 직 각   ② 동 심
③ 평 행   ④ 접 선

33 FDM 방식 3D프린팅 과정에서 압출되는 재료가 흘러나와 얇은 선이 형성되는 경우, 슬라이서 프로그램에서 설정하는 것은?

① 출력물 채움
② 외벽 두께
③ 리트랙션
④ 서포트

32 출력물의 후가공 중 중도 과정에서 주로 사용되는 화학물질은 무엇인가?

① 사 포
② 아세톤
③ 코딩제
④ 탈포기

34 3D모델링에서 구속 조건에 대한 설명으로 옳지 않은 것은?

① 치수 구속은 길이, 거리, 각도 등의 수치로 구속한다.
② 객체들 간의 자세를 흐트러짐 없이 고정하는 기능이다.
③ 구속 조건의 종류는 형상 구속, 치수 구속, 일치 구속 세 가지로 나눈다.
④ 스케치 변경이나 수정을 편리하고 직관적으로 수행하기 위한 기능이다.

35 2D 스케치 작업에서만 가능한 기능으로 가장 적절하지 않은 것은?

① 돌 출
② 대 칭
③ 축 척
④ 라운딩

3D 작업에는 돌출, 회전, 구멍, 스윕, 셀, 모깎기, 모따기 등이 있다.

36 치수 보조기호의 의미로 옳지 않은 것은?

① ∅ : 지름
② t3 : 판의 두께
③ 30 : 참고 치수
④ S∅ : 구의 지름

치수 보조기호
치수의 의미를 명확하게 나타내기 위하여 치수 숫자와 함께 사용한다.

기 호	용 도
∅	지 름
R	반지름
S∅	구의 지름
SR	구의 반지름
□	정사각형의 한 변
t	판의 두께
⌒	원호의 길이
C	45° 모따기
▭	이론적으로 정확한 치수
( )	참고 치수
___(밑줄)	비례 치수가 아닌 치수 또는 척도가 다른 치수

37 CAD시스템을 이용하여 그림을 수정할 때 필요 없는 명령어는?

① Circle
② Chamfer
③ Arc
④ Trim

모서리는 Circle을 이용하여 원을 그린 후 필요 없는 부분은 Trim으로 잘라 낸다. 우측의 둥근 부분은 Arc를 이용하여 그린 후 필요 없는 부분은 Trim으로 잘라 낸다.
② Chamfer : 모따기를 하는 명령어로 모서리를 반듯하게 수정할 때 사용한다.

38 공작물 좌표계를 설정하는 G코드 명령어는?

① G00
② G28
③ G90
④ G92

① G00 : 급속 이송
② G28 : 원점으로 이동
③ G90 : 절대 지령(절대 좌표 설정)

39 산업안전보건법령상 안전보건표지의 종류와 형태의 연결로 옳지 않은 것은?

① - 레이저 광선 경고

② - 고온 경고

③ - 고압전기 경고

④ - 화기금지

[해설]
• 금지표지 : 둥근 원에 대각선으로 선이 그려져 있는 표지이다.
  [예] : 화기금지
• 경고표지 : 삼각형과 마름모 모양이다.
  [예] : 인화성 물질 경고

40 슬라이서 프로그램에서 출력을 위한 STL 파일을 불러와 Z축으로 반사시켜 반대편을 완성한 뒤 원본 크기의 2배로 확대한 후 출력할 때 사용된 메뉴를 순서대로 연결한 것은?

① Load → Rotate → Scale → Print
② Load → Mirror → Rotate → Print
③ Load → Mirror → Scale → Print
④ Load → Scale → Rotate → Print

[해설]
• Load : 파일 불러오기
• Mirror : 기준이 되는 객체를 반대편 대칭
• Scale : 원본 크기의 2배 크기로 확대
• Print : 출력

41 액체방식 3D프린터에서 출력물을 회수하는 절차로 옳은 것은?

> ㄱ. 보호장구 착용
> ㄴ. 3D프린터 멈춤 확인
> ㄷ. 플랫폼 분리
> ㄹ. 출력물 분리
> ㅁ. 플랫폼 표면의 불순물 제거
> ㅂ. 출력물의 광경화성 수지 제거
> ㅅ. 후경화 작업

① ㄱ → ㄴ → ㄷ → ㄹ → ㅁ → ㅂ → ㅅ
② ㄱ → ㄴ → ㄹ → ㄷ → ㅁ → ㅂ → ㅅ
③ ㅅ → ㄴ → ㄷ → ㄹ → ㅁ → ㅂ → ㄱ
④ ㄱ → ㄴ → ㄷ → ㄹ → ㅅ → ㅂ → ㅁ

[해설]
액체방식 3D프린터 출력물 회수하기
• 보호장구 착용
• 3D프린터의 동작이 멈춘 것을 확인
• 3D프린터의 문 열기
• 플랫폼을 3D프린터에서 분리
• 플랫폼에서 출력물 분리
• 플랫폼 표면의 불순물 제거
• 플랫폼 표면을 확인 후 3D프린터에 설치
• 출력물에 묻어 있는 광경화성 수지 제거
• 서포트 제거
• 후경화

42 FDM 방식 3D프린터에서 노즐이 막혔을 때 해결 방법으로 적절하지 않은 것은?

① 노즐을 물에 2시간 이상 담가 둔다.
② 노즐을 분해하여 내부를 청소한다.
③ 노즐 외부 끝의 찌꺼기를 핀셋 등으로 제거한다.
④ 노즐 온도를 고온으로 설정하여 내부의 필라멘트를 제거한다.

[해설]
① 공업용 아세톤에 2시간가량 담가 두어야 눌어붙은 필라멘트가 녹아 없어진다.

43 FDM 방식 3D프린터의 베드 레벨링 시 베드는 무엇과 평행해야 하는가?

① 지표면
② 이펙터
③ 3D프린터 상단
④ 3D프린터 바닥판

해설
노즐의 수평이 히팅 베드와 맞도록 조절하며, 노즐과 주변의 것을 이펙터라고 한다.

44 보호구의 구비 요건 및 관리에 대한 설명으로 옳지 않은 것은?

① 보호구는 착용하여 작업하기 쉬워야 한다.
② 보호구의 외관이나 디자인은 양호해야 한다.
③ 보호구의 관리·취급은 여러 작업자가 상시로 돌아가며 담당한다.
④ 보호구에 사용된 재료가 작업자에게 해로운 영향을 주지 않아야 한다.

해설
③ 안전 보호구 관리부서 : 종업원의 안전·보건관리를 위하여 안전 보호구를 지급하고 적정 예비수량을 보유 및 유지·관리하여야 한다.

45 다음 중 수축률이 가장 큰 소재는?

① PP   ② ABS
③ PC   ④ PMMA

해설
① PP : 1.5%
② ABS : 0.5%
③ PC : 0.6%
④ PMMA : 0.4%

46 STL 형식으로 변환된 파일을 3D프린터가 인식 가능한 G코드 파일로 변환할 때 추가되는 업로드 정보로 옳지 않은 것은?

① 내부 채움 비율
② DWG 파일 유형
③ 적층 및 셸 두께
④ 리트랙션 속도와 거리

해설
저장(Save) 기능에서 저장 또는 내보내기(Export)를 통해 3D프린터 슬라이싱 프로그램에서 불러올 수 있는 파일로 저장한다. 3D프린터 슬라이싱 프로그램에서 불러올 수 있는 파일 형식은 크게 2가지 형식으로 *.stl 형식과 *.obj 형식을 사용한다.
• *.stl : 주로 3D CAD 프로그램에서 제공된다.
• *.obj : 3D 그래픽 프로그램에서 많이 사용한다.

47 슬라이서 프로그램의 주요 기능이 아닌 것은?

① 온도, 속도 등의 설정이 가능하다.
② 3D프린터와 관련된 조건을 설정할 수 없다.
③ 사용 프로그램에 따라 출력 품질의 차이가 발생할 수 있다.
④ 3D프린터가 인식할 수 있는 파일로 변경이 가능하다.

해설
슬라이서 프로그램
• 출력물의 정밀도 설정 : 적층의 높이, 벽 두께
• 출력물의 채움 방식
• 출력 속도, 노즐과 베드판의 온도 설정
• 프린팅할 재료의 직경, 압출량을 설정

48 FDM 방식 3D프린터 출력물의 회수 방법으로 옳지 않은 것은?

① 전용 공구를 사용해서 플랫폼에서 출력물을 분리한다.

② 3D프린터가 동작을 멈춘 것을 확인한 후 문을 연다.

③ 반드시 플랫폼이 3D프린터에 장착된 상태로 힘을 주어 성형된 출력물을 제거한다.

④ 3D프린터에서 출력물을 제거할 때 이물질이 튀거나 상처를 입을 수 있으므로 마스크, 장갑 및 보안경을 착용한다.

해설
③ 플랫폼이 3D프린터에 장착된 상태로 무리하게 힘을 주어 출력물을 제거하면 구동부(모터)가 손상을 입을 수 있다.

49 3D프린터의 상태창에서 압출 노즐의 온도를 나타내는 것은?

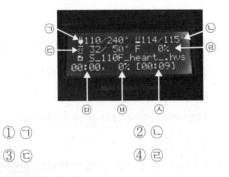

① ㉠   ② ㉢

③ ㉣   ④ ㉤

해설
㉠ 압출 노즐의 온도
㉢ 플랫폼의 온도
㉣ 출력 체임버의 온도
㉤ 냉각팬의 회전 속도
㉤ 출력 진행 시간
㉤ 출력 진행률
㉤ 전체 출력에 소요되는 시간

50 다음 중 재료 압출 방식에서 출력물이 갈라지거나 휘는 이상현상이 발생하는 원인이 아닌 것은?

① 출력 속도가 느린 경우

② 출력물 높이가 높은 경우

③ 출력물 바닥 면적이 좁은 경우

④ 설정된 층의 높이가 노즐 지름에 비해 높은 경우

해설
층의 높이가 너무 높게 되면 이전 층과 부착이 잘되지 않아 갈라짐이 발생하며, 출력 높이가 노즐의 직경보다 높아도 갈라짐이 발생한다. 출력물 바닥의 면적이 좁거나 폭에 비해 높이가 높은 경우 출력물에 휨이 발생할 수 있다.

51 엔지니어링 모델링에서 돌출 명령을 활용하여 피처를 생성할 때 일반적으로 선택할 수 있는 옵션이 아닌 것은?

① 구배 각도

② 회전 각도

③ 돌출 방향

④ 돌출 높이

해설
② 회전 각도는 회전 명령의 옵션 기능이다.

52 3D 스캐너를 사용하여 3D 데이터를 얻어내는 형식이 아닌 것은?

① 넙스 형식
② 패치 형식
③ 체임버 형식
④ 폴리곤 형식

53 슬라이서 프로그램을 이용한 형상 분석에 대한 설명으로 옳은 것은?

① 베이스 면에 따른 제품의 제작 특성을 고려하여 아래의 층은 작고 위의 층은 크게 선택한다.
② SLA 방식은 정밀도가 우수하나 광경화성 수지의 특성 및 성질을 이해하지 않고 제품의 형상 설계를 하면 제품의 뒤틀림 오차 등이 생길 수 있다.
③ 슬라이서 프로그램에서 선택되는 제품의 베이스 면에 상관없이 출력 제품의 특징 및 품질은 동일하다.
④ 설계오류를 고려할 때 3D프린터 방식에 따른 특징은 모두 다르다. 그러나 프린팅 방식에 따라 제품의 제작 오류가 달라지는 것은 아니다.

54 FDM 방식 3D프린터에서 출력물의 레이어 두께에 대한 설명으로 옳지 않은 것은?

① 레이어 두께가 지나치게 얇으면 재료가 히팅 베드에 잘 달라붙지 않는다.
② 레이어 두께가 두꺼우면 출력물의 수평 해상도가 좋아진다.
③ 레이어 두께가 얇으면 출력물의 수직 해상도가 좋아진다.
④ 레이어 두께가 두꺼우면 출력물에 구멍이 만들어지는 경우가 있다.

55 다음 도면에서 ∅8인 구멍의 개수는?

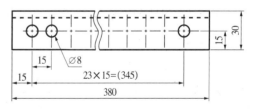

① 23개
② 24개
③ 25개
④ 3개

56 3D 스캐너에 대한 설명으로 옳지 않은 것은?

① 비접촉식 3D 스캐너는 측정 대상물이 투명하거나 유리와 같은 소재이면 측정하는 데 어려움이 있다.

② 높은 정밀도를 요구하지 않는 경우는 광 패턴 혹은 라인 레이저 방식의 이동식 스캐너가 유리하다.

③ 이동형 3D 스캐너는 측정 위치를 계속해서 변화시키는 방식이므로 고정식으로 사용이 불가능하다.

④ 고가형의 고정식 3D 스캐너는 3D프린팅이 활성화되지 않은 시기부터 역설계 분야에서 많은 연구가 진행되었다.

> **해설**
> ③ 이동형 3D 스캐너 이용 시 고정시켜 놓고 사용하면 고정식으로 사용이 가능하다.

58 3D프린터 관련 설비의 자체 안전점검 체크 리스트에 포함하지 않아도 되는 사항은?

① 점검 비용 ② 점검 항목
③ 점검 개소 ④ 조치 사항

59 다음 중 3D프린팅 후 제품의 크기가 줄어드는 현상과 관련이 있는 것은?

① 적층오차 ② 성형성
③ 응집력   ④ 열수축성

> **해설**
> ④ 열수축성 : 물체에 열을 가하고 식으면서 나타나는 수축 현상이다.

57 3D프린터에서 단면을 볼 수 있는 기능은?

① 솔리드뷰
② 로테이션
③ 레이어뷰
④ X-ray뷰

> **해설**
> ③ 레이어뷰 : 실제 3D프린터가 작동되고 프린팅되는 전체 모습(슬라이스 된 경우 각각의 단면)을 볼 수 있다.
> ① 솔리드뷰 : 모델의 전체 모습을 볼 수 있다.
> ④ X-ray뷰 : 모델 내부의 모습을 볼 수 있다.

60 치수 기입의 요소에 대한 설명 중 옳은 것은?

① 치수선 : 치수를 기입하기 위한 선이다.

② 치수 보조기호 : 치수 정밀도를 나타내는 기호이다.

③ 치수 보조선 : 보조치수를 기입하기 위한 선이다.

④ 지시선 : 도형의 특수한 형상을 지시하는 선이다.

> **해설**
> ② 치수 보조기호 : 치수의 의미를 명확하게 나타내기 위하여 치수 숫자와 함께 사용한다.
> ③ 치수 보조선 : 치수를 기입하기 위해 도형으로부터 끌어내는 데 쓰인다.
> ④ 지시선 : 구멍의 치수나 가공법, 지시사항, 부품번호 등을 기입하기 위하여 쓰이는 선이다.

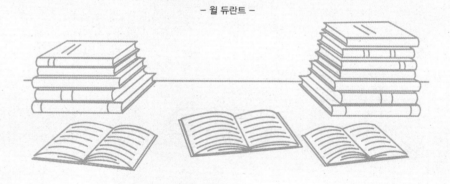

교육은 우리 자신의 무지를 점차 발견해 가는 과정이다.

- 월 듀란트 -

교육이란 사람이 학교에서 배운 것을 잊어버린 후에 남은 것을 말한다.

– 알버트 아인슈타인 –

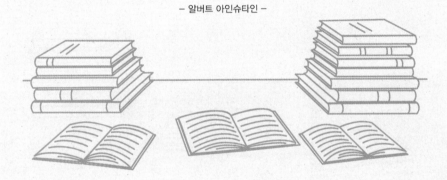

우리 인생의 가장 큰 영광은 결코 넘어지지 않는 데 있는 것이 아니라

넘어질 때마다 일어서는 데 있다.

– 넬슨 만델라 –

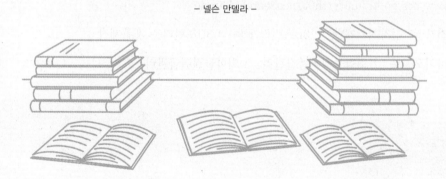

참 / 고 / 문 / 헌

- 김호찬(1998), 급속조형을 위한 데이터 변환 및 최적 지지대 자동생성 시스템 개발.

- 이상혁 외(2019), 기초제도, 씨마스.

- 노수황(2017), 3D프린팅 & 모델링 활용 입문서, 메카피아.

- 최종길, 이준혁(2013), 3D 모델링 실무, 한국산업인력공단.

- 양원호(2018), 3D프린팅 유해물질이 건강에 미치는 영향, 대구가톨릭대학교.

[참고 사이트]

- NCS(국가직무능력표준)

  https://www.ncs.go.kr

- NCS(국가직무능력표준) 학습모듈

  https://www.ncs.go.kr/unity/th03/ncsSearchMain.do

  – 전기·전자 → 전자기기개발 → 3D프린터개발 → 3D프린터용 제품제작

  – 화학·바이오공통 → 화학물질·품질관리 → 화학물질취급관리

Win-Q 3D프린터운용기능사 필기

개정6판2쇄 발행	2025년 01월 10일 (인쇄 2024년 12월 09일)
초 판 발 행	2019년 09월 20일 (인쇄 2019년 09월 10일)
발 행 인	박영일
책 임 편 집	이해욱
편 저	김철희
편 집 진 행	윤진영, 오현석
표지디자인	권은경, 길전홍선
편집디자인	정경일, 이현진
발 행 처	(주)시대고시기획
출 판 등 록	제10-1521호
주 소	서울시 마포구 큰우물로 75 [도화동 538 성지 B/D] 9F
전 화	1600-3600
팩 스	02-701-8823
홈 페 이 지	www.sdedu.co.kr

I S B N	979-11-383-7994-6(13550)
정 가	24,000원

TECH BIBLE

한눈에 이해할 수 있도록
체계적으로 정리한 핵심이론

철저한 시험유형 파악으로
만든 필수확인문제

국가직 · 지방직 등
최신 기출문제와 상세 해설

기술직 공무원 건축계획
별판 | 30,000원

기술직 공무원 전기이론
별판 | 23,000원

기술직 공무원 전기기기
별판 | 23,000원

기술직 공무원 생물
별판 | 20,000원

기술직 공무원 임업경영
별판 | 20,000원

기술직 공무원 조림
별판 | 20,000원

※도서의 이미지와 가격은 변경될 수 있습니다.